矿井提升装备

《矿井提升装备》 编委会 组编

机械工业出版社

本书是我国专门从事矿井提升装备研发机构几十年研发成果的汇总，系统介绍了矿井提升装备的分类、结构形式、关键技术、应用选型、运营维护等，对矿井提升装备技术的提升具有促进作用。本书共38章，主要内容包括提升机主机、液压闸控系统和液压润滑系统、电控系统、矿井提升机的电动机、提升系统设备、矿井提升机新技术，以及矿井提升机的技术改造等。本书内容全面、系统、新颖，实用性强，具有极高的参考价值。

　　本书适用于从事矿井提升机工作的人员，可为相关专业技术人员提供参考，也可为高等院校学生提供指导。

图书在版编目（CIP）数据

矿井提升装备/《矿井提升装备》编委会组编. —北京：机械工业出版社，2022.4

ISBN 978-7-111-70440-9

Ⅰ.①矿…　Ⅱ.①矿…　Ⅲ.①矿井提升-提升设备-研究　Ⅳ.①TD53

中国版本图书馆 CIP 数据核字（2022）第 052902 号

机械工业出版社（北京市百万庄大街22号　邮政编码100037）
策划编辑：贺　怡　　　　　责任编辑：贺　怡
责任校对：陈　越　王　延　封面设计：马精明
责任印制：单爱军
北京虎彩文化传播有限公司印刷
2022年9月第1版第1次印刷
184mm×260mm·29.25 印张·1 插页·724 千字
标准书号：ISBN 978-7-111-70440-9
定价：149.00 元

电话服务　　　　　　　　　网络服务
客服电话：010-88361066　　机 工 官 网：www.cmpbook.com
　　　　　010-88379833　　机 工 官 博：weibo.com/cmp1952
　　　　　010-68326294　　金 书 网：www.golden-book.com
封底无防伪标均为盗版　机工教育服务网：www.cmpedu.com

《矿井提升装备》编委会

编审人员名单

章次	编　写	审　校
前言	杜波（中信重工机械股份有限公司）	邹声勇（中信重工机械股份有限公司）
第1章	杜波（中信重工机械股份有限公司）	邹声勇（中信重工机械股份有限公司）
第2章	杜波（中信重工机械股份有限公司） 刘同欣（中信重工机械股份有限公司） 高文君（中信重工机械股份有限公司）	张步斌（中信重工机械股份有限公司）
第3章	杜波（中信重工机械股份有限公司） 刘同欣（中信重工机械股份有限公司） 高文君（中信重工机械股份有限公司）	张步斌（中信重工机械股份有限公司）
第4章	刘同欣（中信重工机械股份有限公司） 杜波（中信重工机械股份有限公司） 高文君（中信重工机械股份有限公司）	张步斌（中信重工机械股份有限公司）
第5章	高文君（中信重工机械股份有限公司） 杜波（中信重工机械股份有限公司） 刘同欣（中信重工机械股份有限公司）	张步斌（中信重工机械股份有限公司）
第6章	王明华（中信重工机械股份有限公司） 高文君（中信重工机械股份有限公司） 赵凯（中信重工机械股份有限公司） 杨计革（中信重工机械股份有限公司）	张步斌（中信重工机械股份有限公司） 孙富强（中信重工机械股份有限公司）
第7章	王卫锋（中信重工机械股份有限公司） 高志康（中信重工机械股份有限公司） 杜波（中信重工机械股份有限公司）	徐永福（中信重工机械股份有限公司）
第8章	王卫锋（中信重工机械股份有限公司） 高志康（中信重工机械股份有限公司） 杜波（中信重工机械股份有限公司）	徐永福（中信重工机械股份有限公司）
第9章	王卫锋（中信重工机械股份有限公司） 高志康（中信重工机械股份有限公司）	徐永福（中信重工机械股份有限公司）
第10章	徐永福（中信重工机械股份有限公司） 杜波（中信重工机械股份有限公司）	高志康（中信重工机械股份有限公司）
第11章	邹声勇（中信重工机械股份有限公司） 刘劲军（中信重工机械股份有限公司） 杜波（中信重工机械股份有限公司）	张步斌（中信重工机械股份有限公司）

（续）

章次	编 写	审 校
第12章	邹声勇（中信重工机械股份有限公司） 杜波（中信重工机械股份有限公司） 刘劲军（中信重工机械股份有限公司）	张步斌（中信重工机械股份有限公司）
第13章	刘劲军（中信重工机械股份有限公司） 邹声勇（中信重工机械股份有限公司） 杜波（中信重工机械股份有限公司）	张步斌（中信重工机械股份有限公司） 徐永福（中信重工机械股份有限公司）
第14章	张磊（中信重工机械股份有限公司）	张步斌（中信重工机械股份有限公司）
第15章	孙富强（中信重工机械股份有限公司） 杜波（中信重工机械股份有限公司）	徐永福（中信重工机械股份有限公司）
第16章	孙富强（中信重工机械股份有限公司） 何雨丝（中信重工机械股份有限公司）	徐永福（中信重工机械股份有限公司）
第17章	孙富强（中信重工机械股份有限公司）	于伟涛（中信重工机械股份有限公司）
第18章	孙富强（中信重工机械股份有限公司）	于伟涛（中信重工机械股份有限公司）
第19章	赵宝法（中信重工机械股份有限公司） 夏勇波（中信重工机械股份有限公司）	王正国（中信重工机械股份有限公司）
第20章	赵宝法（中信重工机械股份有限公司） 夏勇波（中信重工机械股份有限公司）	王正国（中信重工机械股份有限公司）
第21章	赵宝法（中信重工机械股份有限公司） 王正国（中信重工机械股份有限公司）	夏勇波（中信重工机械股份有限公司）
第22章	周亮（上海电气集团上海电机厂有限公司） 彭大华（上海电气集团上海电机厂有限公司） 陈建国（哈尔滨电气动力装备有限公司）	杜波（中信重工机械股份有限公司）
第23章	胡长华（徐州煤矿安全设备制造有限公司）	高志康（中信重工机械股份有限公司）
第24章	杜庆永（徐州煤矿安全设备制造有限公司）	高志康（中信重工机械股份有限公司）
第25章	杜庆永（徐州煤矿安全设备制造有限公司）	徐永福（中信重工机械股份有限公司）
第26章	郭翔（徐州煤矿安全设备制造有限公司）	徐永福（中信重工机械股份有限公司）
第27章	杜坤（徐州煤矿安全设备制造有限公司）	徐永福（中信重工机械股份有限公司）
第28章	李峥嵘（徐州煤矿安全设备制造有限公司）	徐永福（中信重工机械股份有限公司）
第29章	郑长征（徐州煤矿安全设备制造有限公司）	徐永福（中信重工机械股份有限公司）
第30章	汪小竹（江苏松诚实业发展有限公司） 刘劲军（中信重工机械股份有限公司）	于伟涛（中信重工机械股份有限公司）
第31章	杜庆永（徐州煤矿安全设备制造有限公司）	柴俊峰（中信重工机械股份有限公司）

（续）

章次	编　写	审　校
第 32 章	高志康（中信重工机械股份有限公司） 于伟涛（中信重工机械股份有限公司）	刘同欣（中信重工机械股份有限公司）
第 33 章	高志康（中信重工机械股份有限公司） 杜波（中信重工机械股份有限公司）	于伟涛（中信重工机械股份有限公司）
第 34 章	孙富强（中信重工机械股份有限公司） 杜波（中信重工机械股份有限公司）	徐永福（中信重工机械股份有限公司）
第 35 章	夏勇波（中信重工机械股份有限公司） 赵宝法（中信重工机械股份有限公司） 王正国（中信重工机械股份有限公司）	杜波（中信重工机械股份有限公司）
第 36 章	刘劲军（中信重工机械股份有限公司） 邹声勇（中信重工机械股份有限公司）	王卫锋（中信重工机械股份有限公司）
第 37 章	刘同欣（中信重工机械股份有限公司） 高文君（中信重工机械股份有限公司）	徐永福（中信重工机械股份有限公司）
第 38 章	王卫锋（中信重工机械股份有限公司） 杜波（中信重工机械股份有限公司）	刘同欣（中信重工机械股份有限公司）

前　言

　　我国是个采矿大国，其中大部分矿产资源是通过井工开采的，矿井提升装备是矿井生产过程中的重要设备，常被人们称为矿山的"咽喉"设备。矿井提升装备与其他装备不同，我国对其安全性和可靠性有极高的要求。

　　矿井提升装备的发展历史悠久、数量众多。我国从1958年自主生产矿井提升装备以来，全国曾生产或引进的矿井提升装备大约有12000台，目前同时服役的矿井提升装备大约有7000台。在不同年代生产了各种系列的矿井提升装备，技术水平相差甚远。随着现代技术的高速发展，矿井提升装备的技术、规格、参数有了很大的提高，产品也进行了更新换代。针对矿井提升装备的发展现状，进行系统性的技术总结是一项非常必要的工作。

　　中信重工机械股份有限公司（前洛阳矿山机器厂）是我国生产矿井提升装备的主导企业。本书主编单位为中信重工机械股份有限公司，参加编写的单位有上海电气集团上海电机厂有限公司、哈尔滨电气动力装备有限公司、徐州煤矿安全设备制造有限公司、江苏松诚实业发展有限公司。

　　本书共38章，分为8个部分。第1章为第1部分，简要介绍了矿井提升装备；第2~14章为第2部分，介绍了提升机主机；第15~18章为第3部分，介绍了液压闸控系统和液压润滑系统；第19~21章为第4部分，介绍了电控系统；第22章为第5部分，介绍了矿井提升机的电动机；第23~31章为第6部分，介绍了提升系统设备；第32~36章为第7部分，介绍了矿井提升机新技术；第37~38章为第8部分，介绍了矿井提升机的技术改造。本书内容全面、系统、新颖，实用性强，具有极高的参考价值。本书适用于从事矿井提升机工作的人员，可为相关专业技术人员提供参考，也可为高等院校学生提供指导。

　　由于时间紧迫、作者水平有限，本书难免存在错漏之处，真诚感谢各位同行提出宝贵意见。

《矿井提升装备》编委会

目　录

前言
第1章　概论 …………………………… 1
　1.1　矿井提升装备的用途与重要性 ……… 1
　1.2　矿井提升系统的组成与分类 ………… 1
　　1.2.1　立井单绳缠绕式提升系统 ……… 1
　　1.2.2　多绳摩擦式提升系统 …………… 3
　　1.2.3　斜井箕斗与串车提升系统 ……… 3
　　1.2.4　凿井提升系统 …………………… 5
　1.3　矿井提升机的分类 …………………… 6
　1.4　矿井提升机的原理 …………………… 8
　1.5　矿井提升机的国内外发展现状 ……… 9
第2章　单绳缠绕式提升机 ……………… 11
　2.1　单绳缠绕式提升机的命名及主要技术
　　　　参数 …………………………………… 11
　2.2　单绳缠绕式提升机的发展历程与结构
　　　　特点 …………………………………… 12
　　2.2.1　单绳缠绕式提升机的发展历程 … 12
　　2.2.2　各阶段单绳缠绕式提升机的主要
　　　　　　结构特性 …………………………… 13
　2.3　单绳缠绕式提升机的结构特性及组成 … 15
第3章　单绳缠绕式提升机的主轴
　　　　装置 …………………………………… 18
　3.1　主轴装置的作用及工作原理 ………… 18
　3.2　JK/A、JK/E系列提升机主轴装置的
　　　　结构 …………………………………… 18
第4章　单绳缠绕式提升机的天轮装置 … 23
　4.1　概述 …………………………………… 23
　4.2　固定天轮装置 ………………………… 23
　4.3　游动天轮装置 ………………………… 24
　4.4　分体式天轮装置 ……………………… 25
　4.5　辐板式天轮装置 ……………………… 25
第5章　单绳缠绕式提升机的其他组成
　　　　部件 …………………………………… 27
　5.1　观测、操纵系统 ……………………… 27
　　5.1.1　深度指示器的结构和工作原理 … 27
　　5.1.2　数字式深度指示器 ……………… 30

　5.2　联轴器 ………………………………… 30
　　5.2.1　高速级蛇形弹簧联轴器 ………… 30
　　5.2.2　高速级弹性棒销联轴器 ………… 31
　　5.2.3　低速级齿轮联轴器 ……………… 32
　5.3　调绳离合器 …………………………… 33
　5.4　JK/A、JK/E系列提升机钢丝绳的出绳
　　　　方法和出绳口的设置 ………………… 35
　5.5　信号接口装置 ………………………… 35
　　5.5.1　编码器及测速机的选型及数量 … 35
　　5.5.2　编码器及测速机的安装 ………… 35
　5.6　测速传动装置 ………………………… 37
　5.7　电动机制动器 ………………………… 38
　5.8　锁紧器 ………………………………… 39
　5.9　减速器底座和电动机底座 …………… 39
　5.10　轴承梁 ……………………………… 40
　5.11　地脚螺栓组 ………………………… 41
　5.12　护罩 ………………………………… 41
第6章　其他类型单绳缠绕式提升机 …… 43
　6.1　防爆提升机 …………………………… 43
　　6.1.1　液压防爆提升机 ………………… 43
　　6.1.2　电器防爆提升机 ………………… 53
　6.2　凿井提升机 …………………………… 58
　　6.2.1　凿井提升机的特点 ……………… 58
　　6.2.2　凿井提升机的结构特点 ………… 58
　　6.2.3　凿井提升机的规格参数 ………… 61
　6.3　结构紧凑型（H系列）提升机 ……… 62
　　6.3.1　H系列提升机的优点 …………… 62
　　6.3.2　H系列提升机的结构特点 ……… 63
　　6.3.3　H系列提升机的规格 …………… 64
　　6.3.4　H系列提升机的参数 …………… 65
　6.4　可分离双筒单绳缠绕式提升机 ……… 66
　　6.4.1　可分离双筒单绳缠绕式提升机的
　　　　　　结构 ……………………………… 66
　　6.4.2　可分离双筒单绳缠绕式提升机的
　　　　　　优点 ……………………………… 66
　　6.4.3　设备规格和技术参数 …………… 67

第7章　多绳摩擦式提升机 ················· 68
　7.1　多绳摩擦式提升机的技术发展历程 ··· 68
　7.2　多绳摩擦式提升机的结构特性及组成 ··· 69
第8章　多绳摩擦式提升机的主轴装置 ··· 74
　8.1　主轴装置的组成 ···················· 74
　8.2　主轴装置的结构类型 ················ 74
　8.3　主轴装置的关键部件 ················ 75
　　8.3.1　摩擦轮 ······················ 75
　　8.3.2　制动盘 ······················ 75
　　8.3.3　主轴 ························· 75
　　8.3.4　主轴承组件 ·················· 77
　　8.3.5　摩擦衬垫 ···················· 77
第9章　天轮装置和导向轮装置 ········· 79
　9.1　概述 ····························· 79
　9.2　天轮装置 ························· 79
　9.3　导向轮装置 ······················· 80
　9.4　剖分式天（导向）轮装置 ··········· 80
第10章　其他组成部件 ·················· 81
　10.1　齿轮联轴器的选用 ················ 81
　10.2　弹性棒销联轴器的选用 ············ 81
　10.3　信号接口装置 ···················· 82
　　10.3.1　编码器及测速机的选型 ······· 82
　　10.3.2　编码器及测速机的安装 ······· 82
　10.4　车槽装置 ························ 85
　　10.4.1　井塔式车槽装置 ············· 85
　　10.4.2　落地式车槽装置 ············· 87
　10.5　钢丝绳滑动监测装置 ·············· 88
　　10.5.1　钢丝绳滑动监测装置的类型 ··· 88
　　10.5.2　安装与调整 ················· 89
　10.6　制动盘偏摆监测装置 ·············· 89
　10.7　拨绳装置 ························ 90
第11章　多绳缠绕式提升机 ············· 92
　11.1　多绳缠绕式提升机的技术发展历程 ··· 92
　11.2　多绳缠绕式提升机的结构特性及
　　　　组成 ························· 92
　　11.2.1　多绳缠绕式提升机的形式 ····· 92
　　11.2.2　多绳缠绕式提升机的型号表示
　　　　　　方法 ····················· 94
　　11.2.3　多绳缠绕式提升机的设备组成 ··· 95
第12章　多绳缠绕式提升机的主轴
　　　　装置 ······················· 98
　12.1　多绳缠绕式提升机主轴装置的作用 ··· 98

　12.2　多绳缠绕式提升机主轴装置的
　　　　结构 ························· 98
第13章　钢丝绳同步自动补偿装置 ······ 102
　13.1　多绳缠绕式提升机的钢丝绳同步
　　　　问题 ························ 102
　13.2　多绳缠绕式提升机的钢丝绳同步自动
　　　　补偿装置 ····················· 102
　　13.2.1　多绳缠绕式提升机钢丝绳长度差异
　　　　　　的计算 ··················· 102
　　13.2.2　钢丝绳同步自动补偿装置 ···· 104
　　13.2.3　钢丝绳错误缠绕监控装置 ···· 106
第14章　减速器 ······················· 108
　14.1　提升机减速器的作用和负载特点 ··· 108
　14.2　提升机减速器的结构形式及优缺点 ··· 109
　　14.2.1　单入轴平行轴齿轮减速器 ···· 109
　　14.2.2　双入轴平行轴齿轮减速器 ···· 109
　　14.2.3　同轴式功率分流齿轮减速器 ··· 111
　　14.2.4　渐开线行星齿轮减速器 ······ 111
第15章　液压制动系统 ················· 114
　15.1　液压制动系统的技术发展历程 ···· 114
　　15.1.1　安全制动方式的对比 ········ 115
　　15.1.2　液压制动系统的国内外发展
　　　　　　现状 ···················· 116
　15.2　液压制动系统的结构特性及组成 ··· 119
　　15.2.1　块闸制动器的分类 ·········· 119
　　15.2.2　角移式制动器的工作原理和
　　　　　　结构 ···················· 119
　　15.2.3　平移式制动器的工作原理和
　　　　　　结构 ···················· 120
　　15.2.4　综合式制动器的工作原理和
　　　　　　结构 ···················· 120
　15.3　盘形制动器的工作原理及组成 ···· 121
　　15.3.1　盘形制动器的工作原理 ······ 121
　　15.3.2　XKT、XKTB、JK 系列提升机盘形
　　　　　　制动器的结构 ············· 122
　　15.3.3　JK/A、JK/E 系列提升机盘形
　　　　　　制动器的结构 ············· 122
　15.4　盘形制动器的分类 ··············· 124
　15.5　盘形制动器装置 ················· 124
　　15.5.1　提升机盘形制动器闸间隙保护
　　　　　　装置 ···················· 126
　　15.5.2　盘形制动器主要参数的计算 ··· 126

第16章　液压站 …………………… 129

16.1　概述 ……………………………… 129

16.2　液压站的结构及作用 …………… 129

16.2.1　油箱 …………………………… 129

16.2.2　液压泵装置 …………………… 130

16.2.3　阀组 …………………………… 130

16.2.4　仪表盘 …………………………… 130

16.2.5　电液连接 ………………………… 130

16.3　主要参数及特点 ………………… 130

16.4　中低压二级制动液压站 ………… 131

16.4.1　概述 …………………………… 131

16.4.2　液压站的工作原理 …………… 132

16.5　中高压二级制动液压站 ………… 142

16.5.1　概述 …………………………… 142

16.5.2　液压站的工作原理 …………… 143

16.5.3　插装系列液压站的结构和原理 … 146

16.6　恒减速液压站 …………………… 148

16.6.1　概述 …………………………… 148

16.6.2　液压站的工作原理及结构 …… 149

16.7　新型智能闸控系统 ……………… 154

16.7.1　概述 …………………………… 154

16.7.2　ZK143闸控系统的主要性能及
　　　　特点 …………………………… 155

16.7.3　多通道智能闸控系统 ………… 162

第17章　防爆液压站 ……………… 168

17.1　概述 ……………………………… 168

17.2　主要参数 ………………………… 168

17.3　液压站的结构及原理 …………… 168

17.3.1　液压站的主要结构 …………… 168

17.3.2　液压站的工作原理 …………… 169

17.3.3　常用易损件清单 ……………… 172

第18章　减速器润滑站 …………… 174

18.1　概述 ……………………………… 174

18.2　主要参数 ………………………… 174

18.3　润滑站的结构及原理 …………… 174

18.3.1　工作原理 ……………………… 174

18.3.2　结构特点 ……………………… 175

18.4　防爆润滑站 ……………………… 176

18.4.1　概述 …………………………… 176

18.4.2　主要参数 ……………………… 176

18.4.3　防爆润滑站的结构及原理 …… 177

第19章　电控系统 ………………… 178

19.1　概述 ……………………………… 178

19.1.1　电控系统的发展 ……………… 178

19.1.2　直流调速电控系统的发展 …… 178

19.1.3　交流调速电控系统的发展 …… 179

19.2　分类及特点 ……………………… 180

19.2.1　提升机电力拖动分类 ………… 180

19.2.2　矿井提升机电力拖动方式及拖动
　　　　形式的选择 …………………… 180

19.2.3　提升机的运行特点 …………… 183

19.2.4　提升机对拖动系统控制性能的
　　　　要求 …………………………… 184

19.2.5　提升机电气控制的方式 ……… 184

第20章　直流矿井提升机的电控系统 … 188

20.1　系统组成及功能 ………………… 188

20.1.1　系统特性 ……………………… 188

20.1.2　直流调速系统的功能 ………… 189

20.1.3　电控系统的组成及功能 ……… 189

20.2　传动系统的原理 ………………… 191

20.2.1　直流电控系统调速的原理 …… 191

20.2.2　晶闸管整流的原理 …………… 192

20.2.3　直流可逆调速系统 …………… 194

20.2.4　直流6脉动整流调速系统 …… 195

20.2.5　直流12脉动整流传动系统 … 196

20.2.6　全数字直流调速装置 ………… 198

20.3　操作监控系统 …………………… 199

20.3.1　网络化PLC控制方案 ……… 199

20.3.2　矿井提升机的控制工艺与功能 … 201

20.3.3　电控系统的安全保护功能 …… 210

20.4　提升机上位监控系统 …………… 214

20.5　成套范围 ………………………… 219

20.6　直流提升机电控系统案例 ……… 220

20.6.1　技术数据 ……………………… 220

20.6.2　高、低压供电系统 …………… 221

20.6.3　传动系统 ……………………… 221

20.6.4　控制系统 ……………………… 224

第21章　交流矿井提升机的电控系统 … 228

21.1　电控系统的组成与功能 ………… 228

21.1.1　交流电控系统的种类 ………… 228

21.1.2　电控系统组成部分的功能 …… 229

21.2　传动系统的原理 ………………… 231

21.3　操作监控系统 …………………… 248
21.3.1　网络化 PLC 控制方案 ………… 248
21.3.2　矿井提升机的控制工艺与功能 … 250
21.3.3　电控系统的安全保护功能 …… 259
21.4　提升机上位监控系统 ……………… 264
21.5　成套范围 …………………………… 269
21.6　交流提升机电控系统案例 ………… 270

第 22 章　矿井提升机的电动机 …… 274
22.1　直流驱动电动机 …………………… 274
22.1.1　ZKTD 系列直流矿井提升用低速
　　　　直联电动机 …………………… 275
22.1.2　Z 系列电动机 ………………… 276
22.1.3　直流驱动电动机的运行及维护 … 278
22.2　交流电动机（异步电动机） ……… 280
22.2.1　YR 系列绕线式异步电动机 …… 280
22.2.2　YBP 系列变频异步电动机 …… 282
22.3　交流电动机（同步电动机） ……… 284
22.3.1　发展背景 …………………… 284
22.3.2　上电电动机的主要技术特性 …… 284
22.3.3　上电电动机的结构特点 ……… 285
22.3.4　哈电电动机的主要技术特性 …… 286
22.3.5　哈电电动机的结构特点 ……… 287
22.3.6　电动机整体的易用性及维护性 … 289
22.3.7　交流调速同步电动机的维护 …… 289

第 23 章　箕斗 ………………………… 290
23.1　概述 ………………………………… 290
23.2　分类与组成 ………………………… 290
23.3　主要技术参数 ……………………… 291
23.3.1　单绳箕斗的技术参数 ………… 291
23.3.2　多绳箕斗的技术参数 ………… 292

第 24 章　罐笼 ………………………… 294
24.1　概述 ………………………………… 294
24.2　分类及组成 ………………………… 294
24.3　主要技术参数 ……………………… 296
24.3.1　单绳罐笼的技术参数 ………… 296
24.3.2　多绳罐笼的技术参数 ………… 297
24.3.3　特大型罐笼的技术参数 ……… 298

第 25 章　平衡锤 ……………………… 299
25.1　概述 ………………………………… 299
25.2　分类与组成 ………………………… 299
25.3　主要技术参数 ……………………… 300

第 26 章　井架 ………………………… 301
26.1　概述 ………………………………… 301
26.2　分类与组成 ………………………… 301
26.3　主要技术参数 ……………………… 305
26.3.1　井架的尺寸参数 ……………… 305
26.3.2　井架的载荷参数 ……………… 307
26.3.3　井架的重力参数 ……………… 309

第 27 章　罐道 ………………………… 310
27.1　概述 ………………………………… 310
27.2　分类及组成 ………………………… 310
27.2.1　刚性罐道 ……………………… 310
27.2.2　钢丝绳罐道 …………………… 312
27.3　主要技术参数 ……………………… 315

第 28 章　装卸载系统 ……………… 317
28.1　概述 ………………………………… 317
28.2　分类与组成 ………………………… 317
28.2.1　箕斗装载设备的种类 ………… 317
28.2.2　直立式计量仓箕斗装载设备的
　　　　组成 …………………………… 317
28.2.3　箕斗卸载装置的种类与组成 … 319
28.3　主要技术参数 ……………………… 319

第 29 章　摇台 ………………………… 321
29.1　概述 ………………………………… 321
29.2　分类与组成 ………………………… 321
29.2.1　CY 系列搭接摇台 …………… 322
29.2.2　KBK 系列稳罐摇台 ………… 322
29.2.3　TNY 系列缓冲托罐摇台 …… 323
29.2.4　YSG 大型锁罐承接摇台 …… 325
29.3　主要技术参数 ……………………… 326
29.3.1　CY 系列搭接摇台的技术参数 … 326
29.3.2　KBK 系列稳罐摇台的技术参数 … 327
29.3.3　TNY 系列托罐摇台的技术参数 … 328
29.3.4　YSG 大型锁罐承接摇台的技术
　　　　参数 …………………………… 329

第 30 章　钢丝绳 ……………………… 330
30.1　钢丝绳的结构、类型及应用 ……… 330
30.1.1　钢丝绳按捻向分类 …………… 330
30.1.2　钢丝绳的一般分类 …………… 330
30.2　钢丝绳的结构选型 ………………… 333
30.3　钢丝绳的存储和搬运 ……………… 334
30.4　钢丝绳的检查、使用和维护 ……… 335

30.5　钢丝绳的报废和更换 ············ 336

第31章　跑车防护装置 ······· 338
31.1　概述 ························· 338
31.2　分类与组成 ··················· 338
31.2.1　型号含义 ··············· 338
31.2.2　跑车防护装置的组成 ······· 338
31.3　主要技术参数 ················· 340

第32章　机械部分的新结构和新技术 ··· 341
32.1　H系列提升机 ················· 341
32.1.1　H系列提升机的组成 ······· 341
32.1.2　H系列提升机的典型特点 ···· 341
32.2　多绳天轮装置的改进 ··········· 342
32.2.1　天轮装置结构的优化 ······· 342
32.2.2　采用滚动轴承支撑游动轮结构的
　　　　天轮装置 ··············· 344
32.2.3　天轮装置自动加油润滑系统 ·· 346
32.2.4　新型复合材料轴瓦的使用 ···· 346
32.3　剖分滚动轴承的应用 ··········· 351
32.3.1　应用需求 ··············· 351
32.3.2　剖分轴承的特点及组成 ····· 352
32.3.3　剖分轴承式多绳摩擦式提升机 ··· 354
32.3.4　项目应用情况 ············ 356
32.3.5　在用设备改造为剖分滚动轴承的
　　　　案例 ··················· 356
32.4　摩擦衬垫的发展 ··············· 362
32.4.1　摩擦衬垫的作用与性能概述 ·· 362
32.4.2　国内摩擦衬垫的发展历程 ···· 363
32.4.3　摩擦衬垫的特性分析、失效形式
　　　　及其材料性能特点 ········· 364
32.4.4　摩擦系数的影响因素和测试
　　　　方法 ··················· 366
32.4.5　摩擦衬垫的前景展望 ······· 366
32.5　轴承寿命新的计算方法 ········· 367
32.6　井下电器防爆提升机的技术参数
　　　合理化 ······················ 369

第33章　新开发的辅机产品 ······· 372
33.1　适用于多绳摩擦式提升机的辅助提升和
　　　重力下放系统 ················· 372
33.1.1　辅助提升系统 ············ 372
33.1.2　重力下放系统 ············ 374
33.1.3　重力下放系统的项目应用情况 ··· 376

33.2　数控车槽装置 ················· 377
33.2.1　数控车槽装置的组成及特点 ··· 378
33.2.2　项目应用情况 ············ 380
33.3　钢丝绳载荷检测系统 ··········· 381

第34章　闸控系统的新技术 ······· 383
34.1　可控力矩闸控系统 ············· 384
34.2　新型智能化闸控系统 ··········· 385
34.2.1　恒减速技术的发展历程 ····· 386
34.2.2　恒减速制动的原理及特点 ···· 386
34.2.3　智能恒减速电液制动系统的
　　　　组成 ··················· 387
34.2.4　项目应用情况 ············ 389
34.3　多通道恒减速智能闸控系统 ····· 391
34.3.1　多通道恒减速的特点 ······· 392
34.3.2　多通道恒减速液压站 ······· 394
34.3.3　多通道恒减速电控系统 ····· 396
34.3.4　项目应用情况 ············ 398
34.4　大吨位制动器的开发 ··········· 399
34.4.1　盘形制动器的规格 ········· 400
34.4.2　大吨位制动器的主要特点 ···· 401
34.4.3　大吨位制动器装置的主要特点 ··· 401
34.4.4　大吨位制动器的应用 ······· 402

第35章　电气新技术及前景展望 ······· 403
35.1　提升机电控系统的发展趋势——
　　　无人值守 ···················· 403
35.1.1　无人值守的应用需求 ······· 403
35.1.2　无人值守的实现 ·········· 404
35.1.3　项目应用情况 ············ 405
35.2　提升机电气传动技术的发展趋势——
　　　永磁电动机在提升机上的应用 ······· 407
35.3　提升机智慧云管家平台 ········· 409
35.4　凿井提升机E-House电控系统 ···· 412

第36章　超深井提升的研究 ······· 414
36.1　现有规程对超深井提升的影响
　　　因素 ························ 414
36.1.1　钢丝绳安全系数 ·········· 414
36.1.2　钢丝绳缠绕层数 ·········· 414
36.1.3　钢丝绳的公称抗拉强度 ····· 415
36.1.4　容器系数 ··············· 416
36.1.5　应力幅 ················· 417
36.2　超深井提升的设备选型 ········· 418

36.3 多绳摩擦式提升机应用于超深井提升的
　　　关注重点 ……………………………… 419

第 37 章　单绳缠绕式提升机的技术
　　　　　改造 ……………………………… 420

37.1 苏制、仿苏型提升机的技术改造 …… 420

37.2 仿苏改进型提升机的技术改造 ……… 423

37.3 XKT、XKT-B 型提升机的技术
　　　改造 …………………………………… 424

37.4 JK 型提升机的技术改造 …………… 430

37.5 非防爆型提升机改造为防爆型提
　　　升机 …………………………………… 432

37.6 提升机部件的改造 ………………… 433

第 38 章　多绳摩擦式提升机的技术
　　　　　改造 ……………………………… 439

38.1 主轴装置的改造 …………………… 439

38.2 液压制动系统的改造 ……………… 444

38.3 减速器的改造 ……………………… 446

38.4 Ⅱ 型结构改为 Ⅲ 型结构 ………… 448

38.5 电动机的扩容改造 ………………… 451

38.6 局部改造 …………………………… 451

参考文献 ………………………………… 453

第1章 概 论

1.1 矿井提升装备的用途与重要性

矿井提升装备是矿山重要和关键设备之一，主要用于煤矿、金属矿及非金属矿提升和下放人员，提升煤炭、矿石、矸石，以及运输材料和设备。它是联系井上和井下的重要交通运输工具，因此被人们称为矿山的"咽喉设备"。矿井提升装备的性能优劣和质量好坏，不仅直接影响到矿井生产，而且与矿山职工的生命安全息息相关，所以矿井提升装备在矿井中占有十分重要的地位，是矿山的重要设备。

矿井提升装备的特点如下：

1）矿井提升装备是矿山较复杂而庞大的机电设备，它不仅承担着物料的提升与下放任务，还要上下运载人员，工作中一旦发生故障，不仅影响到矿井的生产，而且涉及人员的生命安全。因此，矿井提升装备的安全性是极为重要的，我国在《煤矿安全规程》中对矿井提升装备做出了极为严格的规定。

2）矿井提升装备是周期性运动式输送设备，需要频繁地起动和停车，工作条件苛刻，其机械电气设备的设计必须安全可靠。

3）矿井提升装备是矿山大型设备，对其进行合理的选择、正确的使用和维护具有重要的经济意义。

因此，除了要求精心设计、精心制造外，对矿山而言，提高安装质量、合理使用、加强维护保养，对于确保矿井提升装备的安全可靠运行，预防和杜绝故障及事故的发生，显然具有十分重要的意义。而要做到这一点，首先必须熟悉矿井提升装备的性能、结构和原理。

1.2 矿井提升系统的组成与分类

矿井提升系统主要由提升机，提升钢丝绳，提升容器，井架或井塔，天轮或导向轮，装、卸载设备，井筒罐道和井口设施等组成。矿井提升系统有提升煤炭、矿石的主井箕斗提升系统和用于升降人员、设备、材料、工具以及提升矸石等辅助任务的副井罐笼提升系统。根据系统的形式，矿井提升系统主要有以下几种。

1.2.1 立井单绳缠绕式提升系统

立井单绳缠绕式提升系统又分为立井罐笼提升系统和立井箕斗提升系统。

1. 立井罐笼提升系统

立井罐笼提升系统多为副井提升系统（也有作为混合井提升的，在小型的矿井中也有兼作主井提升的）。由于罐笼提升系统的装、卸载方式多为人力或半机械化操作方式，再加上提升内容变化较大，如提升矸石、材料、设备，以及升降人员等，故不易实行自动化提升，其提升系统如图 1-1 所示。

从图 1-1 可以看出，两根钢丝绳的一端固定在提升机的卷筒上，而另一端则绕过井架上的天轮后悬挂提升容器——罐笼，两根钢丝绳在提升机卷筒上的缠绕方向相反。这样，当电动机起动后带动提升机卷筒旋转，两根钢丝绳则经过天轮在提升机卷筒上缠上和松下，从而使提升容器在井筒里上下运动。不难看出，当位于井口上出车平台的罐笼与井底车场罐笼的装、卸工作完成后，即可起动提升机进行提升，将井底罐笼提至井口上出车平台位置。原井口上的罐笼则同时下放到井底车场位置进行装车，然后重复上述过程完成提升任务。

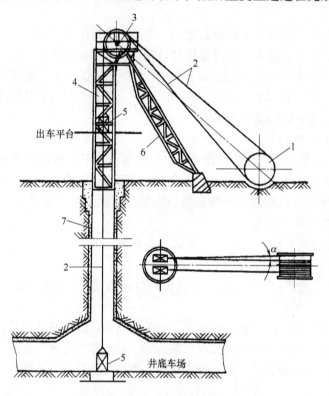

图 1-1　立井罐笼提升系统
1—提升机　2—钢丝绳　3—天轮　4—井架　5—罐笼　6—井架斜撑　7—井筒

2. 立井箕斗提升系统

立井箕斗提升系统为主井提升系统。与副井提升系统相比，除容器不同外，其装、卸载系统也不相同，可分为机械与自动装、卸载的方式，易实现自动化操作。该提升系统如图 1-2 所示。

从图 1-2 可以看出，上、下两个箕斗分别与两根钢丝绳相连接，钢丝绳的另一端绕过井架上的天轮引入提升机房，并以相反的方向缠绕和固定在提升机的卷筒上，开动提升机，卷筒旋转，一根钢丝绳向卷筒上缠绕，另一根钢丝绳自卷筒上松放，相应的箕斗就在井筒内上下运动，完成提升重箕斗，下放空箕斗的任务。

当煤炭运到井底车场的翻车机硐室时，经翻车机将煤卸到井下煤仓内，再经装载闸门送入给煤机，并通过定量装载斗箱的闸门装入位于井底的箕斗内。与此同时，另一个箕斗即将位于井架的卸载位置，箕斗通过安装在井架上部的卸载曲轨时（或者采用外动力卸载），将箕斗底部的扇形闸门打开，将煤卸入地面煤仓内。

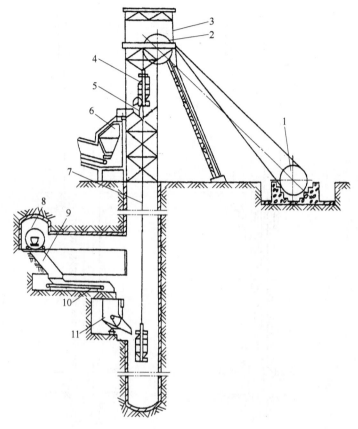

图 1-2　立井箕斗提升系统

1—提升机　2—天轮　3—井架　4—箕斗　5—卸载曲轨　6—地面煤仓　7—钢丝绳
8—翻车机　9—井下煤仓　10—给煤机　11—装载斗箱

1.2.2　多绳摩擦式提升系统

多绳摩擦式提升系统有塔式和落地式两种。图 1-3 所示为塔式多绳摩擦式提升系统。

多绳摩擦式提升系统的提升容器可以是箕斗也可以是罐笼。它具有体积小、质量小、提升能力大等优点，适用于较深矿井。

1.2.3　斜井箕斗与串车提升系统

斜井箕斗提升系统属主井提升系统，串车提升系统一般为副井提升系统，产量较小的矿井也兼作提煤的主井提升系统。其系统分别如图 1-4 和图 1-5 所示。

在图 1-4 中，提升机的卷筒上缠绕两根钢丝绳，每根绳的一端绕过天轮连接着箕斗，位于井口装载位置的箕斗等待装载，井上的箕斗在栈桥上已卸载完等待运行。当井下矿车进入翻车机硐室中的翻车机内，经翻转后，将煤卸入井下煤仓内，装车工操纵装载闸门，将煤卸入井下箕斗内，而另一个箕斗则在地面栈桥上，通过卸载曲轨将闸门打开，把煤卸入地面煤仓内。由于箕斗座上的提升钢丝绳经过天轮后与提升机的卷筒连接并固定，所以卷筒旋转时即带动钢丝绳走动，从而使箕斗在井筒斜巷中往复运动，实现提升与下放的任务。

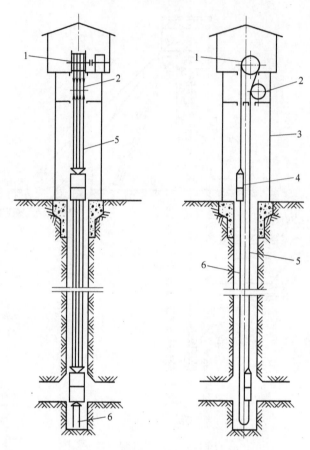

图 1-3 塔式多绳摩擦式提升系统

1—提升机 2—导向轮 3—井塔 4—罐笼 5—提升机钢丝绳 6—尾绳

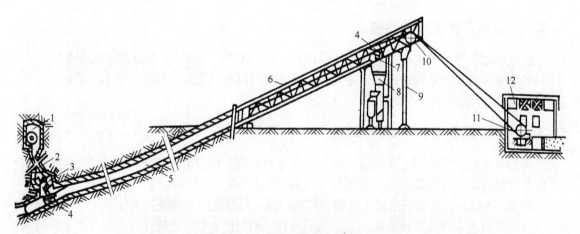

图 1-4 斜井箕斗提升系统

1—翻车机硐室 2—井下煤仓 3—装载闸门 4—箕斗 5—井筒斜巷 6—地面栈桥
7—卸载曲轨 8—地面煤仓 9—立柱 10—天轮 11—提升机 12—机房

斜井串车提升系统可作为主井提升系统，也可作为辅助提升系统。在上、下物料时，多采用矿车和运料车；在升降人员时可将串车摘掉，挂上人车运送人员。从图1-5可以看出，它与斜井箕斗提升系统基本一样，所不同的是它以矿车作为提升容器，矿车在井下装满车后，拉至斜井井口处转为地面水平轨道，人工摘钩后转入道岔，再挂空车或料车等待下井。

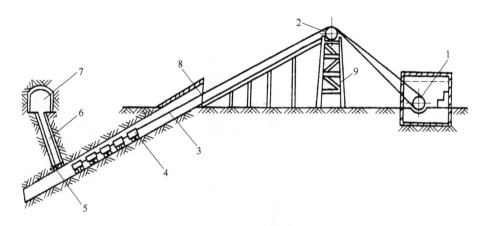

图 1-5 斜井串车提升系统

1—提升机 2—天轮 3—提升钢丝绳 4—矿车 5—装载闸门 6—井下煤仓
7—运煤巷 8—斜井井口 9—井架

1.2.4 凿井提升系统

开凿立井时，为了排除井筒工作面的积矸，下放器材、设备，以及提放作业人员，应在井内设置凿井提升系统与悬吊系统，如图1-6所示。

凿井提升系统包括提升容器、钩头连接装置、钢丝绳、天轮、提升机以及提升所必备的导向稳绳和滑架等。悬吊系统是为了悬挂吊盘、砌壁模板、安全梯、吊泵和一系列管路缆线，由钢丝绳、天轮及凿井绞车等组成。

井筒正式掘进之前，需先在井口安装凿井井架，在井架上安装天轮平台和卸矸平台；同时进行井筒锁口施工，安设封口盘、固定盘和吊盘。另外，在井口四周安装凿井提升机、凿井绞车，建造压风机房、通风机房和混凝土搅拌站等辅助生产车间。待一切准备工作完成后，即可进行井筒的正式掘进工作。立井是垂直向下掘进的，为施工服务的大量设备、管线等都要悬挂在井筒内，且随工作面的推进而下放或接长。

立井普通法施工的一般顺序是：自上而下掘进，当井筒掘够一定深度（一个段高）后，再由下向上砌壁，掘进和砌壁交替进行。每一段高内的工艺顺序是先由凿岩机打眼钻孔，填放炸药实施爆破，散落的岩石由装岩机装入吊桶，由凿井提升机实施提升出矸，由吊桶提升至井架卸矸台卸入矸石仓，用汽车或矿车运走。最后对新掘进的段高进行砌壁。

凿井提升高度随工作面下掘而不断变化，吊桶在一次提升循环过程中要多次经过吊盘、多次减速，在吊盘或稳绳盘下有一段无稳绳的提升段，提升速度受到严格控制，因此，凿井提升机要容易实现调绳、调速和控制。另外，为了提高凿井效率，应采用更大的吊桶，因此，凿井提升机的提升能力还应进一步提高。

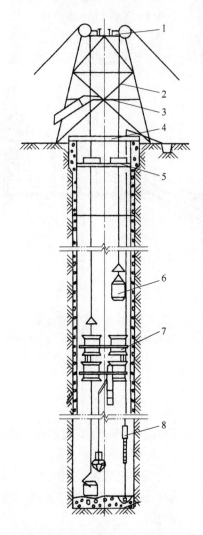

图 1-6　凿井提升系统和悬吊系统
1—天轮平台　2—井架　3—卸矸平台　4—封口盘　5—固定盘　6—吊桶　7—吊盘　8—吊泵

1.3　矿井提升机的分类

矿井提升机的分类方式有很多。

1）按用途分为主井提升机、副井提升机。

2）按传动方式分为电动机传动、液压马达传动。

3）按钢丝绳的工作方式分为缠绕式提升机、摩擦式提升机。缠绕式提升机又分为单筒圆柱形、双筒圆柱形、单筒可分离圆柱形、绞轮式等；摩擦式提升机又分为井塔式、落地式。

目前，国际上生产和使用的提升机可分为三大类：单绳缠绕式提升机、多绳摩擦式提升机和多绳缠绕式提升机。如图 1-7~图 1-9 所示。

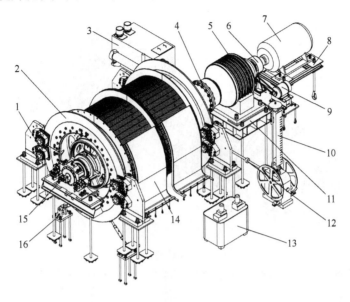

图 1-7 单绳缠绕式提升机

1—盘形制动器装置 2—主轴装置 3—润滑站 4—齿轮联轴器 5—行星齿轮减速器 6—弹性棒销联轴器 7—电动机
8—电动机底座 9—测速传动装置 10—牌坊式深度指示器 11—减速器底座 12—牌坊式深度指示器传动装置
13—液压站 14—卷筒护板 15—轴端齿轮箱（信号接口装置） 16—锁紧器

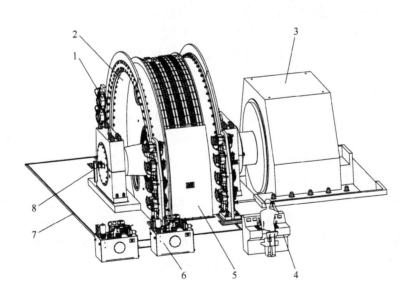

图 1-8 多绳摩擦式提升机

1—盘形制动器装置 2—主轴装置 3—电动机 4—操作台 5—摩擦轮护罩 6—液压站
7—管路系统 8—信号接口装置

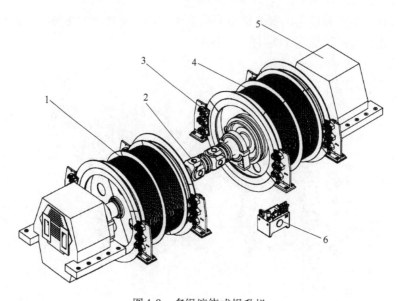

图 1-9　多绳缠绕式提升机

1—主轴装置一　2—万向联轴器　3—盘形制动器装置　4—主轴装置二　5—电动机　6—液压站

1.4　矿井提升机的原理

　　单绳缠绕式提升机是较早出现的一种提升机，它的工作原理比较简单，就是把钢丝绳的一端固定并缠绕在提升机的卷筒上，另一端绕过井架天轮悬挂提升容器，这样，利用卷筒转动方向的不同，将钢丝绳缠上或放松，以完成提升或下放容器的工作。这种提升机在我国矿山中占有很大比重，使用比较普遍。因为单绳缠绕式提升机有钢丝绳的容绳量和缠绕层数的限制，因此不适用于超深井提升。

　　多绳摩擦式提升机的工作原理是利用摩擦传递动力，就像传送带运输机的传动原理一样，这类提升机的特点是体积小、质量小、提升能力大。多绳摩擦式提升机没有钢丝绳的容绳量和缠绕层数的限制，因此可适用于较深井提升。但是由于钢丝绳同一截面的应力存在变化，并且变化幅度与井深成正比，如果应力变化幅度过大，将导致钢丝绳快速损坏。因此，多绳摩擦式提升机也不适用于超深井提升。

　　多绳缠绕式提升机（Blair 提升机）同单绳缠绕式提升机一样，通过钢丝绳缠绕在卷筒上来实现重物的提升与下放。所不同的是，多绳缠绕式提升机是两根或两根以上钢丝绳同时缠绕在同一卷筒的不同缠绳区，以共同升降一个容器。这样可使钢丝绳直径减小，在同样的卷筒尺寸和缠绕层数的前提下，可实现更大的容绳量。因此，多绳缠绕式提升机适用于超深井提升。

　　目前，国内单绳缠绕式提升机、多绳摩擦式提升机都为成熟产品。由于我国目前尚未广泛开展超深井矿井提升，现有单绳缠绕式提升机和多绳摩擦式提升机已满足提升深度的要求，受此国情所限，多绳缠绕式提升机尚处于研究阶段，没有产品投运，并且国外产品在我国境内的应用也尚为空白。随着我国矿业的发展，超深井提升的需求愈加迫切，多绳缠绕式提升机正在加紧研发，不远的将来将会投入市场。

1.5　矿井提升机的国内外发展现状

矿井提升机（简称提升机）是由手摇辘轳发展而来的，早在公元前我国劳动人民就开始使用辘轳作为提水的工具。在很早以前的矿石和煤炭开采中，辘轳就被用来提升矿物和人员。随着生产力的不断发展，之后又出现了以畜力为动力的提升机。19 世纪随着蒸汽机的发明，资本主义国家出现了蒸汽机拖动的矿井提升机，这使提升机无论在结构上还是提升能力上都出现了一个大的飞跃。此后，由于电动机的出现，电力拖动的提升机也随之涌现出来，并迅速取代蒸汽机拖动的提升机。随着电动机、电气技术的发展，尤其是近 30 年来微电子和计算机技术的发展，使得矿井提升机的拖动及控制技术也在飞速发展和提高，确保设备安全运行的各种保护系统越来越完善，自动化运行程度越来越高，目前已能实现提升机与整个矿井提升系统连接，形成一个自动运行系统。

国外提升机的发展已有 150 多年的历史。其中几个有代表性的时期是：1827 年，西方资本主义国家出现第一台蒸汽式提升机；1877 年，第一台单绳摩擦式提升机被制造出来；1905 年，由于电力的发展，第一台电气拖动的矿井提升机被制造出来，逐渐代替了蒸汽式提升机；1938 年，第一台多绳摩擦式矿井提升机被制造出来；1957 年，多绳缠绕式提升机（Blair 提升机）被制造出来。随着社会的发展，为提高劳动生产率和各项经济技术指标，对现有的提升设备进行了技术改造，不断地采用新技术、新工艺，诸如采用新型制动器、液压站，采用使用寿命较长且结构稳定的线接触、面接触、三角股、多层股钢丝绳，采用直流拖动、变频拖动和自动化控制等，从而提高了设备的能力、自控化程度和安全可靠性。事实证明，生产需求是推动技术发展的动力。现在国外箕斗的有效载重量已达 65t，提升速度接近 20m/s，拖动功率达 10000kW 以上；在拖动控制方面，已广泛采用了集中控制及自动控制设备；多绳提升机的绳数为 10 根；井深从数百米到 3000m 以上。例如，瑞典的基鲁那铁矿，在一个矩形的井塔上安装了 12 台多绳提升机（9 台单箕斗提升机、2 台双箕斗提升机和 1 台罐笼提升机），每小时提升能力近万吨，各台提升机均由综合控制台进行集中控制，采用晶闸管技术，直流拖动，计算机参与监控。

我国从 1953 年开始制造提升机，当时由抚顺机械厂少量生产。中信重工机械股份有限公司（原洛阳矿山机器厂）从 1958 年正式开工生产并形成批量生产能力，摆脱了我国提升机依赖进口的状况。1958 年，中信重工机械股份有限公司开始仿制苏联 БМ 型矿井提升机，并在改进国外产品的基础上，于 1961 年自行设计和制造了我国第一台 JKM-2×4 型多绳摩擦式提升机；1971 年，又在 XKT 型提升机的基础上设计、制造了 JK 系列单绳缠绕式提升机。此系列提升机采用了新的结构形式和先进技术，提升机的能力比老系列提升机平均提高了 25%，质量也相应地有所减小，当时作为国家定型产品成批生产，并销售到十几个国家。1992 年，又生产了直联式的多绳摩擦式提升机，为我国深部开采和开发大产量的矿井，以及先进调速性能的电动机拖动的推广应用，提供了性能良好、技术先进的设备。目前，我国所生产的各种矿井提升机及其配套设备具有体积小、质量小、能力大、安全可靠性高等特点，并跨入了世界先进的行列。

国内提升机的发展有如下几项具有代表性的时间点：1958 年，首台 Φ2.5m 双筒缠绕式提升机和 DJ2.0×4 塔式多绳摩擦式提升机研制成功，标志着我国具备了自主生产提升机的能力；1970 年，诞生了当时国内最大的斜坡提升机 2JKX-6×2.4；1977 年，诞生了国内首台落地多绳摩擦式提升机 JKMD-2×2；1980 年，诞生了国内首台凿井提升机 JKZ-2.8/15.5；1984 年，诞生了国内首台直联式提升机 JKM-4×4Ⅲ；1996 年，诞生了国内首台直联式单绳缠绕式提升机 2JK-5×2.3/ZA；2006 年，诞生了国内首台最大规格塔式摩擦式提升机 JKM-5×6PⅢ；2011 年，诞生了国内首台最大规格落地摩擦式提升机 JKMD-6.2×4PⅢ；2012 年，出口赞比亚的提升机 JKMD-5.7×4PⅢ，其电动机功率达到 6300kW；2019 年，诞生了首台国内最大规格的塔式摩擦式提升机 JKM-5.5×6PⅣ，其电动机功率达到 11200kW。

从国内外矿井提升机的发展来看，矿井提升机都在采用最新的技术、工艺和材质，使提升设备向大型化、高效率、体积小、质量小、能力大、安全可靠、高度集中化和自动化的方向发展。

第2章 单绳缠绕式提升机

2.1 单绳缠绕式提升机的命名及主要技术参数

单绳缠绕式提升机分为单筒缠绕式提升机和双筒缠绕式提升机两种。单绳缠绕式提升机的型号表示方法应符合 GB/T 25706—2010 的规定，表示方法如下：

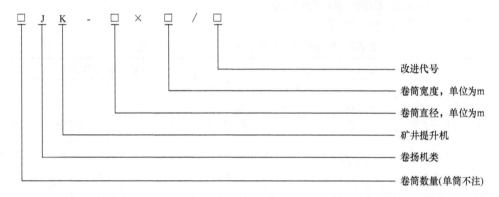

标记示例：

双筒单绳缠绕式矿井提升机，卷筒直径为 2.5m，宽度为 1.2m，变频调速，其标记为 2JK-2.5×1.2/P。

单筒单绳缠绕式矿井提升机，卷筒直径为 3m，宽度为 2.2m，直流调速，其标记为 JK-3×2.2/Z。

单绳缠绕式矿井提升机的技术参数应符合 GB/T 20961—2018《单绳缠绕式矿井提升机》的规定，其参数见表 2-1 和表 2-2。

表 2-1 单绳缠绕式矿井提升机（单筒）的参数

序号	型号	卷筒			钢丝绳最大静张力 /kN	钢丝绳最大直径 /mm	最大提升高度或斜长/m			最大提升速度 /(m/s)
		个数	直径 /m	宽度 /m			一层缠绕	二层缠绕	三层缠绕	
1	JK-2×1.5	1	2.0	1.50	60	25	280	605	962	7.0
2	JK-2×1.8			1.80			350	746	1176	
3	JK-2.5×2		2.5	2.00	90	31	393	832	1312	9.0
4	JK-2.5×2.3			2.30			463	971	1528	
5	JK-3×2.2		3.0	2.20	130	37	435	917	1447	12.0
6	JK-3×2.5			2.50			506	1060	1664	
7	JK-3.5×2.5		3.5	2.50	170	43	501	1049	1654	
8	JK-3.5×2.8			2.80			572	1193	1871	

（续）

序号	型号	卷筒			钢丝绳最大静张力/kN	钢丝绳最大直径/mm	最大提升高度或斜长/m			最大提升速度/(m/s)
		个数	直径/m	宽度/m			一层缠绕	二层缠绕	三层缠绕	
9	JK-4×2.2	1	4.0	2.20	245	50	415	875	1395	14.0
10	JK-4×2.7			2.70			532	1110	1752	
11	JK-4.5×3		4.5	3.00	280	56	597	1242	1958	
12	JK-5×3		5.0	3.00	350	62	593	1232	1948	
13	JK-5×3.5			3.50			710	1469	2307	

注：1. 最大提升高度或斜长是按照钢丝绳最大直径计算的参考值。
　　2. 最大提升速度是按一层缠绕计算时的提升速度。
　　3. 本表中产品规格为优先选用的规格。

表 2-2　单绳缠绕式矿井提升机（双筒）的参数

序号	型号	卷筒				钢丝绳最大静张力/kN	两根钢丝绳最大静张力差/kN	钢丝绳最大直径/mm	最大提升高度或斜长/m			最大提升速度/(m/s)
		个数	直径/m	宽度/m	两卷筒中心距/mm				一层缠绕	二层缠绕	三层缠绕	
1	2JK-2×1	2	2.0	1.00	1090	60	40	25	163	369	605	7.0
2	2JK-2×1.25			1.25	1340				222	487	784	
3	2JK-2.5×1.2		2.5	1.20	1290	90	55	31	205	453	738	9.0
4	2JK-2.5×1.5			1.50	1590				276	595	953	
5	2JK-3×1.5		3.0	1.50		130	80	37	270	584	942	12.0
6	2JK-3×1.8			1.80	1890				341	727	1159	
7	2JK-3.5×1.7		3.5	1.70	1790	170	115	43	312	667	1074	
8	2JK-3.5×2.1			2.10	2190				407	858	1364	
9	2JK-4×2.1		4.0			245	165	50	392	828	1324	14.0
10	2JK-4.5×2.2			2.20	2290	280	185	56	410	864	1385	
11	2JK-5×2.3		5.0	2.30	2390	350	230	62	429	900	1446	
12	2JK-5.5×2.4		5.5	2.40	2490	425	280	68	447	936	1506	
13	2JK-6×2.5		6.0	2.50	2590	500	320	75	457	957	1543	

注：1. 最大提升高度或斜长是按照钢丝绳最大直径计算的参考值。
　　2. 最大提升速度是按一层缠绕计算时的提升速度。
　　3. 本表中产品规格为优先选用的规格。

2.2　单绳缠绕式提升机的发展历程与结构特点

2.2.1　单绳缠绕式提升机的发展历程

我国单绳缠绕式提升机的发展历程主要分为以下几个阶段：

KJ 型（仿苏 БM 型和 Zц 型），制造时间为 1958—1966 年。

JKA 型（仿苏改进型），制造时间为 1966—1971 年。

XKT 型（1969 年自行设计），制造时间为 1970—1971 年。

XKTB 型（在 XKT 型的基础上整顿），制造时间为 1972—1976 年。

JK 型（自行设计），通过多年的生产实践，并综合矿山使用中反映的问题要求，1975 年一机、冶金、燃化三部联合提出改进建议，据此进行了改进，改进后定型为 JK 型直径为 2~5m 的单缠绕式提升机开始生产。

JK/A 型（结构更新型），1985 年开始批量生产，与 JK 型同时生产。

JK/E 型（在 JK/A 型的基础上整顿），1991 年开始生产。

2.2.2 各阶段单绳缠绕式提升机的主要结构特性

1. KJ（仿苏 БM 型和 Zц 型）**系列提升机的结构特性**

1）两点支承提升机主轴，主轴承为滑动轴承。

2）主轴装置采用两个铸铁法兰盘和 A₃F（现牌号为 Q235，下同）薄钢板筒壳组成。

3）调绳离合器为手动蜗轮蜗杆式。

4）制动器为角移式，单缸制动结构，即两副制动器依靠一个制动液压缸来传递制动力。

5）制动力的调节是靠手动杠杆控制三通阀来控制制动液压缸活塞的位移来实现的，安全制动是通过电磁铁控制的四通阀实现的。

6）深度指示器采用牌坊式深度指示器。

7）减速器采用渐开线软齿面人字齿轮减速器，减速器轴承为滑动轴承。

2. JKA（仿苏改进型）**系列提升机的结构特性**

JKA 型矿井提升机是在 KJ 型的基础上做了部分改进，改进内容如下：

1）主轴装置仍采用铸造法兰盘。为了提高筒壳强度和刚度，采用了 A₃F 厚钢板筒壳。

2）为了调绳时省力省时，调绳离合器改手动蜗轮蜗杆式为电动蜗轮蜗杆式。

3）制动器由角移式改为综合式。由单缸制动结构改为独立传动的双缸制动结构。

4）重锤液压蓄力器改为空气液压蓄力器。

5）液压传动装置由以行程反馈的三通阀控制改为以电液调节阀压力反馈控制。

6）为了提高承载能力、减小质量，减速器由渐开线齿形改为弧形人字齿轮减速器。

7）减速器的高速级联轴器改为蛇形弹簧联轴器。

8）钢丝绳的出绳角原规定大于或等于 30°，改为允许 0° 出绳。

9）取消带地下室，改为一律不带地下室。

3. XKT、XKTB 系列提升机的结构特性

1）主轴装置采用铸钢支轮和低合金高强度钢 16Mn（现牌号为 Q345，下同）钢板焊接卷筒的结构，筒壳采用较厚钢板。

2）调绳离合器采用轴向齿轮式液压调绳离合器。

3）制动器采用盘形制动器。

4）制动力的调节靠液压站的电液调压装置控制。

5）深度指示器采用圆盘式深度指示器。

6）减速器为弧齿形人字齿轮减速器，轴承为滑动轴承。

7）采用了微拖动装置。

4. JK 系列提升机的结构特性

JK 型矿井提升机是在 XKTB 型的基础上改进后定型的，改进部分如下：

1）深度指示器由圆盘式改为圆盘式和牌坊式两种并存，可由用户任选一种。

2）由于制动瓦制造质量不稳定，制动器制动瓦对制动盘的摩擦系数由 0.4 降至 0.35，在装拆方便性上也做了改造。

3）弧齿轮减速器降级使用。

4）减速器在 20 世纪 80 年代初改为滑动轴承和滚动轴承两种并存，可由用户任选一种。

5）在 20 世纪 80 年代初期，液压站改为延时时间为 0~10s 的电气延时二级制动液压站。

6）对直径为 2~2.5m 的提升机，单筒提升机增加了整体卷筒结构，与原有的两半卷筒可由用户任选一种。

5. JK/A 系列提升机的结构特性

该系列提升机是我国在 1981 年组织了由技术、经营和生产人员参加的提升机联合调查组，对全国 7 个重点产煤区 40 个主要矿务局的 74 个煤矿、12 个有关设计院和煤管局进行了调查。1982 年又组织了设计、工艺人员对近年来从德国、瑞典、波兰等国进口的提升机做了深入的调查，对国内外提升机的结构、性能做了全面的分析、对比，找出主要差距；同时，对 2JK-2.5/20 矿井提升机做了全面的重大改进。经运转证明，改进后提升机的技术性能和基本参数符合设计要求，用户反映运转平稳、维护方便，是高效、低噪、低耗型提升机。

在此基础上，于 1984 年 2 月开始，在当时现行部标基本参数不变的基础上，开展了更新系列设计，1985 年开始批量生产。

主要改进内容如下：

1）主轴与固筒支轮的连接采用无键连接，卷筒与固筒支轮的联接采用高强度螺栓联接，装拆方便。

2）卷筒出厂时，带已加工好螺旋绳槽的筒壳，可以使钢丝绳排列整齐、运行平稳，提高钢丝绳使用寿命；同时也可以带有安装木衬的卷筒，便于用户配用不同规格的钢丝绳。可由用户任选一种。

3）卷筒采用对开装配式，现场无须进行焊接，提高了产品质量，缩短了安装周期。

4）采用装配式制动盘，制动盘在出厂时进行精加工，保证了加工质量，缩短了安装周期。

5）主轴承采用调心滚子轴承，简化安装，维护简单，能提高效率、消除轴向窜动。

6）调绳离合器采用径向齿块式调绳离合器，使调绳快速、准确，能提高作业率并消除了过去液压缸漏油可能污染制动盘的危险。

7）制动器采用液压缸后置装配式制动器，便于批量生产，并使制动更加安全可靠。

8）液压站采用延时时间为 0~10s 的液压延时二级制动液压站。

9）减速器采用渐开线齿形中硬齿面单斜齿平行轴减速器或硬齿面行星齿轮减速器，其中行星齿轮减速器体积小、质量小、效率高、噪声低，深受用户欢迎。

10）电动机联轴器采用弹性棒销联轴器，其缓冲性好、棒销使用寿命长、备件问题易解决、更换方便。

11）为了阻尼电动机转子惯性、减少对行星齿轮减速器齿面的冲击，在配用行星齿轮减速器时配有电动机制动器。

12）为加强安全保护，增设了机械限速保护。

13）深度指示器配有三种形式：牌坊式深度指示器、由监控器传动的装在三体式操作台上的小丝杠式粗针指示器及盘式精针指示器。

6. JK/E 系列提升机的结构特性

1）减速器全部配用行星齿轮减速器。

2）液压站采用电气延时二级制动液压站。

3）牌坊式深度指示器增设了断轴保护装置（传动失效保护装置）。

4）电动机制动器改为垂直移动式。

2.3　单绳缠绕式提升机的结构特性及组成

单绳缠绕式提升机作为一个大型机械-电气机组，它由机械和电气部件组成，如图 2-1 所示。

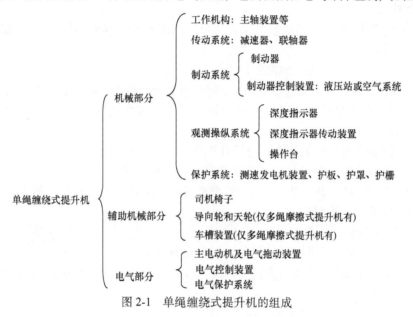

图 2-1　单绳缠绕式提升机的组成

1. 工作机构

工作机构主要是指主轴装置和主轴承等，它的作用是：

1）缠绕提升机钢丝绳。

2）承受各种正常载荷（包括固定载荷和工作载荷），并将此载荷经过轴承传给地基。

3）承受各种紧急事故情况下造成的非常载荷。

4）调节钢丝绳长度。

为了满足上述功能，主轴装置应满足以下要求：

1）有足够的强度和刚度。

2）对单绳缠绕式提升机应满足所需容绳量的要求。

3）卷筒直径应符合安全规程的规定（煤矿和冶金矿山安全规程的最新版本）。

4）双筒缠绕式提升机的主轴装置的两个卷筒，应既能同时正反转，又有相对转动，即具有调绳功能。

2. 传动系统

在用一般高速交流感应电动机或高速直流电动机（转速一般为 350～960r/min）拖动时，其传动系统主要包括减速器和联轴器。在用直流低速、交流变频低速（转速一般为 25～

70r/min）电动机拖动时，其传动系统不需要减速器和联轴器（如采用低速直联悬挂式电动机）或仅需要一个联轴器（如采用一般通用低速电动机）。

减速器的作用是减速和传递动力。

为满足上述功能，减速器应有足够的强度和刚度，并应有适应各种电动机转速的减速比，有时为满足布置上的需要，要求有一定的传动形式，如一般平行轴式、中心驱动式、带锥齿轮直角式等。目前广泛采用硬齿面行星齿轮减速器，少量采用平行轴减速器。

联轴器的作用是联接两个旋转运动的部分，并通过其传递动力，因此应具有足够的强度和刚度，同时还应具备联接方便，允许被联接件之间有一定的相对安装和运动误差。对于高速级联轴器还应有一定的弹性及缓冲性。

3. 制动系统

制动系统包括制动器和制动器控制装置两部分，制动器控制装置对各种形式制动器是不同的。

制动器的作用是：

1）在提升机停车时能可靠地闸住机器。

2）在安全保护起作用或紧急事故情况下使提升机迅速停车，以避免事故的发生或扩大。

3）对双筒单绳缠绕式提升机，在调节钢丝绳长度或更换水平时，应能闸住游动卷筒，松开固定卷筒。

制动器控制装置对各种结构形式的提升机是不同的，KJ 型提升机是液压制动系统（3m以下）和空气制动系统（3m 以上）。JKA 型提升机为液压系统。

JKA、XKT、XKTB、JK、JK/A、JK/E 型提升机制动系统的制动器控制装置是液压站。

制动器控制装置的作用是：

1）调节制动力矩。

2）在任何事故状态下进行紧急制动（即安全制动）。

3）对采用轴向齿轮式或径向齿块式调绳离合器的单绳双筒提升机，提供调绳离合器液压缸所需的压力油。

为满足上述功能，要求制动系统具有如下功能：

1）提升机工作制动和安全制动时，所产生的制动力矩和实际最大载荷形成的旋转力矩之比不得小于 3。

2）双筒提升机在调整卷筒旋转的相对位置时，制动装置在各卷筒上所产生的制动力矩不得小于该卷筒所悬质量（钢丝绳质量与提升空容器质量之和）形成的旋转力矩的 1.2 倍。

3）在立井和倾斜井巷中使用的提升机，在发生安全制动时，全部机械的减速度必须符合表 2-3 的规定。

表 2-3　安全制动时全部机械的减速度应达到的值　　　　（单位：m/s²）

运行状态	倾角 θ		
	≤15°	15°<θ≤30°	>30° 及立井
上提重载	≤Ac	≤Ac	≤5
下放重载	≥0.75	≥0.3Ac	≥1.5

注：表中 Ac 计算公式为

$$Ac = g(\sin\theta + f\cos\theta)$$

式中　Ac——自然减速度，单位为 m/s²；

　　　g——重力加速度，单位为 m/s²；

　　　θ——井巷倾角，单位为（°）；

　　　f——绳端载荷的运行阻力系数，一般取 f=0.01~0.015。

4）安全制动必须能自动、迅速、可靠地实现，制动器的空行程时间（由保护回路断电时起至制动瓦接触到制动盘的时间），盘形制动器不得超过 0.3s，径向制动装置不得超过 0.5s。

5）对于多绳摩擦式提升机，工作制动和安全制动所产生的减速度不得超过钢丝绳的滑动极限，即不能引起钢丝绳的打滑。

6）安全制动和工作制动同时作用时，其制动力矩不能叠加。

7）安全制动可以由操作者操纵，也可由保护系统起作用时自动控制。

4. 观测操纵系统

该系统主要由深度指示器、深度指示器传动装置和操作台组成。

深度指示器有：牌坊式、圆盘式、小丝杠式。

深度指示器传动装置有：牌坊式深度指示器传动装置、圆盘式深度指示器传动装置和监控器。

深度指示器及其传动装置的作用是：

1）向司机指示提升容器在井筒中的位置。

2）当提升容器接近井口卸载位置和井底停车位置时，发出减速信号。

3）当提升容器过卷时，装在牌坊式深度指示器传动装置、圆盘式深度指示器传动装置或监控器上的开关动作，切断安全保护回路，进行安全制动。

4）在减速阶段当提升机超速时，通过限速装置进行过速保护。

5）当需要解除二级制动时，通过解除二级制动开关予以解除。

6）对于多绳摩擦式提升机，应能自动调零，以消除由于钢丝绳在摩擦轮摩擦衬垫上的滑动、蠕动和伸长及衬垫磨损等所造成的指示误差。

操作台有：斜面操作台和组合式操作台。

操作台的作用是：

1）操作台上装有各种把手和开关，是操纵提升机完成提升、下放及各种动作的操纵装置。

2）操作台上装设有各种仪表，向司机反映提升机的运行情况及设备的工作状况。

为满足上述功能、确保提升机安全可靠地运行，对提升机的指示操纵装置必须有保护和后备。另外观测操纵系统还需要足够的精度。

5. 保护系统

保护系统包括测速发电机装置、护板、护罩、护栅等。

测速发电机装置的作用是：

1）通过设在操作台上的电压表向司机指示提升机的实际运行速度。

2）参与等速运行和减速阶段的超速保护。

第3章 单绳缠绕式提升机的主轴装置

3.1 主轴装置的作用及工作原理

主轴装置是单绳缠绕式提升机的工作部件,它的作用是:

1)缠绕提升钢丝绳。

2)受各种正常载荷(包括固定载荷和工作载荷)。

3)承受各种紧急情况下所造成的非常载荷。在非常载荷作用下,主轴装置各部分不应有残余变形。

4)对于双筒提升机,可调节钢丝绳长度。

主轴装置的工作原理(见图3-1)是:电动机通过减速器(或直接)驱动卷筒旋转;钢丝绳一端固定在卷筒上,另一端经卷筒的缠绕后,通过井架天轮悬挂提升容器;随着卷筒旋转,实现容器提升或下放。

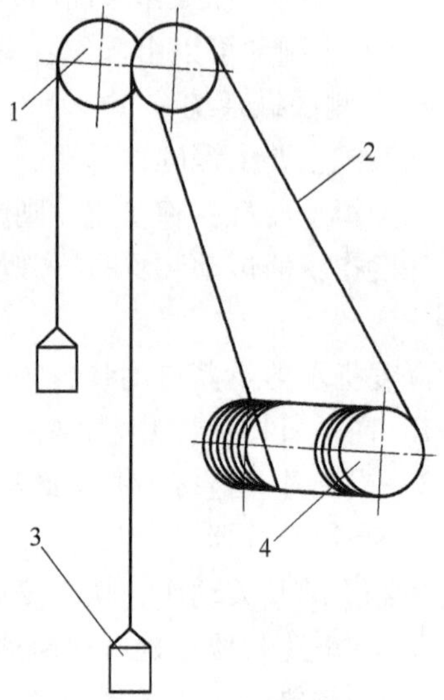

钢丝绳出绳方向一般规定为:单筒提升机采用双钩提升时,左侧钢丝绳为下出绳,右侧钢丝绳为上出绳;采用单钩提升时为上出绳。双筒提升机是左边卷筒上的钢丝绳为下出绳,右边卷筒上的钢丝绳为上出绳。与固定卷筒和游动卷筒的相对位置无关。

图 3-1 单绳缠绕式提升机的原理图
1—天轮 2—钢丝绳 3—容器 4—主轴装置

3.2 JK/A、JK/E 系列提升机主轴装置的结构

本系列产品的主轴装置具有单圆柱卷筒和双圆柱卷筒两种基本形式,主要由主轴、卷筒、支轮、轴承座和调绳离合器(单圆柱卷筒无)等零部件组成。

主轴装置的结构有多种,分别如图3-2~图3-5所示。

由上述简图可以看出,A、B两种提升机主轴装置的结构不同,其主要原因在于:

A种提升机主轴装置的主轴和固筒支轮靠过盈配合装在一起,固定卷筒(单筒仅此卷筒)和主轴通过装在主轴上的两固定支轮用螺栓连接成一体。

B种提升机主轴装置的主轴与固定卷筒的连接是直接通过主轴上直接锻出的两法兰盘与固定卷筒用螺栓连接在一起,除此之外,还有因此而引起的卷筒等零件在结构或尺寸上的不同。

主轴装置各部分结构分述如下:

1. 主轴

主轴有两种不同的结构:

1)A类型为光轴。

2)B类型为带有两个直接锻出法兰盘的轴。

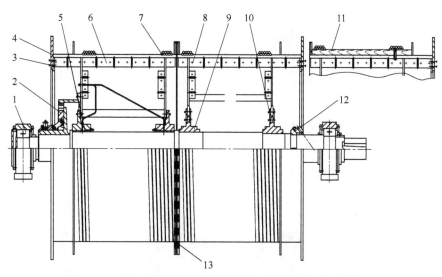

图 3-2　JK/A、JK/E 型双筒单绳缠绕式提升机 A 种主轴装置

1—滚动轴承　2—调绳离合器　3—连接螺栓　4—制动盘　5—两半轴瓦　6—游动卷筒　7—绳槽结构（筒壳上加工绳槽）
8—固定卷筒　9—固筒支轮　10—高强度连接螺栓　11—木衬（或塑衬）结构　12—锥齿轮　13—调绳对齿标记

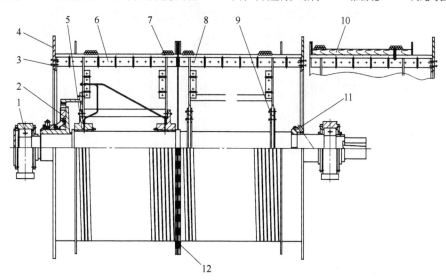

图 3-3　JK/A、JK/E 型双筒单绳缠绕式提升机 B 种主轴装置

1—滚动轴承　2—调绳离合器　3—连接螺栓　4—制动盘　5—两半轴瓦　6—游动卷筒　7—绳槽结构（筒壳上加工）
8—固定卷筒　9—高强度连接螺栓　10—木衬（或塑衬）结构　11—锥齿轮　12—调绳对齿标记

2. 卷筒

卷筒按提升机型号不同，分为以下几种不同的结构形式：

（1）双筒对开装配式木衬卷筒　有游动和固定两个卷筒，每个卷筒都为两半结构，两半卷筒使用螺栓连接在一起。筒壳上布置有木衬（或塑衬），用户可根据自己的实际需要，在木衬上加工出绳槽或订购带有绳槽的塑衬。如果需要变更钢丝绳的直径，只需更换木衬（或塑衬）即可，因此对钢丝绳有较大的适用范围。制动盘为两半结构，制动盘与卷筒的连接采用摩擦副螺栓连接结构，制动盘已在制造厂进行了加工，安装时只需要用扭力扳手，按照一定的拧紧力矩（详见说明书）将螺栓拧紧即可，减少了用户安装时加工制动盘的工作

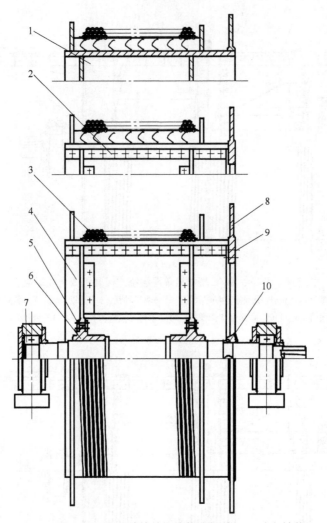

图 3-4　JK/A、JK/E 型单筒单绳缠绕式提升机 A 种主轴装置

1—整体木衬式结构　2—两半木衬式结构　3—两半带绳槽式结构　4—卷筒　5—高强度螺栓　6—支轮
7—滚动轴承　8—制动盘　9—普通螺栓（单绳单筒直径为 2m 的提升机用高强度螺栓）　10—锥齿轮

量，便于运输和装拆。

（2）双筒对开装配式绳槽卷筒　其结构与（1）基本相同，不同点在于：无木衬（或塑衬），而是由制造厂在钢筒壳上直接加工出螺旋绳槽（或折线绳槽）。这种结构要求使用的钢丝绳直径不能改变。

（3）单筒对开装配式木衬卷筒　只有一个卷筒，卷筒为两半结构，两半卷筒使用螺栓连接在一起。筒壳上布置有木衬（或塑衬），用户可根据自己的实际需要，在木衬上加工出绳槽，或订购带有绳槽的塑衬。如果需要变更钢丝绳的直径，只需更换木衬（或塑衬）即可，因此对钢丝绳有较大的适用范围。制动盘为两半结构，制动盘与卷筒的连接采用摩擦副螺栓连接结构，制动盘已在制造厂进行了加工，安装时只需要用扭力扳手，按照一定的拧紧力矩（详见说明书），将螺栓拧紧即可，减少了用户安装时加工制动盘的工作量，便于运输和装拆。

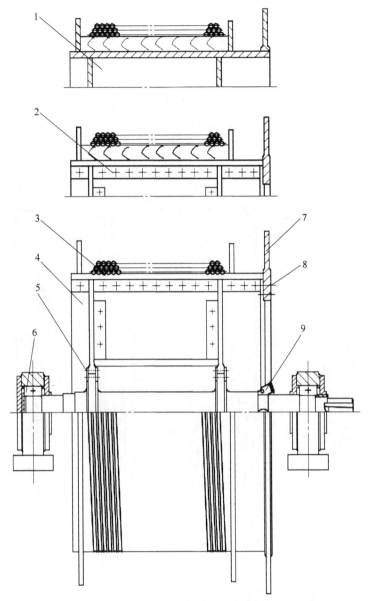

图 3-5　JK/A、JK/E 型单筒单绳缠绕式提升机 B 种主轴装置

1—整体木衬式结构　2—两半木衬式结构　3—两半带槽式结构　4—卷筒　5—高强度螺栓
6—滚动轴承　7—制动盘　8—普通螺栓（单绳单筒直径为 2m 的提升机用高强度螺栓）　9—锥齿轮

（4）单筒对开装配式绳槽卷筒　其结构与（3）基本相同，不同点在于：无木衬（或塑衬），而是由制造厂在钢筒壳上直接加工出螺旋绳槽（或折线绳槽）。这种结构要求使用的钢丝绳直径不能改变。

（5）单筒整体式木衬卷筒　只有一个卷筒，卷筒为整体结构。筒壳上布置有木衬（或塑衬），用户可根据自己的实际需要，在木衬上加工出绳槽，或订购带有绳槽的塑衬。如果需要变更钢丝绳的直径，只需更换木衬（或塑衬）即可，因此对钢丝绳有较大的适用范围。制动盘为整体结构，由制造厂焊接在卷筒上，并且经过精加工。该结构的制动盘不可拆卸，运输安装时应注意保护，以防变形。

　　由于装配工艺性不好，基于这个原因没有双筒整体式卷筒结构。以上所述的几种卷筒结构可由用户选用，订货时需要在技术协议中指明。

3. 钢丝绳层间过渡块

　　为了消除提升过程中的夹绳现象和减轻咬绳程度，在钢丝绳由第一层向第二层、由第二层向第三层的过渡区增设了过渡块，其基本形状如图3-6所示。

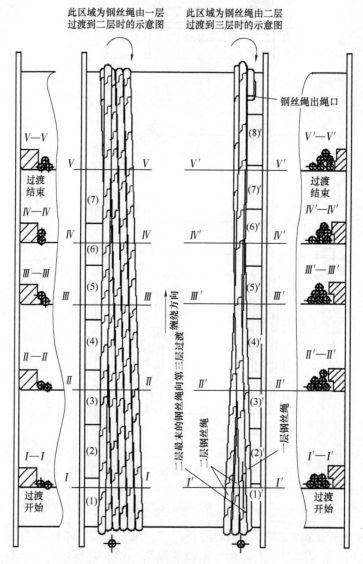

图 3-6　钢丝绳层间过渡块的基本形状

4. 主轴承

　　新生产的提升机，主轴承都采用滚动轴承结构，轴承选用调心滚子轴承，其结构简单、安装方便，可提高设备运转效率、降低能耗。

第4章　单绳缠绕式提升机的天轮装置

4.1　概述

单绳缠绕式提升机的天轮安装在井架的最上部（雨棚下面）平台上，用来引导钢丝绳转向。一般天轮有：固定天轮、游动天轮、凿井天轮几种。

1. 《煤矿安全规程》要求

除移动式的或辅助性的绞车外，提升装备的天轮、滚筒、摩擦轮、导向轮和导向滚等的最小直径与钢丝绳直径的比值，应符合下列要求：

1）井上提升装备的滚筒和围抱角大于90°的天轮，两直径比值不得小于80；围抱角小于90°的天轮，两直径比值不得小于60。

2）井下提升绞车和凿井提升绞车的滚筒、井下架空乘人装置的摩擦轮和尾导轮、围抱角大于90°的天轮，两直径比值不得小于60；围抱角小于90°的天轮，两直径比值不得小于40。

3）矸石山绞车的滚筒和导向轮，两直径比值不得小于50。

4）在以上提升装置中，如使用密封式提升钢丝绳，应将各相应的比值增加20%。

5）悬挂水泵、吊盘、管子用的滚筒和天轮，凿井时运输物料的绞车滚筒和天轮，倾斜井巷提升绞车的游动轮，矸石山绞车的压绳轮，以及无极绳运输的导向滚等，两直径比值不得小于20。

6）通过天轮的钢丝绳必须低于天轮的边缘，其高度差：提升用天轮不得小于钢丝绳直径的1.5倍；悬吊用天轮不得小于钢丝绳直径的1倍。天轮的各段衬垫磨损达到1根钢丝绳直径的深度时，或沿侧面磨损达到钢丝绳直径的1/2时，必须更换。

2. 单绳缠绕式天轮规格的确定原则

1）竖井提升，使用固定天轮，一般情况下天轮直径与卷筒直径相等。

2）斜井提升，如果保证钢丝绳偏角不超过1.5°，可使用固定天轮。一般情况下可根据绳径比（卷筒直径与钢丝绳直径比）的要求确定固定天轮的直径。

3）斜井提升，如果采用固定天轮，钢丝绳偏角超过1.5°时应采用游动天轮，即天轮可以在天轮轴上沿轴向自由游动，游动距离根据偏角值确定。

4.2　固定天轮装置

单绳缠绕式提升机的固定天轮装置由衬垫、轮缘、轮辐槽钢、轮毂、固定天轮轴、轴承座和轴承组成，如图4-1所示。

轮缘和轮毂为铸钢材质，两者之间用轮辐槽钢焊接为一体，形成铸焊式结构的天轮。天轮整体退火消除焊接应力，然后进行精加工。轮缘槽内装有聚氯乙烯或尼龙衬垫（或其他材料），使钢丝绳得以保护，以免钢丝绳与铸钢轮缘直接摩擦，从而提高钢丝绳的使用寿命。衬垫为成对楔形分体结构，可以方便地安装在天轮轮槽内。每圈衬垫的最后一对可通过轮缘的缺口安装到位，然后用螺栓固定的压块将最后一对衬垫压紧。

固定天轮轴采用优质中碳钢或优质合金钢，经过严格的超声检测。天轮轴与天轮的连接部位加工有平键槽，天轮与天轮轴通过平键固定连接。

轴承座采用铸钢或铸铁，利用螺栓固定在井架上。轴承座两侧边为加工面，该面与井架上焊接的挡板之间设置有成对调整楔铁，可以调整并固定轴承座位置。

轴承采用承载力大、维护方便、具有调心性能的调心滚子轴承。

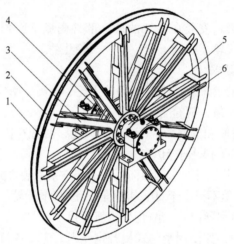

图 4-1　单绳缠绕式提升机的固定天轮装置

1—衬垫　2—轮缘　3—轮辐槽钢　4—轮毂　5—固定天轮轴　6—轴承座和轴承

4.3　游动天轮装置

单绳缠绕式提升机的游动天轮由衬垫、轮缘、轮辐槽钢、铜瓦、铜瓦螺栓、游动天轮轴、轴承座和轴承等组成，如图 4-2 所示。

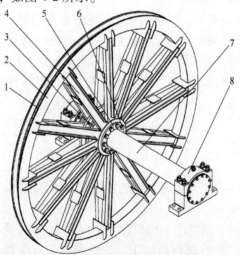

图 4-2　单绳缠绕式提升机的游动天轮装置

1—衬垫　2—轮缘　3—铜瓦注油孔　4—轮辐槽钢　5—铜瓦　6—铜瓦螺栓　7—游动天轮轴　8—轴承座和轴承

　　游动天轮和固定天轮的结构基本相同，其不同点为：天轮与天轮轴之间没有平键，而是装设有铜瓦，铜瓦内孔与天轮轴之间为较大间隙的间隙配合，并且设有润滑油口，以保证天轮可在天轮轴上沿轴向自由游动。

4.4　分体式天轮装置

　　由于运输空间或安装空间的原因，可能对天轮的外形尺寸有限制，这时需要采用分体式天轮。
　　一般情况下，采用两半式天轮基本上可以满足外形尺寸的要求。这样的天轮在结构上与前述的常规天轮基本相同。其不同点为：在天轮的结合面部位设置有连接法兰，两半轮体通过法兰的螺栓连接在一起（见图 4-3）。
　　分体式天轮既有固定天轮，也有游动天轮。

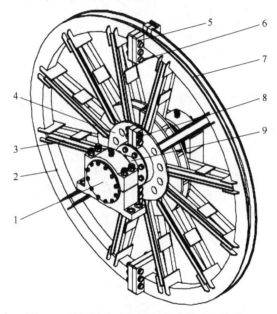

图 4-3　单绳缠绕式提升机的分体式天轮装置
1—轴承座和轴承　2—轮缘　3—轮辐槽钢　4—两半轮毂　5—两半轮缘连接板　6—两半轮缘连接螺栓
7—衬垫　8—两半轮毂连接螺栓　9—天轮轴

4.5　辐板式天轮装置

　　上面所述的天轮结构都为辐条式结构，即轮毂和轮缘为铸钢，两者之间用槽钢焊接为一体。这种天轮已设计生产多年，但存在结构复杂、焊缝数量多、整体刚性偏弱、槽钢易锈蚀的缺点。
　　为了增强天轮刚度、简化加工工艺，现已开发出辐板式天轮，这种天轮的结构特点为：轮毂和轮缘仍为铸钢，两者之间采用完整的辐板焊接在一起，并在圆周上等分设置双侧加强筋，形成十字形截面的支承结构。为了减小质量，辐板开有减重孔。
　　对于辐板式天轮结构，下料、焊接、加工各方面都相对更容易实施，并且其刚度较辐条式天轮有所提高。通过合理的结构设计，可保证辐板式天轮与辐条式天轮相比质量相当。
　　辐板式天轮同样可以分为整体式和分体式，如图 4-4 和图 4-5 所示。

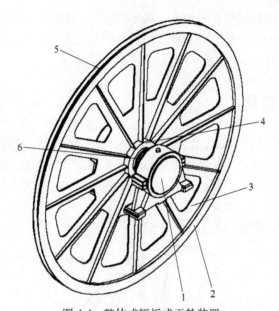

图 4-4　整体式辐板式天轮装置

1—轴承座和轴承　2—轮缘　3—辐板　4—轮毂　5—衬垫　6—天轮轴

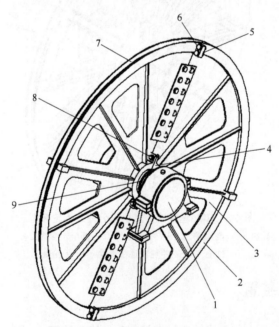

图 4-5　分体式辐板式天轮装置

1—轴承座和轴承　2—轮缘　3—辐板　4—两半轮毂　5—两半轮缘连接板　6—两半轮缘连接螺栓
7—衬垫　8—两半轮毂连接螺栓　9—天轮轴

第5章 单绳缠绕式提升机的其他组成部件

5.1 观测、操纵系统

5.1.1 深度指示器的结构和工作原理

1. 单绳缠绕式提升机的牌坊式深度指示器及其传动装置的作用

1）为操作者（提升机司机）指示提升容器在井筒中的位置。

2）向电气控制系统发送减速、过卷、停车等信号。

3）在进入减速段运行时，对提升机提供限速保护。

4）当需要解除二级制动时，向电控系统发送二级制动解除信号。

牌坊式深度指示器系统，由牌坊式深度指示器和深度指示器传动装置两大部分组成。其原理图如图 5-1 所示。

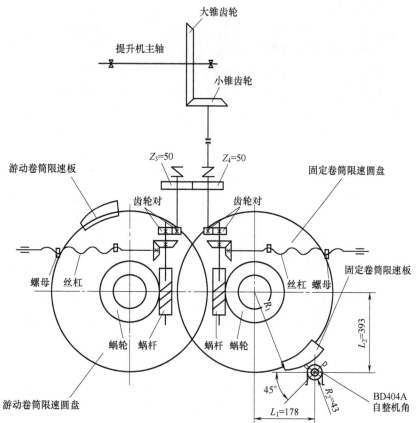

图 5-1 牌坊式深度指示系统的原理图

牌坊式深度指示器上还配套有断轴保护装置（传动失效保护装置），其作用是防止牌坊式深度指示器的传动系统因失效导致各种信号和信息中断，进而造成过卷、断绳等恶性重大事故的发生。

2. 单绳缠绕式提升机牌坊式深度指示器及其传动装置的原理（见图 5-1）

提升机主轴上安装一个大的锥齿轮，深度指示器传动装置上安装一个小锥齿轮。通过这对锥齿轮，提升机主轴的旋转运动经过 90°换向后，由传动装置传给牌坊式深度指示器，再经过齿轮对传给丝杠，使两根竖直丝杠以互为相反的方向旋转。当丝杠旋转时，带有指针的两个梯形螺母也以互为相反的方向移动，即一个向上，另一个向下。丝杠的转数与主轴的转数成正比，因而也与容器的井筒中位置相对应，因此螺母上指针在丝杠上的位置也与之相对应，通过指针便能准确地指出容器在井筒中的位置。为保证足够的指示精度，针对不同矿井深度的情况下，可以通过调整深度指示器内部的齿轮对的齿数比、蜗轮蜗杆的齿数比、丝杠和螺母的螺距，以保证深度指示器上指针的实际行程均能大于标尺全行程的 2/3。

梯形螺母上不仅装有指针，还装有掣子和碰铁。当提升容器接近井口卸载位置时，掣子带动信号拉杆上的销子，将信号拉杆渐渐抬起，同时销子在水平方向也在移动。当达到减速点时销子脱离掣子下落，装在信号拉杆上的撞针敲击信号铃，发出减速开始信号。在信号拉杆旁边的立柱上固定有一个减速极限开关，当提升容器到达一定位置时，信号拉杆上的碰块碰减速开关的滚子进行减速，直至停车。若提升机发生过卷，则梯形螺母上的碰铁将把过卷极限开关打开，进行安全制动。

信号拉杆上的销子可根据需要移动位置，减速极限开关和过卷极限开关的上下位置可以很方便地调整，以适应不同的减速距离和过卷距离的要求。

限速凸轮由蜗轮带动，通过限速变阻器或自整角机进行限速保护，使提升机在减速阶段不致过速。在一次提升过程中每个凸轮的转角应在 270°~330°范围内。

牌坊深度指示器上设置有断轴保护装置（传动失效保护装置）。该装置主要功能是不论由于何种原因造成丝杠不转动，即指示失灵，机器都能立即进行安全制动，以达到安全保护的目的。

该装置主要组成是永磁感应器、酚醛塑料圆盘、扇形铁板、开关架等。永磁感应器安装在牌坊式深度指示器立柱上，塑料圆盘装到丝杠上，塑料圆盘圆周均匀布装有扇形铁板。其原理是深度指示器传动系统正常工作时塑料圆盘随丝杠转动，圆盘装着扇形铁板的那一面，对着永磁感应器固定磁场（永磁感应器呈槽钢状，一端为永久磁铁，另一端为干簧管，塑料圆盘从中间穿过）。当圆盘转动时就会不断隔断磁力线，使另一端干簧管中的开关触点不断发出开、闭信号送到安全回路。当由于某种原因使深度指示器传动系统出现失灵时，塑料圆盘停止转动，此时永磁感应器发出一个常开或常闭不变信号送到安全回路，安全回路接收到此信号后，立即使提升机实施安全制动，从而可避免因指示失灵致使司机误操作而发生的过卷事故。

3. 单绳缠绕式提升机的牌坊式深度指示器及其传动装置的结构

单绳牌坊式深度指示器由两部分组成：一部分是与提升机主轴成直角连接的传递运动的装置，即牌坊式深度指示器传动装置；另一部分是深度指示器，两者通过联轴器相联。

以安装在主轴轴端的牌坊式深度指示器传动装置为例，其结构如图 5-2 所示，牌坊式深度指示器的结构如图 5-3 所示。

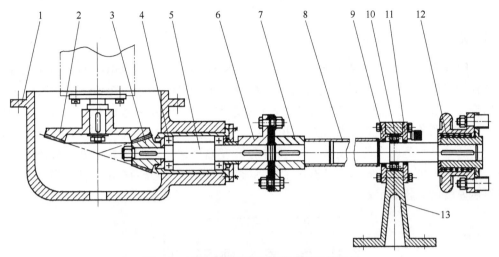

图 5-2　牌坊式深度指示器传动装置的结构

1—支承盖　2—大伞齿轮　3—小伞齿轮　4—角接触球轴承　5—轴　6—左半联轴器　7—右半联轴器
8—传动轴　9—左压盖　10—轴承　11—右压盖　12—联轴器　13—轴承座

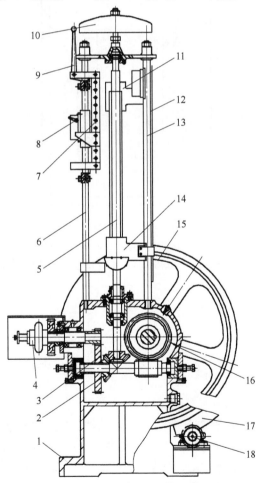

图 5-3　牌坊式深度指示器的结构

1—箱体　2—锥齿轮对　3—齿轮对　4—离合手轮　5—丝杠　6、13—立柱　7—信号拉杆　8—减速极限开关
9—撞针　10—信号铃　11—过卷极限开关装置　12—标尺　13—梯形螺母　14—限速圆盘　16—蜗轮传动装置
17—限速凸轮板　18—自整角机限速装置

5.1.2　数字式深度指示器

以 DDI-96B-2 型数字式深度指示器为例，如图 5-4 所示。DDI-96B-2 型数字式深度指示器安装在司机操作台上，可进行提升容器的粗针指示和精针指示。DDI-96-2 型数字式深度指示器采用 BCD（二进码十进数）编码的串行接口电路，可方便地与 PLC（可编程逻辑控制器）及其他具有相应接口的控制装置相配套。它有左右两路粗针，每路 96 个发光二极管，显示行程的分辨率为整个行程的 1/96。精针分为左右两路，每路由 6 位显示数码组成，显示范围为 −1999.99 ～ +1999.99。还有两个指示方向的指示灯，分别指示容器的运行方向，另外有显示速度的 3 位显示数码。

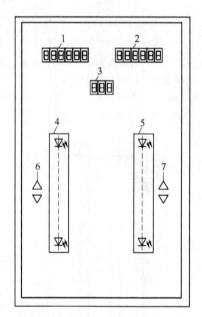

图 5-4　数字式深度指示器
1—左侧容器位置精针指示　2—右侧容器位置精针指示　3—速度数字显示　4—左侧容器位置粗针指示
5—右侧容器位置粗针指示　6—左侧容器运动方向指示　7—右侧容器运动方向指示

5.2　联轴器

5.2.1　高速级蛇形弹簧联轴器

（1）用途　连接电动机与减速器的高速轴。

（2）结构　蛇形弹簧联轴器主要由两个半联轴器、左右两个弹簧罩、两个密封圈、盖板及蛇形弹簧片组成。半联轴器的外圆上加工有类似齿形的槽，靠蛇形弹簧嵌入两个半联轴器的齿槽内来传递转矩，来实现主动轴与从动轴的联接。运转时，是靠主动端齿面对蛇形弹簧的轴向作用力带动从动端，来传递转矩。依靠弹簧片在传递转矩时所产生的弹性变量，使机械系统能获得较好的减振效果（见图 5-5）。由于蛇形弹簧联轴器的零件加工复杂，蛇形弹簧易损坏，这种联轴器目前已被弹性棒销联轴器替代。

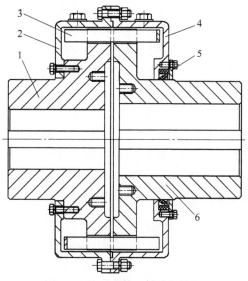

图 5-5　蛇形弹簧联轴器的结构

1—减速器端半联轴器　2—左弹簧罩　3—弹簧　4—右弹簧罩　5—盖板　6—电动机端半联轴器

5.2.2　高速级弹性棒销联轴器

（1）用途　连接电动机与减速器的高速轴。

（2）结构　电动机与行星齿轮减速器（或平行轴减速器）之间的高速级联轴器采用弹性棒销联轴器，其缓冲性好，棒销使用寿命长，备件易解决，更换方便，能有效减少电动机对减速器齿面的惯性冲击。该联轴器主要由一个整体外套、弹性棒销（聚氨酯橡胶棒销）和两个半联轴器组成，其结构如图 5-6 所示。整体外套、两个半联轴器分别加工出类似内齿和外齿的花瓣形结构，当外套与联轴器组合后，自然形成左右两周均匀分布的圆柱形空腔，

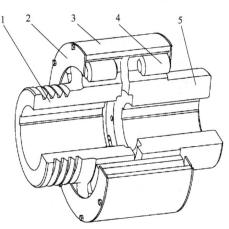

图 5-6　弹性棒销联轴器的结构

1—减速器端半联轴器　2—挡板　3—外套

4—弹性棒销　5—电动机端半联轴器

此空腔用于安装左右两组圆柱形的弹性棒销。工作时，转矩的传递顺序为：电动机→电动机侧的半联轴器→电动机侧的弹性棒销→联轴器的整体外套→减速器侧的弹性棒销→减速器侧的半联轴器。这种结构的弹性棒销受到的是纯挤压作用，而其他一般棒销类联轴器中的棒销受到的是剪切作用，相比之下，此种结构的弹性棒销使用寿命大幅延长。

弹性棒销为通用型的标准零件。只需改变整体外套、两个半联轴器的结构设计，以加装不同数量的弹性棒销，即可设计制造出不同传动能力的弹性棒销联轴器。两个半联轴器还可加工带槽，用于安装测速传动装置的传动带。

弹性棒销联轴器的整体外套可以轴向移动，当整体外套轴向移动距离超过棒销长度时，即可实现弹性棒销联轴器的完全脱开，电动机或者减速器可以单独起吊移走，方便地实现局部设备的检修。

（3）弹性棒销联轴器的选取原则 需要传递的转矩为

$$M_n = \frac{F_{jmaxc} D}{2i\eta}$$

式中 F_{jmaxc}——最大静张力差；

D——卷筒直径；

i——减速器的减速比；

η——传动系统的效率。当采用行星齿轮减速器时 $\eta = 0.95$，当采用平行轴减速器时 $\eta = 0.85$。

弹性棒销联轴器的额定转矩为 $[M_n]$，选择的弹性棒销联轴器，必须保证：$M_n < [M_n]$。

（4）对安装误差的适应能力 弹性棒销联轴器的两轴心线的径向位移量不大于 0.2mm，倾斜度不大于 0°20′。

5.2.3 低速级齿轮联轴器

（1）用途 连接减速器低速轴与主轴装置。

（2）结构 低速级联轴器，即减速器低速级与提升机主轴之间采用齿轮联轴器联接。该联轴器主要由两个内齿圈，两个外齿轴套，以及若干个螺栓、防尘密封圈组成，如图 5-7 所示。齿轮联轴器的特点是传递转矩大，并具有补偿安装时两轴的微量偏斜及不同心的功能。

传递转矩依靠两个内齿圈之间的连接螺栓完成，拆掉该螺栓，即可方便地将齿轮联轴器完全脱开，减速器或者主轴装置可以单独起吊移走，方便地实现局部设备的检修。

（3）齿轮联轴器的选取原则 齿轮联轴器的公称转矩为 $[M]$，最大静力矩为

$$M_J = \frac{F_{jmaxc} D}{2}$$

按照动载系数 $K = 1.6 \sim 1.8$ 考虑，联轴器所需的最小允许转矩为

$$M_m = K_1 K_2 M_J \times (1.6 \sim 1.8)$$

式中 F_{jmaxc}——最大静张力差；

D——卷筒直径；

K_1——传动重要系数，联轴器破坏时会引起一系列的机器事故，此时取 $K_1 = 1.2$；

K_2——联轴器工作条件系数，当为重要工作机构、不均匀冲击负载和可逆机构时，取 $K_2 = 1.3$。

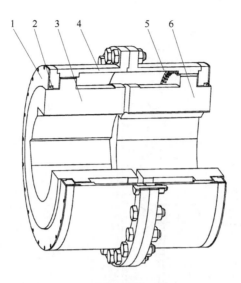

图 5-7　齿轮联轴器的结构

1—盖板　2—J 形油封　3—减速器端外齿轴套
4—减速器端内齿圈　5—主轴端内齿圈
6—主轴端外齿轴套

只有满足 $M_m < [M]$ 时，齿轮联轴器才可选取。

（4）对安装误差的适应能力　齿轮联轴器两轴心线的径向位移量不大于 0.15mm，倾斜度不大于 0.6/1000。

（5）安装要求　齿轮联轴器的内、外齿的啮合应在油浴中工作，不得有漏油现象。润滑油采用 2 号锂基润滑脂。

5.3　调绳离合器

调绳离合器用以满足多水平提升时更换提升水平，以及当钢丝绳伸长时调节绳长达到双容器的相应准确停车位置的需求。

JK/A、JK/E 型双筒单绳缠绕式提升机采用一种较新结构的径向齿块式调绳离合器，使调绳过程更加安全、精确、快速、可靠。

该装置由齿块、齿圈等工作机构，液压缸、移动毂等驱动机构，以及操作联锁等控制机构三部分组成。径向齿块式调绳离合器的结构及工作原理如图 5-8 所示。

其工作原理如下：

1. 机器正常工作阶段

齿块和内齿圈处于啮合状态，驱动液压缸的离合腔通过电磁阀的中位，处于回油泄压状态，通向驱动液压缸的油路关闭，联锁阀锁紧，保证齿块和内齿圈的正确啮合，机器正常运行。

2. 调绳准备（离合器离开）阶段

此时，机器处于正常的工作制动状态，操作台上的调绳转换开关转到调绳位置，安全电磁阀断电，使机器处于安全制动状态。电磁铁 G_2 通电，电磁阀换至左位，高压油

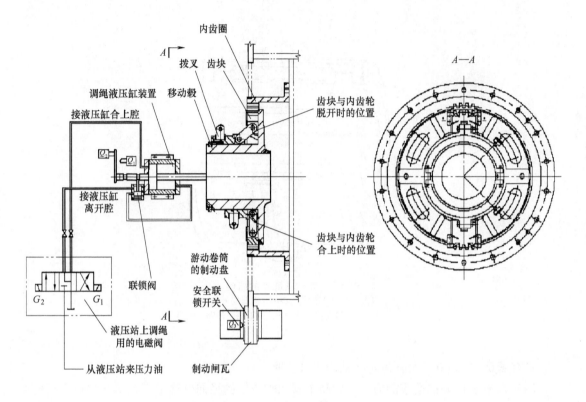

图 5-8　径向齿块式调绳离合器的结构及工作原理

即可通过联锁阀，进入调绳离合器液压缸的离开腔。此时，联锁阀的柱销从活塞杆上的凹槽中移出，进入离合器液压缸离开腔的高压油，才能驱动活塞杆向外移动，通过移动毂等驱动机构，使齿块与内齿圈脱离啮合，导致游动卷筒和主轴的连接脱开，完成调绳前的准备工作。

3. 调绳操作阶段

高压油使活塞杆外移，外移一定距离时，碰压行程开关 Q_2。此时，操作台上的指示灯显示出"脱开"的信号，然后使控制固定卷筒制动器的安全电磁阀通电，解除固定卷筒的安全制动，这时游动卷筒仍处于安全制动状态。起动电动机，使固定卷筒和游动卷筒发生相对转动（固定卷筒转，游动卷筒不转），调节钢丝绳长度或更换提升水平，实现调绳的目的，钢丝绳调整完毕时，应使游动卷筒和固定卷筒的调绳标记相互对准，即可停机。

4. 恢复工作（离合器合上）**阶段**

钢丝绳调整完毕后，将进行使提升机返回工作状态的工作。

使控制固定卷筒制动器的安全电磁阀断电，固定卷筒恢复安全制动状态，然后将电磁阀上的电磁铁 G_2 断电，液压缸离开腔的高压油即回油箱。再接通电磁阀的电磁铁 G_1，电磁阀换至右位，高压油即可进入液压缸的合上腔，驱动活塞杆向里移动，通过移动毂等驱动机构，使齿块与内齿圈啮合。活塞杆在高压油的作用下向里移动，当返回原来位置时，碰压行程开关 Q_1，操作台上指示灯显示出"合上"的信号，然后使电磁阀的电磁铁 G_1 断电，并恢复调绳转换开关到原来位置。此时，电磁阀处于中位的回油位置，至此，调绳操作过程全部结束，机器恢复正常的工作制动状态。

5. 调绳安全联锁环节

1）在调绳操作过程中，万一离合器事故性地从原来的离开位置向合上位置移动时，行程开关 Q_2 动作，固定卷筒立即安全制动，避免打齿事故发生。

2）在整个调绳操作过程中，游动卷筒完全处于安全制动状态。若一旦发生误操作，导致游动卷筒松闸时，行程开关（或位移传感器）Q_3 动作，机器立即进行安全制动，以确保调绳过程的安全。

5.4　JK/A、JK/E 系列提升机钢丝绳的出绳方法和出绳口的设置

单筒提升机一般均采用钢丝绳在卷筒上侧出绳的方式。

目前生产的单绳缠绕式提升机，固定卷筒都在靠近电动机端。对于常规的右装式（从司机位置看电动机布置在右端）提升机，双卷筒提升机一般均采用固定卷筒的钢丝绳在卷筒上侧出绳、游动卷筒的钢丝绳在卷筒下侧出绳的方式。

游动卷筒的出绳口设置在游动卷筒制动盘一侧，固定卷筒有左、右两个出绳口。当提升钢丝绳缠绕在 $1.25 \sim 2.25$ 层的范围内时，应使用左边（即靠近游动卷筒一边）的出绳孔，其余情况应使用右边的出绳孔。这样可以避免两钢丝绳在卷筒上排绳时集中到主轴中部，作用在主轴上的力叠加加大，对主轴造成不利。

5.5　信号接口装置

5.5.1　编码器及测速机的选型及数量

编码器和测速机的选型应满足电控系统的要求。对于交流串电阻电控系统（目前已极少使用），一般可配置 2 个轴编码器和 1 个测速机；对于变频电控系统，一般在主轴轴头安装 2 个轴编码器，电动机尾部安装 1 个测速机和 1 个轴编码器；对于直流电控系统，一般为 2 个轴编码器和 1 个测速机。另外，对于采用恒减速制动系统的单绳缠绕式提升机除上述配置外，还需要额外增加配套 1 个测速机接口。

5.5.2　编码器及测速机的安装

编码器的最佳安装位置为非传动端的主轴轴头，可以采用轴承端盖式安装和外接齿轮箱式安装两种方式。

1. 轴承端盖式安装

编码器和测速机都安装在轴承端盖上，然后端盖再安装在轴承座上。一个法兰轴通过主轴上的止口定位安装在主轴轴头。编码器和测速机利用杯形杯体安装在端盖上，即壳体固定，法兰轴与编码器轴通过联轴器相连，可将主轴旋转运动传递给编码器。

如果采用多个编码器，则需要采用齿轮传动的方式，法兰轴带一个小齿轮，然后分别带动其他齿轮，以实现带动多套编码器或测速机。单绳缠绕式提升机端盖安装的编码器（或

测速机）如图5-9所示。根据传动比的需要，还可以调整齿轮对的传动比。

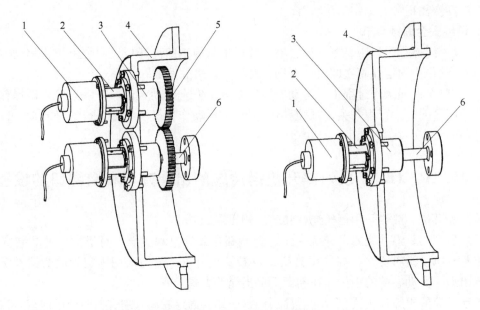

图 5-9　单绳缠绕式提升机端盖安装的编码器（或测速机）

1—编码器　2—连接杯体　3—套杯　4—轴承端盖　5—齿轮　6—连接轴

2. 外接齿轮箱式安装

一个法兰轴通过主轴上的止口定位，安装在主轴轴头，另一端外伸到轴承端盖之外，连接一个小齿轮箱。小齿轮箱有多个出轴，可以带动多个编码器或者测速机（见图5-10）。

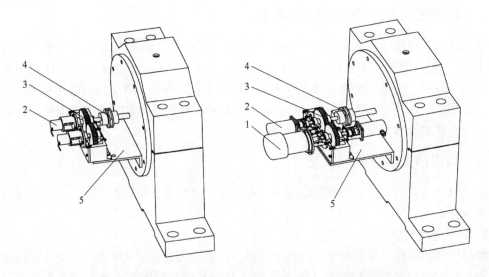

图 5-10　单绳缠绕式提升机外接齿轮箱安装的编码器和测速机

1—编码器　2—测速机　3—齿轮传动装置　4—传动轴　5—连接架

小齿轮箱的齿轮为更换件，可以组合出不同的传动比。

5.6　测速传动装置

测速传动装置通过机械传动的方式实现两个功能：实时测得提升容器的实际运行速度，在异常超速的情况下实施保护。

测速传动装置的组成：测速发电机、机械转速继电器、传动带、带轮及底座等（见图 5-11）。底座通过地脚螺栓安装在地基上，带有小带轮的测速发电机、机械转速继电器都安装在底座上。一组传动带连接测速发电机小带轮和弹性棒销联轴器的大带轮；另一组传动带连接机械转速继电器和弹性棒销联轴器的大带轮。因此，测速发电机、机械转速继电器分别与弹性棒销联轴器保持一定的传动比同时旋转。

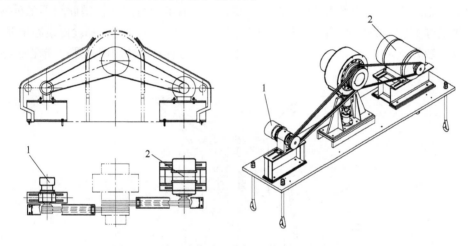

图 5-11　单绳缠绕式矿井提升机的测速传动装置
1—机械转速继电器　2—测速发电机

测速发电机在旋转时能够发出电压信号，并且电压与转速为线性关系。因此测得电压值，即可得出其实际转速。测速发电机发出的电压信号除用于参与电气控制外，还可接至操作台上，用于显示提升机速度，供提升机操作者了解提升容器在井筒中的实际运行速度。

机械转速继电器（离心开关）在达到一定转速时，在离心力的作用下，能够发出开关信号。为确保提升机在等速段不超速 15%，应调整机械转速继电器的临界转速值。当提升机实际运行速度超过额定速度 15% 时，机械转速继电器达到临界转速，必须发出开关信号以发送到电气控制系统，使提升机实施安全制动。

小带轮为更换件，应根据电动机转速和弹性棒销联轴器的大带轮直径，选用合适的小带轮直径，即调整测速发电机、机械转速继电器的转速，原则为：

1）测速发电机端速度调整到 $n_2 \approx 1450 \mathrm{r/min}$。在此转速下测速发电机工作性能最佳。

2）机械转速继电器端速度调整到 $n_1 \approx 1300 \mathrm{r/min}$。机械转速继电器出厂前或现场调试阶段按超速 15% 的动作来设定，应将机械转速继电器调整到当转速为 $1300 \times (1+0.15) \mathrm{r/min} \approx 1495 \mathrm{r/min}$ 的临界转速时，发出开关信号。

5.7　电动机制动器

（1）功能　JK/E 系列提升机配硬齿面行星齿轮减速器，该减速器对冲击的敏感性高，因此在 JK/E 系列提升机中，配置了电动机制动器，其主要目的是保护减速器免受冲击。

当提升机正常减速、停车或紧急制动时，卷筒上的盘形制动器装置施闸。当卷筒和减速器低速轴完全静止时，由于电动机转子的惯性，电动机不能马上完全停止，减速器的高速轴仍会继续转动，这样就在减速器的高低速轴之间产生了一个有害的力矩，并会有冲击现象，对减速器有损伤。可用电动机制动器来解决此问题。

（2）结构组成　电动机制动器安装在减速器高速轴处的弹性棒销联轴器处，为垂直移动式的制动器，主要由机架、圆弧形制动瓦（下端带连杆）装置、液压缸、螺旋弹簧、调整螺母等组成（见图 5-12）。上部为圆弧形制动瓦装置，圆弧半径与弹性棒销联轴器的外圆相等，中部为螺旋弹簧，下部为液压缸。液压缸固定在机架上，机架用地脚螺栓固定在地基上，圆弧形制动瓦装置下端的连杆穿过螺旋弹簧，与液压缸的活塞杆通过调整螺母连在一起。

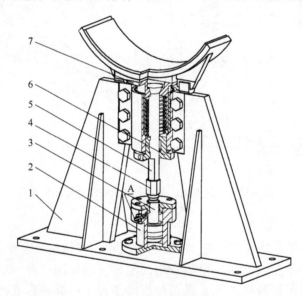

图 5-12　电动机制动器
1—机架　2—液压缸　3—活塞杆　4—螺母　5—拉杆　6—调整螺母　7—闸体

和盘形制动器装置的原理类似，电动机制动器也是"液压松闸、弹簧力制动"。当液压缸通入压力油后，活塞杆向下运动，拉动圆弧形制动瓦下降，远离弹性棒销联轴器的外圆，螺旋弹簧被压缩，完成松闸动作。当液压缸内压力油卸压后，螺旋弹簧从被压缩状态释放到自由状态，推动圆弧形制动瓦上升，压向弹性棒销联轴器的外圆，即完成施闸动作。

液压缸与提升机的盘形制动器的油路相连通，即电动机制动器的动作与盘形制动器始终保持"同步"。这样提升机在减速、停车，特别是在紧急制动时，能吸收绝大部分的电动机转子的转动惯量，保证减速器的高、低速轴动作"同步"，没有附加有害的力矩，从而使行星减速器的齿轮免受冲击损坏，提高减速器使用寿命。

5.8   锁紧器

锁紧器在提升机正常运行时，不参与工作，在调绳或维修制动器装置时，将其与卷筒连接上，将卷筒锁定，以防发生事故。单绳缠绕式提升机锁紧器的结构如图 5-13 所示。

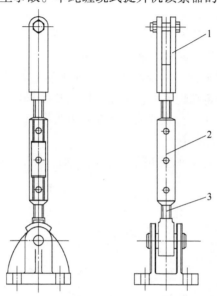

图 5-13   单绳缠绕式提升机锁紧器的结构
1—夹子   2—拉紧螺母   3—拉杆

锁紧器用螺栓固定在地基上，设置在卷筒下部对准卷筒一端挡绳板的部位。夹子、拉紧螺母、拉杆共同组成连杆，与底座之间通过销轴连接，可以自由回转。夹子一端为带孔分叉结构，可以插在挡绳板两侧，将销子穿入挡绳板孔内，即可实现将提升机锁定。夹子与拉杆之间通过拉紧螺母螺纹连接，拉紧螺母两端分别为左旋、右旋内螺纹，拧动拉紧螺母，即可调整整个连杆的长度。

对于双筒提升机，锁紧器必须设置在游动卷筒一侧。当调绳时，应锁住游动卷筒，电动机带动固定卷筒慢速转动，以完成调绳工作。

5.9   减速器底座和电动机底座

减速器与地基之间通过减速器底座过渡连接。首先减速器底座用地脚螺栓固定在地基上，然后减速器再通过螺栓固定在减速器底座上。减速器底座的地脚螺栓一般采用双头螺纹的结构形式，下端螺纹带方螺母，通过基础锚板固定在基础上，上端靠六方角螺母将减速器固定。

减速器与减速器底座之间采用 T 形螺栓连接。当螺栓放入底座方形孔后，旋转 90°，即可卡在底座内部的立板方槽内，与减速器可靠连接。减速器与底座间也有采用双头螺柱的连接方式。

采用过渡连接方式的优点：一旦减速器因检修或更换，需要移开，减速器底座仍可以保持在原来位置，当减速器重新就位时，可以很容易找到原来的安装位置，避免了减速器再次找正的麻烦。

减速器底座一般采用型钢（槽钢或工字钢）或钢板焊接的结构，焊接完毕整体退火，退火后加工。底座的上平面为精加工面，与减速器贴合，底座的下平面为二次灌浆与基础垫板的贴合面。

电动机与地基之间通过电动机底座过渡连接。首先电动机底座用地脚螺栓固定在地基上，然后电动机通过螺栓固定在减速器底座上。由于电动机处地基受力小，一般电动机底座采用预埋勾头地脚螺栓的固定方式，少数大型电动机底座采用双头螺柱的固定方式（下端带用方头螺母和基础锚板固定在地基上，上端带用六角螺母固定在底座上）。电动机与电动机底座之间采用 T 形螺栓连接，当螺栓放入底座的方形孔后，旋转 90°，即可卡在底座内部的立板方槽内，与电动机可靠连接。

电动机底座的优点与减速器底座相同，结构也类似（见图 5-14）。

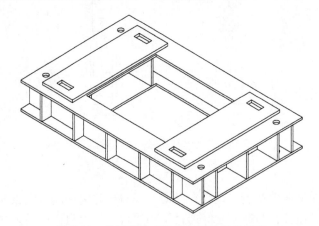

图 5-14　单绳缠绕式提升机减速器的底座

5.10　轴承梁

轴承座与地基之间通过轴承梁过渡连接，单绳缠绕式提升机的轴承梁如图 5-15 所示。首先轴承梁用地脚螺栓固定在地基上，然后轴承座再通过螺栓固定在轴承梁上。轴承梁的地脚螺栓一般采用双头螺纹的结构方式，下端螺纹带方螺母，通过基础锚板固定在基础上，上端靠六角螺母将轴承梁固定。

轴承座与轴承梁采用 T 形螺栓连接。当螺栓放入轴承梁的方形孔后，旋转 90°，即可卡在轴承梁内部的立板方槽内，与轴承座可靠连接。

这样的结构优点：一旦轴承座因检修或更换，需要移开，轴承梁仍可以保持在原来位置，当轴承座重新就位时，可以很容易找到原来的安装位置，避免了轴承座再次找正的麻烦。

轴承梁一般采用型钢（槽钢或工字钢）或钢板焊接的结构，焊接完毕整体退火，退火后加工。轴承梁的上平面为精加工面，与轴承座贴合，轴承梁的下平面为二次灌浆与基础垫

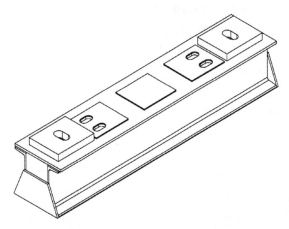

图 5-15　单绳缠绕式提升机的轴承梁

板的贴合面。

　　轴承梁两端分别有一块挡板，出厂时挡板点焊在轴承梁上。当轴承座调整就位后，将轴承座与挡板之间的调整楔铁打紧，最后可将轴承两端的挡板可靠地焊在轴承梁上。

5.11　地脚螺栓组

　　地脚螺栓组有几种形式：

　　（1）双头螺纹结构形式　下端靠方螺母和基础锚板与地基连接，上端靠六角螺母与设备连接（见图 5-16）。这样的螺栓结构，可以方便地从地基中取出。

　　此类型适用于地基受力较大的部位。轴承梁、盘形制动器装置、减速器底座、大型电动机处，均采用这种方式。

　　（2）勾头预埋结构形式　下端勾头部位预埋在地基中，上端靠六角螺母与设备连接。这样的螺栓结构，安装后无法从地基中取出。

　　此类型适用于地基受力较小的部位。小型电动机和电动机制动器底座处，均采用这种方式。

　　（3）T 形螺栓结构形式　下端为 T 形螺栓，卡在底座内部的立板方槽内，上端靠六角螺母与设备连接。这样的螺栓结构，螺栓可以旋转 90°后方便地从底座中取出。

　　此类型适用于设备和底座的连接。轴承座、减速器和电动机与底座之间都采用这种方式。

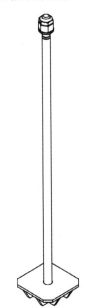

图 5-16　单绳缠绕式提升机的
地脚螺栓组（带基础锚板）

5.12　护罩

　　为保证安全，高速旋转件应加装护罩。护罩一般有如下几种：

（1）齿轮联轴器护罩　采用角钢为框架，点焊薄钢板的结构形式。为便于观察和检修，一半罩体为活动结构。一个可旋转90°的手柄，可以对护罩锁定或解锁。当解锁时，半个护罩可以绕销轴转动，方便地打开。当锁定时，护罩起到正常防护作用。

（2）弹性棒销联轴器护罩　采用角钢为框架，点焊薄钢板的结构形式。护罩上开方形孔，以避开测速传动装置的传动带。

（3）卷筒护板　采用角钢为框架，点焊薄钢板的结构形式。卷筒护板设置在卷筒出绳侧的对面，可防止人员靠近高速旋转的卷筒。

第6章 其他类型单绳缠绕式提升机

6.1 防爆提升机

国家安全生产监管部门要求瓦斯突出矿井，井下提升设备必须采用防爆提升机和提升绞车。井下防爆提升机和提升绞车按防爆形式分为两种：一种是液压防爆，另一种电器防爆。

6.1.1 液压防爆提升机

液压防爆提升机和提升绞车主要适用于在有瓦斯、煤尘等爆炸性气体环境的煤矿井下或其他含有易燃介质的场所。作为提升煤炭、矸石，升降人员，下放物料、工具和设备用。

由于采用液压传动，减少了可能产生电火花的元件；又由于采用鼠笼式电动机，空载直接起动，使电控设备简单，易满足防爆要求。

1. 液压防爆提升机的概述

液压提升机和提升绞车是用电动机通过液压传动的方式驱动卷筒。在 GB/T 25707—2010《液压防爆提升机和提升绞车》中的定义是"采用隔爆鼠笼式异步电动机带动双向变量液压泵，通过液压闭式回路驱动液压马达旋转，经齿轮减速器或直接带动卷筒旋转"的提升机和提升绞车。

液压防爆提升机具有无级调速，起动、换向平稳，低速运转性能好，操作简单，体积小，质量小，安全保护齐全等优点。此外，液压防爆提升机在起动、制动以及低速转动时比电气控制的提升机效率要高，液压传动装置比直流电气传动装置成本低（低约40%）。其缺点是液压元件的制造精度和质量要求高，液压传动装置的噪声较大。

下面以洛阳中重自动化工程有限责任公司生产的 JKYB- ＊＊＊J 系列液压防爆提升机为例，介绍其工作原理和结构组成（见图6-1）。

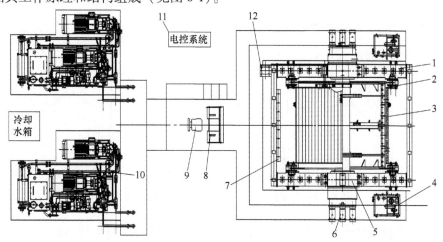

图 6-1　JKYB- ＊＊＊J 系列液压防爆提升机

1—整体底座　2—盘形制动器装置　3—主轴装置和卷筒　4—润滑站　5—行星减速器　6—液压马达
7—卷筒护板　8—操作台　9—BOZY 无轮转椅　10—液压站　11—电控系统　12—深度指示器

2. 液压防爆提升机的工作原理

JKYB 型液压防爆提升机的传动原理图如图 6-2 所示。JKYB 型系列液压防爆提升机采用隔爆型三相异步电动机带动高压双向变量柱塞泵，经液压闭式回路驱动多台定量液压马达和变量液压马达旋转并输出转矩，再通过行星齿轮减速器驱动主轴和卷筒旋转，完成提升机运转。卷筒的旋转方向和速度由双向变量柱塞泵压力油的输出方向和输出流量分别决定。

GB/T 25707—2010《液压防爆提升机和提升绞车》中规定产品型号标记为

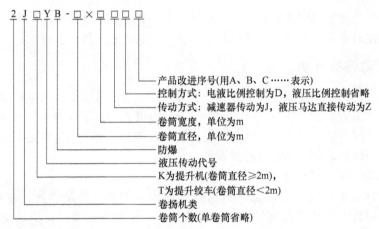

标记示例：

卷筒直径 2.5m，卷筒宽度 2m，减速器传动，电液比例控制的单卷筒液压防爆提升机标记为：JKYB-2.5×2J（D）液压防爆提升机。

2JKYB 型系列液压防爆提升机的结构组成及工作原理为：

液压防爆提升机主要由主轴装置及轴承梁、行星齿轮减速器、盘形制动器、深度指示器、操作台、液压系统、电控系统、润滑系统组成。

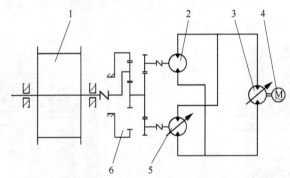

图 6-2　JKYB 型液压防爆提升机传动原理图

1—卷筒　2—高速定量液压马达　3—双向变量泵　4—隔爆型三相异步电动机
5—高速变量液压马达　6—行星齿轮减速器

（1）主轴装置及轴承梁　2JKYB-＊×＊J 液压防爆提升机的主轴装置由主轴、固定卷筒、游动卷筒、固定支轮、游动支轮、主轴承座等零部件组成，如图 6-3 所示。右端为固定卷筒，用高强度螺栓与固定支轮联接，固定支轮又与主轴采用过盈配合连接。左端是游动卷筒，游动卷筒和剖分式游动支轮用铰制螺栓联接，游动卷筒左端还装有调绳离合器装置，用于调节两个卷筒钢丝绳的相对绳长。

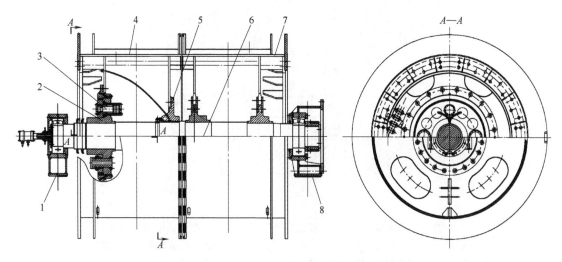

图 6-3　2JKYB-＊×＊J 液压防爆提升机的主轴装置

1、8—主轴承座　2、5—游动支轮　3—调绳液压缸　4—游动卷筒　6—主轴　7—固定卷筒

（2）行星齿轮减速器　为了满足大转矩的需要，采用多个马达共同作用的两级行星齿轮减速器（见图 6-4），马达数量取决于所需传递的转矩值。行星齿轮减速器的结构紧凑、质量小、输出转矩大。

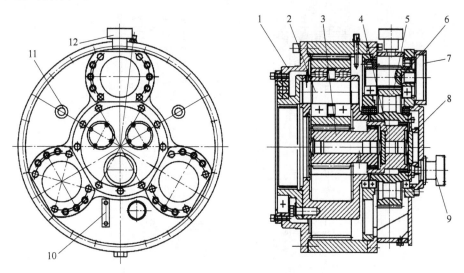

图 6-4　2JKYB-＊×＊J 液压防爆提升机的行星齿轮减速器

1—机架机构　2—输出装置　3—太阳轮　4—浮动齿套　5—齿轮　6—齿轮轴　7—液压马达座
8—连接齿轮　9—发信装置　10—液位计　11—进油口　12—空气滤清器

（3）盘形制动器　盘形制动器是重要部件，图 6-5 所示为单缸双制动盘形制动器，结构紧凑、调整方便、维护容易。制动器的液压缸后置，避免了制动器压力油污染制动盘的表面和制动瓦。

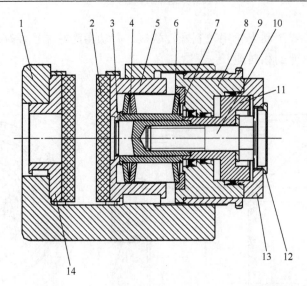

图 6-5　2JKYB-∗××J 液压防爆提升机的单缸双制动盘形制动器

1—制动器体　2—制动瓦　3—连接轴　4—碟簧内套　5—套筒　6—碟形弹簧　7—碟簧座
8—液压缸　9—调整螺母　10—联接螺栓　11—活塞　12—后盖　13—液压缸盖　14—筒体

（4）深度指示器　用于指示提升高度并发出减速、限速、停车、过卷等保护信号。

深度指示器为牌坊式，它由链轮、一对可更换的直齿轮、一对锥齿轮、一对同步齿轮、两根丝杠、两个丝杠螺母和滑块等组成（见图 6-6）。

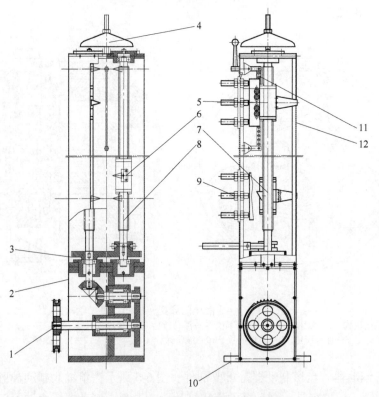

图 6-6　2JKYB-∗××J 液压防爆提升机的深度指示器

1—链轮　2—传动箱　3—齿轮　4—铃　5、6—梯形螺母　7、8—丝杠　9—行程开关　10—地脚螺栓　11—撞块机构　12—机架

（5）操作台　操作台由两个独立部分构成。一部分是液压控制操作部分，包括操纵阀、操作调绳离合器的手动换向阀、液压锁、紧急制动阀、行程阀组、斜面上的操作压力表、工作压力表、补油压力表、制动压力表、润滑压力表等。另一部分是电气操作部分，其面板上装有紧急停车按钮、主电动机起动和停止按钮、辅助电动机起动和停止按钮、运行和故障指示灯信号以及运行速度数字显示装置，可显示提升和下降的速度。

（6）润滑系统　用于给行星减速器和右轴承座提供润滑油和冷却减速器。润滑站由液压泵的电动机装置、过滤器、溢流阀、油箱及附件组成。通过油管将各个润滑点、操作台和润滑站连成润滑系统。润滑泵把润滑油箱内经过过滤和冷却的润滑油送到行星减速器，从减速器排出的润滑油经回油管回到油箱重新过滤和冷却。

（7）液压系统　图 6-7 所示为 2JKYB-＊×＊J 液压防爆提升机的液压系统原理图（此图中主电动机、主液压泵、液压马达的数量仅为示意，实际数量以实际为准），由液压站、管路、执行机构等组成。液压站由液压泵装置、阀组部分、油箱装置三部分组成，通过管路与操作台、各个执行机构的液压缸、马达连成整个液压系统。

该系统是采用单个或多个双向变量泵，驱动多个定量液压马达或变量液压马达的闭式液压系统。采用泵和马达的数量，要根据机型、功率、速度和静张力的要求来确定。当用于单筒提升机和提升绞车时，无调绳系统。

（8）电控系统　2JKYB-＊×＊J 液压防爆提升机电控系统的原理图如图 6-8 所示。

电控系统由矿用隔爆型馈电开关、矿用智能型真空电磁起动器、隔爆型真空电磁起动器、隔爆兼本安电源变换箱等组成。

1）主回路：电源经矿用智能型真空电磁起动器接入主电动机定子绕组，具有漏电、断路、缺相、过载等多种保护功能，以及欠电压、过电压显示。

2）安全回路：在液压绞车电控系统中，设有必要的联锁和安全保护回路。

3）控制回路：根据液压绞车起动、运行、减速、停车及安全保护的设计要求，相应改变电控系统的工作状态，实现必要的电气联锁和保护功能。

4）辅助回路：辅助回路包括辅助泵和润滑泵。完成制动、操作控制、调绳、安全保护等功能，为行星减速器和轴承座提供润滑油。

3. JK（T）YB-＊×＊J 系列防爆提升机和提升绞车的主要参数及与同类产品的比较

（1）基本参数（见表 6-1）

表 6-1　液压防爆提升机和提升绞车的基本参数

产品型号	卷筒			最大提升长度（钢丝绳最大直径时）			钢丝绳					最大提升速度/(m/s)
	数量	直径/mm	宽度/mm	一层/m	二层/m	三层/m	最大静张力/kN	最大静张力差/kN	最大直径/mm	最小拉断力总和（最大静张力下）		
										载人/kN	载物/kN	
JKYB-4×3J	1	4000	3000	653	1344	2101	180	180	48	1620	1170	5
JKYB-4×3.5J			3500	776	1593	2478						
2JKYB-4×2.1J	2	4000	2100	431	896	1422	180	120	48	1620	1170	5
2JKYB-4×2.5J			2500	529	1095	1724						

（续）

产品型号	卷筒			最大提升长度（钢丝绳最大直径时）			钢丝绳					最大提升速度/(m/s)
	数量	直径/mm	宽度/mm	一层/m	二层/m	三层/m	最大静张力/kN	最大静张力差/kN	最大直径/mm	最小拉断力总和（最大静张力下）		
										载人/kN	载物/kN	
JKYB-3.5×2.5J	1	3500	2500	505	1048	1647	150	150	44	1350	975	5
JKYB-3.5×2.8J			2800	575	1190	1862						
JKYB-3.5×3J			3000	622	1284	2005						
2JKYB-3.5×1.7J	2	3500	1700	318	670	1074	150	100	44	1350	975	5
2JKYB-3.5×2.1J			2100	412	859	1360						
2JKYB-3.5×2.5J			2500	505	1048	1647						
JKYB-3×2.2J	1	3000	2200	445	928	1459	120	120	38	1080	780	4.5
JKYB-3×2.5J			2500	516	1071	1676						
JKYB-3×2.8J			2800	587	1214	1893						
2JKYB-3×1.5J	2	3000	1500	281	595	954	120	80	38	1080	780	4.5
2JKYB-3×1.8J			1800	351	738	1171						
2JKYB-3×2J			2000	398	833	1315						
JKYB-2.8×2J	1	2800	2000	339	715	1135	130	130	40	1170	845	4
JKYB-2.8×2.3J			2300	401	839	1324						
JKYB-2.8×2.5J			2500	442	922	1449						
2JKYB-2.8×1.2J	2	2800	1200	176	384	632	130	85	40	1170	845	4
2JKYB-2.8×1.5J			1500	237	508	821						
JKYB-2.5×2J	1	2500	2000	359	754	1191	90	90	34	810	585	4
JKYB-2.5×2.3J			2300	423	883	1386						
JKYB-2.5×2.5J			2500	465	969	1516						
2JKYB-2.5×1.2J	2	2500	1200	189	411	670	90	55	34	810	585	4
2JKYB-2.5×1.5J			1500	253	540	865						
2JKYB-2.5×2J			2000	359	754	1191						
JKYB-2×1.5J	1	2000	1500	255	546	869	60	60	28	540	390	3.5
JKYB-2×1.8J			1800	318	672	1062						
2JKYB-2×1J	2	2000	1000	151	334	547	60	40	28	540	390	3.5
2JKYB-2×1.25J			1250	203	440	708						

（2）液压防爆提升机的主要性能特点和结构特点，以及性能特点的比较　下面以洛阳中重自动化工程有限责任公司生产的，采用高速液压马达通过行星减速器传动方式的JKYB-*××J系列防爆提升机为例（见图6-1），介绍该产品的主要性能特点和结构特点。

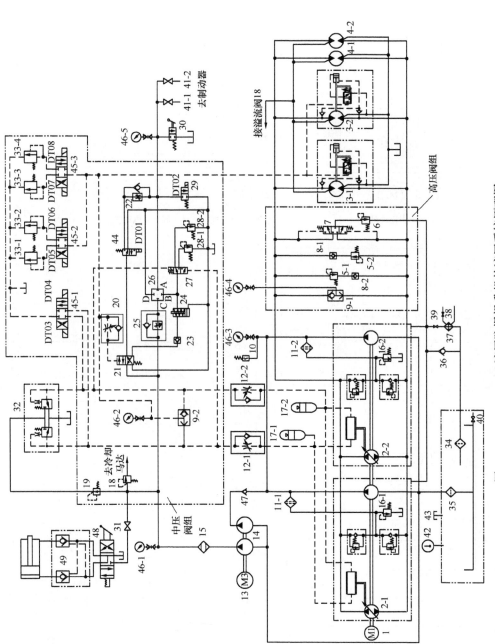

图 6-7 2JKYB-＊×J 液压防爆提升机的液压系统原理图

1—主电动机　2—高压泵　3—变量液压马达　4—定量液压马达　5—高压溢流阀　6—换热溢流阀　7—换热阀　8、23、36、47—单向阀　9—梭阀　10—压力控制器　11、15—过滤器　12—单向节流阀　13—辅助电动机　14—辅助液压泵　16—卸荷阀　17、24—蓄能器　18、28、33—溢流阀　19—高压阀　20—单向节流截止阀　21—冷却阀　22、25—调速阀　26—延时阀　27—液动阀　29—二位二通防爆电磁阀　30—手动换向阀　31、39—球阀　32—操作阀　34—回油换向阀　35—吸油过滤器　37—冷却器　38—截止阀　40—放油筒　41—液压螺旋开关　42—温度表　43—空气滤清器　44—二位四通防爆电磁阀　45—二位三通防爆电磁阀　46—压力表　48—手动换向阀（仅对双卷筒）　49—液压锁（仅对双卷筒）

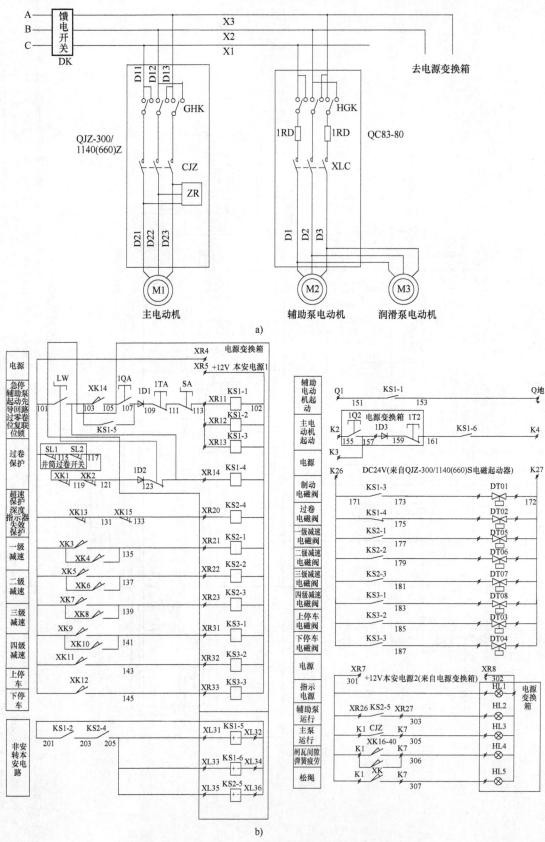

a)

b)

图 6-8　2JKYB-＊＊J 液压防爆提升机电控系统的原理图

1) 液压防爆提升机主要性能特点：

① 良好的防爆性能；

② 稳定的无级调速性能和低速运转性能；

③ 节能效果明显；

④ 具有恒转矩+恒功率液压动力特性；

⑤ 结构紧凑、体积小；

⑥ 综合运行成本低；

⑦ 操作灵敏、简单、方便；

⑧ 斜坡重载起动性能平稳、安全、可靠；

⑨ 安全保护措施齐全；

⑩ 具有良好的安全制动性能，制动可靠性好；

⑪ 采用单缸双作用液压缸后置浮动式盘形制动器，适应制动盘偏摆能力强。

2) 高速和低速液压马达的技术参数对比（见表6-2）。

表 6-2 高速和低速液压马达的技术参数对比

技术参数		高速马达 A2F160	低速马达 E16
理论排量/mL		160	16000
压力/MPa	额定	35	16
	最高	40	20
转速/(r/min)	额定		32
	最高	2650	40
转矩/kN·m	额定压力下	815	3426
	最大压力下	889	4570
效率		0.94~0.97	0.84~0.90
功率(在额定压力转速下)/kW		154	133.8
质量/kg		66	1100
使用介质		N46 抗磨液压油	N68 液压油

3) 国内外液压防爆提升机和提升绞车的综合性能比较（见表6-3）。

表 6-3 国内外液压防爆提升机和提升绞车的综合性能比较

传动方式	低速大转矩液压马达+卷筒	高速液压马达+行星齿轮减速器+卷筒	
制造厂家	株洲力达液压机械有限公司、湘潭煤矿机械电器有限公司	日本三井三池制作所	洛阳中重自动化工程有限责任公司
卷筒的最大直径/m	3	2.1	3.5
最大静张力/kN	90	60	200
液压马达的驱动方式	两侧布置液压马达直接驱动卷筒	单液压马达+减速器驱动卷筒	多液压马达+减速器驱动卷筒
减速器的形式	无	两级行星	一级平行轴一级行星

（续）

液压泵的控制方式	遥控	机械式直接控制	遥控
液压回路的组成方式	变量泵+定量马达		变量泵+变量马达
液压回路的动力特性	恒转矩		恒转矩+恒功率
制动器的形式	单缸单作用固定式		单缸双作用液压缸后置浮动式
安全制动回路	节流阀控制、上提和下放制动力为同一调定值	节流阀控制、上提和下放制动力分别调定	压力阀控制、上提和下放制动力分别调定
实现大功率的可行性	很困难	困难	容易
载荷的匹配能力	较差	较差	好
能量利用、节能效果	较好	较好	好
安全制动效果	差	较差	好
操作位置的噪声	较大	大	较大
卷筒井下运输难度	大	大	小
重载斜坡起动性能	差	较差	较好
系统效率	较低	较高	较高
无故障使用寿命	短	长	长
设备价格	低	高	较低
综合运行成本	较高	较高	较低
综合评价	较差	较好	好

4）液压、电控系统的常见故障现象、产生原因和处理方法（见表6-4）。

表6-4　液压、电控系统的常见故障现象、产生原因和处理方法

序号	故障现象	产生原因	处理方法	附注
1	液压泵响声异常，液压泵发热严重	液压泵配油盘和转子之间的间隙太小，配油盘有擦伤	更换液压泵	—
2	液压泵吸不上油或流量不稳定，噪声大	电动机与泵的转向不一致 油箱内油面过低 吸油管或滤芯堵塞 吸油管漏气	纠正方向 加油至油标之间 清洗或更换滤芯 更换进油管密封件	—
3	正常工作过程中，提升机上提和下放速度差别明显	主变量液压泵上的比例控制阀，阀芯中位偏移	使阀芯处于中位，更换比例控制阀	正常情况下液压绞车的最大下放速度略大于最大上提速度
4	系统吸入空气	吸油管路可能密封不严	排除吸油管路漏气点	—
5	工作压力升不上去	主回路溢流阀压力调整过低 主液压泵没有输出	对有关压力阀进行清洗 检查操作压力过低的原因	—
6	液压系统（润滑系统）油温偏高	冷却水水温偏高（应≤28℃） 冷却水量小 冷却器结垢，冷却效果下降 补油（冷却油）流量不足	降低冷却水水温 增大冷却水量 清理冷却器水垢 检查补油流量	—

（续）

序号	故障现象	产生原因	处理方法	附注
7	辅助液压泵不能起动	起动按钮接触不良 主令开关接触不良 起动先导回路断线或接触不良 起动先导回路二极管短路	解决元件的接触不良问题或更换短路元件	—
8	辅助泵电动机单相运转有响声，不转动	接触器一相接触不良 一相回路接头接触不良 熔丝烧断	解决元件的接触不良问题或更换短路元件	—
9	主液压泵不能起动	真空电磁起动器先导回路断线或接触不良 中间继电器线圈回路接触不良 中间继电器线圈回路接触不良 二极管短路 真空电磁起动器故障	针对相应故障原因，排除故障	—
10	主液压泵马达有响声，不转动	真空电磁起动器故障 一相回路接头接触不良	针对相应故障原因，排除故障	—
11	主液压泵电动机声响大，过电流	电源电压过低 机械故障 两个半联轴器不同轴	针对相应故障原因，排除故障	—

6.1.2　电器防爆提升机

电器防爆提升机主要适用于煤矿井下有瓦斯爆炸危险的使用场所，用来升降人员、物料及设备，是煤矿井下重要的提升运输设备。

1. 电器防爆提升的特点

井下电器防爆单绳缠绕式矿井提升机与常规地面单绳缠绕式矿井提升机的主要结构类似，由动力系统、传动系统、工作系统、制动系统、控制操作系统、指示保护系统及其附属部分等组成。其工作原理与传统缠绕式提升机相同，钢丝绳缠绕在卷筒表面，通过电动机的正反转来实现提升容器的上升和下放。

随着采矿业的发展，对采矿能力的需求在不断提高。对于井下提升设备而言，由于受到巷道尺寸、运输设备、起吊空间等条件的影响，无法安装大规格型号的提升设备，这就对扩大产能产生了很大的限制。

以前井下电器防爆单绳缠绕式矿井提升机没有单独的国家标准或行业标准，技术参数参照 GB/T 20961—2007《单绳缠绕式矿井提升机》，由于 GB/T 20961—2007 中的绳径比（卷筒直径与钢丝绳直径之比）是按照 80 来进行设计的，而根据《煤矿安全规程》2016 版规定，井下单绳缠绕式提升机的绳径比（卷筒直径与钢丝绳直径之比）允许减小至 60，也就是说，同样直径规格的提升机，电器防爆单绳缠绕式提升机允许更大的钢丝绳直径，允许更大的载荷，可以更充分发挥设备能力，提高提升机能效和生产率，适应煤矿重载、高产的发展趋势。

中信重工机械股份有限公司（以下简称中信重工）主导制定的 JB/T 13006—2017《井下电器防爆单绳缠绕式矿井提升机和矿用提升绞车》标准已实施。中信重工设计开发了适应新标准技术参数的全新系列电器防爆单绳缠绕式矿井提升机，该系列电器防爆提升机可分为单卷筒缠绕和双卷筒缠绕两种形式（见图6-9和图6-10）。

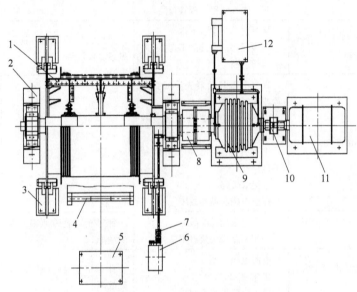

图 6-9　JKB 型单卷筒电器防爆单绳缠绕式矿井提升机

1—主轴装置　2—轴承梁　3—盘形制动器装置　4—卷筒护板　5—液压站　6—牌坊式深度指示器
7—牌坊式深度指示器传动装置　8—齿轮联轴器　9—减速器　10—弹性棒销联轴器　11—防爆电动机　12—润滑站

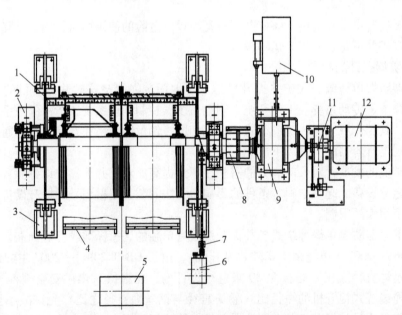

图 6-10　2JKB 型双卷筒电器防爆单绳缠绕式矿井提升机

1—主轴装置　2—轴承梁　3—盘形制动器装置　4—卷筒护板　5—液压站　6—牌坊式深度指示器
7—牌坊式深度指示器传动装置　8—齿轮联轴器　9—减速器　10—润滑站　11—弹性棒销联轴器　12—防爆电动机

2. 电器防爆提升机结构的特殊性

电器防爆单绳缠绕式矿井提升机与常规地面提升机相比，具有结构紧凑、承载能力大、传动效率高、安全可靠等显著优点，适用于煤矿井下有瓦斯爆炸危险的场合，其结构有如下特殊性。

（1）四瓣结构的卷筒　由于井下电器防爆系列提升机与常规提升机的绳径比 D/d 要求不同，同等直径规格的两类提升机，电器防爆提升机允许使用更大直径的钢丝绳，允许提升更大的载荷，可以更充分发挥提升设备的能力。在系列开发过程中，对全部防爆提升机的卷筒和主轴均进行了重新核算以满足强度要求，同时考虑到电器防爆提升机的使用地点在煤矿井下，兼顾井下运输巷道及井下硐室的尺寸限制，电器防爆提升机的卷筒一般设计为四瓣结构，在满足正常提升工况的情况下，尽量减小最大件尺寸与质量，方便井下运输和安装。

（2）所有电器元件均采用隔爆型　电器防爆提升机使用在煤矿井下有瓦斯爆炸危险的场合，所以在提升机各零部件中采用的电器元件均为有煤矿安全认证的矿用隔爆型电器元件。主要有隔爆型轴编码器、隔爆型行程开关、隔爆型位移传感器、隔爆型电动机、液压润滑系统各类型传感器、隔爆型变频电控系统等。

（3）全系列新型行星齿轮减速器　配套减速器为新型行星齿轮减速器，所有配套减速器均进行了重新的选型设计以区别于地面提升机系列，设计参数完全满足 JB/T 13006—2017 行业标准中规定的提升机参数使用要求，同时还兼顾了井下空间狭小的特点，减速器外形尺寸尽量做到最小，以满足井下运输和安装的需求。

（4）电器防爆提升机专用系列天轮　由于井下电器防爆系列提升机与常规提升机相比，同规格直径下钢丝绳直径更大，提升的有效载荷更大，所以电器防爆提升机配套的天轮装置也要适应以上要求，相对地面提升机而言，同等直径的天轮装置强度更大，钢丝绳的破断拉力更大，为此专门针对井下电器防爆提升机配套天轮装置进行了系列化开发设计，形成了电器防爆提升机专用系列天轮装置，以满足井下防爆提升机的配套使用。

（5）中高压电器防爆液压站　井下电器防爆提升机配套的闸控系统，由于设备参数要大于同等规格的地面提升机，所以对闸控系统进行了重新的设计选型，并开发了基于 14MPa 压力的中高压电器防爆液压站，满足井下防爆提升机的配套使用。

（6）大流量的电器防爆润滑站　井下电器防爆提升机系列在配套减速器重新选型设计的同时，还开发了与之相配套的大流量电器防爆润滑站，满足大规格防爆提升机的配套要求。

3. 电器防爆提升机的规格

井下电器防爆单绳缠绕式提升机和提升绞车形式分为单筒缠绕式提升绞车、双筒缠绕式提升绞车、单筒缠绕式提升机和双筒缠绕式提升机四种。

井下电器防爆提升绞车的型号表示方法应符合 GB/T 25706—2010 的规定，表示方法如下：

标记示例 1：

单筒电器防爆提升绞车，卷筒直径为 1.6m，宽度为 1.5m，变频调速，其标记为：JTPB-1.6×1.5P。

井下电器防爆单绳缠绕式提升机的型号表示方法应符合 GB/T 25706—2010 的规定，表示方法如下：

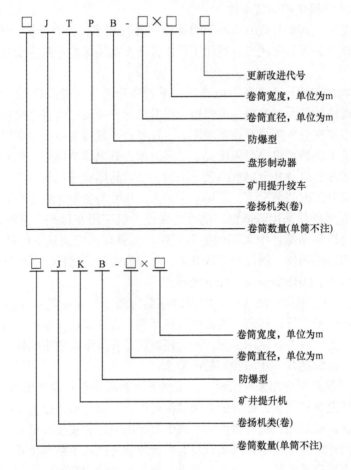

标记示例 2：

双筒电器防爆提升机，卷筒直径为 2.5m，宽度为 1.2m，变频调速，其标记为：2JKB-2.5×1.2P。

4. 电器防爆提升机的规格

电器防爆提升机的参数应符合 JB/T 13006—2017《井下电器防爆单绳缠绕式矿井提升机和矿用提升绞车》的规定，其参数见表 6-5~表 6-8。

表 6-5　井下电器防爆单绳缠绕式矿用提升绞车（单筒）

序号	型号	卷筒			钢丝绳最大静张力/kN	钢丝绳最大直径/mm	最大提升高度或斜长			最大提升速度/(m/s)	电动机转速（不大于）/(r/min)
		个数	直径/m	宽度/m			一层缠绕/m	二层缠绕/m	三层缠绕/m		
1	JTPB-1.2×1	1	1.2	1.00	30	20	134	297	472	2.6	1000
2	JTPB-1.2×1.2			1.20			168	371	582		
3	JTPB-1.6×1.2		1.6	1.20	45	26	172	382	601	4.1	
4	JTPB-1.6×1.5			1.50			226	491	767		

注：1. 最大提升高度或斜长是按照钢丝绳最大直径计算的参考值。

　　2. 最大提升速度是按一层缠绕计算时的提升速度。

表 6-6 井下电器防爆单绳缠绕式矿用提升绞车（双筒）

序号	型号	卷筒			钢丝绳最大静张力/kN	钢丝绳最大静张力差/kN	钢丝绳最大直径/mm	最大提升高度或斜长			最大提升速度/(m/s)	电动机转速（不大于）/(r/min)
		个数	直径/m	宽度/m				一层缠绕/m	二层缠绕/m	三层缠绕/m		
1	2JTPB-1.2×0.8	2	1.2	0.8	30	20	20	99	232	370	2.6	1000
2	2JTPB-1.2×1.0			1.0				134	297	472		
3	2JTPB-1.6×0.9		1.6	0.9	45	30	26	118	272	434	4.1	
4	2JTPB-1.6×1.2			1.2				172	382	601		

注：1. 最大提升高度或斜长是按照钢丝绳最大直径计算的参考值。

2. 最大提升速度是按一层缠绕计算时的提升速度。

表 6-7 井下电器防爆单绳缠绕式矿井提升机（单筒）

序号	型号	卷筒			钢丝绳最大静张力/kN	钢丝绳最大直径/mm	最大提升高度或斜长			最大提升速度/(m/s)	电动机转速（不大于）/(r/min)
		个数	直径/m	宽度/m			一层缠绕/m	二层缠绕/m	三层缠绕/m		
1	JKB-2×1.5	1	2.0	1.5	90	33	193	430	700	5.2	1000
2	JKB-2×1.8			1.80			245	536	861		
3	JKB-2.5×2		2.5	2.00	130	41	277	600	964	4.9	750
4	JKB-2.5×2.3			2.30			330	708	1127		
5	JKB-3×2.2		3.0	2.20	170	50	301	648	1044	5.9	
6	JKB-3×2.5			2.50			354	754	1205		
7	JKB-3.5×2.5		3.5	2.50	245	58	350	747	1199	6.9	
8	JKB-3.5×2.8			2.80			403	854	1362		
9	JKB-4×2.7		4.0	2.70	300	66	381	809	1300	6.3	600
10	JKB-4.5×3		4.5	3.00	350	75	423	893	1434	7.0	

注：1. 最大提升高度或斜长是按照钢丝绳最大直径计算的参考值。

2. 最大提升速度是按一层缠绕计算时的提升速度。

表 6-8 井下电器防爆单绳缠绕式矿井提升机（双筒）

序号	型号	卷筒			钢丝绳最大静张力/kN	两根钢丝绳最大静张力差/kN	钢丝绳最大直径/mm	最大提升高度或斜长			最大提升速度/(m/s)	电动机转速（不大于）/(r/min)
		个数	直径/m	宽度/m	两卷筒中心距/mm				一层缠绕/m	二层缠绕/m	三层缠绕/m		
1	2JKB-2×1	2	2.0	1.00	1090	90	55	33	106	253	431	7.0	750
2	2JKB-2×1.25			1.25	1340				149	342	565		
3	2JKB-2.5×1.2		2.5	1.20	1290	130	80	41	136	314	529	8.8	
4	2JKB-2.5×1.5		2.5	1.50	1590	130	80	40	189	421	692	8.8	
5	2JKB-3×1.5		3.0			170	115	50	179	401	667	10.5	
6	2JKB-3×1.8			1.80	1890				231	507	828		

（续）

序号	型号	卷筒				钢丝绳最大静张力/kN	两根钢丝绳最大静张力差/kN	钢丝绳最大直径/mm	最大提升高度或斜长			最大提升速度/(m/s)	电动机转速(不大于)/(r/min)
		个数	直径/m	宽度/m	两卷筒中心距/mm				一层缠绕/m	二层缠绕/m	三层缠绕/m		
7	2JKB-3.5×1.7	2	3.5	1.70	1790	245	165	58	209	461	765	12.6	750
8	2JKB-3.5×2.1			2.10	2190				280	604	982		
9	2JKB-4×2.1		4.0			300	195	66	275	594	972	11.2	600
10	2JKB-4.5×2.2		4.5	2.20	2290	350	230	75	283	608	1001	12.6	
11	2JKB-5×2.3		5.0	2.30	2390	450	285	83	295	633	1045	14.0	

注：1. 最大提升高度或斜长是按照钢丝绳最大直径计算的参考值。
　　2. 最大提升速度是按一层缠绕计算时的提升速度。

6.2　凿井提升机

凿井提升机主要用于在金属矿、非金属矿竖井的井筒掘进工程中悬吊吊盘、水泵、风筒、压缩空气筒、注浆管等掘进设备和张紧稳绳，也可用于其他井下和地面起吊重物。

6.2.1　凿井提升机的特点

该系列的凿井提升机具有传动效率高、相对同规格单绳缠绕式提升机承载能力大、安全可靠、维护方便、便于迁移等优点，在矿山建设领域发挥了巨大作用。

本系列产品由动力系统、传动系统、工作系统、制动系统、控制操纵系统、指示保护系统及其附属部分等组成。它以电动机为动力源，由行星减速器或平行轴减速器、主轴装置构成了本产品高效的传动系统和工作系统；由液压站、制动器装置构成了本产品可靠的制动系统；由操作台、电气控制设备构成了本产品完备的控制操纵系统；由深度指示器、测速发电机等构成了本产品完善的指示、保护系统。

为适应深井资源开发的需求，以中信重工为代表的主要生产厂家，陆续开发出了 4m 以上大型凿井提升机，解决了深井 $H \geqslant 1000m$（$5m^3$ 以上的吊桶）的深井凿井难题，适用于千万吨级深井建设。

本系列凿井提升机的形式可分为单筒和双筒两种，其外形图如图 6-11 和图 6-12 所示。

6.2.2　凿井提升机的结构特点

凿井提升机具有承载能力大、传动效率高、适应凿井时井深的不断变化及服务于超深井建设等特点，其结构有如下特殊性。

1）整机技术方案可配套双电动机驱动，大幅提高了整机功率。

可配置双输入轴的平行轴减速器，利用平行轴减速器的双输入轴，配备双电动机驱动（见图 6-12），并在电气控制上解决了双机拖动的同步性问题。由于双电动机与一台平行轴减速器的两根输入轴相连，属于机械刚性连接，速度肯定是同步的，在此情况下，如果电气控制调整不好，会出现转矩不平衡的状态，造成减速器偏载引起设备损坏。本系列凿井提升机采

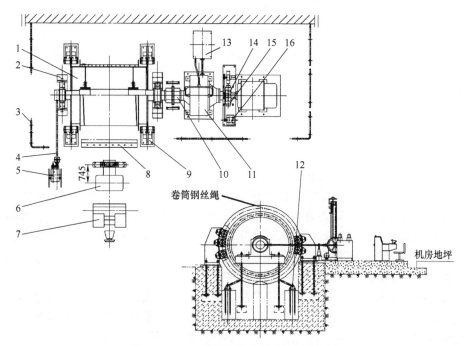

图 6-11　JKZ 型单筒凿井提升机的外形图

1—主轴装置　2—轴承梁　3—护栅　4—牌坊式深度指示器传动装置　5—牌坊式深度指示器　6—液压站　7—操作台
8—卷筒护板　9—盘形制动器装置　10—齿轮联轴器　11—减速器　12—锁紧器　13—润滑站
14—弹性棒销联轴器　15—电动机制动器　16—测速传动装置

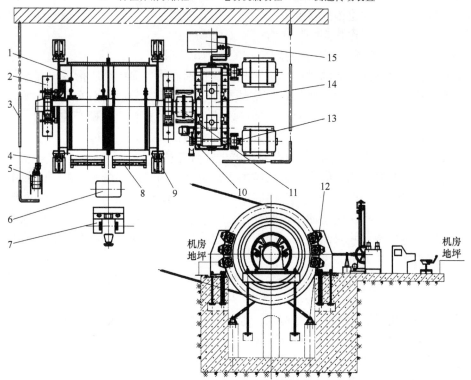

图 6-12　2JKZ 型双筒凿井提升机的外形图

1—主轴装置　2—轴承梁　3—护栅　4—牌坊式深度指示器　5—牌坊式深度指示器传动装置　6—液压站　7—操作台
8—卷筒护板　9—盘形制动器装置　10—测速传动装置　11—齿轮联轴器　12—锁紧器　13—弹性棒销联轴器
14—减速器　15—润滑站

用双机拖动，电气控制上采取"以主带从、实时调整"的技术，双电动机的转矩区分为一主一从，主为给定值，运行时实时监测从的转矩值（采用测定电动机电流的方法），发现有差别自动调整，从而使整个运行过程中，主、从的转矩值接近一致（偏差控制在5%以内）。

因此两个电动机带动一个卷筒，两电动机既可保证速度同步，又能保证转矩同步，完全可以满足凿井提升的技术要求。由于功率过大的高速电动机（可采用交流、直流、变频）制造有困难，合理地布置两台电动机，其价格之和仍比单台大功率电动机造价低，所以此种配置技术可靠、经济合理。

2）加大卷筒尺寸和加强结构合理性以保证筒壳稳定性。

为适应深井建设提升，考虑卷筒容绳量满足安全规程的要求，为解决卷筒有效宽度过大导致筒壳稳定性差的问题，对卷筒结构进行了合理设计。相比于常规提升机，合理增加了筒壳厚度，并且改善了辐板和制动盘支承环之间的筋板结构。在两辐板之间还增大了支承槽钢的规格，保证了卷筒的整体刚性及稳定性。

3）改善卷筒局部结构以保证制动盘偏摆值。

由于凿井提升机相对同规格的常规提升机，其承载能力大，主轴装置受力也相对大大增加，为避免大的受力造成结构的变形而影响制动盘偏摆，本系列凿井提升机改善了制动盘支承环和挡绳板之间的筋板结构，增加了此处的局部刚性，保证了制动盘偏摆控制在允许值。

4）超长塑衬分段结构，以保证塑衬使用寿命。

卷筒有效宽度加大，塑衬长度也要加大。超长的塑衬易出现翘曲，在钢丝绳紧箍力作用下容易折断，并且超出塑衬模具的宽度上限也无法一次成形。为了解决此问题，采用塑衬分段结构，塑衬接缝处用定位销插接的方式，然后用螺栓固定在卷筒上。在钢丝绳的紧箍作用下，保证了分段塑衬的工作状态一切正常。

5）采用适应凿井井深不断变化的牌坊式深度指示器装置。

建井期间，随着井筒掘进的进展，牌坊式深度指示器的井深指针所指示位置也将随之不断变化。由于井深指针的移动主要是靠齿轮对及蜗轮的相互啮合运动而实现的，所以，本系列凿井提升机配备了多组齿轮对，通过更换牌坊式深度指示器装置中相应的齿轮，以满足井深指针的正确移动，达到准确指示容器在井筒中位置的目的，方便快捷。

6）应用大制动力新型盘形制动器及制动器的在线监测。

本系列凿井提升机的承载能力大，负载的力矩也大，为达到安全有效的制动效果，可配备大制动力新型盘形制动器，正压力达100kN以上，技术水平向国际看齐。应用新型的制动器在线监测装置，可实现制动油压、制动正压力、制动瓦间隙、制动盘偏摆、碟形弹簧寿命等全方位的实时检测，并对制动瓦间隙、制动盘偏摆、碟形弹簧寿命有预警功能，提高整个提升机系统制动装置的可靠性。

7）应用基于E-House技术的电控柜，降低了凿井提升机频繁拆迁的现场安装工作量及使用成本。

针对凿井提升机需要频繁拆迁的特点，电控系统在结构设计上最大程度降低了现场安装的工作量。采用E-House技术，具有以下优点：

① 电控柜集成在集装箱内部，集装箱具备保温、照明、消防报警等完善的功能；

② 集装箱具有冷却功能，安装有空调；

③ 只需对集装箱操作，即可完成整套电控系统的拆迁；

④ 集装箱内部的电控柜已接好线，现场搬迁后，只需外部接线即可。

6.2.3　凿井提升机的规格参数

凿井提升机的形式可分为单筒和双筒两种。凿井提升机的型号表示方法如下：

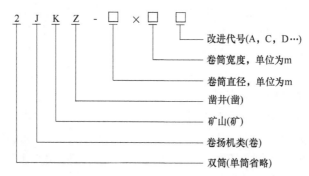

凿井提升机参数应符合 JB/T 12193—2015《凿井提升机》的规定，其基本参数见表 6-9 和表 6-10。

表 6-9　单筒凿井提升机的基本参数

| 序号 | 型号 | 卷筒 | | | 钢丝绳最大静张力/kN | 钢丝绳最大直径/mm | 最大提升高度或斜长 | | | 最大提升速度/(m/s) | 优先选用减速器减速比 | 电动机转速（不大于）/(r/min) |
		个数	直径/m	宽度/m			一层缠绕/m	二层缠绕/m	三层缠绕/m			
1	JKZ-2.8×2.2	1	2.8	2.20	180	40	380	797	1259	5.68	15.5	600
2	JKZ-3.2×3		3.2	3.00	200	42	595	1229	1919	6.48		
3	JKZ-3.6×3		3.6	3.00	220	44	633	1306	2038	7.30		
4	JKZ-4×3		4.0	3.00	285	50	611	1261	1976	7.85	16	
5	JKZ-4×3.5		4.0	3.50	285	50	728	1497	2332			
6	JKZ-4.5×3.7		4.5	3.70	340	56	771	1583	2469	7.94	17.8	
7	JKZ-5×4		5.0	4.00	410	62	837	1716	2677	7.85	20.0	
8	JKZ-5.5×5		5.5	5.00	500	68	1068	2182	—	8.64		

注：1. 最大提升高度或斜长是按照钢丝绳最大直径计算的参考值。

　　2. 最大提升速度是按第一层缠绕时的计算速度。

　　3. 最大提升速度仅说明设备具备该能力。

表 6-10　双筒凿井提升机的基本参数

| 序号 | 型号 | 卷筒 | | | | 钢丝绳最大静张力/kN | 两根钢丝绳最大静张力差/kN | 钢丝绳最大直径/mm | 最大提升高度或斜长 | | | 最大提升速度/(m/s) | 优先选用减速器减速比 | 电动机转速（不大于）/(r/min) |
		个数	直径/m	宽度/m	两卷筒中心距/mm				一层缠绕/m	二层缠绕/m	三层缠绕/m			
1	2JKZ-3×1.8	2	3.0	1.80	1890	180	155	40	322	678	1080	6.08	15.5	600
2	2JKZ-3.6×1.85		3.6	1.85	1940	220	180	44	360	752	1199	7.30		
3	2JKZ-4×2.65		4.0	2.65	2740	285	255	50	530	1097	1726	8.11		
4	2JKZ-5×3		5.0	3.00	3090	410	290	62	603	1242	1959	7.85	20.0	
5	2JKZ-5.5×4		5.5	4.00	4090	500	410	68	833	1706	2668	8.64		

注：1. 最大提升高度或斜长是按照钢丝绳最大直径计算的参考值。

　　2. 最大提升速度是按第一层缠绕时的计算速度。

　　3. 最大提升速度仅说明设备具备该能力。

6.3　结构紧凑型（H 系列）提升机

主要用于在矿山地面、地下竖井和斜井中升降物料、设备及人员等。隔爆型亦可用于含有甲烷空气混合物和煤尘等爆炸性气体的场合。该产品执行中华人民共和国安全生产行业标准 AQ 1035—2007《煤矿用单绳缠绕式矿井提升绞车安全检验规范》及 Q/ZDH 131—2013《J(T)K-*×*H 系列矿井提升机和提升绞车》。

本产品是一种新型结构紧凑型提升机，按产品改进序列排号定义为 H 系列。

本产品由洛阳中重自动化工程有限责任公司于 2012 年研发成功，采用了当今多项专利技术成果。2015 年经河南省科技厅组织的专家鉴定委员会评审，一致认为本产品在结构形式、制动器及制动力矩控制等方面有创新，整机性能达到国际领先水平。自投放市场以来，广受用户好评，并取得了良好的社会和经济效益。

6.3.1　H 系列提升机的优点

1. 传动方式简化

H 系列矿井提升机由动力系统、传动系统、工作系统、制动系统、控制操纵系统、深度指示保护系统及其附属部件等组成，H 系列单绳缠绕式提升机的主要结构如图 6-13 所示。它以电动机为动力源，通过悬挂式行星齿轮减速器和主轴装置，构成高效的传动系统和工作

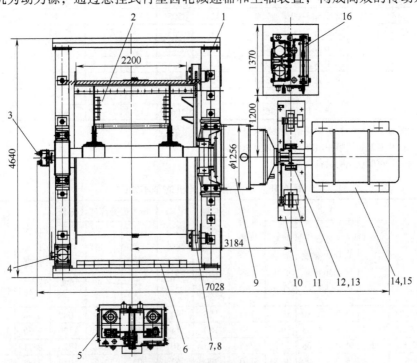

图 6-13　H 系列单绳缠绕式提升机的主要结构

1—主轴装置　2—整体底座　3—编码器装置　4—深度指示器　5—液压站　6—卷筒护板　7—盘形制动器
8—制动器支架　9—行星减速器　10—底座　11—测速发电机装置　12—弹性棒销联轴器　13—电动机制动器
14—电动机底座　15—电动机　16—润滑站

系统。制动系统由液压站和盘形制动器装置组成，技术成熟、性能可靠。指示与保护系统由深度指示器和测速发电机等组成，控制操纵系统由操作台和电气控制设备组成。

主传动方式采用电动机通过联轴器和悬挂式行星减速器驱动主轴和卷筒旋转，H 系列单绳缠绕式提升机的传动原理如图 6-14 所示。

2. 安全性好

采用了悬挂式法兰连接硬齿面行星齿轮减速器新型传动结构，其自身质量完全由主轴装置轴承座承担，改善了主轴轴端受力，不再承受由于质量造成的弯矩作用，而只承受纯转矩。采用该新型传动结构也使卷筒和主轴的轴向尺寸减小，使用内外花键套替代齿轮联轴器，减小了机械旋转部分的变位质量。综上所述，该产品从设计上减少了影响产品性能的不利因素，从而更加安全可靠。

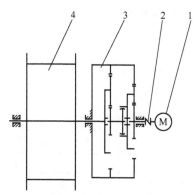

图 6-14　H 系列单绳缠绕式
提升机的传动原理
1—电动机　2—弹性棒销联轴器
3—行星减速器　4—卷筒

安全保护措施齐全，符合《煤矿安全规程》和"煤矿矿用产品安全标志"的要求。

3. 制动性能好

液压站采用比例阀控制的安全制动回路，具有上提重载和下放重载制动减速度分别调定功能，既可保证上提重载不松绳，又可保证下放重载满足安全规程对减速度的要求。

采用单缸双作用液压缸后置浮动式盘形制动器，适应制动盘偏摆能力强。单缸双作用浮动式盘形制动器的制动器体可以在制动器支架内孔中随制动盘轴向摆动而移动，制动器轴向结构紧凑，制动盘所受轴向偏载小，不易使制动盘产生偏摆，调整方便，容易维护。制动液压缸后置方式避免了制动器压力油污染制动盘表面和制动瓦。

4. 结构紧凑

由于采用了行星齿轮减速器与主轴装置直联，省略了齿轮联轴器，使主机轴向尺寸变小，液压系统布置紧凑，整机体积小，可节约基建成本。

5. 安装施工时间短

由于采用模块化设计，产品集成度高，80%的零部件均安装在大底座上，且在制造厂内调配好，简化了基础，因此施工单位基础工作量少，易安装找正，缩短了安装施工时间。

6.3.2　H 系列提升机的结构特点

1. 主轴装置及传动系统

H 系列提升机采用无支座悬挂式硬齿面行星齿轮减速器，安装定位准确方便、结构简单、使用寿命长、传动效率高、体积小、质量小、噪声小、维护方便。主轴与行星减速器采用花键直接联结，省去了传统的齿轮联轴器，减小了主轴装置的轴向尺寸。主轴装置采用对开装配式卷筒及装配式制动盘，便于井下运输与安装，减少了制动盘在运输与安装过程中的变形。采用牌坊式深度指示器，指示深度直观，易于司机观察。

2. 调绳离合器

调绳离合器采用新型轴向齿轮式，以 2 个液压缸完成离合，以 2 个销轴传递转矩，替代了以前离合、传动及定位均由 3 个液压缸完成的旧式轴向齿轮式调绳离合器，受力合理，有效地解决了漏油及由此而引起的制动盘污染问题，并缩小了主轴尺寸，减小了质量。

3. 制动系统

配套的新型比例阀控制二级制动恒力矩液压站，性能可靠，外形美观。液压站有 2 套液压泵装置和 2 套电液比例调压装置，1 套工作，1 套备用。

新型盘形制动器密封件和碟形弹簧采用进口件，密封效果良好、制动可靠性高、零件表面镀镍处理、耐蚀性强、美观。

4. 同类产品综合性能对比 （见表 6-11）

表 6-11 H 系列提升机与现有同类变频提升机的综合性能对比

类别	H 系列提升机	现有同类变频提升机
机械部分总质量	小	大
外形尺寸	小	大
变位质量	小	大
主轴轴端受力	纯转矩	转矩+弯矩
二级制动性能	提升与下放分别调定，性能好	提升与下放不能分别调定，性能差
盘形制动器	表面镀镍，耐腐蚀，美观；单缸双作用浮式盘形制动器，制动盘不受偏载，接触面好，适应制动盘偏摆能力强	表面涂漆，不美观；单缸单作用固定式盘形制动器，制动盘受力不均，接触面需磨合，适应制动盘偏摆能力差
深度指示器及传动装置	无基础，制造厂内调好，直接安装在底座上	有单独基础，安装时难找正，使用时易发生断轴故障
盘形制动器装置	无基础，制造厂内调整好，直接安装在底座上	有单独基础，现场难安装，找正调整不便，工作量大，时间长
减速器	外形尺寸小，质量小。悬挂式，与主轴装置轴承座止口定位，无基础。同轴度好，精度高，易安装	外形尺寸大，质量大。与主轴装置通过齿轮联轴器连接，有单独基础。安装时不宜找正
卷筒护板	无基础，直接安装在底座上	有单独基础
锁紧器	无基础，直接安装在盘形制动器支架上	有单独基础
基建成本	低	高
设备安装	施工与安装简便	施工与安装难度大

H 系列提升机的部件集成度高、外形尺寸小、基础简化，使得设备的安装、使用及维护更加简便，可节省基建投资。上提重载和下放重载制动减速度分别调定，安全制动效果好，可靠性高。提升机传动效率高，使用寿命长，综合运行成本低。一系列新技术的运用，将电器防爆提升机向高性能和轻量化方向推进了一大步，更加适应市场需求。

6.3.3 H 系列提升机的规格

1. 型号标记

标记示例：

卷筒直径为 2500mm，卷筒宽度为 2000mm，电动机经悬挂式行星减速器直接驱动卷筒，单筒矿井提升机标记为：JK-2.5×2.0H。

卷筒直径为 2500mm，卷筒宽度为 1500mm，电动机经悬挂式行星减速器直接驱动卷筒，

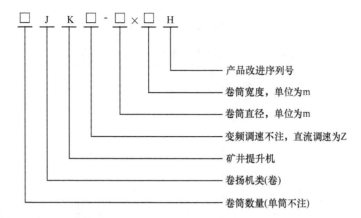

双筒矿井提升机标记为：2JK-2.5×1.5H。

2. 规格划分

H 系列产品按卷筒直径分为 1.6~3m 等系列产品，单筒提升机为 8 个规格，双筒提升机为 6 个规格。

该产品最大静张力差可达 135kN、电动机功率可达 600kW。

6.3.4 H 系列提升机的参数

1. H 系列单筒缠绕式提升机的技术参数（见表 6-12）

表 6-12 H 系列单筒缠绕式提升机的技术参数

产品型号	卷筒			钢丝绳最大静张力 /kN	钢丝绳最大静张力差 /kN	钢丝绳最大直径 /mm	最大提升长度或斜长			最大提升速度 /(m/s)	名义减速器减速比	电动机转速(不大于) /(r/min)
	个数	直径 /m	宽度 /m				一层缠绕 /m	二层缠绕 /m	三层缠绕 /m			
JK-3.0×2.8H			2.8				622	1243	1902		20.0	
											30.0	
JK-3.0×2.5H		3.0	2.5	130	130	37	518	1030	1595	≤5.6	20.0	
											30.0	
JK-3.0×2.2H			2.2				481	961	1479		20.0	750
											30.0	
JK-2.5×2.5H			2.5				515	1060	1637		20.0	
	1										30.0	
JK-2.5×2.3H		2.5	2.3	90	90	31	473	944	1460	≤5.0	20.0	
											30.0	
JK-2.5×2.0H			2.0				403	802	1245		20.0	
											30.0	
JK-2.0×1.8H			1.8				318	672	1062		20.0	
		2.0		60	60	28				≤4.0	30.0	1000
JK-2.0×1.5H			1.5				255	546	869		20.0	
											30.0	

2. H 系列双筒缠绕式提升机的技术参数（见表 6-13）

表 6-13　H 系列双筒缠绕式提升机的技术参数

产品型号	卷筒				钢丝绳最大静张力/kN	两根钢丝绳最大静张力差/kN	钢丝绳最大直径/mm	最大提升高度或斜长			最大提升速度/(m/s)	名义减速器减速比	电动机转速（不大于）/(r/min)
	数量	直径/m	宽度/m	两卷筒中心距/m				一层缠绕/m	二层缠绕/m	三层缠绕/m			
2JK-3.0×1.8H		3.0	1.8	1.89	130	80	37	353	697	1090	≤5.6	20.0	750
												30.0	
2JK-3.0×1.5H			1500	1590				282	553	873		20.0	
												30.0	
2JK-2.5×1.5H	2	2.5	1500	1590	90	55	31	286	564	885	≤5.0	20.0	
												30.0	
2JK-2.5×1.2H			1200	1290				215	422	670		20.0	
												30.0	
2JK-2.0×1.25H		2.0	1250	1340	60	40	28	203	440	708	≤4.0	20.0	1000
												30.0	
2JK-2.0×1.0H			1000	1090				151	334	547		20.0	
												30.0	

6.4　可分离双筒单绳缠绕式提升机

6.4.1　可分离双筒单绳缠绕式提升机的结构

可分离双筒单绳缠绕式提升机和常规双筒单绳缠绕式提升机相比，区别在于主轴装置的结构（见图 6-15）。

游动卷筒和固定卷筒之间对接处留 2~3mm 间隙。游动卷筒两辐板与游动支轮连接，游动支轮内部安装有铜瓦，铜瓦与主轴之间为间隙配合。固定卷筒两辐板与固定支轮连接，固定支轮以过盈安装在主轴上，主轴两端固定在左右轴承座内。游动卷筒和固定卷筒上各固定一根钢丝绳绳头，游动卷筒采用下出绳，钢丝绳绳头固定在游动卷筒左端；固定卷筒采用上出绳，钢丝绳绳头固定在固定卷筒右端。正常提升时，一根钢丝绳缠上卷筒，另一根钢丝绳离开卷筒，从而实现双容器的一升一降。两根钢丝绳可以"共享"缠绳区域，一根钢丝绳离开卷筒空出来的绳槽，可以同时由另一根钢丝绳越过两卷筒之间的 2~3mm 间隙缠绕到空出的绳槽中。调绳时，钢丝绳分别缠绕在游动卷筒和固定卷筒上，使用锁紧器锁住游动卷筒，调绳离合器径向齿块与游动卷筒连接的内齿圈脱离，固定卷筒在电动机驱动下实现与游动卷筒的相对转动。

6.4.2　可分离双筒单绳缠绕式提升机的优点

这种结构通过"共享"绳槽的原理，可减少一个卷筒宽度从而使主轴大大缩短，缩减

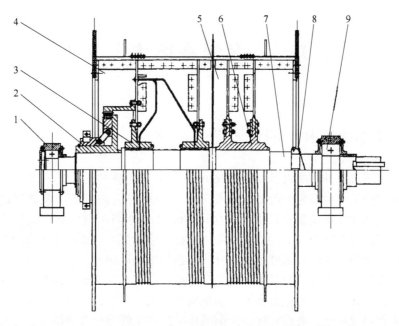

图 6-15　可分离双筒单绳缠绕式提升机主轴装置的结构

1—左轴承座　2—调绳离合器　3—游筒支轮　4—游动卷筒　5—固定卷筒　6—固筒支轮　7—主轴
8—深度指示器锥齿轮　9—右轴承座

设备的轴向尺寸，从而降低主轴挠度提高其刚度，设备质量也减小约 30%，具有独特优点。

但因原理所限，钢丝绳只能缠绕一层。在重载、中浅井、安装空间紧张的情况下，可优先考虑选用该种提升机。

6.4.3　设备规格和技术参数

目前可分离式双筒单绳缠绕式提升机的直径系列有 3.2m、3.6m、4m、5m、6m，技术参数等同于常规双筒缠绕式提升机同直径时的技术参数。

第7章 多绳摩擦式提升机

7.1 多绳摩擦式提升机的技术发展历程

我国多绳摩擦式提升机的设计制造历史稍晚于单绳缠绕式提升机。1953 年，抚顺重型机器厂制造了我国第一台单绳缠绕式双筒提升机；1958 年，洛阳矿山机器厂设计制造了我国第一台井塔式多绳摩擦式提升机 JKM-2×4；1960 年，洛阳矿山机器厂又设计制造了一台井塔式多绳摩擦式提升机 JKM-3×4，并逐渐形成批量生产能力，摆脱了多绳摩擦式提升机依赖进口的局面，开创了我国多绳摩擦式提升机制造领域的新纪元。

此外，随着井塔式多绳摩擦式提升机的广泛应用，其局限性也逐渐暴露出来，如提升机安装在钢筋混凝土井塔上，耐振力远不如钢结构井架强；当矿井通过流沙层及地质条件差的地区时，采用钢筋混凝土井塔具有比采用钢结构井架产生的地压大等缺点，由此落地式多绳摩擦式提升机产生了。1977 年，在洛阳矿山机器厂诞生了我国第一台落地式多绳摩擦式提升机 JKMD-2×2。

20 世纪 80 年代末期，通过引进一些国外新技术，洛阳矿山机器厂已能生产各种新结构的大型矿井提升机，包括电动机悬挂直联形式的大型多绳摩擦式提升机，其摩擦轮直径已达4m。洛阳矿山机器厂作为提升机制造领域的排头兵，引领我国矿井提升机的设计制造水平迈上了一个新的台阶。为使提升机的制造达到标准化、通用化和系列化，洛阳矿山机器厂还制定了单绳缠绕式提升机和多绳摩擦式提升机的国家标准。

20 世纪 90 年代末期，随着我国矿山矿井日益向大型化、高产化方向发展，多绳摩擦式提升机日益占据矿山设备的主导地位，特别是大型多绳摩擦式提升机，由于具有显著的优点而越来越受到矿山用户的欢迎。同时，随着科学技术的不断进步，控制技术日新月异，开发研究技术先进、性能可靠、高效节能的新一代大型多绳摩擦式提升机的需求日益迫切。1999年，中信重工开始研发并于 2001 年成功制造了国内最大规格的双电动机直联形式的落地式多绳摩擦式提升机 JKMD-5.7×4，其摩擦轮直径达 5.7m，是国内首台采用双电动机悬挂直联形式的多绳摩擦式提升机，彻底改变了我国特大型提升机依赖进口的局面，使我国矿井提升机的设计和制造水平向国际水平迈进。

近十几年来，中信重工进行了规模宏大的技术装备全面升级改造，使设备的规格、性能和精度得到了全面升级，产品的制造工艺也得到了较大的提高，在产品开发手段和方法上进一步与国际接轨。从 2008 年到 2013 年，中信重工以每年 200 余台数量的各种规格及各种类型的提升机供应着国内市场，并出口到孟加拉、伊朗、委内瑞拉、土耳其、巴基斯坦、赞比亚等多个国家。2014 年，中信重工向波兰出口了一台大型落地式多绳摩擦式提升机 JKMD-5.5×4PⅣ，其摩擦轮直径为 5.5m，采用双电动机拖动、直联悬挂式连接方式。2015 年，为华能庆阳煤电有限责任公司核桃峪煤矿设计制造了 JKMD-6.2×4PⅢ落地式多绳摩擦式提升机，2016 年，为矿山提升设备安全准入分析验证实验室设计制造了 JKM-6.5×6PⅣ井塔式多绳摩擦式提升机，目前均为国内运行最大规格落地及井塔式提升机。特大型矿井提升机的设计及制造，反映出近些年来中信重工的技术进步，同时也代表了我国矿井提升机的设计制造水平。

目前，国内外多绳摩擦式提升机发展的方向是：向大型、全自动化和遥控方向发展，并发展各种新型和专用提升设备；发展落地式和斜井多绳摩擦式提升机，研究其用于特浅井、盲井甚至天井的可能性，以扩大使用范围；采用新结构，以减小机器的外形尺寸和质量。

多绳摩擦式提升机钢丝绳（首绳）的根数，受多种因素的影响，根据使用经验，针对我国矿井的具体情况，以 4 根和 6 根为宜，并优先采用 4 根，只有在特殊情况下才考虑采用 8 根。钢丝绳半数左捻，半数右捻，并互相交错排列。

随着科学技术的飞跃发展，提升机的控制和调节系统也日趋完善，使得多绳摩擦式提升机能够更多地取代单绳缠绕式提升机。

根据一些统计资料表明，国外使用的多绳提升机直径已到 9m，钢丝绳有 10 根，井深可超过 2000m，载荷可达 50t。且已用于斜井。

自我国于 1958 年设计制造第一台多绳摩擦式提升机以来，已制造超过 2000 台多绳摩擦式提升机，其系列型谱演变过程是：DJ 型→DMT 型→JKM 型→JKM（A）型、JKMD（A）型→JKM（C）型、JKMD（C）型→JKM（E）型、JKMD（E）型，后来又开发了落地摩擦式提升机，并且已形成了国家标准。

7.2　多绳摩擦式提升机的结构特性及组成

多绳摩擦式提升机按布置方式可分为井塔式与落地式两大类（见图 7-1 和图 7-2）。

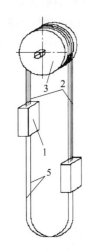
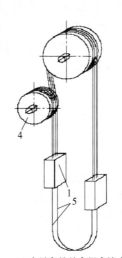
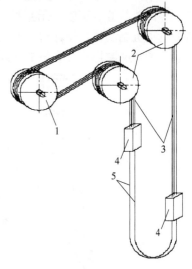

　　a) 无导向轮的多绳摩擦式提升机　　b) 有导向轮的多绳摩擦式提升机

图 7-1　井塔式多绳摩擦式提升机
1—提升容器或平衡锤　2—提升钢丝绳
3—摩擦轮　4—导向轮　5—尾绳

图 7-2　落地式多绳摩擦式提升机
1—摩擦轮　2—天轮　3—提升钢丝绳
4—提升容器或平衡锤　5—尾绳

1. 与落地式多绳摩擦式提升机相比，井塔式多绳摩擦式提升机的优缺点

（1）优点

1）紧凑省地方。

2）省去天轮。

3）全部载荷垂直向下，井塔稳定性好。

4）可获得较大包角。

5）钢丝绳不会无保护地裸露在雨雪之中，而影响摩擦系数及使用寿命。

（2）缺点

1）设备费用要昂贵得多。因为提升井塔较普通井架更为庞大且复杂，需要更多的钢材。

2）井塔高度较高，不符合战备观点并且不利于地震区建设。

综合考虑二者的优缺点，采用落地式的用户越来越多。

2. 井塔式多绳摩擦式提升机有无导向轮的区别

井塔式多绳摩擦式提升机又可分为无导向轮（见图 7-1a）和有导向轮（见图 7-1b）两种。前者结构简单，后者的优点是使提升容器在井筒中的中心距不受主导轮直径的限制，减小了井筒的断面，同时可以加大钢丝绳在主导轮上的围包角。后者的缺点是使钢丝绳产生了反向弯曲，直接影响钢丝绳的使用寿命。

3. 多绳摩擦式提升机的类型

多绳摩擦式提升机按传动形式可分为：

1）Ⅰ型：单电动机带减速器多绳摩擦式提升机。

2）Ⅱ型：双电动机带减速器多绳摩擦式提升机。

3）Ⅲ型：单电动机直联结构多绳摩擦式提升机。

4）Ⅳ型：双电动机直联结构多绳摩擦式提升机。

4. 井塔式多绳摩擦式提升机的组成

Ⅰ型井塔式多绳摩擦式提升机主要由下列部件组成：主轴装置、盘形制动器装置、液压站、导向轮装置、深度指示系统、测速传动装置、车槽装置、齿轮联轴器、弹性棒销联轴器、电动机制动器、操作台、制动盘偏摆监测装置、钢丝绳滑动监测装置、减速器、润滑站等。Ⅰ型多绳摩擦式提升机的总布置图如图 7-3 所示。

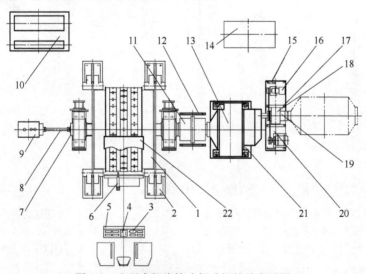

图 7-3　Ⅰ型多绳摩擦式提升机的总布置图

1—主轴装置　2—盘形制动器装置　3—圆盘式精针指示器　4—丝杠式粗针指示器　5—操作台　6—车槽装置
7—监控器齿轮箱　8—监控器传动轴装置　9—监控器　10—液压站　11—齿轮联轴器　12—齿轮联轴器护罩
13—行星齿轮减速器　14—润滑站　15—测速传动装置护罩　16—测速传动装置　17—弹性棒销联轴器护罩
18—电动机制动器　19—弹性棒销联轴器　20—测速传动装置底座　21—减速器底座　22—摩擦轮护罩

　　Ⅱ型井塔式多绳摩擦式提升机主要由下列部件组成：主轴装置、盘形制动器装置、液压站、导向轮装置、深度指示系统、测速传动装置、车槽装置、齿轮联轴器、弹性棒销联轴器、电动机制动器、操作台、制动盘偏摆监测装置、钢丝绳滑动监测装置、减速器、润滑站等。Ⅱ型多绳摩擦式提升机的总布置图如图 7-4 所示。

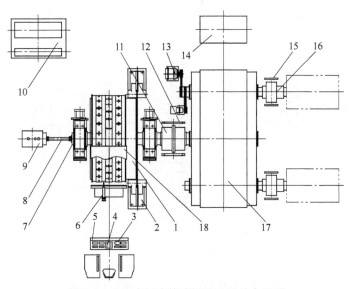

图 7-4　Ⅱ型多绳摩擦式提升机的总布置图

1—主轴装置　2—盘形制动器装置　3—圆盘式精针指示器　4—丝杠式粗针指示器　5—操作台　6—车槽装置
7—监控器齿轮箱　8—监控器传动轴装置　9—监控器　10—液压站　11—齿轮联轴器　12—齿轮联轴器护罩
13—测速传动装置　14—润滑站　15—弹性棒销联轴器护罩　16—弹性棒销联轴器　17—平行轴减速器　18—摩擦轮护罩

　　Ⅲ型井塔式多绳摩擦式提升机主要由下列部件组成：主轴装置、盘形制动器装置、液压站、导向轮、车槽装置、操作台、制动盘偏摆监测装置、信号接口装置、钢丝绳滑动监测装置等。Ⅲ型井塔式多绳摩擦式提升机的总布置图如图 7-5 所示。

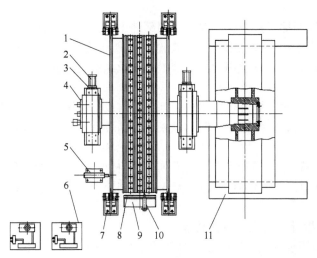

图 7-5　Ⅲ型多绳摩擦式提升机的总布置图

1—主轴装置　2—预埋钢梁　3—调整楔铁　4—信号接口装置　5—锁紧器　6—液压站　7—盘形制动器装置
8—摩擦轮护罩　9—车槽架　10—车槽装置　11—电动机

Ⅳ型井塔式多绳摩擦式提升机主要由下列部件组成：主轴装置、盘形制动器装置、液压站、导向轮装置、车槽装置、操作台、制动盘偏摆监测装置、信号接口装置、钢丝绳滑动监测装置等。Ⅳ型多绳摩擦式提升机的总布置图如图7-6所示。

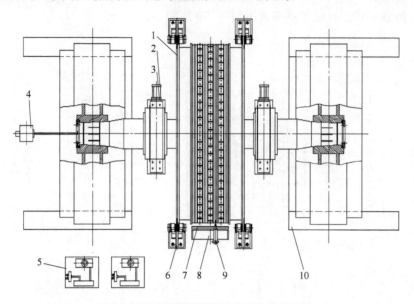

图7-6　Ⅳ型多绳摩擦式提升机的总布置图
1—主轴装置　2—预埋钢梁　3—调整斜铁　4—信号接口装置　5—液压站　6—盘形制动器装置　7—摩擦轮护罩
8—车槽架　9—车槽装置　10—电动机

5. 落地式多绳摩擦式提升机的组成

Ⅰ型落地式多绳摩擦式提升机主要由下列部件组成：主轴装置、盘形制动器装置、液压站、天轮装置、深度指示系统、测速传动装置、车槽装置、齿轮联轴器、弹性棒销联轴器、电动机制动器、操作台、制动盘偏摆监测装置、钢丝绳滑动监测装置、减速器、润滑站、拨绳装置等。

Ⅱ型落地式多绳摩擦式提升机主要由下列部件组成：主轴装置、盘形制动器装置、液压站、天轮装置、深度指示系统、测速传动装置、车槽装置、齿轮联轴器、弹性棒销联轴器、电动机制动器、操作台、制动盘偏摆监测装置、钢丝绳滑动监测装置、减速器、润滑站、拨绳装置等。

Ⅲ型落地式多绳摩擦式提升机主要由下列部件组成：主轴装置、盘形制动器装置、液压站、天轮装置、车槽装置、操作台、制动盘偏摆监测装置、信号接口装置、钢丝绳滑动监测装置、拨绳装置等。

Ⅳ型落地式多绳摩擦式提升机主要由下列部件组成：主轴装置、盘形制动器装置、液压站、天轮装置、车槽装置、操作台、制动盘偏摆监测装置、信号接口装置、钢丝绳滑动监测装置、拨绳装置等。

6. 多绳摩擦式提升机的主要结构特点

1）主轴装置采用全焊接式摩擦轮、高摩擦系数摩擦衬垫、酚醛压块和固定块，用调心滚子轴承，摩擦轮与主轴采用大平面摩擦连接。

2）导向轮/天轮采用焊接式结构，装有楔形衬垫。

3）采用盘形制动器装置和带有恒力矩或恒减速功能的液压制动系统。

4）Ⅰ型采用行星齿轮减速器，Ⅱ型采用平行轴减速器，Ⅲ型或Ⅳ型无减速器。

5）低速轴采用齿轮联轴器，高速轴采用弹性棒销联轴器，Ⅲ型或Ⅳ型无联轴器。

6）深度指示系统采用机械式牌坊式深度指示器。

7）设有钢丝绳滑动监测、制动盘偏摆监测、深度指示失效、制动闸瓦过磨损、制动碟形弹簧疲劳等多种监测、保护装置，提高运行的安全可靠性。

8）部件的通用性强，便于维护和用户准备备品、备件。

盘形制动器装置、液压站、操作台、弹性棒销联轴器、齿轮联轴器等采用与 JK 型单绳缠绕式提升机相同的通用部件，这样不但方便了生产厂的制造，同时也为用户维修、购买及管理提供了方便。

7. 多绳摩擦式提升机的产品型号表示方法

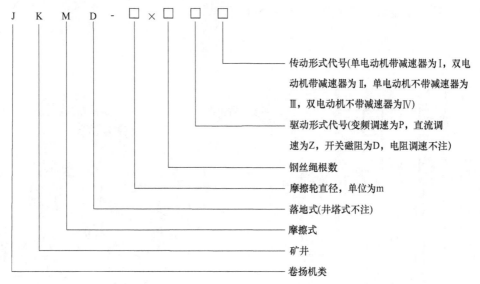

示例 1：摩擦轮直径为 3m，4 根钢丝绳，单电动机带减速器电阻调速井塔式多绳摩擦式提升机的产品型号为：JKM-3×4Ⅰ。

示例 2：摩擦轮直径为 5m，6 根钢丝绳，双电动机带减速器直流调速井塔式多绳摩擦式提升机的产品型号为：JKM-5×6ZⅡ。

示例 3：摩擦轮直径为 4m，4 根钢丝绳，单电动机不带减速器变频调速落地式多绳摩擦式提升机的产品型号为：JKMD-4×4PⅢ。

示例 4：摩擦轮直径为 5m，4 根钢丝绳，双电动机不带减速器开关磁阻调速落地式多绳摩擦式提升机的产品型号为：JKMD-5×4DⅣ。

第8章 多绳摩擦式提升机的主轴装置

8.1 主轴装置的组成

主轴装置是提升机的工作机构，也是提升机的主要承载部件，它承担了提升、下放载荷的全部转矩，同时也承受着搭在摩擦轮上两侧的钢丝绳的拉力。

主轴装置主要由主轴、摩擦轮、制动盘、滚动轴承、轴承座、轴承盖、轴承端盖、轴承梁、摩擦衬垫、固定块、压块组成，如图 8-1 所示。

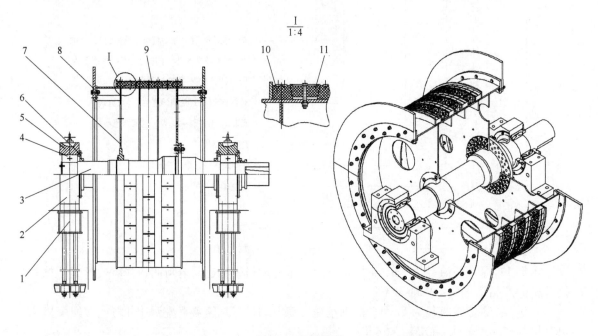

图 8-1 主轴装置
1—轴承梁 2—轴承座 3—主轴 4—滚动轴承 5—轴承盖 6—轴承端盖 7—摩擦轮 8—制动盘
9—固定块 10—摩擦衬垫 11—压块

8.2 主轴装置的结构类型

根据多绳摩擦式提升机的传动形式，主轴装置可分为几种不同类型：

1. 带减速器提升机的单法兰结构

本类型的主轴装置在主轴上直接锻出一个法兰，在传动侧摩擦轮的辐板与主轴法兰采用高强度螺栓单摩擦面联接，靠两端面间的摩擦力传递力矩；在非传动侧轮毂内孔与主轴采用过盈配合，轮毂带有油孔和密封圈，以便组装时用高压油扩张轮毂内孔。

主轴传动端采用热装法安装齿轮联轴器，主轴与齿轮联轴器通过切向键传递转矩。

2. 带减速器提升机的双法兰结构

本类型的主轴装置在主轴上直接锻出两个法兰，摩擦轮与主轴采用高强度螺栓双夹板连接，靠两夹板与摩擦轮及主轴法兰间的摩擦力传递力矩。

本类型的主轴装置在传动端与齿轮联轴器的联接结构与带减速器提升机的单法兰结构相同。

3. 直联结构提升机的单法兰结构

本类型主轴装置中主轴与摩擦轮的组装方式与带减速器提升机的单法兰结构相同。

本类型的主轴传动端不是和齿轮联轴器相连，也没有强力切向键槽，而是有一锥面，与低速直联的电动机的转子通过锥面过盈联接在一起。

4. 直联结构提升机的双法兰结构

本类型的主轴装置中主轴与摩擦轮的联接方式与带减速器提升机的双法兰结构相同，主轴传动端的联接方式与直联结构提升机的单法兰结构相同。

8.3　主轴装置的关键部件

8.3.1　摩擦轮

多绳摩擦式提升机的摩擦轮上装有压块、固定块和衬垫。摩擦轮是工作机构，不但传递转矩，而且承受着两侧钢丝绳的拉力。

摩擦轮采用全焊接结构，该部件由筒壳、左右辐板、左右轮毂、支环、挡绳板焊接而成，对于大型提升机（直径大于或等于 2.8m），筒壳内焊有支环来加强整个筒壳的刚度，对于小型提升机（直径小于 2.8m）不加支环，这样结构简单、制造方便。

摩擦轮根据和主轴连接结构以及制动盘连接结构的不同，可分为 4 种，分别如图 8-2 ~ 图 8-5 所示。

8.3.2　制动盘

根据使用盘形制动器数量的多少，可以配置一个制动盘或两个制动盘。小型提升机多数采用不可拆的焊接式制动盘，即制动盘焊接在摩擦轮端部。由于制动盘是焊在摩擦轮上的，给加工、运输带来不便，并且不易更换。大型提升机一般采用可拆的装配式制动盘，即将制动盘做成两半，成对活装在摩擦轮端部，摩擦轮与制动盘采用高强度螺栓连接，制动盘与摩擦轮之间有配合止口做径向定位，两半制动盘之间用键做轴向定位。这样既方便加工又方便运输，并可以更换制动盘。

8.3.3　主轴

主轴承受整个主轴装置的自重、外载荷和传递全部转矩。主轴的材料一般选用 45 钢或性能更优的优质合金钢，经锻造后加工而成，并进行热处理和无损检测。机械性能要达到较高要求，主轴受到弯扭组合载荷，应验算疲劳安全系数，一般 $n = 1.5 \sim 1.8$。

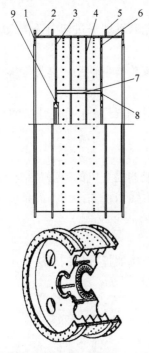

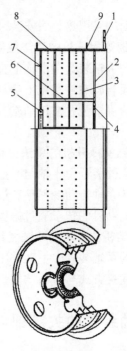

图 8-2　摩擦轮（用于装配式双制动盘、
　　　　　单法兰主轴）

1—制动盘连接板　2—筒壳　3—左辐板　4—支环　5—挡绳板
6—右辐板　7—工艺支杆　8—右轮毂　9—左轮毂

图 8-3　摩擦轮（用于焊接式单制动盘、
　　　　　单法兰主轴）

1—制动盘　2—右辐板　3—支环　4—右轮毂　5—左轮毂
6—工艺支杆　7—左辐板　8—筒壳　9—挡绳板

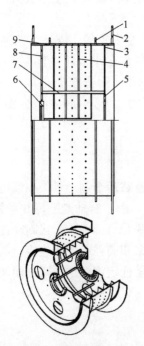

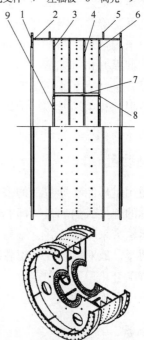

图 8-4　摩擦轮（用于焊接式双制动盘、单法兰主轴）

1—挡绳板　2—制动盘　3—右辐板
4—支环　5—右轮毂　6—左轮毂
7—工艺支杆　8—左辐板　9—筒壳

图 8-5　摩擦轮（用于装配式双制动盘、双法兰主轴）

1—制动盘连接板　2—筒壳　3—左辐板
4—支环　5—挡绳板　6—右辐板
7—工艺支杆　8—右轮毂　9—左轮毂

在轴上直接锻出一个法兰盘，通过高强度螺栓与摩擦轮联接，为了减小应力集中，在小圆角处均采用内凹圆角。

主轴根据结构不同，分为单法兰轴和双法兰轴，如图 8-6 所示。

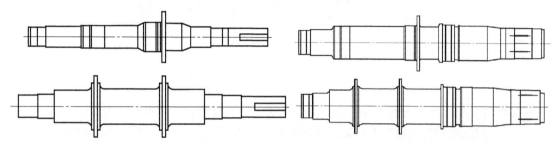

图 8-6 主轴（上为单法兰轴，下为双法兰轴）

8.3.4 主轴承组件

主轴承组件是承受整个主轴装置自重和钢丝绳上全部载荷的支承部件，由滚动轴承、轴承盖、轴承座、轴承端盖等零部件组成。两个滚动轴承一般均采用圆柱孔、调心滚子轴承，它允许绕轴承中心做微量转动，以补充由于轴受力弯曲而带来的角位移。这种轴承调心性能好，能承载较大的径向负载并有较高抗冲击能力，同时也能承受少量的轴向力，使用寿命长、效率高、维护方便，对安装误差和主轴挠度要求较低。

一端滚动轴承由两端盖压紧，不允许有轴向窜动，另一端滚动轴承外圈两端面与端盖止口之间留有 1~2mm 间隙，以适应因主轴受力弯曲和热胀冷缩而产生的轴向位移。每侧轴承端盖上下都有油孔，供清洗轴承时注放油使用，清洗完毕后油孔用螺塞堵住，防止脏物侵入。

由于井塔式多绳摩擦式提升机和落地式多绳摩擦式提升机的受力情况不同，轴承座和轴承盖结构有所差异。

8.3.5 摩擦衬垫

摩擦衬垫是多绳摩擦式提升机的关键零件，它的使用性能直接影响提升机的性能参数、提升能力及安全可靠性。多绳摩擦式提升机系列产品所采用的摩擦衬垫，在使用环境温度为 5~40℃ 的情况下，一般要求衬垫比压不得小于 2MPa，衬垫在干净、淋水或有专用摩擦脂的情况下，摩擦系数都要满足要求。

衬垫截面呈直角梯形，为了安放提升钢丝绳，衬垫上车削有绳槽。塔式多绳摩擦式提升机一周衬垫上车削一个绳槽，落地式多绳摩擦式提升机一周衬垫上车削两个绳槽。摩擦衬垫用固定块和压块通过螺栓固定在摩擦轮上，其固定方式如图 8-7 所示，固定块和压块采用非金属材料酚醛压铸而成，无须再进行机械加工，其强度和尺寸不受浸水影响，适合于矿山环境使用。

摩擦衬垫的特别说明：

摩擦衬垫是摩擦式提升机的重要零件，除钢丝绳比压、张力差之外，它还承担着两侧提升钢丝绳运行的各种动载荷与冲击载荷，所以它必须有足够的抗压强度。它与钢丝绳之间必须具有足够的摩擦系数，从而满足设计生产能力，并防止提升过程中的滑动。摩擦衬垫的好

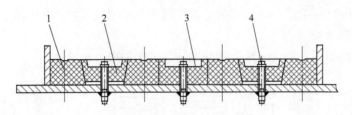

图 8-7　摩擦衬垫的固定方式

1—摩擦衬垫　2—压块　3—固定块　4—螺栓

坏直接影响生产顺利进行和人身设备的安全。因此要求摩擦衬垫具有下列性能：

1）与钢丝绳对偶摩擦时有较高的摩擦系数，且摩擦系数受水、油等的影响较小。

2）具有较高的比压和抗疲劳性能。

3）具有较好的耐磨性能，磨损时粉尘对人和设备无害。

4）在正常温度变化范围内，能保持其原有性能。

5）应具有一定的弹性，能在一定程度上起到调整张力偏差的作用，并减少钢丝绳与衬垫之间的蠕动量。

摩擦衬垫的上述性能中最主要的是摩擦系数，提高摩擦系数将会提高提升设备的经济效果和安全性。

摩擦系数 μ 的近似计算公式为

$$\mu = \ln\left(\frac{T_{js}}{T_{jx}}\right)\frac{1}{\alpha} \tag{8-1}$$

式中　T_{js}——上升侧钢丝绳的静张力，kN；

　　　T_{jx}——下降侧钢丝绳的静张力，kN；

　　　α——钢丝绳在摩擦轮上的围包角。

摩擦衬垫的比压按式（8-2）确定

$$p = \frac{T_{js} + T_{jx}}{nDd} \tag{8-2}$$

式中　d——钢丝绳的直径，mm；

　　　D——摩擦轮直径，mm；

　　　n——钢丝绳根数。

第9章　天轮装置和导向轮装置

9.1　概述

天轮装置用于落地式多绳摩擦式提升机，每台提升机上用两组，安装在井架上，用来改变钢丝绳的方向和根据提升系统要求满足提升容器的中心距，是提升机的主要承力件之一。

导向轮装置用于井塔式多绳摩擦式提升机，每台提升机上用一组，安装在机房的下层，其主要作用是按提升系统的要求来控制提升容器之间的距离，同时也增加了钢丝绳在摩擦轮上的围包角。当摩擦轮直径大于两个提升容器或提升容器与平衡锤之间的距离时，为了将摩擦轮两侧的钢丝绳相互移近一些，以适应两提升容器中心距离的要求，需要装设导向轮。或者为了得到大于180°的围包角（一般需180°~195°），也需要装设导向轮。

9.2　天轮装置

1. 天轮装置的规格

1）天轮装置的公称直径与摩擦轮的公称直径相同。

2）天轮装置的绳间距和绳槽直径与摩擦轮的相同。

3）轮体个数与提升机绳数相同。

2. 结构概述

天轮装置的结构如图9-1所示，天轮装置主要由轴、固定轮、游动轮、轴瓦、滚动轴承、衬垫、轴承座等零部件组成，每组天轮装置由数个轮子组成，轮子由轮毂、轮缘与数个槽钢为辐条焊接而成。其中一个轮子用平键与轴联结，称作固定轮，钢丝绳运动时带动固定轮转动，固定轮又带动天轮轴一起转动；其余的轮子与天轮轴是游动的，轮毂内装有轴瓦，该轴瓦内径与轴为动配合，与轴有相对自由转动，称作游动轮。每个游动轮的轮毂与轴之间各装有4个半轴瓦，一般为铜瓦，目前也开始使用锌基合金瓦，其比重低于铜瓦，且吨价也低于铜瓦，因此有显著的成本优势。各轮子之间有0.2~0.5mm的轴向间隙，以保证各轮子运转灵活，相对转动时互不干扰，当各钢丝绳的线速度不完全相同时，游动轮与轴之间能自由地相对转动。轮缘槽内装有衬垫，使

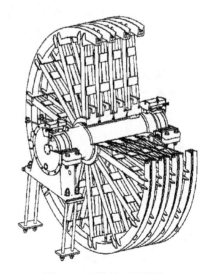

图9-1　天轮装置的结构

钢丝绳得到保护，以免钢丝绳与铸钢轮缘相互摩擦，从而提高钢丝绳的使用寿命。轴的两端均采用球面向心滚子轴承，支承在铸钢轴承座上。

一般情况下，天轮装置的轮子是整体的，即固定轮、游动轮为整体式结构，大型提升机天轮装置的轮子可做成两半对分结构，称为剖分式天轮装置。

9.3　导向轮装置

1. 导向轮装置的规格

1）一般情况下导向轮装置的公称直径与摩擦轮的公称直径相同，特殊情况下也可以不相同。

2）导向轮装置的绳间距和绳槽直径与摩擦轮的相同。

3）轮体个数与提升机的绳数相同。

2. 结构概述

导向轮装置结构与天轮装置基本相同，主要由轴、固定轮、游动轮、轴瓦、滚动轴承、衬垫、轴承座、轴承梁等零部件组成，每组导向轮装置由数个轮子组成，轮子由轮毂、轮缘与数个槽钢为辐条焊接而成。其中一个轮子用平键与轴联结，称作固定轮；其余的轮子与导向轮轴是游动的，轮毂内装有轴瓦，该轴瓦内径与轴为动配合，与轴有相对自由转动，称作游动轮，每个游动轮的轮毂与轴之间各装有4个半轴瓦，各轮子之间有0.2~0.5mm的轴向间隙。轮缘槽内装有衬垫，使钢丝绳得以保护。轴的两端均采用球面向心滚子轴承。

9.4　剖分式天（导向）轮装置

大型提升机或有特殊要求时，天（导向）轮装置的轮子也可做成两半对分的，两个半轮用螺栓联接在一起。对把螺栓的扭紧力矩应符合图纸要求。两个半轮组装后，对分面用塞尺检查，不准有间隙。使用中要定期检查对把螺栓的扭紧力矩是否符合要求，检查对分面不得有间隙。

更换铜瓦时，可以打开两半天轮的对把螺栓进行更换，也可以用整体式天（导向）轮装置更换轴瓦的方法进行更换。两半天轮对把螺栓的维护要求和方法同主轴装置高强度螺栓，其余各项要求均与整体式天（导向）轮装置相同。

第10章 其他组成部件

其他组成部件包括齿轮联轴器、弹性棒销联轴器、信号接口装置、车槽装置、钢丝绳滑动监测装置、制动盘偏摆监测装置、拨绳装置等。齿轮联轴器、弹性棒销联轴等结构特点在单绳缠绕提升机中已做过介绍，本章不再赘述。本章将对多绳摩擦式提升机齿轮联轴器、弹性棒销联轴器的选型以及信号接口装置、车槽装置、钢丝绳滑动监测装置、制动盘偏摆监测装置、拨绳装置进行介绍。

10.1 齿轮联轴器的选用

根据联轴器的结构、性能、使用条件、参数指标及几何尺寸进行选型。

已知条件：M_{max} 为联轴器所能传递的最大力矩；n_K 为联轴器所允许的最大转速；d_K 为联轴器两半联轴器的内孔直径（一般都是一个范围）。

选型要求：

1）按两侧传动轴的直径选联轴器，两侧轴径 d 的尺寸应在 d_K 的范围内，不能大于 d_K 的最大值。

2）验算安全系数为

$$n = M_{max}/M_d \geq [n]$$
$$[n] = K_1 K_2$$

式中　$[n]$——许用安全系数；

　　　K_1——安全重要性系数；

　　　K_2——载荷性质系数；

　　　M_d——提升机的动转矩。

10.2 弹性棒销联轴器的选用

根据弹性棒销联轴器的最大动转矩 M_{max} 及联轴器所允许的额定转矩 M_H 进行选型。

选型要求：

提升机的工作静转矩

$$M_j/i\eta < M_H$$

提升机的工作动转矩

$$M_d/i\eta < M_{max}$$

验算安全系数

$$n = M_{max}/M_d \geq [n]$$

式中　M_d——提升机的动转矩；

　　　M_j——提升机的静转矩；

[n]——许用安全系数；

i——减速比；

η——传动效率。

10.3　信号接口装置

10.3.1　编码器及测速机的选型

编码器和测速机的选型应满足电气控制的需求，一般可参考如下配置：

1. 交流串电阻电控系统

主轴装置：配置 2 个编码器（如：长春 LF 型或欧姆龙 E6C2 系列）、1 个测速机（如：ZYS-8A 或 ZCF-32）。

天轮装置（或导向轮装置）：配置 1 个编码器（如：长春 LF 型或欧姆龙 E6C2 系列）。

2. 低压、高压交-直-交变频电控系统（中小功率）

主轴装置：配置 2 个编码器（如：长春 LF 型或欧姆龙 E6C2 系列）、1 个测速机（如：ZYS-8A 或 ZCF-32）。

电动机侧加 1 个编码器（如：长春 LF 型或欧姆龙 E6C2 系列）。

天轮装置（或导向轮装置）：配置 1 个编码器（如：长春 LF 型或欧姆龙 E6C2 系列）。

3. 直流电控系统

主轴装置：配置 2 个编码器（如：长春 LF 型或欧姆龙 E6C2 系列）、1 个测速机（如：ZYS-8A 或 ZCF-32）。

电动机侧加 1 个测速机（电动机转速低于 600r/min，可考虑选用 ZYS-8A；电动机转速为 600~1000r/min，可考虑选用 ZYS-100A）。

天轮装置（或导向轮装置）：配置 1 个编码器（如：长春 LF 型或欧姆龙 E6C2 系列）。

4. 大功率交-交变频电控系统、大功率中压交-直-交变频电控系统

主轴装置：配置高端编码器 3 个（如：德国霍普纳吉森编码器 FG4K 系列）。

对于多绳提升机天轮需增加 1 个编码器（如：长春 LF 型或欧姆龙 E6C2 系列）。

5. 采用恒减速制动系统

除上述配置外，主轴装置需要额外增加配套 1 个测速机；如果恒减速制动系统为普通恒减速，那么可考虑选用 ZYS-8A 测速机；如果恒减速制动系统为高性能闸控，那么可考虑选用霍普纳柏林 TDP 系列。

10.3.2　编码器及测速机的安装

由于提升机的电动机转速各有差别，而测速机希望工作在最佳的工作转速下，因此还要通过齿轮传动，将测速机的转速进行调整。而一般情况下，编码器的转速设置成与主轴 1:1 即可。

1. 高速电动机提升机的安装模式

以图 10-1 为例，安装 2 个编码器。采用外接小齿轮箱的安装方式。

利用主轴上的中心止口，用螺栓安装一法兰轴，此法兰轴伸出轴承端盖，通过联轴器连接外接的小齿轮箱，小齿轮箱为平行轴式一级传动，有 3 个外伸轴，可供安装编码器或测速机。根据测速机的转速要求，还可以调整小齿轮箱的齿轮传动比。

为了方便安装，编码器和测速机都通过连接杯体安装在小齿轮箱箱体上。需要维护或更换时，可以各自单独将其拆下，而不必拆卸轴承端盖。

拆下小齿轮箱箱体顶盖，可以观察齿轮啮合情况，并可以检修维护。

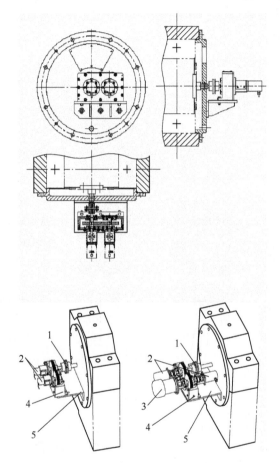

图 10-1　外接小齿轮箱的安装方式
1—联轴器　2—编码器　3—测速电动机　4—齿轮传动装置　5—连接架

2. 低速Ⅲ型直联提升机的安装模式

以图 10-2 为例。安装两个欧姆龙编码器、1 个 HUBNER 测速机（恒减速闸控需要）、1 个 ZYS-8A 测速机（主控用）。采用轴承端盖安装方式。

利用主轴上的中心止口，用螺栓安装一法兰轴，此法兰轴通过联轴器连接中心线位置的编码器，编码器通过连接杯体用螺栓固定在轴承端盖上，法兰轴带动编码器以 1∶1 的传动比转动，发出脉冲信号。

轴承挡板用螺栓把紧在主轴轴端，紧压在轴承内圈上。轴承挡板带动一根拨销，通过一个关节轴承（采用关节轴承的好处是避免别劲现象），拨动一套双联齿轮。图 10-2 中双联齿轮 6 的大齿轮分别带动间隔 90° 安装的小齿轮 7 和小齿轮 8，两个小齿轮上各安装有 1 个

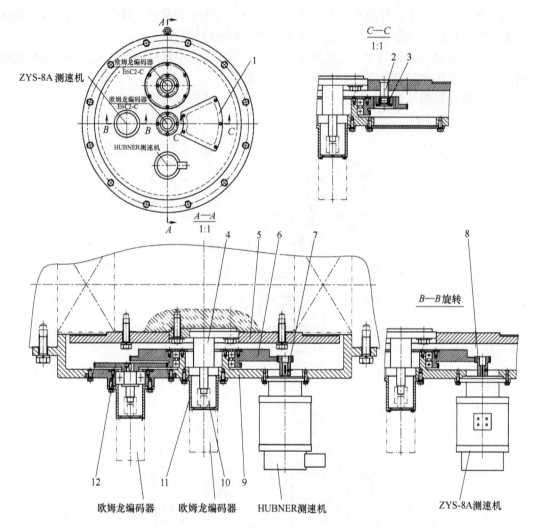

图 10-2　轴承端盖的安装方式

1—扇形观察盖　2—拨销　3—关节轴承　4—法兰轴　5—轴承挡板　6—双联齿轮
7、8—小齿轮　9—轴承端盖　10—联轴器　11—连接杯体　12—齿轮

HUBNER 测速机和 1 个 ZYS-8A 测速机。双联齿轮 6 的大齿轮、小齿轮 7 和小齿轮 8 的齿数是根据电动机转速和测速机的正常转速确定的,以保证测速机工作在额定转速下。通过这样的大小齿轮传动,实现增速,使得两套测速机的转速调整到额定状态。

双联齿轮 6 的小齿轮带动一个齿数相同的齿轮 12,齿轮 12 上安装另一个编码器,与主轴的传动比为 1∶1。

为了方便安装,编码器和测速机都通过连接杯体安装在轴承端盖上。需要维护或更换时,可以各自单独将其拆下,而不必拆卸轴承端盖。

轴承端盖上设置有扇形观察孔,可以通过扇形孔观察内部齿轮的工作情况,也可以方便地加注润滑脂。

3. 低速Ⅳ型直联提升机的安装模式

Ⅳ型直联提升机采用的双电动机,没有非传动轴可供安装编码器和测速机。需要对电动机厂提出特殊要求，从电动机尾部接一传动轴，带动编码器和测速机。这时的编码器和测速机结构上也特殊，为共轴串联结构。

10.4　车槽装置

新安装的多绳提升机在运转之前为了使各衬垫绳槽直径一致，为了增加钢丝绳与摩擦衬垫的接触面积，必须在衬垫上车削绳槽。同时提升机在运转过程中，由于各种原因使各绳槽磨损不均匀，而使各绳槽直径产生差异，使各钢丝绳松紧不一致，张力有差异。为了保证各钢丝绳上载荷较为均匀，也必须经常对绳槽进行调整车削。因此需要一专用车槽装置来车削摩擦衬垫的绳槽。

10.4.1　井塔式车槽装置

1. 井塔式车槽装置的结构

井塔式车槽装置的结构如图 10-3 所示，摩擦轮上每根钢丝绳对应的摩擦衬垫都有一个单独的车刀装置相对应，可以进行单独车削，在车削绳槽时，先将各车刀与校准尺（或直尺）对齐，并将各车刀装置的刻度盘刻度调整到零位（或同一数值）。然后转动手轮就可使刀杆在刀套中上下移动即可获得进刀或退刀。手轮上镶有刻度环。进（退）刀量可以直接从刻度环上看到。手轮每转动一格等于车刀进（退）0.1mm，转动一周车刀进刀量（或退刀量）就等于 2mm，直到车圆，并使各车刀的进刀量都达同一刻度（即同一进刀量）时，即完成车削绳槽工作。车削绳槽的最大车削深度以其中最深的绳槽底径为基准。这样可以达到最小切削量，使衬垫达到最长使用寿命。

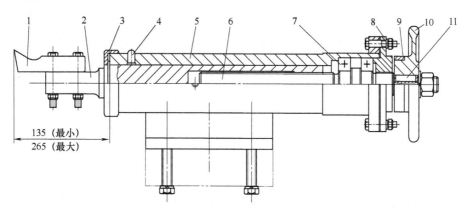

图 10-3　井塔式车槽装置的结构

1—车刀　2—刀杆　3—防尘盖　4—油杯　5—滑套　6—轴　7—轴承　8—轴承盖
9—刻度环　10—手轮　11—键

另外还可以使用标记法来计算每个绳槽的最大进刀量。首先在每根钢丝绳上做标记，然后转动摩擦轮几圈后，再测出各记号之间的高低差值 Δ_1。符号最高的那根钢丝绳的绳槽直径最小，不宜再车削。相应地调整其他几把车刀的进刀量，使

$$\delta_1 = \frac{\Delta_1}{2\pi n}$$

式中　　n——测量时转动的圈数；

　　　　Δ_1——钢丝绳的标记距离。

按计算值调整进刀量，再车削一刀，便可获得较满意的结果。

井塔式多绳摩擦式提升机的车槽装置安装在摩擦轮的正下方，在车槽过程中，钢丝绳仍然放在绳槽里，不影响运行，同时还可以进行张力测量。

2. 井塔式车槽装置的安装调整

井塔式车槽装置的安装示意图如图 10-4 所示。

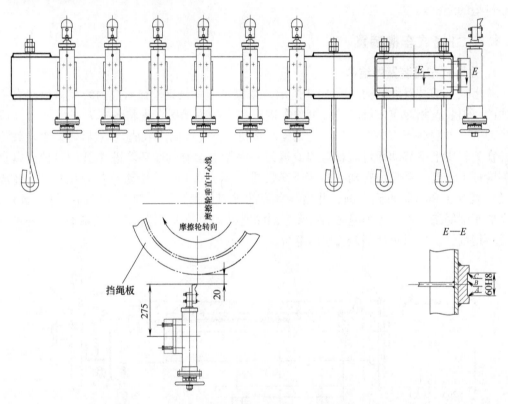

图 10-4　井塔式车槽装置的安装示意图

井塔式提升机的车槽装置安放在摩擦轮下方的车槽架上，每一根钢丝绳对应安装一套车刀装置。车刀装置的安装应与车槽架的安装同时交互进行。首先将车槽架放在安装基础上，以图 10-4 中与槽 60H8 相关的 3 个加工平面 A、B、C 为基准找平（A、B、C 面都应当与提升铅垂线平行）。然后将车刀装置固定在车槽架上，微调车槽架，使每一个车刀都位于图 10-4 所示的位置，即车刀尖刚好在卷筒垂直中心线上。当刀杆退到最后位置时，刀尖距挡绳板外围的径向距离为 20mm 左右，并且将其中的一把车刀对准在摩擦轮上它所要车削的绳槽位置。将车槽架地脚螺栓固紧，将车刀体用螺栓固定在车槽架上，最后进行二次浇灌，车槽装置安装完毕，固定，并进行浇灌。

10.4.2　落地式车槽装置

1. 落地式车槽装置的结构

落地式车槽装置的结构如图 10-5 所示，使用方法与井塔式车槽装置类似。

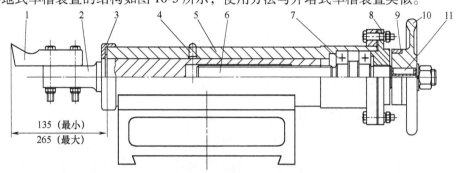

图 10-5　落地式车槽装置的结构

1—车刀　2—刀杆　3—防尘盖　4—油杯　5—滑套　6—轴　7—轴承　8—轴承盖　9—刻度环　10—手轮　11—键

2. 落地式车槽装置的安装调整

落地式车槽装置的安装示意图如图 10-6 所示。基础板初调位置至水平后，将整个车槽装置和车槽架都一并放在基础板上，使车槽架底板靠紧基础板上高出 4mm 的定位面上，用螺栓与基础板把成一体，调整基础板，使车刀位于图 10-6 所示位置，车刀的最大行程为 265mm−135mm＝130mm，当车刀退到最后位置时，刀尖距挡绳板外围的径向距离为 20mm，刀尖的水平高度正好在主轴的中心线上，或低 1～2mm（不应高于主轴中心线），车刀装置在滑轨上移动，全行程车刀都保持上述的位置不变，方可扭紧地脚螺栓并且将基础板二次浇灌在水泥基础里，即安装完毕。

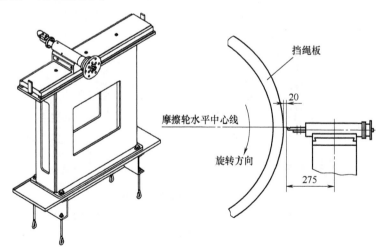

图 10-6　落地式车槽装置的安装示意图

落地式多绳摩擦式提升机的摩擦衬垫采用双绳槽，本装置可以在任何位置进行车槽，车槽装置安装在摩擦轮靠近司机台的一侧。

平时不车削绳槽时，将整个车槽装置和车槽架都一起拆掉，放到别处，摩擦轮护罩用螺栓固定在车槽装置的基础板上。需要车削绳槽时，将摩擦轮护罩拆下，将车槽装置和车槽架都放在基础板上。靠紧定位面，把紧螺栓就可操作了。

10.5　钢丝绳滑动监测装置

多绳摩擦式提升机在运行中一旦钢丝绳与摩擦轮上的衬垫之间产生滑动时就会发出信号给电控系统，使提升机缓缓减速后得到制动，避免事故发生。钢丝绳滑动监测装置可以监测钢丝绳滑动，但是本装置只作监视用，不参与自动控制。

10.5.1　钢丝绳滑动监测装置的类型

1. 压轮式

以前生产的提升机，多采用此种方式。目前很多设备都不再采用这种形式的滑动监测装置。

压轮式钢丝绳滑动监测装置的结构如图 10-7 所示，提升机运行中摩擦轮一直靠紧天轮或导向轮装置（落地式为天轮装置、井塔式为导向轮装置）的一个轮缘上，其线速度与轮缘的线速度相同，通过带轮 1、带轮 2 和同步齿形带，将钢丝绳的运动传送给测速发电机，这样对应钢丝绳的每一运动速度都有相应的信号输出。由提升机主轴传动的测速机的输出信号是与提升机摩擦轮的速度相对应的，两测速机的信号进行比较，当钢丝绳与摩擦衬垫发生相对滑动时，两测速机的比较信号输出后，由电控保护系统控制提升机减速后停车。操作台上钢丝绳滑动指示灯显示钢丝绳打滑信号。维护人员即刻采取措施，找出打滑的原因，排除故障。

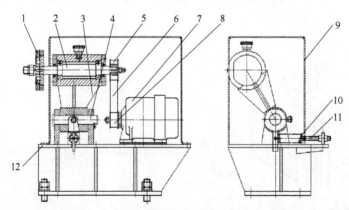

图 10-7　压轮式钢丝绳滑动监测装置的结构

1—摩擦轮　2—轴　3—转动架　4—销轴　5—带轮 1　6—同步齿形带　7—测速发电机　8—带轮 2　9—护罩
10—弹簧　11—调整螺栓　12—基座

2. 编码器式

随着编码器的广泛应用，目前生产的提升机，滑动监测装置都广泛采用在天轮（或导向轮）装置轴头安装编码器的方式（见图 10-8）。天轮（或导向轮）装置编码器发出的速度输出信号，应和提升机摩擦轮的速度信号相对应。一旦钢丝绳与摩擦衬垫发生滑动，即天轮

（或导向轮）装置编码器发出的速度信号和摩擦轮编码器的速度信号相比，误差达到一定程度时，由电控保护系统控制提升机减速后停车。采取措施处理问题后才可恢复开车。

3. 测速机式

和编码器式类似，检测元件改为测速机（见图 10-9）。即在天轮（或导向轮）装置安装测速机，当测速机信号和摩擦轮上的信号误差达到一定程度时，即判定钢丝绳产生滑动，由电控保护系统控制提升机减速后停车。采取措施处理问题后才可恢复开车。

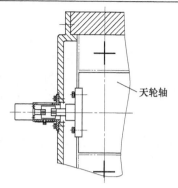

图 10-8　编码器式钢丝绳滑动监测装置的结构

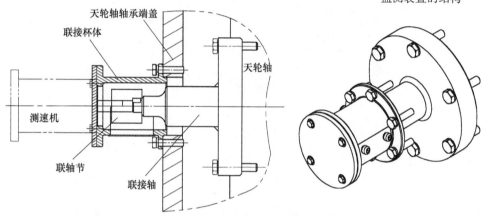

图 10-9　测速机式钢丝绳滑动监测装置的结构

10.5.2　安装与调整

1. 压轮式

井塔式摩擦式提升机钢丝绳滑动监测装置的摩擦轮压在导向轮装置的一个轮缘上，落地式摩擦式提升机钢丝绳滑动监测装置的摩擦轮压在天轮装置的一个轮缘上，天轮装置或导向轮装置安装完毕后，安装钢丝绳滑动监测装置，就位后扭动调整螺栓，调整弹簧的预紧力，使摩擦轮紧压在天轮或导向轮装置的一个轮缘上，与轮缘一起灵活转动，并且不丢转，即安装完毕。

2. 编码器式

编码器的出轴较细，天轮轴（或导向轮轴）与编码器相连的法兰轴也很细，安装时，务必保持编码器轴与法兰轴对中，否则造成编码器轴别劲，时间长易造成断裂，使得测滑装置完全失效。

3. 测速机式

和编码器式类似，也必须保持测速机轴与法兰轴的对中，避免别劲现象。

10.6　制动盘偏摆监测装置

制动盘偏摆监测装置用来监测制动盘的偏摆变形，提升机在使用中，当制动盘出现的偏摆值超过一定值后，该装置将发出信号，该信号被传送给保护回路，使第 2 次不能开车，故障消除后才可恢复生产。

在制动盘工作面的两侧，各设置一个滚轮。制动盘偏摆不超限的情况下，滚轮与制动盘之间有一定间隙。当制动盘的偏摆值超过一定值后，制动盘将接触滚轮 1 并带其转动，滚轮 1 压动行程开关触头 2，触头运动，使行程开关 6 动作，信号被传送给保护回路，使第 2 次不能开车。制动盘偏摆监测装置的结构如图 10-10 所示。

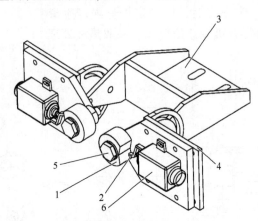

图 10-10　制动盘偏摆监测装置的结构

1—滚轮　2—行程开关触头　3—支架　4—连接板　5—螺栓　6—行程开关

装配时，滚轮 1 与螺栓 5 相对运动的部分需涂上干净的润滑脂，使滚轮 1 转动灵活，该装置的支架 3 安装在盘形制动器支架上方，根据制动盘和制动器支架之间的相对位置，转动连接板 4，使滚轮 1 的转向处于制动盘转动的切线方向上，调整完成后把连接板的固定螺栓拧紧，固定好连接板。

10.7　拨绳装置

1. 拨绳装置的作用

拨绳装置是辅助部件，提升机正常运行时不使用。当需车削绳槽时，通过拨绳装置，可将提升机摩擦轮上的钢丝绳从一个绳槽切换到另一个绳槽。因为落地式多绳摩擦式提升机的摩擦衬垫为双绳槽结构，而井塔式多绳摩擦式提升机的衬垫为单绳槽结构。所以拨绳装置是落地式多绳摩擦式提升机的专用部件，井塔式多绳摩擦式提升机则无此部件。

落地式多绳摩擦式提升机采用双绳槽，钢丝绳在绳槽内的位置可以切换，假设双绳槽间距为 t，钢丝绳的切换位置如图 10-11 所示，则中间两根绳的距离等于绳间距 $+t$ 或绳间距 $-t$。而左右两边的钢丝绳距离等于绳间距。采用双绳槽，通过拨绳装置实现钢丝绳在两个绳槽间的切换，可以使摩擦衬垫的寿命加倍。

2. 拨绳装置的结构

拨绳装置成对配置有两件，一件将钢丝绳向远离摩擦轮中心线的方向拨。另一件将钢丝绳向靠近摩擦轮中心线的方向拨（见图 10-12）。

拨绳装置为焊接件，主要由圆弧钢板、导向斜钢板、导引斜钢板支承筋、搬运手柄等组

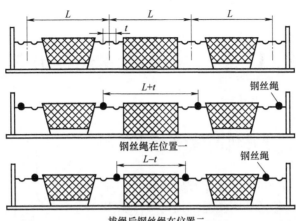

图 10-11　落地式多绳摩擦式提升机钢丝绳的切换位置

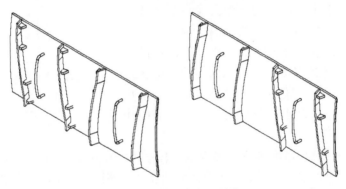

图 10-12　拨绳装置的结构

成。圆弧钢板的圆弧度与固定块和压块的外圆圆弧度相同，导向斜钢板为三段折线式，倾斜角度一般设置为 75°（通过试验得出，角度设置为 75°时导向效果最佳），导向斜钢板的背后有支承筋。导向斜钢板三段折弯后，轴向位移即为双绳槽间距 t。

3. 拨绳装置的使用与操纵

当需要拨绳时，根据拨绳方向的需要，将其中一个拨绳装置放在摩擦轮上。圆弧钢板与固定块和压块的外圆贴紧。拨绳时，提升机慢慢转动，拨绳装置与摩擦轮一起转动，逐渐钢丝绳就压在拨绳装置上面，钢丝绳顺着与摩擦轮中心线成一定角度的导板，被挤压沿折弯轨迹行走，到导向斜钢板尾端时，正好达到另一个绳槽位置，这样就实现了钢丝绳从一个绳槽过渡到另一个绳槽。拨绳完毕，取下拨绳装置。

另一个拨绳装置的使用原理相同，只是方向正好相反。

4 根绳一起拨，并且以摩擦轮中心线为中心，拨向成对对称，这样拨绳时产生的轴向力可以互相抵消。

如果是两根或 6 根绳的提升机，导板的数量就是两个或 6 个，其他都与 4 根绳相同。

4. 拨绳装置的维护

拨绳装置多数时间不使用，不用时应平放在提升机机房内防止碰伤，不要淋水，要保持干净。

第 11 章　多绳缠绕式提升机

11.1　多绳缠绕式提升机的技术发展历程

　　1957 年，南非英美公司的技术工程师罗伯特布莱尔发明了一种用两根或者更多钢丝绳来提升 1 个提升容器的缠绕式矿井提升机，这种提升机后来被称为多绳缠绕式提升机（Blair mulit-rope hoist）。目前常见的多绳缠绕式提升机都采用两根钢丝绳提起一个提升容器，提升机的卷筒在中间以挡绳板分隔成两部分，两根钢丝绳分别在这两部分缠绕后提起同一个提升容器。电动机通过减速器（或直接）驱动卷筒旋转，钢丝绳一端固定在卷筒上，另一端经卷筒的缠绕后，通过井架天轮悬挂提升容器。随着卷筒旋转，实现容器提升或下放（见图 11-1）。

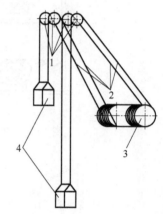

图 11-1　多绳缠绕式提升机的原理
1—天轮　2—钢丝绳
3—主轴装置　4—容器

　　多绳缠绕式提升机与单绳缠绕式提升机一样，用于矿山地面竖井和斜井，用于升降物料、人员及设备，也可用于井下运输和凿井吊桶提升。该提升机可用于煤炭、黑色金属、有色金属、非金属矿山等。

11.2　多绳缠绕式提升机的结构特性及组成

11.2.1　多绳缠绕式提升机的形式

　　多绳缠绕式提升机的形式分为单筒多绳缠绕式提升机、双筒多绳缠绕式提升机两种。单筒多绳缠绕式提升机的主轴装置如图 11-2 所示，双筒多绳缠绕式提升机的主轴装置如图 11-3所示（主轴装置的连接方式不限于图示的万向联轴器结合式）。

　　双筒多绳缠绕式提升机有着多种不同的布置方式，除了图 11-3 介绍的万向联轴器结合式，还有直联式（见图 11-4）、开式齿轮结合式（见图 11-5）、电结合式（见图 11-6）等。目前以万向联轴器结合式最为常见。

　　万向联轴器结合式的多绳缠绕式提升机与其他几种形式的提升机相比具有显著的优点：万向联轴器联接了两个主轴装置，可以通过设置一个为上出绳、另一个为下出绳，让上升和下降容器的转矩相平衡，这样就有效减小了所需的电动机驱动功率。同时万向联轴器让两个主轴装置呈角度布置，使钢丝绳到井口位置两组钢丝绳的间距大大缩小，以减小容器之间的距离，降低井筒截面尺寸，并且能更好地满足绳偏角的要求。

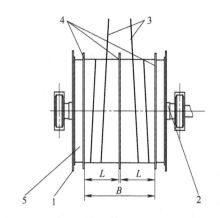

图 11-2 单筒多绳缠绕式提升机的主轴装置

1—制动盘 2—主轴 3—钢丝绳
4—挡绳板 5—卷筒

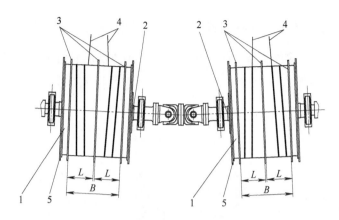

图 11-3 双筒多绳缠绕式提升机的主轴装置

1—卷筒 2—主轴 3—挡绳板 4—钢丝绳 5—制动盘

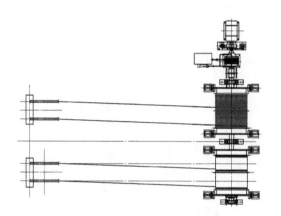

图 11-4 直联式多绳缠绕式提升机

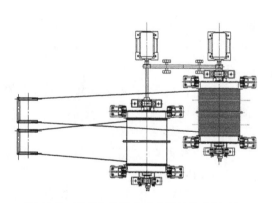

图 11-5 开式齿轮结合式多绳缠绕式提升机

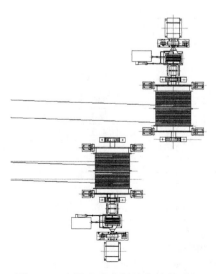

图 11-6 电结合式多绳缠绕式提升机

11.2.2　多绳缠绕式提升机的型号表示方法

多绳缠绕式提升机的型号表示方法应符合 GB/T 25706—2010 的规定，表示方法如下：

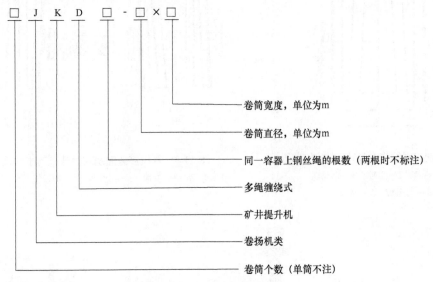

标记示例 1：

卷筒直径为 4m、宽度为 3m，同一容器上钢丝绳根数为 2 的单筒多绳缠绕式提升机，其标记为：JKD-4×3。

标记示例 2：

卷筒直径为 4m、宽度为 3m，同一容器上钢丝绳根数为 2 的双筒多绳缠绕式提升机，其标记为：2JKD-4×3。

多绳缠绕式提升机的参数应符合表 11-1 和表 11-2 的规定。

表 11-1　单筒多绳缠绕式提升机的参数

| 序号 | 产品型号 | 卷筒 | | | | 钢丝绳最大静张力/kN | 钢丝绳有效绳端载荷/kN | 钢丝绳最大直径/mm | 最大提升高度或斜长 | | | | 最大提升速度/(m/s) |
		个数	直径/m	宽度/m	单个缠绳区宽度/m				一层缠绕/m	二层缠绕/m	三层缠绕/m	四层缠绕/m	
1	JKD-3×2.7		3.0	2.7	1.33	380	240	37	245	520	831	1100	13
2	JKD-3.5×3		3.5	3.0	1.48	510	300	43	276	581	927	1200	
3	JKD-4×3		4.0			690	410	50	265	557	896		
4	JKD-4.5×3.4	1	4.5	3.4	1.68	870	470	56	308	641	1027	1400	14
5	JKD-5×3.9		5.0	3.9	1.92	1070	510	62	361	745	1189	1600	16
6	JKD-5.5×4.4		5.5	4.4	2.17	1290	530	68	416	855	1359	1800	
7	JKD-6×4.8		6.0	4.8	2.37	1570	550	75	450	923	1467	2000	17
8	JKD-6.5×5.3		6.5	5.3	2.62	1830	520	81	505	1032	1636	2200	18

注：1. 最大提升速度是按一层缠绕计算时的提升速度。

2. 最大提升高度或斜长是按照钢丝绳最大直径计算的参考值。

3. 本表中产品规格为优先选用的规格。若采用非标准规格时，必须满足现行安全规程要求。

4. 表中的钢丝绳最大静张力和钢丝绳有效绳端载荷为采用公称抗拉强度为 1960MPa 的钢丝绳计算所得的参考值。

表 11-2　双筒多绳缠绕式提升机的参数

| 序号 | 产品型号 | 卷筒 | | | | 钢丝绳最大静张力/kN | 钢丝绳最大静张力差/kN | 钢丝绳有效绳端载荷/kN | 钢丝绳最大直径/mm | 最大提升高度或斜长 | | | | 最大提升速度/(m/s) |
		个数	直径/m	宽度/m	单个缠绳区宽度/m					一层缠绕/m	二层缠绕/m	三层缠绕/m	四层缠绕/m	
1	2JKD-3×2.7	2	3.0	2.7	1.33	380	250	240	37	245	520	831	1100	13
2	2JKD-3.5×3		3.5	3.0	1.48	510	350	300	43	276	581	927	1200	
3	2JKD-4×3		4.0			690	480	410	50	265	557	896		
4	2JKD-4.5×3.4		4.5	3.4	1.68	870	680	470	56	308	641	1027	1400	14
5	2JKD-5×3.9		5.0	3.9	1.92	1070	810	510	62	361	745	1189	1600	16
6	2JKD-5.5×4.4		5.5	4.4	2.17	1290	1020	530	68	416	855	1359	1800	
7	2JKD-6×4.8		6.0	4.8	2.37	1570	1290	550	75	450	923	1467	2000	17
8	2JKD-6.5×5.3		6.5	5.3	2.62	1830	1560	520	81	505	1032	1636	2200	18

注：1. 最大提升速度是按一层缠绕计算时的提升速度。

2. 最大提升高度或斜长是按照钢丝绳最大直径计算的参考值。

3. 本表中产品规格为优先选用的规格。若采用非标规格时，必须满足现行安全规程要求。

4. 表中的钢丝绳最大静张力、最大静张力差和钢丝绳有效绳端载荷为采用公称抗拉强度为 1960MPa 的钢丝绳计算所得的参考值。

11.2.3　多绳缠绕式提升机的设备组成

多绳缠绕式提升机由动力系统、传动系统、工作系统、制动系统、控制指示系统、钢丝绳同步自动补偿装置及其他附属部分组成。它以电动机为动力源，通过减速器（或直接）传递给主轴装置，使缠绕在卷筒上的钢丝绳收放，实现提升容器在井筒中升降的目的。通过制动器、操作台等一系列电气、液压和机械的控制系统、保护系统、指示系统，确保设备安全运行。

多绳缠绕式提升机主要由以下设备组成：

1. 主轴装置

主轴装置主要由主轴、卷筒、主轴承、调绳离合器等零部件组成。

主轴用来承受各种正常载荷（包括固定载荷和工作载荷）及各种紧急事故情况下所造成的非常载荷。它同时承受转矩和弯矩，因此应具有足够的强度和刚度。

卷筒用来缠绕提升钢丝绳，应满足所需容绳量的要求，它承受尚未缠到卷筒上的钢丝绳弦拉力使卷筒产生的扭转和弯曲，以及已缠到卷筒上的钢丝绳对筒壳产生的径向压缩，因此应具有足够的强度。多绳缠绕式提升机的卷筒中间应设置挡绳板，以将卷筒分为不同的缠绳区分别缠绕钢丝绳。挡绳板的高度应符合相关规定。

主轴承采用调心滚子轴承，当多绳缠绕式提升机的主轴的结构有限制时，可以采用可剖分轴承或者滑动轴承。主轴承受的载荷通过轴承传递给地基。

调绳离合器用于在提升机多水平提升工况时更换水平用；或当钢丝绳伸长时，用来调节钢丝绳的长度达到双容器的准确停车。调绳离合器的类型可分为蜗轮离合器和齿套式离合器两大类。多绳缠绕式提升机推荐采用齿套式离合器。

2. 盘形制动器装置

盘形制动器装置用于实现提升机的工作制动和安全制动，其工作原理是液压松闸，弹簧力制动。多绳缠绕式提升机的液压站应符合 JB/T 3277—2017 的规定。安全制动必须有并联的回油通道。多绳缠绕式提升机宜采用多通道恒减速电液制动系统。

双筒多绳缠绕式提升机应具有调绳功能，且每个卷筒的盘形制动器装置必须能够独立控制。

3. 深度指示系统

深度指示系统是提升机的重要组成部分，其功能有如下几点：

1）深度指示系统应能准确地指出提升容器在井筒中的位置，并能迅速而准确地发出减速、井口二级制动、解除及过卷等信号。

2）当深度指示系统位置指示失效时，应能自动断电，且使制动器实施安全制动。

3）机械式深度指示系统所指示的位置与实际位置误差应满足容器停车要求，系统中各运动环节，在运动中应灵活、平稳，不应有卡阻和振动现象。减速、限速及过卷装置动作应灵活、可靠，并能及时、准确复位。

立井提升宜优先采用数字式深度指示器。数字式深度指示器的显示准确度应为 cm 级，且应具有位置校正和判断显示数据是否正确的功能，深度指示器的信号应由可编程控制器（PLC）或微机直接发出。

4. 联轴器

提升机采用的联轴器有三种结构：减速器低速轴与主轴装置的联接采用齿轮联轴器。此种联轴器传递转矩大，并能补偿安装时两轴的微量偏斜和不同心。

减速器高速轴与主电动机的联接采用弹性棒销联轴器，此种联轴器由于采用弹性元件和整体外套结构，因此不仅能减少机器起动和停车前的惯性冲击，还能确保两轴联接的安全可靠。

双筒多绳缠绕式提升机的两个主轴装置之间可以采用万向联轴器，此种联轴器能够传递提升和下放侧的钢丝绳和电动机的转矩，并使两主轴装置呈角度布置，以保证钢丝绳偏角，减小井口尺寸。

5. 钢丝绳同步自动补偿装置

同步自动补偿装置，用于补偿钢丝绳直径误差、卷筒直径误差、钢丝绳伸长量及错误缠绕导致的两根绳长差异。多绳缠绕式提升机的钢丝绳同步自动补偿装置主要有三种结构：提升容器上方安装补偿轮、天轮下方安装液压缸的浮动天轮，以及在提升容器上方安装的钢丝绳张力平衡装置。

6. 天轮装置

天轮装置是提升机的重要组成部分，其功能为让钢丝绳缠绕其上悬吊容器。多绳缠绕式提升机的天轮有两种方式：固定式天轮或者浮动式天轮。选择固定式天轮时必须在容器上方安装钢丝绳同步装置。

7. 绳槽

多绳缠绕式提升机采用两根或更多钢丝绳来同时提起一个提升容器，因此卷筒出厂时应配置绳槽，使钢丝绳排列整齐、运行平稳，提高钢丝绳的使用寿命，同时便于用户配用不同规格的钢丝绳。

多绳缠绕式提升机在单层缠绕时应配置螺旋绳槽，两层或两层以上缠绕时应配置平行折线绳槽且应设置过渡块。卷筒挡绳板外缘高出最外一层钢丝绳的高度至少应为钢丝绳直径的

2.5 倍。提升机卷筒缠绳区的周长差应不大于 2mm。

8. 安全防护装置

多绳缠绕式提升机应设置如下安全防护装置：

（1）回转部件的防护装置　多绳缠绕式提升机的卷筒、联轴器等外露回转部件应装设防护装置。

（2）保护装置　多绳缠绕式提升机应设置减速，限速，防止过卷、过放、超速、错向、过载、欠电压，主电动机及液压泵电动机的起动和停止，调绳离合器的离合，制动瓦间隙，制动瓦磨损，松绳，碟形弹簧失效指示，液压站和润滑站温度保护等机电联锁机构及深度指示器失效保护装置，且应符合 GB/T 20181—2006 的规定。制动瓦磨损及弹簧失效指示应采用位移传感器。

（3）钢丝绳错误缠绕监控装置　多绳缠绕式提升机应设置钢丝绳错误缠绕监控装置，对卷筒上所有钢丝绳的缠绕状态进行监控。钢丝绳错误缠绕监控装置应具备单卷筒排绳错误和多卷筒层间过渡不同步故障检测功能。钢丝绳错误缠绕监控装置可以是液压驱动的触碰杆结构，也可以采用视频识别系统，要求对于下出绳的卷筒故障识别时间不高于 100ms，上出绳的卷筒故障识别时间不高于 $(0.5+\alpha/360)\pi D/v+100$ms。其中，$\alpha$ 为出绳角；D 为提升机直径，单位为 m；v 为提升机运行速度，单位为 m/s。当探测到多绳缠绕式提升机发生错误缠绕后，提升机应立即进行紧急制动，对错误缠绕现象进行处理。

对排绳监测系统的可靠性应每天开机前进行检查，以保证其能正常工作。

（4）钢丝绳载荷监控系统　多绳缠绕式提升机应设置提升钢丝绳张力监测装置并应具备钢丝绳张力在线监测功能，要求张力检测误差小于钢丝绳初始强度的 1%；对于数字系统，采样频率不低于 10Hz；对于模拟系统，频率响应不低于 3Hz；同一容器上，任一根提升钢丝绳的张力与平均张力之差不得超过 ±10%，否则应进行报警。

在正常提升中，每 10 个提升循环中不能多于 1 次出现载荷超过钢丝绳初始强度的 15% 的情况，载荷超过值的情况应该被记录。

张力监测装置应配备不间断电源（UPS）。

（5）速度与位置检测装置　多绳缠绕式提升机应配备速度与提升容器位置在线监测装置，速度检测精度不低于 0.5m/s，位置检测精度不低于井筒深度的 ±0.1%。

（6）钢丝绳同步自动补偿装置的状态监控装置　多绳缠绕式提升机应对钢丝绳同步补偿装置的关键参数进行监控。当钢丝绳同步自动补偿装置出现问题后，应及时报警。

同步自动补偿装置应当在每天开机前进行检查，以保证其能正常运作。

第 12 章　多绳缠绕式提升机的主轴装置

12.1　多绳缠绕式提升机主轴装置的作用

主轴装置是多绳缠绕式矿井提升机的工作部件，它的作用是：

1）缠绕提升钢丝绳。

2）承受各种正常载荷（包括固定载荷和工作载荷）。

3）承受各种紧急情况下所造成的非常载荷。在非常载荷作用下，主轴装置各部分不应有残余变形。

4）对于双筒提升机，调节钢丝绳长度。

关于主轴装置的出绳方向，一般遵循下列规则：

单筒提升机采用单钩提升时为上出绳。

双筒提升机是左边卷筒上的钢丝绳为下出绳，右边卷筒上的钢丝绳为上出绳。与固定卷筒和游动卷筒的相对位置无关。

12.2　多绳缠绕式提升机主轴装置的结构

多绳缠绕式提升机主轴装置的卷筒主要是由低合金高强度钢 Q345B（旧标准牌号为 16Mn）钢板焊接而成，卷筒缠绳区中部设置中间挡绳板，将卷筒缠绳区分成两个部分。卷筒属于厚壳弹性支撑的结构。辐板由钢板制成，其上开有若干人孔，辐板焊成与筒壳垂直。

多绳缠绕式提升机卷筒筒壳外应设置绳槽，当 1 层缠绕时宜配置螺旋绳槽，两层或两层以上缠绕时应配置平行折线绳槽，并根据缠绕层数配置相应的过渡装置。

多绳缠绕式提升机主轴装置的卷筒结构形式主要采用两瓣式结构，当卷筒直径或宽度很大、运输不便时，可以将卷筒在中间挡绳板处做成四瓣结构。

1. 单筒多绳缠绕式提升机的主轴装置

单筒多绳缠绕式提升机的主轴装置由卷筒、主轴、主轴承等组成（见图 12-1）。

主轴承用于支承主轴、卷筒及其他载荷，卷筒与主轴采用夹板，用高强度螺栓联接。制动盘与卷筒采用螺栓联接。

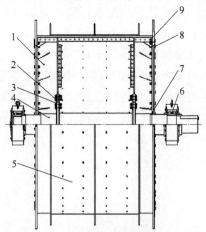

图 12-1　JKD 系列单筒多绳缠绕式
提升机的主轴装置

1—卷筒　2—高强度螺栓　3—夹板　4—主轴
5—绳槽套　6—轴承　7—锥齿轮　8—螺栓　9—制动盘

所有规格均为两个制动盘。

2. 双筒多绳缠绕式提升机的主轴装置

双筒多绳缠绕式提升机的主轴装置由主轴、主轴承、游动卷筒、固定卷筒、调绳离合器等主要零部件组成（见图 12-2）。

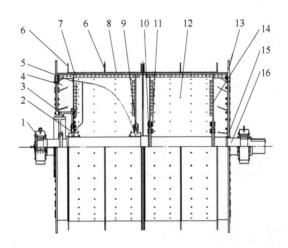

图 12-2　JKD 系列双筒多绳缠绕式提升机的主轴装置

注：本图展示的是直轴连接型多绳缠绕式提升机的主轴装置。

1—主轴承　2—游动卷筒左轮毂　3—齿套式调绳离合器　4—游动卷筒　5—套筒法兰　6—挡绳板　7—筒壳　8—绳槽套　9—游动卷筒右轮毂　10—夹板　11—高强度螺栓　12—固定卷筒　13—制动盘　14—辐板　15—锥齿轮　16—主轴

（1）固定卷筒　固定卷筒一般装在主轴的传动侧。固定卷筒与主轴之间通过双夹板，利用高强度螺栓联接在一起。根据主轴装置的结构不同，固定卷筒可以有 1 个或者 2 个制动盘。

（2）游动卷筒　游动卷筒一般安装在主轴的非传动侧。游动卷筒右支轮与游动卷筒之间采用数量各半的精制螺栓和普通螺栓连接。根据主轴装置的结构不同，游动卷筒可以有 1 个或者 2 个制动盘。

游动卷筒右支轮为两半结构。通过两半铜瓦滑装在主轴上，用油杯干油润滑。铜瓦的作用是保护主轴和支轮，避免在调绳时支轮和主轴的磨损。左辐板上用精制配合螺栓固定着调绳离合器内齿圈。卷筒支承在游动卷筒左支轮上。调绳离合器的移动内外齿套上有注油孔，要定期向调绳离合器注润滑油，以便在调绳时，卷筒与主轴做相对运动，防止调绳离合器的磨损。

（3）调绳离合器　调绳离合器的作用是将游动卷筒与主轴连接上或脱开，使游动卷筒与固定卷筒同步转动或做相对运动，以便调节绳长或更换水平。

本系列提升机采用轴向齿套式调绳离合器。主轴外齿轴套通过铰制孔螺栓与主轴相连。在外齿轴套上安装的移动内外齿套，内齿套与主轴外齿套啮合，外齿套与内齿圈啮合，调绳液压缸驱动拨动环，拨动内外齿套与内齿圈啮合或者脱离。游动卷筒的转矩通过内齿圈传递给内外齿套，经主轴外齿套传递给主轴。

轴向齿套式调绳离合器的结构如图 12-3 所示，轴向齿套式调绳离合器的液压控制系统如图 12-4 所示。

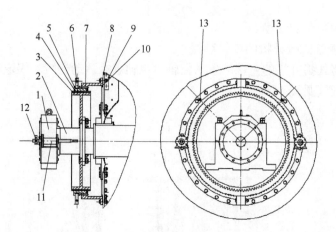

图 12-3　轴向齿套式调绳离合器的结构

1—轴承座　2—主轴　3—主轴外齿轴套　4—移动内外齿套　5—巴氏合金层　6—拨动环　7—内齿圈
8—游动卷筒辐板　9—铰制孔螺栓　10—支撑环　11—调绳液压缸　12—联锁阀　13—油杯

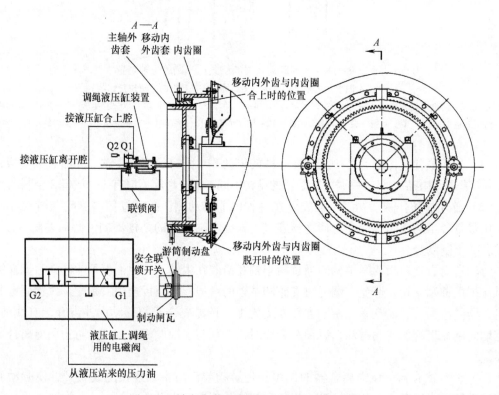

图 12-4　轴向齿套式调绳离合器的液压控制系统

其工作原理如下：

1）机器正常工作阶段。

移动内外齿套与主轴外齿轴套及内齿圈处于啮合状态，驱动液压缸的离合腔通过电磁阀，处于回油状态，通向驱动液压缸的油路关闭，联锁阀锁紧，保证内外齿套与内齿圈的正确啮合，使机器正常运行。

2）调绳准备（离合器离开）阶段。

此时，机器处于正常的工作制动状态，操作台上的调绳转换开关搬到调绳位置，安全电磁阀断电，使机器处于安全制动状态。电磁铁 G2 通电，高压油即可通过联锁阀进入调绳离合器液压缸的离开腔，此时，联锁阀的柱销从活塞杆上的凹槽中移出，进入离合器液压缸离开腔的高压油才能驱动活塞杆向外移动，通过移动内外齿套等机构，使移动内外齿套与内齿圈脱离啮合，导致游动卷筒和主轴的连接脱开，完成调绳前的准备工作。

3）调绳操作阶段。

高压油使活塞杆外移，外移一定距离时，碰压行程开关 Q2，此时，操作台上的指示灯显示出“脱开”的信号，然后使控制固定卷筒制动器的安全电磁阀通电，解除固定卷筒的安全制动，这时游动卷筒仍处于安全制动状态。起动机器，使固定卷筒和游动卷筒发生相对转动（固定卷筒转，游动卷筒不转），调节钢丝绳长度或更换提升水平，实现调绳的目的，钢丝绳调整完毕时，应使游动卷筒和固定卷筒的调绳标记相互对准，即可停机。

4）恢复工作（离合器合上）阶段。

钢丝绳调整完毕后，将进行使提升机返回工作状态的工作。

使控制固定卷筒制动器的安全电磁阀断电，固定卷筒恢复安全制动状态，然后将电磁阀上的电磁铁 G2 断电，液压缸离开腔的高压油即回油箱。再接通电磁阀的电磁铁 G1，高压油即可进入液压缸的合上腔，驱动活塞杆向里移动，通过移动在主轴外齿套上啮合的内外齿套等机构，使移动内外齿套与内齿圈啮合。活塞杆在高压油的作用下向里移动，当返回原来位置时，碰压行程开关 Q1，操作台上指示灯显示出“合上”的信号，然后，使电磁阀的电磁铁 G1 断电，并恢复调绳转换开关到原来位置。此时，电磁阀处于回油位置，至此，调绳操作过程全部结束，机器恢复正常的工作制动状态。

5）调绳安全联锁环节。

① 在调绳操作过程中，如果离合器事故性地从原来的离开位置向啮合位置移动，那么行程开关 Q2 动作，固定卷筒立即安全制动，避免打齿事故发生。

② 在整个调绳操作过程中，游动卷筒完全处于安全制动状态，一旦发生误操作，导致游动卷筒松闸时，行程开关 Q3 动作，机器立即进行安全制动，以确保调绳过程的安全。

第13章　钢丝绳同步自动补偿装置

13.1　多绳缠绕式提升机的钢丝绳同步问题

多绳缠绕式提升机因为要两根或以上数量钢丝绳同时提起一个提升容器，在提升中必然遇到因钢丝绳直径误差、卷筒直径误差、钢丝绳伸长量及错误缠绕导致的绳长差异，因此不可避免地存在钢丝绳同步问题。钢丝绳的不同步现象的持续可能导致提升容器在井筒内的倾斜和钢丝绳松弛等极端情况出现。这对多绳缠绕式提升机而言是一种危险的情况，如果要在超深井中应用多绳缠绕式提升机，则必须解决该问题。

对于多绳缠绕式提升机，设计钢丝绳同步方案时首先要考虑的是钢丝绳的错误缠绕，即同一容器上的两根钢丝绳中有一根发生了提前过渡。这将直接导致钢丝绳缠绕直径的不同，因此多绳缠绕式提升机必须对钢丝绳的缠绕状态进行有效监控，监测到错误缠绕发生后立即进行紧急制动。以直径为 6.5m、钢丝绳直径为 58mm、提升速度为 18m/s 的多绳缠绕式提升机为例，发生错误缠绕后，每秒钟造成的钢丝绳长度差异约为 271mm，在多绳缠绕式提升机紧急制动停下之前，钢丝绳的同步装置必须能容纳错误缠绕导致的钢丝绳长度差异。

13.2　多绳缠绕式提升机的钢丝绳同步自动补偿装置

多绳缠绕式提升机应设置钢丝绳同步自动补偿装置，用于补偿钢丝绳直径误差、卷筒直径误差、钢丝绳伸长量及错误缠绕导致的两根绳长差异。其行程应能容纳多绳缠绕式提升机运行过程中的钢丝绳直径误差、卷筒直径误差、钢丝绳伸长量及错误缠绕导致的两根绳长差异。

13.2.1　多绳缠绕式提升机钢丝绳长度差异的计算

多绳缠绕式提升机应设置钢丝绳同步自动补偿装置，用于补偿钢丝绳直径误差、卷筒直径误差、钢丝绳伸长量及错误缠绕导致的两根绳长差异。钢丝绳直径差异导致的绳长累计误差如图 13-1 所示，卷筒缠绕直径差异导致的绳长累计误差如图 13-2 所示。

1. 钢丝绳直径误差导致的绳长累计误差的计算

$$\Delta r_n = \frac{d_1 - d}{2} + (n-1)\left(\sqrt{d_1^2 - b^2} - \sqrt{d^2 - b^2}\right)$$

式中　Δr_n——缠绕半径差，单位为 mm；

d_1——较粗的钢丝绳的直径，单位为 mm；

d——较细的钢丝绳的直径，单位为 mm；

n——缠绕层数；

b——0.5×节距，单位为 mm。

$$\Delta l_{\mathrm{s}} = \sum_{1}^{n} 2\pi \Delta r_{n} Y_{n}$$

式中　Y_{n}——各层钢丝绳缠绕的圈数；

　　　Δl_{s}——钢丝绳直径误差导致的累计误差。

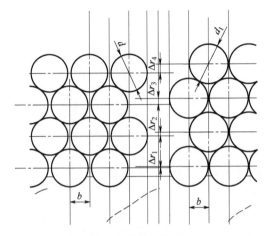

图 13-1　钢丝绳直径差异导致的绳长累计误差

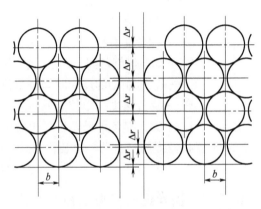

图 13-2　卷筒缠绕直径差异导致的绳长累计误差

2. 卷筒缠绕直径误差导致的绳长累计误差的计算

$$\Delta l_{\mathrm{j}} = \sum_{1}^{n} 2\pi \Delta r_{\mathrm{j}} Y_{n}$$

式中　Y_{n}——各层钢丝绳缠绕的圈数，单位为 mm；

　　　Δr_{j}——提升机卷筒的直径偏差，单位为 mm；

　　　Δl_{j}——因为卷筒直径误差导致的累计误差，单位为 mm。

3. 钢丝绳伸长量导致的误差的计算

钢丝绳的弹性伸长量为

$$\Delta l_{\mathrm{t}} = \frac{WL}{EA}$$

式中　W——钢丝绳上所施加的载荷，单位为 kN；

　　　L——钢丝绳的长度，单位为 mm；

　　　E——弹性模量，单位为 kN/mm^2；

　　　A——钢丝绳的金属截面积，单位为 mm^2；

则钢丝绳弹性伸长量导致的误差值为

$$\Delta l_{\mathrm{t}} = \frac{WL}{\Delta EA}$$

式中　ΔE——同一容器上两根钢丝绳的弹性模量差。

4. 错误缠绕导致的累计误差的计算

错误缠绕，指同一容器上的两根钢丝绳在提升过程中，一根钢丝绳发生了提前过渡现象，多绳缠绕式提升机必须安装错误缠绕监测装置，即同一提升容器上的两根钢丝绳中有 1 根发生了提前过渡。这将直接导致钢丝绳缠绕直径的不同，因此多绳缠绕式提升机必须对钢丝绳的缠绕状态进行有效监控，当发生错误缠绕后立即进行紧急制动。

错误缠绕导致的累计误差为

$$\Delta l_c = \frac{2\pi\sqrt{d^2-b^2}\left[t_1 v+\dfrac{1}{2}a\left(\dfrac{v}{a}\right)^2\right]}{D}$$

式中　Δl_c——错误缠绕导致的累计误差，单位为 mm；

　　　D——卷筒直径，单位为 mm；

　　　d——钢丝绳直径，单位为 mm；

　　　b——0.5 倍钢丝绳节距，单位为 mm；

　　　t_1——紧急制动的反应时间，单位为 s；

　　　v——提升速度，单位为 m/s；

　　　a——紧急制动的减速度，单位为 m/s²。

对于钢丝绳同步自动补偿装置，其总行程 Δl 应满足

$$\Delta l > \Delta l_s + \Delta l_j + \Delta l_t + \Delta l_c$$

13.2.2　钢丝绳同步自动补偿装置

多绳缠绕式提升机主要有在提升容器上方安装的补偿轮装置、在天轮下方安装液压缸的浮动天轮装置，以及钢丝绳张力平衡装置 3 种钢丝绳同步自动补偿装置。

采用在提升容器上方安装补偿轮的方案，应保证补偿轮直径与钢丝绳直径之比不应小于 25。补偿轮是由一个可以围绕心轴自由转动的螺旋绳槽天轮组成，发生错误缠绕时应紧急制动，停机后钢丝绳至少应有 1.5 圈缠绕在补偿轮上。补偿轮上的钢丝绳应避免被井筒中坠落的物体砸中。补偿轮的示意图如图 13-3 所示。

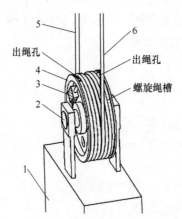

图 13-3　补偿轮的示意图
1—提升容器　2—补偿轮轴　3—钢丝绳夹持器
4—补偿轮轮体　5—钢丝绳 1　6—钢丝绳 2

1. 补偿轮装置

补偿轮由补偿轮轮体、钢丝绳夹持器、补偿轮轴三部分组成。该系统的工作原理是：提升机无论是在静止状态还是在工作状态，只要钢丝绳张力出现不平衡，张力大的那根钢丝绳（绳 1）对补偿轮轴形成的力矩大于张力小的那根（绳 2），从而补偿轮发生转动，绳 1 的长

度增长，绳 2 的长度缩短，从而实现钢丝绳的张力平衡。

补偿轮相当于在容器顶部安装一个动滑轮，原理简单，但是补偿轮自重较大从而影响了有效提升量。

2. 浮动天轮装置

当采用在天轮下方安装液压缸的方案，发生错误缠绕时应紧急制动，停机后液压缸的行程不应达到极限，且液压缸的设计应能承受钢丝绳的破断载荷。浮动天轮液压缸的油压为 10MPa。浮动天轮应采用减小摩擦的设计。浮动天轮应设置液压站，每天在提升开始前将天轮抬起并放下一次，以检查液压缸和天轮的工作状态。浮动天轮的示意图如图 13-4 所示。

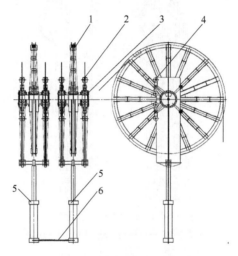

图 13-4　浮动天轮的示意图
1—天轮体　2—轴承座　3—天轮轴　4—天轮导向装置　5—液压缸　6—连通器

浮动天轮的结构如图 13-4 所示，由天轮体、轴承座、天轮轴、液压缸、天轮导向装置和连通器等组成。该系统的工作原理是：提升机无论是在静止状态，还是在工作状态，只要钢丝绳张力出现不平衡，张力大的那根钢丝绳（绳 1）对其下方的浮动天轮形成的压力大于张力小的那根（绳 2），通过连通装置，天轮下方的液压缸发生补偿移动，绳 1 下方的液压缸向下移动，绳 2 下方的液压缸向上移动，从而实现钢丝绳的张力平衡。

目前，现有的多绳缠绕式提升机大多数采用浮动天轮进行钢丝绳同步，浮动天轮作为一种在国外应用多年的多绳缠绕式提升机钢丝绳同步方案，具有不降低设备提升能力、检查维护方便等优点，但是根据分析，当液压缸的密封较紧移动所需的压力较大或者提升容器位于较深的位置时，浮动天轮会出现不灵敏的现象。

鉴于采用连通器的浮动天轮系统存在的问题，国内正在进行闭环控制的浮动天轮系统的研究工作，该系统带有主动调节装置，对天轮上的载荷进行实时监测并比较，使用液压站对浮动天轮进行主动调节，其原理如下：

两个液压缸装置分别外接一液压站，通过两个液压站分别驱动每一个液压缸装置，连接每个液压缸装置的液压站油路是独立的，液压站每条油路的油压都通过单独的比例阀调整。如果液压缸装置检测到的油压偏低，说明与其对应的浮动天轮上钢丝绳的张力偏小，然后通过比例阀将油压调高，液压缸伸出量加大，使得钢丝绳上张力加大；如果液压缸装置检测到的油压偏高，说明其对应的浮动天轮上钢丝绳的张力偏大，然后通过比例阀将油压调低，液压缸伸出量减小，进而使得钢丝绳上的张力减小。通过这种调整方式，可以使液压缸装置实时进行调整，从而使分别缠绕在每个浮动天轮上的两根钢丝绳的张力保持平衡。

3. 钢丝绳张力平衡装置

当采用钢丝绳张力平衡装置方案，发生错误缠绕时应紧急制动，停机后张力平衡装置的液压缸行程不应达到极限，且其液压缸的设计应能承受钢丝绳的破断载荷。钢丝绳张力平衡装置如图 13-5 所示。

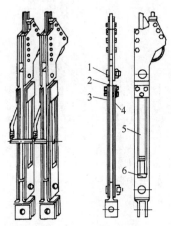

图 13-5　钢丝绳张力平衡装置
1—中板　2—连接销　3—侧板　4—压块
5—支承块　6—横向叉

钢丝绳张力平衡装置由楔形环、液压平衡系统、承力结构部件三部分组成。该系统的工作原理是：提升机无论是在静止状态还是在工作状态，只要钢丝绳张力出现不平衡，张力大的那根钢丝绳通过中板、侧板、压块和支承块压缩该钢丝绳所连接的密闭连通器缸，使密封内压力升高，高压液体通过连通器通管阀组进入压力较小的其他缸内，使压力平衡，再通过环式平衡机构实现钢丝绳的张力平衡。

13.2.3　钢丝绳错误缠绕监控装置

鉴于多绳缠绕式提升机提升过程中发生错误缠绕后的严重后果，多绳缠绕式提升机应设置钢丝绳错误缠绕监控装置，对卷筒上所有钢丝绳的缠绕状态进行监控。

错误缠绕监控装置应具备单卷筒排绳错误和多卷筒层间过渡不同步故障检测功能。错误缠绕监控系统可以是液压驱动的触碰杆结构，也可以采用视频识别系统。采用视频识别系统时，要求对于下出绳的卷筒故障识别时间不高于 100ms，对于上出绳的卷筒故障识别时间不高于 $\pi D/v(0.5+\alpha/360)+100\text{ms}$。其中 α 为出绳角；D 为提升机直径，单位为 m；v 为提升机运行速度，单位为 m/s。当探测到多绳缠绕式提升机发生错误缠绕后，提升机应立即进行紧急制动，对错误缠绕现象进行处理。

对钢丝绳错误缠绕监控系统的可靠性应在每天开机前进行检查，以保证其能正常工作。

钢丝绳错误缠绕监控装置分为视觉式和机械式两种。机械式的结构如图 13-6 所示，其安装示意图如图 13-7 所示。

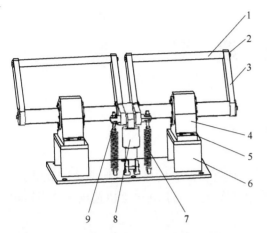

图 13-6　机械式钢丝绳错误缠绕监控装置
1—压杆　2—连杆　3—转轴　4—滚动轴承　5—底座
6—预紧弹簧　7—液压缸　8—调整螺栓　9—卷筒

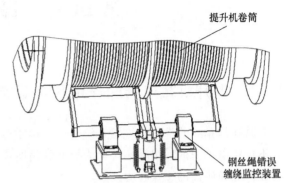

图 13-7　机械式钢丝绳错误缠绕
监控装置的安装示意图

第14章 减 速 器

14.1 提升机减速器的作用和负载特点

减速器是矿井提升机机械系统中一个很重要的组成部分，它的作用是传递运动和动力。它不仅将电动机的输出转速转化为提升卷筒所需的工作转速，而且将电动机输出的转矩转化为提升卷筒所需的工作转矩。

矿井提升机多数是三班不停地运行，运转过程中会出现少量冲击，起动、制动非常频繁，且正反向运转，其负载类型属于中等冲击负载。矿井提升机起动时的尖峰负载一般是正常工作负载的1.5~2倍。在一个工作循环中，提升机提升、下放负载变化曲线随提升容器和装卸方式不同而有所差异。提升机的典型负载变化如图 14-1 所示。

矿井提升机的工作负载是波动的，在计算齿轮强度时，可以将这种负载简

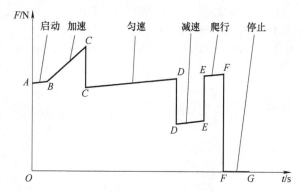

图 14-1　提升机的典型负载变化

化为名义载荷，并利用使用系数 K_A 进行修正，进而将变动的负载工况转化为稳定工况，并且根据国家标准（GB/T 3480—1997）来计算齿轮疲劳强度。矿井提升机的名义载荷（低速轴名义工作转矩）等于钢丝绳最大静张力差与卷筒半径的乘积。

使用系数 K_A 是考虑由于齿轮啮合外部因素引起附加动载荷影响的系数，这种外部附加动载荷取决于原动机和从动机的特性、轴和联轴器系统的质量、刚度及运行状态。使用系数 K_A 可以通过精密实测或对传动系统作全面的力学分析得到，也可以从大量的现场经验确定。根据经验，单绳缠绕式提升机的使用系数 K_A 一般为 1.60；多绳摩擦式提升机的使用系数 K_A 一般为 1.75。

考虑到矿井提升机的安全性要求，根据国家标准（GB/T 3480—1997）来计算齿轮疲劳强度时，齿轮强度接触安全系数一般大于 1.1，弯曲安全系数一般大于 1.5。

根据矿井提升机减速器出厂验收技术条件的规定，减速器的工作条件和使用性能为：

1）环境温度为 5~35℃，当环境温度低于 5℃或高于 35℃时，减速器需增加加热或冷却元件。

2）工作环境中的介质是非腐蚀性的，含有适度的粉尘和水分。

3）负载是稳定的或者是变动的，可单向运转或逆向运转，经常不断地运转或周期性间断地运转。

4）在提升机正常工作制度下，减速器允许传递设计所规定的最大工作转矩。

5）在非正常情况下，减速器传递的尖峰负载（即瞬时出现的不影响疲劳强度的最大负载）可达到最大工作转矩的 2.5 倍。

6）齿轮的圆周速度最高为 15m/s 或减速器输入轴转速不大于 1000r/min。

7）减速器满负载运转时的效率应不低于表 14-1 中的数值。

8）在提升机正常运转下，减速器齿轮的设计寿命不少于 15 年。

9）减速器从投产运转到第 1 次大修的使用时间不少于 5 年。

10）减速器沿轴线方向的长度大于 1000mm 时，其箱体上应有供减速器安装时找正用的基准表面。

11）减速器箱体上应有供减速器起吊用的起吊结构。

12）减速器不允许有漏油现象。

表 14-1 减速器满负载运转时的效率

传动方式	轴承类型	滚动轴承	滑动轴承
平行轴传动	单级传动	98%	96%
	两级传动	96%	93%
行星传动	单级派生	94%	—
	两级传动	90%	—

14.2 提升机减速器的结构形式及优缺点

根据矿井提升机的应用特点，单绳缠绕式提升机的传动比要求一般为 10~35；多绳摩擦式提升机减速器的传动比要求一般为 7~15。减速器传递转矩一般为 30~1800kN·m。不同的矿井提升机对减速器有不同的要求，而且不同时期的减速器设计制造技术是不同的，这样，在我国矿井提升机的发展过程中就设计了多种类型和多种技术水平的减速器。下面分别予以介绍。

14.2.1 单入轴平行轴齿轮减速器

单入轴平行轴齿轮减速器主要用于单绳缠绕式提升机，一般为两级平行轴齿轮传动，单电动机驱动。随着齿轮的设计制造水平的进步，齿轮齿面硬度和齿轮的承载能力不断提高，单入轴平行轴减速器的体积、质量逐渐减小，制造成本也随之降低。单入轴平行轴齿轮减速器由软齿面渐开线齿轮减速器发展为软齿面圆弧齿轮减速器、中硬齿面渐开线齿轮减速器和硬齿面渐开线齿轮减速器。

渐开线齿轮减速器如图 14-2 所示；圆弧齿轮减速器如图 14-3 所示。

14.2.2 双入轴平行轴齿轮减速器

双入轴平行轴齿轮减速器主要用于多绳摩擦式提升机，采用两台电动机（分别位于主轴轴线左右两侧）驱动，一般为单级平行轴齿轮传动。按照齿轮齿形的不同，双入轴平行轴齿轮减速器分为渐开线齿轮减速器及圆弧齿轮减速器两种。与单入轴平行轴齿轮减速器相比，减速器的体积和质量较小，制造成本较低，对电控系统的要求稍高一些。

双入轴平行轴齿轮减速器如图 14-4 所示。

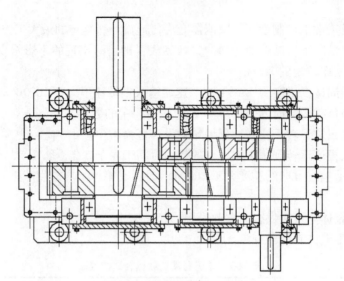

图 14-2　渐开线齿轮减速器

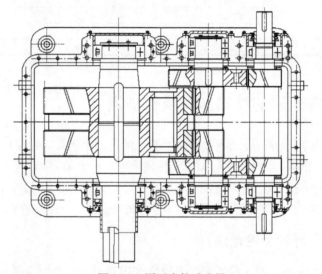

图 14-3　圆弧齿轮减速器

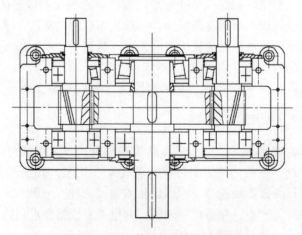

图 14-4　双入轴平行轴齿轮减速器

14.2.3 同轴式功率分流齿轮减速器

同轴式功率分流齿轮减速器主要用于多绳摩擦式提升机，一般为单电动机驱动，两级平行轴齿轮传动。与双入轴平行轴齿轮减速器相比，本减速器对电控系统无特殊要求，制造成本相近。减速器内部是功率分流结构，为保证两侧齿轮与输入齿轮、输出齿轮的均载啮合，通常采用弹性轴均载或弹性齿轮结构的均载方式，因此对设计、制造、安装的要求较高。弹簧基础减速器主要安装在井塔上，其结构如图 14-5 所示。

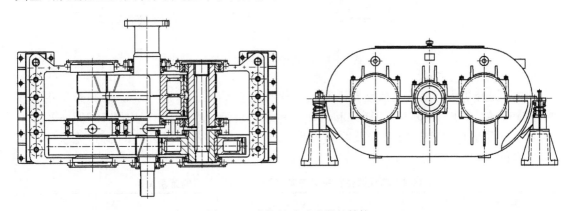

图 14-5 弹簧基础减速器的结构

14.2.4 渐开线行星齿轮减速器

渐开线行星齿轮减速器从 20 世纪 80 年代中期起开始在国产矿井提升机传动系统中应用，它具有体积小、质量小、承载能力大、传动效率高和工作平稳等优点。渐开线行星齿轮减速器用于单绳缠绕式提升机及多绳摩擦式提升机，单电动机驱动。根据矿井提升机对减速器的传动比要求，渐开线行星齿轮减速器的结构形式分为单级派生行星齿轮传动（前置一级平行轴齿轮传动）及两级行星齿轮传动。

单级派生行星齿轮减速器如图 14-6 所示；两级行星齿轮减速器如图 14-7 所示。

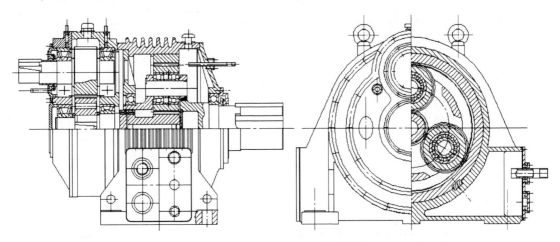

图 14-6 单级派生行星齿轮减速器

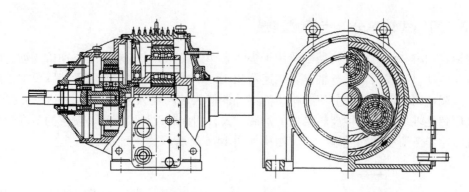

图 14-7　两级行星齿轮减速器

对于提升机用行星齿轮减速器已制定了机械行业标准，分别为《矿井提升机用行星齿轮减速器》（JB/T 9043—2016）和《矿用重载行星齿轮减速器》（JB/T 12808—2016），其中单级派生行星齿轮减速器及两级行星齿轮减速器与各种提升机的配套关系分别见表 14-2和表 14-3。

表 14-2　单级派生行星齿轮减速器与各种提升机的配套关系

型号	传动比	名义输出转矩（kN·m 减速器型）	配套提升机
ZZDP560		32	JKM-1.3×4 JKM-1.6×4 JKMD-2.25×2
ZZDP800		80	JKM-1.85×4 JKM-2×4 JKM-2.25×4 JKMD-2.8×2 JKMD-2.25×4
ZZDP1000		140	JKMD-2.8×4 JKM-2.8×4
ZZDP1120	7.1~11.5	245	JKM-2.8×6 JKM-3.25×4 JKMD-3.5×4 JKMD-3.5×2 JKMD-4×2
ZZDP1250		360	JKM-3.5×6 JKMD-4×4
ZZDP1400 （ZZDP1600） （ZZDP1800）		570	2JK-5、2JK-6

表 14-3 两级行星齿轮减速器与各种提升机的配套关系

型号	传动比	名义输出转矩（kN·m）	配套提升机
ZZL630		40	2JK-2
ZZL710		70	JK-2 2JK-2.5
ZZL900		120	JK-2.5 2JK-3
ZZL1000		200	JK-3 2JK-3.5
ZZL1120	20~31.5	280	2JK-4 JKMD-3.25×4
ZZL1250		375	JK-3.5×2.5 2JK-4×2.1 JKMD-3.5×4
ZZL1400 （ZZL1600） （ZZL1800）		580	2JK-4×2.2 JK-4.5×3 2JKZ-4×2.65/15（ZZL1600） 2JK-5.5×2.4（ZZL1600）

第 15 章　液压制动系统

15.1　液压制动系统的技术发展历程

伴随着提升机的发展，配套的液压制动系统也经历了划时代的更新和变革，从原来的角位移制动器发展到盘形制动器，从原来的气压制动发展到油压制动，从最早的一级制动发展到二级制动及恒减速制动方式（见图 15-1 和图 15-2）。

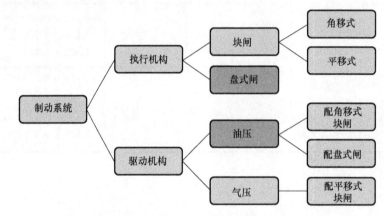

图 15-1　制动系统驱动方式的发展 1

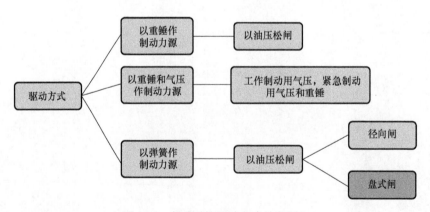

图 15-2　制动系统驱动方式的发展 2

液压制动系统根据不同的使用工况及需求，也产生了不同的规格和形式，以满足用户的使用要求。根据相关规程及标准的规定，液压制动系统必须具备以下制动功能：

1）工作制动。

2）安全制动。

3）一级制动。

安全制动目前可提供恒减速制动、可控力矩制动及恒力矩制动（二级制动）3 种方式，根据制动控制原理及方式的不同，适用于不同的提升系统。

中信重工作为国内最大的提升机生产制造商，从 1958 年第一台提升机问世以来，一直致力于相关技术的研究，不断地推出系列提升机液压制动系统，满足提升机发展的需要。恒减速制动技术作为提升机制动的先进技术，中信重工从 20 世纪 80 年代末开始着手研究，并先后开发了 5 代产品，目前该技术已经成功应用于提升系统中，给设备的安全运转提供了可靠的保障。

15.1.1　安全制动方式的对比

1. 恒力矩制动（二级制动）

在井中事故状态下，由电控系统进行相应的逻辑控制，改变电磁换向阀的动作方式，使盘形制动器的油压迅速降低到预先调定的某一值，经延时后，盘形制动器的全部油压值迅速回到零，使提升系统处于全制动状态——即二级制动过程。二级制动的制动油压、制动速度实测曲线如图 15-3 所示。

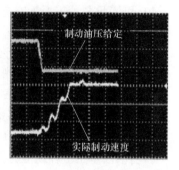

图 15-3　二级制动的制动油压、制动速度实测曲线

恒力矩制动（二级制动）是目前提升机液压站普遍采用的安全制动方式，也是最基本的制动方式，可以避免在制动过程中由于制动力过大而产生断绳、滑绳的事故。

但恒力矩制动也存在以下缺陷：

1）安全制动系统在同一制动油压设定值难以同时满足不同载荷、不同速度的安全制动要求。

2）安全制动系统的制动过程不平稳，会产生应力波，降低防滑极限减速度，降低安全性。

3）提升系统设计参数必须按单恒力矩二级制动方式进行防滑验算，提升系统参数不优越，配重大，从而造成载荷加大、钢丝绳加粗、变位质量加大、电动机功率加大、提升机规格参数加大、设备投资增大。

2. 可控力矩制动

相对于恒力矩制动来说，如果可以根据提升机的运行工况，适当地调整制动的力矩值，则可以避免过大的制动冲击，从而避免断绳的危险。目前有两种控制力矩方式，一是采用预先设定工况，将制动力矩分工况（提升、下放）进行设定，通过控制系统进行切换。二是通过测速机的速度反馈，在制动的过程中，结合减速度进行微调满足不同制动力矩的需求。

但可控力矩主要是通过电液比例溢流阀进行压力调整的，压力阀的调整一般响应时间较慢，不适用于高速、重载的提升系统。

中信重工的可控力矩液压制动系统主要推荐使用在斜井上，斜井提升安全制动主要性能参数受到井巷倾角的影响。与竖井提升不同，斜井提升时由于井巷倾角变小，使提升系统上提时的自然减速度 $a_。$ 大大变小，从而在安全制动时很容易出现松绳现象。

松绳的危害很大，松绳量越大，钢丝绳冲击力越大，即使在松绳开始时（钢丝绳拉力和松绳量为零）发生冲击，冲击力也等于实际静张力的 2 倍。因此，在斜井提升中，必须保证上提重载时不产生松绳现象。

斜井提升一般速度较低，而可控力矩可有效避免斜井提升的松绳现象，适用于斜井使用。

3. 恒减速制动

恒减速制动是在提升系统发生紧急制动时，通过速度、压力的双闭环反馈系统，采用比例方向阀进行制动油压的动态调节，使制动减速度不随负载、工况变化而变化，始终按预先设定的减速度值进行制动，提高矿井提升机制动的平稳性和安全性；且本制动系统具有高响应速度、高控制精度，可对制动减速度实施双向调节。

恒减速制动方式具有以下特点：

1）可满足各种工况下安全制动的要求。

2）安全制动性能最优。

3）可以提高安全制动的平稳性和可靠性。

4）可以提高钢丝绳的防滑极限。

5）对提高生产率具有重要意义。

由于恒减速制动方式能够提高钢丝绳的防滑极限，所以特别适合多绳摩擦式提升机使用，确保了提升机在使用过程中的安全可靠性。

目前中信重工多种规格的提升机液压制动系统均采用恒减速制动的原理，并且具有自主的发明专利。

4. 同步共点多通道恒减速制动

由于摩擦式提升机是依靠摩擦力传递转矩的，根据提升系统的配置不同，具有不同的固有防滑极限减速度，一般在提升机设计时会考虑防滑极限减速度的范围，设计院通过增加卷筒的围包角、增加配重等方法来提高防滑极限减速度。

通常恒减速的液压制动系统会考虑备用的制动方式，如恒力矩制动。如果恒减速失效后备用为恒力矩制动，则提升系统防滑安全计算需按恒力矩系统设计。

当提升系统的极限滑动减速度较小时，必须使用恒减速制动，且仅有恒减速制动可保证提升系统的防滑能力。多通道恒减速制动则通过热备的方式解决了这一问题，从而保证了提升系统的安全。

同时，同步共点的多通道恒减速制动系统不存在回路切换的隐患，各个通道之间可以进行相互的修复、补偿，即任意通道的故障不会影响到系统的运行，避免了两条回路在切换时的冲击，确保了闸控系统的安全可靠性。

中信重工的同步共点多通道恒减速电液制动系统具有自主的发明专利。

15.1.2　液压制动系统的国内外发展现状

1. ABB 闸控系统

从 20 世纪 60 年代起，瑞典 ABB 公司率先在矿山提升领域研发并应用了液压盘形制动系统，并在 20 世纪 80 年代研发并应用了面向高端客户的提升机液压制动系统。在中国，ABB 公司于 1965 年供应第 1 套液压盘形制动系统，目前已在中国使用及订货的液压制动系统总数量约 100 余套，是中国引进液压制动系统的最大供应商。

同中信重工的液压闸控系统类似，ABB 公司的闸控系统由以下几部分组成：液压站、盘形制动器、闸座、电控柜、控制箱和液压管路（见图 15-4 和图 15-5）。

图 15-4　ABB 闸控系统的现场应用

ABB 液压闸控系统于 2008 年进行升级，升级后的液压站采用全封装的结构设计，并进行全面推广。

旧式液压站　　　　　　　　　　　　　　新式液压站

图 15-5　ABB 液压站

PLC 采用 AC800M 控制器（见图 15-6），安全制动采用自主研发的 BCC-1 板卡（见图 15-7）进行控制。

图 15-6　AC800M 控制器及 I/O 单元　　　　　图 15-7　BCC-1 板卡

安全制动时采用电液比例溢流阀进行可控力矩制动。

2. 西玛格闸控系统

德国西马格特宝集团在矿山行业已有 100 多年的历史，主要市场为原材料、能源、基建服务。近年来该公司在天津成立了天津西马格特宝机械有限公司，是德国公司在中国的全资子公司，主要负责中国市场的销售及部分产品的生产。

西马格公司的闸控系统根据提升系统的配置不同，可使用 ST3-F 的双恒减速制动系统及 ST3-D 的恒减速转恒力矩制动系统，制动单元的规格为 BE100、BE125 和 BE200，以适应不同的需求（见图 15-8）。

西马格公司的闸控系统也是采用恒减速的制动原理，通过比例方向阀进行制动压力的双向调节，和中信重工的恒减速制动原理相似。其中 ST3-F 的双恒减速制动系统类似于中信重工的多通道恒减速电液制动系统，但不同的是其系统中恒减速通道为两条，且为冷备，即其中一条通道出现故障时，通过电气系统切换到另一通道，而不是在线热备。而 ST3-D 的恒减转速恒力矩制动系统，目前各个公司已经在大量采用，这里不再累述。

图 15-8　西马格公司的闸控系统

3. 西门子闸控系统

西门子公司的闸控系统是近年来才在国内推广的，首次将"N+1"的多通道概念在提升机的液压制动系统上推出。

所谓的"N+1"中的"N"是将制动单元平均分成 N 份，一般 N = 3，即通过独立的液压回路对每一组制动器进行分别控制，相互之间互不干扰。"1"是指备用的 1 条回路。该液压系统并没有备用液压站。

西门子闸控系统的原理如图 15-9 所示。

虽然该液压制动系统没有备用液压站，但由于需要将制动系统平均分成 N 份，所以其液压系统的原理也相对复杂，而且由于在国内鲜有使用，其制动性能并没有得到业内的认可。

4. INCO 闸控系统

INCO 闸控系统为锦州锦矿机器股份有限公司与捷克 INCO 公司合作共同推出的提升机液压制动系统，目前尚无国内应用业绩，也无相关资料描述。

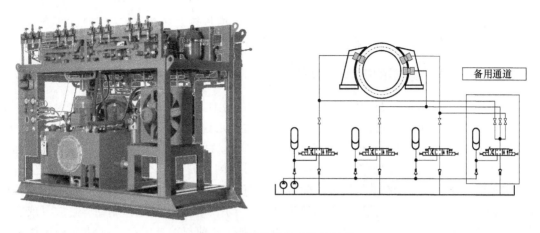

图 15-9 西门子闸控系统的原理

15.2 液压制动系统的结构特性及组成

15.2.1 块闸制动器的分类

块闸制动器用于老产品 KJ 及 JKA 系列提升机上，块闸制动器按结构分为角移式，平移式和综合式等，在 KJ2-3m 提升机上采用角移式制动器，在 KJ4-6m 提升机上采用平移式制动器，JKA 系列提升机采用综合式块闸制动器，这些产品已停止生产，但现场仍有使用。

15.2.2 角移式制动器的工作原理和结构

角移式制动器的结构如图 15-10 所示。焊接结构的前制动梁和后制动梁经三角杠杆用拉杆彼此连接，木制或压制石棉塑料的制动瓦固定在制动梁上。利用拉杆左端的螺母来调节制动瓦与制动轮之间的间隙，钉丝用来支撑制动梁以保证制动轮两侧的松闸间隙相同。当进行制动时，三角杠杆的右端按逆时针方向转动，带动前制动梁同时经拉杆带动后制动梁各自绕其轴承转动一个不大的角度，使两个制动瓦压向制动轮产生制动力。

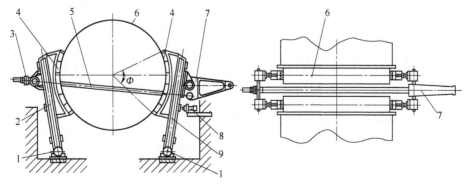

图 15-10 角移式制动器的结构
1—轴承 2—后制动梁 3—调节螺母 4—制动瓦 5—拉杆 6—制动轮
7—三角杠杆 8—钉丝 9—前制动梁

　　角移式制动器的优点是结构比较简单，缺点是围抱角较大（$\Phi = 60° \sim 70°$），所产生的制动力矩也较小，而且由于制动瓦表面的压力分布不够均匀，制动瓦上下磨损也不均匀。

15.2.3　平移式制动器的工作原理和结构

　　平移式制动器如图 15-11 所示。后制动梁用铰接立柱支承在地基上，后制动梁的上、下端安设三角杠杆，用可调节拉杆保持联系。前制动梁用铰接立柱和辅助立柱支承在地基上，前后制动梁用三角杠杆和横拉杆彼此连接，通过制动立杆、制动杠杆，受工作制动气缸和安全制动缸的控制。工作制动缸充气时抱闸，放气时松闸，安全制动缸的工作情况与之相反。当工作制动缸充气或安全制动气缸放气时都可使制动立杆向上运动，通过三角杠杆、横拉杆等驱使前后制动梁上的制动瓦压向制动轮产生制动作用。反之，若工作制动气缸放气或安全制气缸充气，都会使制动立杆向下运动，实现松闸，这种制动器的前后制动梁是近似平移的。因为后制动梁只有一根立柱来支承，很难保证其平移性，所以用顶丝来辅助改善其工作情况。前制动梁受铰接立柱和辅助立柱的支撑，形成四连杆机构，当其接近垂直位置时（制动梁的位移仅 2mm 左右），基本上可保证前制动梁的平移性。

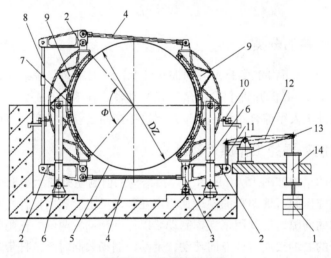

图 15-11　平移式制动器

1—安全制动重锤　2—三角杠杆　3—辅助立柱　4—横拉杆　5—制动轮　6—铰接立柱　7—制动瓦　8—可调节拉杆
9—制动梁　10—顶丝　11—制动立杆　12—制动杠杆　13—工作制动气缸　14—安全制动气缸

　　平移式制动器的优点是：围抱角比较大，产生的制动力矩较大，制动瓦压力及磨损较均匀，但结构较复杂。

15.2.4　综合式制动器的工作原理和结构

　　综合式制动器如图 15-12 所示，它由前、后制动梁，活瓦块，横拉杆，三角杠杆等组成，制动梁安装在轴承座上，在制动梁上装有活瓦块，活瓦块上装有制动瓦，活瓦块在制动梁上可绕销轴转动，从而使制动瓦与制动轮接触均匀，使制动瓦磨损均匀。调节螺钉可保证在松闸时制动瓦与制动轮的间隙上下均匀。

　　横拉杆的两端为左右螺纹以调整松闸时制动瓦间隙在 $1 \sim 2$mm。

挡钉的作用是保证松闸时两侧制动瓦的间隙相等。

立杆上下运动时，带动三角杠杆转动，通过横拉杆又带动制动梁使制动瓦靠近或离开制动轮。

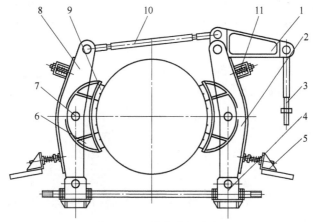

图 15-12　综合式制动器

1—三角杠杆　2—前制动梁　3—立杆　4—轴承座　5—挡钉　6—活瓦块　7—销轴　8—后制动梁
9—制动瓦　10—横拉杆　11—调节螺钉

优缺点：

1）结构较简单。

2）围包角较小，一般 $\Phi = 60° \sim 70°$，因而制动力矩较小。

3）制动瓦表面的压力分布均匀，因而制动瓦磨损均匀。

15.3　盘形制动器的工作原理及组成

15.3.1　盘形制动器的工作原理

盘形制动器是一种新型高性能制动器，是当今机械式制动器的发展方向。它具有下列优点：体积小、质量小、惯量小、动作快、可调节性能好、可靠性高、通用性高、结构简单、维修调整方便。

盘形制动器可用于矿井提升机、传送带运输机、架空索道、升船机等各种机械。盘形制动器在矿井提升机上作工作制动和紧急制动用，其驱动和控制由单独的液压站完成。

盘形制动器的制动力矩是靠制动瓦沿轴向从两侧压向制动盘产生的，为了使制动盘不产生附加变形，主轴不承受附加轴向力，制动盘都是成对使用，每一对叫作一副盘形制动器。根据所要求制动力矩的大小，每台提升机可布置多副盘形制动器。

工作原理：盘形制动器是由碟形弹簧产生制动力，盘形油压松闸。制动状态时，闸瓦压向制动盘的正压力的大小，取决于液压缸内工作油的压力。

盘形制动器的原理如图 15-13 所示，当油腔通入压力油时碟形弹簧组被压缩，随着油压 p 的升高，碟簧组被压缩并且储存弹簧力，弹簧力越大制动瓦离开制动盘的间隙越大，此时盘形制动器处于松闸状态。调整制动瓦间隙 $\Delta = 1mm$，当油压 p 降低时，弹簧力释放，推动衬板及制动瓦向制动盘方向移动。当制动瓦间隙 $\Delta = 0$ 后，弹簧力 F 作用在制动盘上，并产生正压力。随着油压 p 的降低正压力加大，当油压 $p = 0$ 时，正压力 N 最大（即 $N_{\max}$），在 N 的作用下，制动瓦与制动盘间产生摩擦力，即制动力最大（全制动状态）。

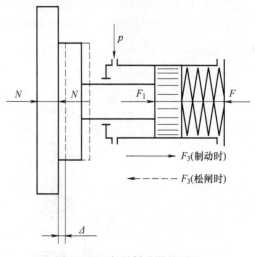

由上可以看出盘形制动器的摩擦力取决于弹簧力 F 和油压力 F_1，当制动瓦间隙 $\Delta = 0$ 后

$$N = F - F_1 = F - \Delta p A$$

式中　N——正压力；

　　　F——弹簧力；

　　　F_1——油压力，$F_1 = \Delta p A$；

　　　A——活塞有效面积；

图 15-13　盘形制动器的原理

　　　Δp——油压下降值，$\Delta p = p_{贴} - p_1$；

上述说明改变油压 p 可以获得不同的正压力 N，即可得到不同的制动力。当油压 $p = 0$ 时制动力最大。反之油压 p 为最大时，制动力为 0，制动器处于松闸状态。

15.3.2　XKT、XKTB、JK 系列提升机盘形制动器的结构

XKT、XKTB、JK 系列的提升机，配置液压缸前置式制动器，其结构如图 15-14 所示。

液压缸用螺栓固定在整体铸钢支座上，经过垫板，用地脚螺栓固定在基础上，液压缸内装活塞、柱塞、调整螺母和碟形弹簧等，筒体可在支座内往复移动，制动瓦固定在衬板上，液压缸上还装有放气螺钉、塞头和垫。

从这种制动器的内部结构可以看出，压力油所在的油腔位置处于靠近制动盘的前端，一旦产生漏油，很容易污染到制动盘上，严重影响制动效果。因此，这种液压缸前置式制动器在结构上不合理，是落后的产品，已被液压缸后置式制动器替代。

XKT、XKTB、JK 系列的提升机，配置的液压缸前置式制动器装置，是制动头和支架铸造成一体的，制动器的液压缸直接利用铸造支架加工出来。这样的结构，一旦制动器液压缸缸体磨损，造成明显的漏油问题，就只能将制动头和支架一体的铸件整体报废。这样的结构也不合理，已被焊接支架、螺栓装配制动器的结构形式代替。

15.3.3　JK/A、JK/E 系列提升机盘形制动器的结构

JK/A、JK/E 系列的提升机，配置液压缸后置式制动器，其结构和立体图分别如图 15-15 和图 15-16 所示。

制动器由制动瓦、带筒体的衬板、碟形弹簧、液压组件、连接螺栓、后盖、密封圈和制动器体等组成。液压组件由挡圈、骨架式橡胶油封、YX 形密封圈、液压缸、调整螺母、活塞、密封圈和液压缸盖等组成。液压组件可单独整体拆下并更换，盘形制动器和液压组件为通用互换件。

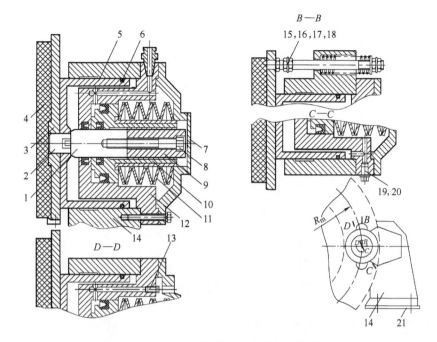

图 15-14　液压缸前置式制动器的结构

1—柱塞　2—销子　3—衬板　4—制动瓦　5—筒体　6—密封圈　7—盖　8—螺钉　9—调整螺母
10—活塞　11—碟形弹簧　12—液压缸　13—放气螺钉　14—支座　15—回复弹簧　16—螺栓　17—防松垫
18—螺母　19—塞头　20—密封垫　21—垫板

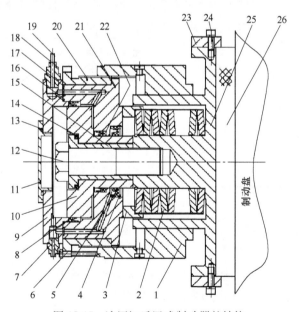

图 15-15　液压缸后置式制动器的结构

1—制动器体　2—碟形弹簧　3—弹簧座　4—挡圈　5—骨架式橡胶油封　6—螺钉　7—渗漏油管接头
8、22—YX 形密封圈　9—液压缸盖　10—活塞　11—后盖　12—连接螺栓　13、14、16、17—密封圈　15—活塞内套
18—压力油管接头　19—油管　20—调整螺母　21—液压缸
23—压板　24—螺栓　25—带筒体的衬板　26—制动瓦

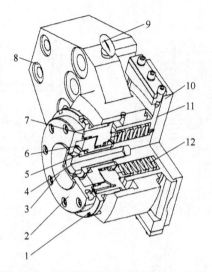

图 15-16　液压缸后置式制动器的立体图

1—锁定螺钉　2—液压缸盖　3—后盖　4—连接螺栓　5—活塞　6—制动液压缸

7—调整螺母　8—制动器体　9—吊环螺钉　10—制动瓦　11—带筒体的衬板　12—碟形弹簧

15.4　盘形制动器的分类

目前生产的 JK/E 系列单绳缠绕式提升机常用的盘形制动器的技术性能参数见表 15-1。

表 15-1　常用的盘形制动器的技术性能参数

盘形制动器的型号	一个制动器产生的最大正压力/kN	制动瓦设计摩擦系数 f	制动瓦允许最高温度/℃	碟形弹簧刚度/kN	产生最大正压力时的制动瓦比压/MPa	活塞有效面积/cm²
TP1-40	40	0.4	≤80	41	0.53	94
TP1-63	63				0.84	138
TP3-40	40			33	0.8	93.5
TP1-80	80			61.6	0.95	84.2
TP1-100	100				1.16	94.2

15.5　盘形制动器装置

盘形制动器装置由制动器、制动瓦磨损指示器和弹簧疲劳开关、进油管、连接螺栓、支架、渗漏油管，以及集油器等组成。盘形制动器用连接螺栓成对地把在支架上，每个支架可以同时安装 1~6 对，甚至更多，其规格和对数可根据提升机所需要的制动力矩选定（见图 15-17）。

支架采用厚钢板焊接，盘形制动器通过螺栓固定在支架上。盘形制动器可以看作是标准部件，方便批量生产，根据提升机载荷的需要，灵活增减制动器的个数（只需变动支架），即可得到合适的盘形制动器装置。

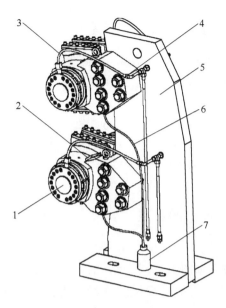

图 15-17　盘形制动器装置的立体图

1—制动器　2—制动瓦磨损指示器和弹簧疲劳开关　3—进油管　4—联接螺栓　5—支架

6—渗漏油管　7—集油器

对于特大型提升设备，静张力差和系统转动惯量都特别大，如果采用常规的盘形制动器，计算结果显示，单个制动器装置要配置的制动头特别多，这样给结构设计和制动器的布置带来很大不便。

为此设计开发了双液压缸盘形制动器装置，如图 15-18 和图 15-19 所示。采用这样的结构，在特大型提升机上可以减少制动器的配置数量，大大降低了盘形制动器的布置难度。

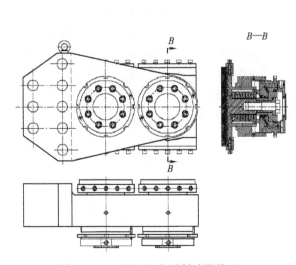

图 15-18　双液压缸盘形制动器装置 1

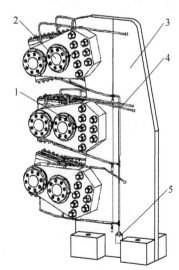

图 15-19　双液压缸盘形制动器装置 2

1—连接螺栓　2—双头盘形制动器　3—支架

4—油管　5—集油器

15.5.1　提升机盘形制动器闸间隙保护装置

XKT、XKTB、JK 系列提升机盘形制动器闸间隙保护装置，配置的是开关量的制动瓦间隙保护开关。当制动瓦磨损到一定程度时，开关动作，发出信号，本次提升完毕后不能二次开车。

随着传感器技术的发展，新生产的设备大都配置了用于制动瓦间隙指示和保护的位移传感器。其功能不再是单一的超限保护，能够实时显示目前的制动瓦间隙值，十分方便。制动瓦间隙位移传感器由于品种较多，各个厂家使用方式不尽相同，安装调整见单独的使用说明书。

15.5.2　盘形制动器主要参数的计算

1. 正压力 N

正压力 N 与油压 p 的关系如图 15-20 所示，活塞同时受弹簧的作用力 F_2 及压力油产生的力 F_1 作用，综合阻力 F_3 包括空行程压缩弹簧的力，制动状态时 F_3 的作用方向与 F_2 相反。

故压向制动盘的正压力为

$$N = F_2 - F_1 - F_3$$

当改变油压力时，正压力 N 相应变化，当油压值 $p = 0$ 时，即 $F_1 = 0$，正压力达最大值 N_{max}，$N_{max} = F_2 - F_3$，此时为全制动状态。

在松闸过程中，F_3 作用方向与 F_1 相反，此时力平衡方程为

$$N = F_2 + F_3 - F_1$$

在 $p = p_{max}$ 时，$F_1 > F_2$，活塞压缩碟形弹簧是全松闸状态，$N = 0$，即 $F_1 = F_2 + F_3$。

由图 15-20 可以看出：

1）正压力随油压 p 的增加而减少，其变化过程可以近似地看成线性关系。

2）松闸过程和制动过程所得曲线不重合，这是由在松闸和制动过程活塞所需克服的摩擦力方向不同所致。松闸时，液压缸壁及密封圈对活塞的阻力与碟形弹簧力的方向一致，所以在相同油压的情况下（与制动过程相比）制动盘正压力较大；反之，在制动过程中，活塞所受摩擦阻力与碟形弹簧的作用力方向不一致，所以制动盘的正压力较低。

3）松闸和制动的不可控区（两条曲线不重合度）较小，说明有较高的控制灵敏性。

2. 制动力矩 M_Z

制动器在制动盘上产生的制动力矩，取决于正压力 N 的数值。

$$M_Z = 2N\mu R_m n$$

式中　M_Z——制动力矩，单位为 N·m；

　　　μ——制动瓦对制动盘的摩擦系数，$\mu = 0.35$；

　　　R_m——制动盘的平均摩擦半径，单位为 m；

　　　n——提升机制动器的副数。

制动力矩 M_Z 应满足三倍静力矩 M_j 的要求，所以 N 的值可由下式确定

$$M_Z = 2N\mu R_m n = 3M_j = 3F_C D/2$$

即

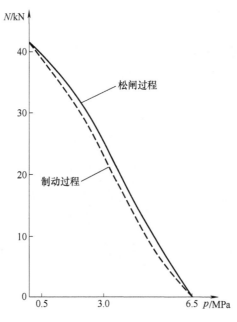

图 15-20　正压力 N 与油压 p 的关系

$$N = 3DF_C/4R_m\mu n$$

式中　D——卷筒的名义直径，单位为 m；

　　　F_C——提升机的最大静张力差，单位为 N。

3. 最大工作油压 p

在松闸时，压力油作用于活塞上的推力需要克服三部分力：

1）弹簧的预压缩反力，其数值等于正压力 N。

2）为保持必需的制动瓦间隙使弹簧压缩的反力。

3）制动器各运动部分的阻力，在计算时可取 $C = 0.1N$

故活塞推力 F_1 可以写成

$$F_1 = N + K\Delta/n_1 + C$$

式中　N——所需正压力，单位为 N；

　　　Δ——制动瓦最大间隙，单位为 mm；

　　　K——碟形弹簧刚度，单位为 N/mm；

　　　n_1——碟形弹簧组的片数；

　　　C——盘闸制动器各运动部分的阻力，在计算时可取 $C = 0.1N$。

制动器所需最大工作油压为

$$p = 4F_1/\left[\pi(d_1^2 - d_2^2)\right]$$

式中　d_1——液压缸的直径，单位为 cm；

　　　d_2——活塞小端的直径，单位为 cm。

4. 实际工作油压 p_m

$$p_m = p_x + \Delta C$$

式中　p_x——实际最大静张力差时需要的贴闸油压，单位为 MPa；

ΔC——盘形制动器各阻力之和。

$$\Delta C = p_1 + p_2 + p_3$$

式中　p_1——机器全松闸时，为了保证制动瓦必要间隙而压缩碟形弹簧之力折算的油压值；

　　　　p_2——液压缸、密封圈和弹簧的阻力折算成油压值；

　　　　p_3——液压站制动状态的残压，按最大残压计算。

对于 6.3MPa 液压站，允许残压为 0.5MPa；对于 14MPa 液压站，允许残压为 1MPa。

对于 6.3MPa 液压站，综合阻力 ΔC 大约为 1.65MPa；对于 14MPa 液压站，综合阻力 ΔC 大约为 2.45MPa。

第16章 液 压 站

16.1 概述

液压站是矿井提升机重要的安全和控制部件，它和盘形制动器组合成为一套完整的制动系统，为盘形制动器提供可以调节的压力油，使矿井提升机获得不同的制动力矩，并能正常地运转、调速、停车。在任何事故状态下，可以使盘形制动器的油压迅速降低到预先调定的某一值，经延时后，盘形制动器的全部油压值迅速回到零，使提升系统处于全制动状态。

目前的液压站应符合 JB/T 3277《矿井提升机和矿用提升绞车 液压站》及最新版《煤炭安全规程》的要求。

16.2 液压站的结构及作用

液压站由于各个厂家的设计不同，结构形式也有不同的特点，但总的来说，一般由油箱、油泵装置、主阀组、出口阀组、仪表盘和接线箱组成。

为保证使用现场的不停机检修，液压站通常会具有两套液压泵装置及两套电液比例调压装置，一套工作，一套备用，由控制系统进行选择和转换。也可采用两台独立液压站，一台工作，一台备用。

液压站通常使用阀组对控制元件进行集成，减少中间连接管路，通过阀组完成液压站动作的控制，用于实现必要的功能，如工作制动、安全制动、一级制动和调绳功能。

16.2.1 油箱

油箱用于存储液压介质（L-HM46 号抗磨液压油），与外界进行热交换对油液进行自然冷却，同时析出气体、沉淀杂质。

1）油箱上应设有液位控制器，能够标明油箱液位低限，低于此液位极有可能导致液压系统机械损坏。在液位低时发出报警信号，做轻故障处理。也可根据液位信号进行其他方式控制。

2）具有温度传感器，用于检测油液温度，并用来进行系统控制和保护。控制系统至少要有 4 档温度设定值：

① 温度低（10℃）。温度超低不允许起动液压泵；温度太低而存在设备损坏风险导致不能起动液压泵。温度降到此设定点时，电加热器开始工作。此值同时作为系统运行连锁条件。

② 电加热器停止（15℃）。温度升到此设定点时，电加热器停止。

③ 高温报警（60℃）。此设定值表示系统温升异常或处于非正常环境和条件下工作。此时提升系统可继续工作，但需对系统进行仔细检查，并注意观察温升情况。

④ 超高温故障（65℃）。在此状态下，液压系统不能正常工作保证制动系统的安全，提升机必须停机。系统允许一次提升，在油温降到正常温度之前不允许重新启动系统。

3）油箱应具备电加热功能，电加热器安装于接近油箱底部，用于低温（<10℃）环境下油液的加热。该加热器配合温度传感器受主控 PLC 程序自动控制，也可手动开启和关闭。

4）油箱应具有可视液位功能，安装于油箱正前侧壁，可直接观察油箱的液位和温度。

5）应具有注油通气器，用于油液加注和系统工作时油气和水蒸气的发散及油箱内外气压平衡。

6）应具有产品标牌，用于标示系统型号、基本参数、生产厂家、日期及批号等信息。

16.2.2　液压泵装置

液压泵装置由电动机、变量泵、调压装置和过滤器组成。电动机通过联轴器连接液压泵。液压泵宜采用斜盘式轴向柱塞变量泵，采用恒压变量工作方式；在制动器打开过程中全流量输出，实现快速开闸；在提升机运转过程即液压系统最大工作压力状态，泵流量降至最低，以降低功率消耗、减少系统发热，实现节能降耗并延长相关元件使用寿命。过滤器对油液进行过滤清洁，用以改善系统工作介质状态。调压装置调节控制液压泵装置的输出油压。

16.2.3　阀组

它是系统核心控制部件。主要由电磁方向阀、蓄能器、溢流阀及压力继电器等元件安装在一个集成油路块上构成。系统应布局合理、结构紧凑、外形美观。多个控制元件集成安装于一个油路块上，减少了空间占用。

16.2.4　仪表盘

用以安装压力传感器和压力表等仪表元件，显示液压站状态参数并将数据传送至主控系统。

16.2.5　电液连接

在液压站上安装有一个接线盒，液压站除电动机和电加热器外所有电信号均驳接于此。

16.3　主要参数及特点（见表 16-1）

表 16-1　液压站的主要参数表

序号	名称	参数	单位
1	最大工作油压	6.3/14	MPa
2	最大供油量	14	L/min
3	工作油温	15~65	℃
4	油箱储油容积	500/700	L
5	二级制动延时时间	0~10	s
6	电液比例溢流阀控制电压	10	V
7	液压油牌号	L-HM46 号液压油	—

主要特点：

1）液压泵装置宜采用恒压变量泵，作为工作油源，可以在提升机工作时的开闸状态下，有效减少液压系统发热；同时可以减少功率损失，符合目前的绿色环保设计。

2）电液比例调压装置宜采用国内外优质比例液压阀，其滞环、线性度和重复精度均优于旧型电液比例调压装置，且调节方便、利于维护，原十字弹簧电液比例调压装置已淘汰。

3）系统的主回路推荐采用插装阀组，响应速度和抗污染性均比传统元件有非常大的提升，使液压系统的工作更加可靠。

4）应具有压力、温度、过滤器堵塞等液压系统工作状态的判定及显示，便于系统集中控制。

16.4 中低压二级制动液压站

16.4.1 概述

中低压的液压站额定工作油压为 6.3MPa，液压站泵源采用恒压变量泵，调压元件选用进口优质比例液压阀，具有良好的滞环、线性度和重复精度，性能稳定、调节方便、利于维护。阀组宜采用插装阀组，具有良好的响应速度和抗污染能力。液压站具有压力、温度、过滤器堵塞等液压系统工作状态的判定及显示，便于系统集中控制（见图16-1）。

图 16-1 中低压二级制动液压站

中低压液压站具有恒力矩制动（二级制动）功能，且采用电气延时，可通过 PLC 对时间进行精准控制。

中低压二级制动液压站具有一机一站单阀组、一机一站双阀组、一机双站单阀组等多种结构形式。对于用户来讲，具体使用哪种结构形式的液压站，可与生产厂的设计部门联系，以获得一个满意的答复。

1. 液压站的主要作用

1）可以为盘形制动器提供不用油压值的压力油，以获得不同的制动力矩。

2）在事故状态下，可以使制动器的油压迅速降到预先调定的某一值 $p_{1级}$，经过延时后，制动器的全部油压迅速回到零，使制动器达到全制动状态。

3）用于单绳双筒提升机的液压站供给提升机调绳液压缸需要的压力油。

2. 主要参数（见表16-2）

表 16-2 中低压二级制动液压站的主要参数

名称	参数
最大工作油压	$p = 6.3\text{MPa}$
最大流量	$Q = 14\text{L/min}$
二级制动油压值	$0 \sim 5\text{MPa}$ 可调
工作油温	$15 \sim 65\text{℃}$

（续）

名称	参数
二级制动延时时间	0~10s
比例溢流阀控制电压	0~10VDC
液压油牌号	L-HM46 号抗磨液压油

16.4.2 液压站的工作原理

以中信重工中低压液压站为例。

1. E6160B、E6161B 液压站的原理（见图 16-2 和图 16-3）

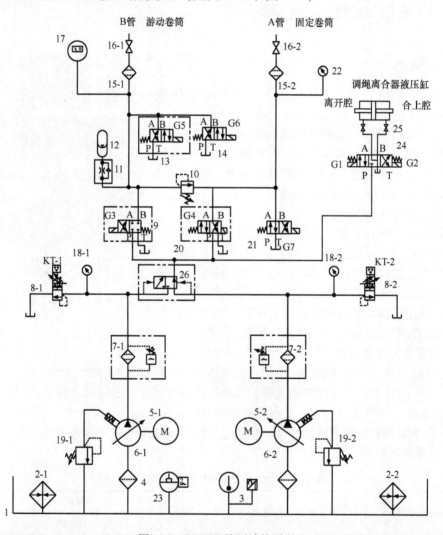

图 16-2　E6160B 液压站的原理

1—油箱　2—电加热器　3—温度计　4—吸油过滤器　5—电动机　6—变量柱塞泵　7—精过滤器　8—比例溢流阀
9、13、14、20、21、24—电磁换向阀　10—溢流阀　11—单向节流阀　12—蓄能器　15—出油口过滤器　16—球式截止阀
17—数显压力表　18—电接点压力表　19—远程调压阀　22—压力表　23—液位控制器　25—球阀　26—液动换向阀

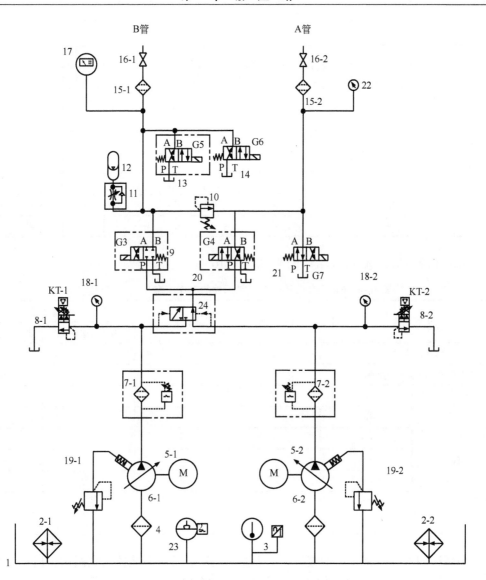

图 16-3　E6161B 液压站的原理

1—油箱　2—电加热器　3—温度计　4—吸油过滤器　5—电动机　6—变量柱塞泵　7—精过滤器
8—比例溢流阀　9、13、14、20、21—电磁换向阀　10—溢流阀　11—单向节流阀　12—蓄能器　15—出油口过滤器
16—球式截止阀　17—数显压力表　18—电接点压力表　19—远程调压阀　22—压力表　23—液位控制器　24—液动换向阀

E6160B 液压站各电气元件的工作状态见表 16-3（注："+"表示通电；"-"表示断电，后同）。

表 16-3　E6160B 液压站各电气元件的工作状态（工作联锁表）

电气元件	正常松闸	工作制动	紧急制动		调绳离合器		
			井中二级制动	井口一级制动	离开	固定筒转动	合上
液压泵电动机	+	+	-	-	+	+	+
工作制动比例溢流阀控制电压	$0 \xrightarrow{+} 大$	$大 \xrightarrow{+} 0$	0	0	+	+	+

（续）

电气元件		正常松闸	工作制动	紧急制动		调绳离合器		
				井中二级制动	井口一级制动	离开	固定筒转动	合上
电磁铁	G1	-	-	-	-	+	+	-
	G2	-	-	-	-	-	-	+
	G3	+	+	-	-	-	-	-
	G4	+	+	-	-	-	+	-
	G5	+	+	延时 $\longrightarrow$ -	-	-	-	-
	G6	+	+	延时 $\longrightarrow$ -	-	-	-	-
	G7	+	+	-	-	-	+	-

E6161B 液压站各电气元件的工作状态见表 16-4。

表 16-4　E6161B 液压站各电气元件的工作状态（工作联锁表）

电气元件		正常松闸	工作制动	紧急制动	
				井中二级制动	井口一级制动
液压泵电动机		+	+	-	-
工作制动比例溢流阀控制电压		$0 \xrightarrow{+} 大$	$大 \xrightarrow{+} 0$	0	0
电磁铁	G1	-	-	-	-
	G2	-	-	-	-
	G3	+	+	-	-
	G4	+	+	-	-
	G5	+	+	延时 $\longrightarrow$ -	-
	G6	+	+	延时 $\longrightarrow$ -	-
	G7	+	+	-	-

E6160B、E6161B 液压站的液压系统主要由油箱、液压泵装置、主阀组、出口阀组、仪表盘和接线箱组成。液压站有两套液压泵装置，两套电液比例调压装置，一套工作、一套备用。两液压泵互为备用时，由液动换向阀自动换向。正面中间位置为液压系统主要控制单元主阀组，左右两侧为左液压泵装置和右液压泵装置，后方中间部位为出口阀组。

系统采用恒压泵作为工作油源，可以减小系统发热。油箱上设有加热器，若油温过低，需投入加热器，加热到 15℃ 即可正常工作。系统主阀组上的元件主要采用插装阀，使系统工作更加可靠。液压站出油口设有过滤器，防止制动器液缸回油时将杂质带入系统。液压站还装有油箱温度传感器和压力变送器，用于监控油温和压力的变化。

（1）工作制动部分的原理　液压站可以为盘形制动器提供不同油压的压力油。油压的变化由电液比例溢流阀来调节（见图 16-4）。系统正常工作时，电磁铁 G3、G4、G5、G6、G7 通电，压力油经液动换向阀、电磁阀、过滤器和球式截止阀分别进入盘形制动器；司机可以通过调节电液比例溢流阀的电压大小来实现油压的变化，从而达到调节制动力矩的目的。当电液比例溢流阀的比例电磁铁控制电压增加时，系统油压升高，制动器开闸；当电液比例溢流阀的比例电磁铁控制电压减少时，系统油压下降，制动器合闸；当电液比例溢流阀的比例电磁铁控制电压减少至零时，系统的油压最低，为残压，提升机处于完全制动状态。

（2）安全制动部分的原理　系统发生故障时，如全矿停电等，提升机必须实现紧急制动。此时电动机，比例放大器，电磁铁 G3、G4、G7 断电，A 管盘形制动器油压立刻降为 0，B 管盘形制动器油压降为溢流阀调定的压力 $p_{1级}$ 值，即二级制动油压值，保压到时间继电器动作，电磁铁 G5、G6 断电，油压降到零，实现全制动。在延时过程中，蓄能器起稳压补油作用，调节单向节流截止阀的开口度可调节其补油量，使延时过程中 $p_{1级}$ 值基本稳定在要求值。

以上这个过程，使提升机在紧急制动时获得了良好的二级制动性能（见图 16-5）。从图 16-5 上看：从 A 点（即 p_{max} 点）降到 B 点，A 管盘形制动器处于制动状态，整个卷筒受到 1/2 以上的制动力矩。B 管盘形制动器的油压降到一级制动油压 $p_{1级}$（从 B 点到 C 点）延时 t_1 秒后到达 D 点，此时提升机已停车，电磁换向阀 G5、G6 延时后断电，油压从 $p_{1级}$ 降到零压（即从 D 点到 E 点），完成二级制动。盘形制动器以三倍的静力矩将卷筒牢固地闸住，使其安全地停止转动。

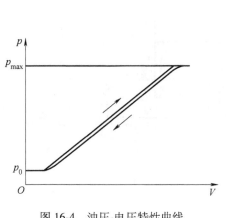

图 16-4　油压-电压特性曲线

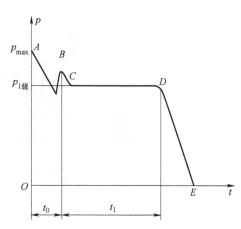

图 16-5　二级制动油压变化情况

（3）调绳工作原理　当盘形制动器处于全制动状态时，打开两组调绳管路上的球阀开关。电磁铁 G1 通电，压力油进入调绳离合器液压缸的离开腔，使游动卷筒与主轴脱开。电磁铁 G4、G7 通电，压力油进入固定卷筒的盘形制动器的液压缸，使固定卷筒开闸，转动固定卷筒可以调节提升高度和绳长。调绳结束后，电磁铁 G4、G7 断电，使固定卷筒处于制动状态。电磁铁 G1 断电、G2 通电，压力油进入调绳离合器液压缸的合上腔，使游动卷筒与主轴合上。电磁铁 G2 断电，G1、G2 所在的电磁换向阀处于中位，切断了压力油进入离合器的油路，调绳过程到此结束，关闭球阀。

注：调绳部分原理及功能只针对双筒提升机，单筒提升机无此功能。

这两种液压站在井口，紧急情况下二级制动解除，其中 G5、G6 阀动作不延时，实现一级制动。

2. E6163、E6164、E6162、E6165 液压站的原理

随着提升机配套液压站逐步发展，以及用户对液压站的特殊要求，目前的新型液压站在不改变原理的情况下，演变出了几种结构形式，其中 E6163、E6164 分别采用 E6161B、

E6160B 的原理，为单站单泵单阀组的结构形式，一台提升机需配套两台液压站，一台工作，一台备用。而 E6162、E6165 也是分别采用 E6161B、E6160B 的原理，为单站双泵双阀组的结构形式，油箱通过隔板分成两个完全独立的工作腔室，能够在实现备用的基础上有效地节省空间。一台提升机配套一台液压站。其各自的原理分别如图 16-6~图 16-9 所示。

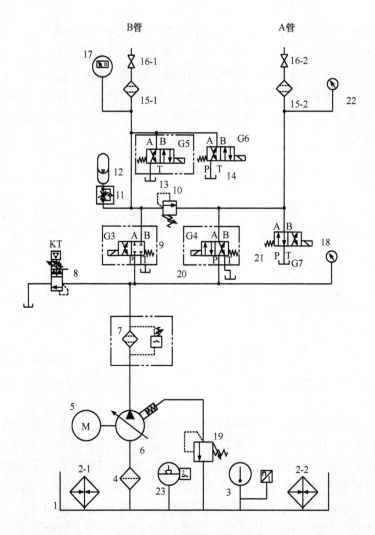

图 16-6　E6163 液压站的原理

1—油箱　2—电加热器　3—温度计　4—吸油过滤器　5—电动机　6—变量柱塞泵　7—精过滤器
8—比例溢流阀　9、13、14、20、21—电磁换向阀　10—溢流阀　11—单向节流阀
12—蓄能器　15—出油口过滤器　16—球式截止阀　17—数显压力表　18—电接点压力表
19—远程调压阀　22—压力表　23—液位控制器

E6163 液压站各电气元件的工作状态见表 16-5。

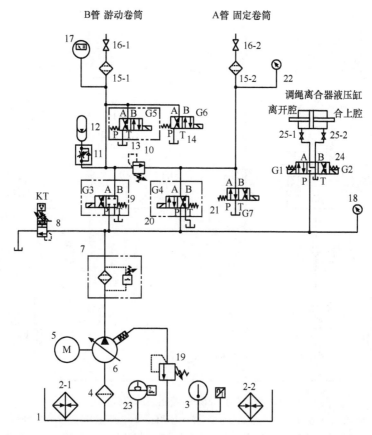

图 16-7　E6164 液压站的原理

1—油箱　2—电加热器　3—温度计　4—吸油过滤器　5—电动机　6—变量柱塞泵　7—精过滤器　8—比例溢流阀
9、13、14、20、21、24—电磁换向阀　10—溢流阀　11—单向节流阀　12—蓄能器　15—出油口过滤器
16—球式截止阀　17—数显压力表　18—电接点压力表　19—远程调压阀　22—压力表
23—液位控制器　25—螺旋开关

表 16-5　E6163 液压站各电气元件的工作状态（工作联锁表）

电气元件		正常松闸	工作制动	紧急制动	
				井口二级制动	井口一级制动
液压泵电动机		+	+	−	−
KT 线圈		$0 \xrightarrow{+} 大$	$大 \xrightarrow{+} 0$	0	0
电磁铁	G3	+	+	−	−
	G4	+	+	−	−
	G5	+	+	$+ \xrightarrow{延时} −$	−
	G6	+	+	$+ \xrightarrow{延时} −$	−
	G7	+	+	+	−
压力传感器		油压升到最大油压值时动作，表示松闸			
		油压下降到 0.5MPa 时动作，表示合闸			

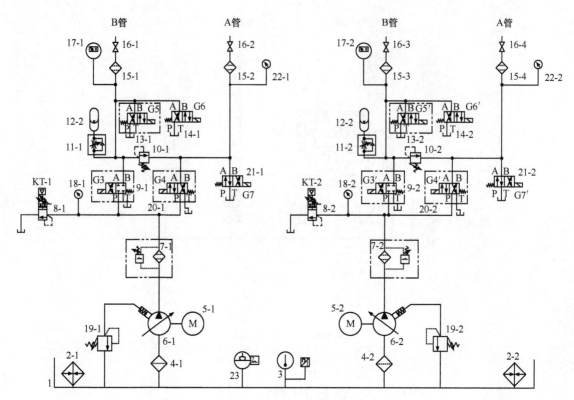

图 16-8　E6162 液压站的原理

1—油箱　2—电加热器　3—温度计　4—吸油过滤器　5—电动机　6—变量柱塞泵　7—精过滤器　8—比例溢流阀
9、13、14、20、21—电磁换向阀　10—溢流阀　11—单向节流阀　12—蓄能器　15—出油口过滤器
16—球式截止阀　17—数显压力表　18—电接点压力表　19—远程调压阀　22—压力表　23—液位控制器

E6164 液压站各电气元件的工作状态见表 16-6。

表 16-6　E6164 液压站各电气元件的工作状态（工作联锁表）

电气元件		正常松闸	工作制动	紧急制动		调绳离合器		
				井中二级制动	井口一级制动	离开	固定筒转动	合上
液压泵电动机		+	+	-	-	+	+	+
KT 线圈		0 $\xrightarrow{+}$ 大	大 $\xrightarrow{+}$ 0	0	0	+	+	+
电磁铁	G1	-	-	-	-	+	+	-
	G2	-	-	-	-	-	-	+
	G3	+	+	-	-	-	-	-
	G4	+	+	-	-	-	+	-
	G5	+	+	+ $\xrightarrow{延时}$ -	-	-	-	-
	G6	+	+	+ $\xrightarrow{延时}$ -	-	-	-	-
	G7	+	+	-	-	-	+	-

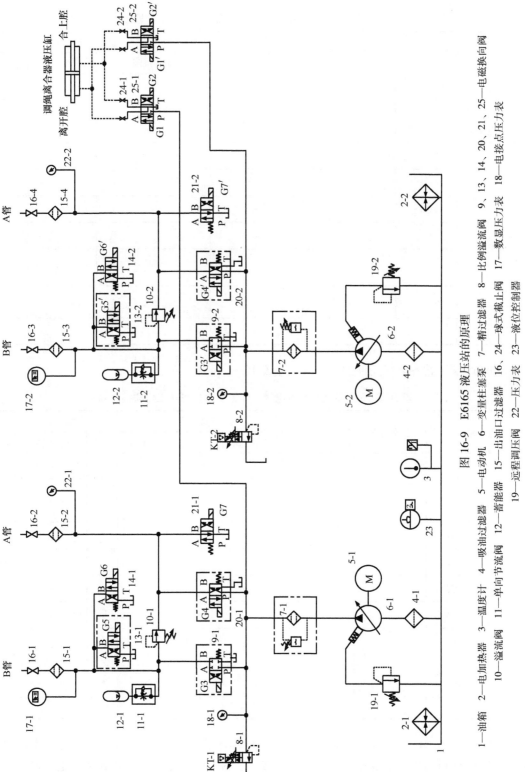

图 16-9 E6165 液压站的原理

1—油箱 2—电加热器 3—温度计 4—吸油过滤器 5—电动机 6—变量柱塞泵 7—精过滤器 8—比例溢流阀 9、13、14、20、21、25—电磁换向阀 10—溢流阀 11—单向节流阀 12—蓄能器 15—出油口过滤器 16、24—球式截止阀 17—数显压力表 18—电接点压力表 19—远程调压阀 22—压力表 23—液位控制器

E6162 液压站各电气元件的工作状态见表 16-7。

表 16-7　E6162 液压站各电气元件的工作状态（工作联锁表）

电气元件		正常松闸	工作制动	紧急制动	
				井中二级制动	井口一级制动
液压泵电动机		+	+	−	−
工作制动比例溢流阀控制电压		$0 \xrightarrow{+} 大$	$大 \xrightarrow{+} 0$	0	0
电磁铁	G1	−	−	−	−
	G2	−	−	−	−
	G3	+	+	−	−
	G4	+	+	−	−
	G5	+	+	$+ \xrightarrow{延时} −$	−
	G6	+	+	$+ \xrightarrow{延时} −$	−
	G7	+	+	−	−

E6165 液压站各电气元件的工作状态见表 16-8。

表 16-8　E6165 液压站各电气元件的工作状态（工作联锁表）

电气元件		正常松闸	工作制动	紧急制动		调绳离合器		
				井中二级制动	井口一级制动	离开	固定筒转动	合上
液压泵电动机		+	+	−	−	+	+	+
工作制动比例溢流阀控制电压		$0 \xrightarrow{+} 大$	$大 \xrightarrow{+} 0$	0	0	+	+	+
电磁铁	G1	−	−	−	−	+	+	−
	G2	−	−	−	−	−	−	+
	G3	+	+	+	−	−	+	−
	G4	+	+	−	−	−	+	−
	G5	+	+	$+ \xrightarrow{延时} −$	−	−	−	−
	G6	+	+	$+ \xrightarrow{延时} −$	−	−	−	−
	G7	+	+	−	−	−	+	−

　　E6163、E6164、E6162、E6165 液压站的原理与结构相似，本文以 E6165 为例做简要说明。E6165 液压站主要由油箱、两套液压泵装置、两套电液比例调压装置和阀组组成，一套工作、一套备用。

3. 工作制动部分的原理

参见图 16-9。液压站可以为盘形制动器提供不同油压的压力油。油压的变化由电液比例溢流阀来调节。系统正常工作时，电磁铁 G3、G4、G5、G6、G7 通电，压力油经液动换向阀、电磁阀、过滤器和球式截止阀分别进入盘形制动器；司机可以通过调节电液比例溢流阀的电压大小来实现油压的变化，从而达到调节制动力矩的目的。当电液比例溢流阀的比例电磁铁控制电压增加时，系统油压升高，制动器开闸；当电液比例溢流阀的比例电磁铁控制电压减少时，系统油压下降，制动器合闸；当电液比例溢流阀的比例电磁铁控制电压减少至零时，系统的油压最低，为残压，提升机处于完全制动状态。

4. 安全制动部分的原理

系统发生故障时，如全矿停电等，提升机必须实现紧急制动。此时电动机，比例放大器，电磁铁 G3、G4、G7 断电，A 管盘形制动器油压立刻降为 0，B 管盘形制动器油压降为溢流阀调定的压力 $p_{1级}$ 值，即二级制动油压值，保压到时间继电器动作，电磁铁 G5、G6 断电，油压降到零，实现全制动。在延时过程中，蓄能器起稳压补油作用，调节单向节流截止阀的开口度可调节其补油量，使延时过程中 $p_{1级}$ 值基本稳定在要求值。

以上这个过程使提升机在紧急制动时获得了良好的二级制动性能（见图 16-5）。从图 16-5 上看：从 A 点（即 p_{max} 点）降到 B 点，A 管盘形制动器处于制动状态，整个卷筒受到 1/2 以上的制动力矩。B 管盘形制动器的油压降到一级制动油压 $p_{1级}$（从 B 点到 C 点）延时 t_1 秒后到达 D 点，此时提升机已停车，电磁换向阀 G5、G6 延时后断电，油压从 $p_{1级}$ 降到零压（即从 D 点到 E 点），完成二级制动。盘形制动器以三倍的静力矩将卷筒牢固地闸住，使其安全地停止转动。

5. 调绳工作原理

参见图 16-7 和图 16-9。当盘形制动器处于全制动状态时，打开两组调绳管路上的球阀开关。电磁铁 G1 通电，压力油进入调绳离合器液压缸的离开腔，使游动卷筒与主轴脱开。电磁铁 G4、G7 通电，压力油进入固定卷筒的盘形制动器的液压缸，使固定卷筒开闸，转动固定卷筒可以调节提升高度和绳长。调绳结束后，电磁铁 G4、G7 断电，使固定卷筒处于制动状态。电磁铁 G1 断电、G2 通电，压力油进入调绳离合器液压缸的合上腔，使游动卷筒与主轴合上。电磁铁 G2 断电，G1、G2 所在的电磁换向阀处于中位，切断了压力油进入离合器的油路，调绳过程到此结束，关闭球阀。

注：E6162 液压站与 E6165 液压站的基本原理及结构相同，少了调绳功能，不再详述。

6. 常用易损件

本文根据中信重工生产的中低压二级制动液压站整理了常用易损件清单供参考，见表 16-9。

表 16-9　常用易损件清单

序号	标准号	名称型号
1	GB/T 26114—2010	网式过滤器 WU-40×180J
2	GB/T 26114—2010	过滤器芯 HX-10×10
3	GB/T 26114—2010	过滤器芯 HBX-40×10Q
4	OR 123	O 形密封圈 17.86×2.62

（续）

序号	标准号	名称型号
5	OR 109	O 形密封圈 9.13×2.62
6	OR 108	O 形密封圈 8.73×1.78
7	DIN 3771—1993	O 形密封圈 9.25×1.78
8	DIN 3771—1993	O 形密封圈 12.3×2.4
9	DIN 3771—1993	O 形密封圈 13.2×2.4
10	JB/ZQ 4224—2006	O 形密封圈 8×1.9
11	JB/ZQ 4224—2006	O 形密封圈 1.9×9
12	JB/ZQ 4224—2006	O 形密封圈 10×1.9
13	JB/ZQ 4224—2006	O 形密封圈 11×1.9
14	JB/ZQ 4224—2006	O 形密封圈 12×1.9
15	JB/ZQ 4224—2006	O 形密封圈 16×2.4
16	JB/ZQ 4224—2006	O 形密封圈 22×2.4
17	JB/ZQ 4224—2006	O 形密封圈 24×2.4
18	JB/ZQ 4224—2006	O 形密封圈 25×2.4
19	JB/ZQ 4224—2006	O 形密封圈 3.1×32
20	JB/ZQ 4224—2006	O 形密封圈 20×2.4
21	JB/ZQ 4224—2006	O 形密封圈 3.1×68
22	GB/T 3452.1—2005	O 形密封圈 345×7
23	JB/T 982—1977	密封垫 10
24	JB/T 982—1977	密封垫 14
25	JB/T 982—1977	密封垫 22
26	JB/T 982—1977	密封垫 27

注：JB/T 982—1977 已作废，仅供参考。

16.5　中高压二级制动液压站

16.5.1　概述

中高压液压站的最大工作压力为 14MPa，可配套使用 80kN、100kN 及更大规格的盘形制动器（见图 16-10）。在液压系统上经过了优化，减少液压系统结构中的连接管路，从而减少了故障点和系统的复杂程度，通过集成化设计，使系统的工作更加稳定、性能更可靠。

并且从原来的单台液压站工作形式，衍变成两台液压站工作，一台工作、一台备用，增加了设备在使用过程中的灵活性及可靠性。

中高压液压站根据液压站泵源采用恒压变量泵，电液调压装置选用进口优质比例液压阀，性能稳定，其滞环、线性度和重复精度均优于旧型电液比例调压装置，且调节方便、利于维护。具有压力、温度、过滤器堵塞等液压系统工作状态的判定及显示，便于系统集中控制。

中高压液压站采用恒力矩制动（二级制动）且采用电气延时，通过 PLC 对时间进行精准控制。

中高压液压站同中低压液压站类似，也具有多种结构形式。对于用户来讲，具体使用哪种结构形式的液压站，可与生产厂的设计部门联系，以获得一个满意的结果。

该类液压站最具代表性的型号为 E6149A（中信重工），主要适用于 JK 型单绳单筒系列提升机，以及 JKM、

图 16-10 中高压液压站

JKMD 型井塔式和落地式多绳提升机。能够通过操作台手柄提供不同的开闸压力，并能够在紧急制动时提供恒力矩制动方式。

中高压二级制动液压站的主要参数见表 16-10。

表 16-10 中高压二级制动液压站的主要参数

名称	参数及单位
最大工作油压 p	14MPa
最大流量 Q	14L/min
二级制动油压值	0~5MPa 可调
工作油温	15~65℃
二级制动延时时间	0~10s
比例溢流阀控制电压	0~10VDC
液压油牌号	L-HM46 抗磨液压油

16.5.2 液压站的工作原理（见图 16-11）

E6149A 液压站各电气元件的工作状态见表 16-11。

表 16-11 E6149A 液压站各电气元件的工作状态（工作联锁表）

电气元件	正常松闸	工作制动	紧急制动	
			井中二级制动	井口一级制动
液压泵电动机	+	+	−	−
KT 线圈	$0 \xrightarrow{+} 大$	$大 \xrightarrow{+} 0$	0	0

（续）

电气元件		正常松闸	工作制动	紧急制动	
				井中二级制动	井口一级制动
电磁铁	G3-1	+	+	−	−
	G3-2	+	+	−	−
	G4	+	+	−	−
	G5	+	+	+ 延时⟶ −	−
	G6	+	+	+ 延时⟶ −	−
	G7	+	+	−	−

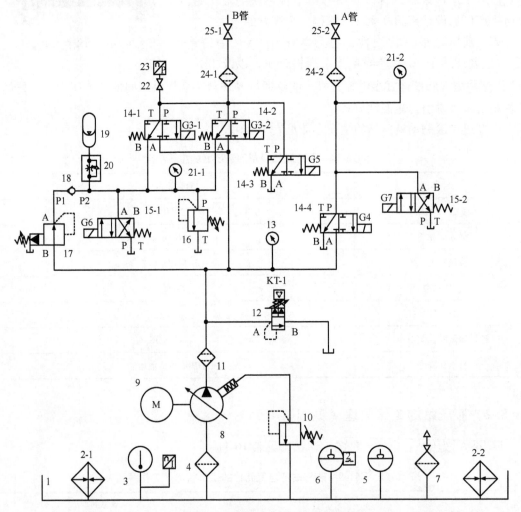

图 16-11　E6149A 液压站的原理

1—油箱　2—电加热器　3—温度计　4—吸油过滤器　5—液位计　6—液位控制器　7—空气滤清器　8—变量柱塞泵
9—电动机　10、16—溢流阀　11、24—精过滤器　12—比例溢流阀　13—电接点压力表　14、15—电磁换向阀
17—减压阀　18—单向阀　19—蓄能器　20—单向节流阀　21—压力表
22—压力表开关　23—压力传感器　25—球式截止阀

E6149A 液压站主要由油箱、电动机液压泵装置和控制阀组等部件组成。电动机液压泵装置和控制阀组均安放在油箱上，占地面积较小；仪表均安装在仪表盘上，便于观察、直观方便。

为了确保提升机正常工作，液压站设有两套，一套工作、一套备用。当其中一套出现故障时，通过电气控制柜及出口球阀切换到另一套进行工作即可。

液压站可为系统提供不同的油压值，油压的变化由比例溢流阀进行调节，比例溢流阀是锥阀式结构的先导式压力阀，该阀主要由带比例电磁铁的先导阀、主阀及比例放大器组成，比例放大器直接安装在先导阀电气插座上，比例电磁铁的输出力均与放大器输入参考信号（电压）成正比，该力作用在阀芯上改变阀座孔的节流变化，从而控制压力阀进口的压力。当输入信号（电压）为 0 时，得到最低起始压力，我们称该压力为残压。要求此值 $p_0 \leqslant$ 1MPa，E6149A 所用的比例溢流阀残压一般为出厂设定好，无须现场调整；如 p_0 不符合以上要求，则需调整控制电压零点至 $p_0 \leqslant$ 1MPa 后方可使用。

电动机液压泵装置由立式安装的电动机、进口变量柱塞泵、过滤器和进口阀组成，该装置上有起吊螺钉，维修时可整体起吊，避免系统大量发热。

考虑到提升机的不同工况，因此在系统设计和施工设计中给用户和主机留下了一定的选择余地。用户和提升机系统设计者可根据需要选择 A、B 管制动方式或只用 B 管油路参与制动。

系统正常工作时，电磁铁 G3、G4、G5、G6、G7 通电，比例电磁铁输入电压最大值，压力油通过电磁换向阀 14、精过滤器 24 和球式截止阀 25 分别进入盘形制动器，敞开闸，保证提升机正常运转。同时压力油经过减压阀 17、单向阀 18、单向节流阀 20 进入蓄能器 19 达到某一设定的一级制动油压值 $p_{1级}$。

操作人员可以通过调节比例溢流阀 12 的电压大小来实现油压的变化，从而达到调节制动力矩的目的。当比例溢流阀的比例电磁铁控制电压增加时，系统油压升高，制动器开闸；当比例溢流阀的比例电磁铁控制电压减少时，系统油压下降，制动器合闸；当比例溢流阀的比例电磁铁控制电压减少至零时，系统的油压最低，为残压，提升机处于完全制动状态。

当提升机实现安全制动时（其中包括全矿停电）电动机 9 断电，变量柱塞泵 8 停止供油，电磁铁 G3、G4、G7 断电。如果您选用的是 A、B 管制动方式，那么这时 A 管制动器的压力油迅速回油箱，油压降到零，这是一级制动。B 管的压力油经电磁换向阀 14，由溢流阀 16 溢流回油箱，系统压力降到溢流阀预先调定的压力，即一级制动油压值 $p_{1级}$，再经过电气延时，电磁铁 G5、G6 延时断电，使油压迅速降到零，达到全制动状态，在延时过程中，蓄能器起到稳压作用。上述一级制动油压值是通过减压阀 17 和溢流阀 16 调定，工作油压经过减压阀 17、单向阀 18、单向节流阀 20 进入蓄能器 19，压力值降为 p_1'，溢流阀调定压力为 $p_{1级}$，它比 p_1' 大 0.2~0.3MPa 即可。

以上这个过程使提升机紧急制动时获得良好的二级制动性能，其特性见二级制动油压变化曲线（见图 16-5），从 p_{max}（即 A 点）经 B 点降到 C 点，即一级制动油压值 $p_{1级}$ 时，B 管制动器里的油压，延时 t_1 后到达 D 点，此时提升机已停车，电磁铁 G5、G6 延时断电，油压 $p_{1级}$ 降到零（从 D 点到 E 点），完成了二级制动，以三倍静力矩的制动力矩把卷筒抱死，安全制动。

16.5.3　插装系列液压站的结构和原理

1. 结构特点

插装系列的中高压二级制动液压站（E6150）与 E6160B 中低压二级制动液压站类似，仅将用于调压的比例溢流阀更改为中高压，使其高工作油压为 14MPa，并采用恒压变量柱塞泵，确保能够在 14MPa 的油压下长期运转，减少发热，并节约能源的消耗（见图 16-12）。

液压站主要由油箱、液压泵装置和阀组组成。液压站有两套液压泵装置和两套电液比例调压装置，一套工作、一套备用。两油泵互为备用时，由液动换向阀自动换向。油箱上设有加热器，若油温过低，可以投入加热器，加热到 15℃ 即可正常工作。系统主阀组上的元件主要采用插装阀，使系统工作更加可靠。液

图 16-12　插装系列液压站的结构

压站出油口设有过滤器，防止制动器液压缸回油时将杂质带入系统。液压站还装有油箱温度传感器和压力变送器，用于监控油温和压力的变化。

2. 工作原理

E6150 液压站的原理如图 16-13 所示。

E6150 液压站各电气元件的工作状态见表 16-12。

表 16-12　E6150 液压站各电气元件的工作状态（工作联锁表）

电气元件		正常松闸	工作制动	紧急制动		调绳离合器		
				井中二级制动	井口一级制动	离开	固定筒转动	合上
液压泵电动机		+	+	-	-	+	+	+
工作制动比例溢流阀控制电压		$0 \xrightarrow{+} 大$	$大 \xrightarrow{+} 0$	0	0	+	+	+
电磁铁	G1	-	-	-	-	+	+	-
	G2	-	-	-	-	-	-	+
	G3	+	+	-	-	-	-	-
	G4	+	+	-	-	-	+	-
	G5	+	+	$+ \xrightarrow{延时} -$	-	-	-	-
	G6	+	+	$+ \xrightarrow{延时} -$	-	-	-	-
	G7	+	+	-	-	-	+	-

另外，同规格中高压液压站 E6151 和 E6150 在外形、控制原理、系统上均类似，但不具备调绳功能（见图 16-14）。

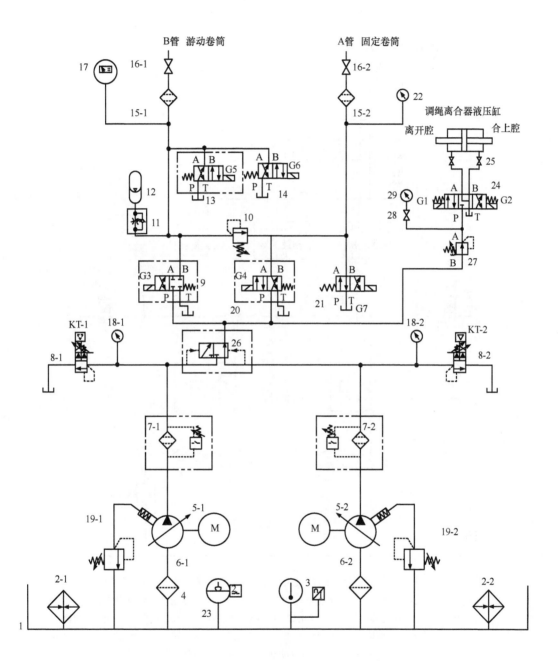

图 16-13　E6150 液压站的原理

1—油箱　2—电加热器　3—温度计　4—吸油过滤器　5—电动机　6—变量柱塞泵　7—精过滤器
8—比例溢流阀　9、13、14、20、21、24—电磁换向阀　10—溢流阀　11—单向节流阀
12—蓄能器　15—出油口过滤器　16—球式截止阀　17—数显压力表　18—电接点
压力表　19—远程调压阀　22、29—压力表　23—液位控制器　25—球阀
26—液动换向阀　27—减压阀　28—压力表开关

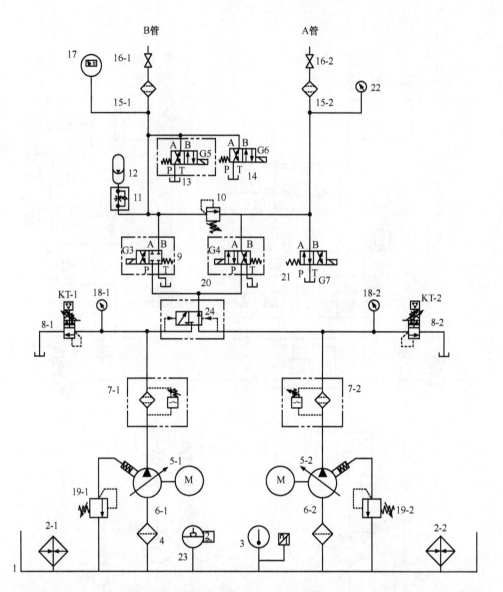

图 16-14　E6151 液压站的原理

1—油箱　2—电加热器　3—温度计　4—吸油过滤器　5—电动机　6—变量柱塞泵　7—精过滤器　8—比例溢流阀
9、13、14、20、21—电磁换向阀　10—溢流阀　11—单向节流阀　12—蓄能器　15—出油口过滤器
16—球式截止阀　17—数显压力表　18—电接点压力表　19—远程调压阀
22—压力表　23—液位控制器　24—液动换向阀

16.6　恒减速液压站

16.6.1　概述

　　恒减速液压站是矿井提升机重要的安全和控制部件，它和盘形制动器及电控系统共同组

成了矿井提升机的液压制动系统（见图 16-15）。

恒减速液压站的功能特点是在紧急制动工况下，通过电控系统实现恒减速控制制动，同时保留了原有的恒力矩二级制动性能，可在恒减速控制系统失效时，自动转换为恒力矩二级制动状态，增加了系统的可靠性。

目前，国内提升机采用的安全制动方式多为恒力矩二级制动，也就是将某台提升机所需的全部制动力矩分成二级进行制动。实现一级制动时，使系统产生符合矿山安全规程的减速度，以确保整个提升系统安全、平稳、可靠停车，然后将二级制动力矩全部加上去，满足矿山安全规程对最大制动力矩的要求，使提升系统安全地处于静止状态，即恒力矩制动控制。由于一级制动力矩，即 $p_{1级}$ 值，一经调

图 16-15　恒减速液压站

定后，将不再变动。为了安全起见，一般按最大负载、最恶劣工况，即全载下放工况来确定 $p_{1级}$ 值。而对于主井提升机，多为上提工况；副井提升机负载、工况变化大，既有全载下放、全载上提，又有轻负载工况。这样，恒力矩二级制动往往造成紧急制动减速度过大，对于多绳提升机，过大的减速度将导致钢丝绳滑动突破防滑极限；对于单绳提升机，则增加断绳的危险性，从而危及设备及人身安全。而恒减速液压站在紧急制动时，能使制动减速度不随负载、工况变化而变化，始终按预先设定的减速度值进行制动，大大提高了设备的运行安全。

16.6.2　液压站的工作原理及结构

1. 主要功能

1）工作制动：为盘形制动器提供可以调节的压力油，使提升机获得不同的制动力矩，使提升机正常地运转、调速、停车。

2）井中恒减速安全制动：在井中发生事故的情况下，自动调节盘形制动器的油压，使提升机按设定减速度制动，停车后，盘形制动器的全部油压值迅速回到零，使提升系统处于全制动状态。

3）井中二级安全制动：若恒减速安全制动方式失灵，自动转入二级制动方式。盘形制动器的油压迅速降到预先调定的某一值，经延时后，盘形制动器的全部油压值迅速回到零，使提升系统处于全制动状态。

4）井口一级安全制动：在井口发生事故的情况下，盘形制动器的全部油压值立即回到零，使提升系统处于全制动状态。

2. 主要参数（见表 16-13）

表 16-13　恒减速液压站的技术参数

名称	参数	单位
最大工作油压	14	MPa
最大供油量	14	L/min
二级制动延时时间	0~10	s
工作制动控制电压	0~10	DCV

（续）

名称	参数	单位
电动机功率	4×2	kW
工作介质	L-HM46 号	抗磨液压油
工作油温	15~65	℃
油箱储油容积	500×2	L
液压站外形尺寸	1350×800×1500	mm

每套含单泵单回路独立恒减速液压站两台，互为备用，含恒减速电控柜1台。

3. 液压站的结构原理

以中信重工恒减速液压系统为例。

E6141E 液压系统的原理如图 16-16 所示。

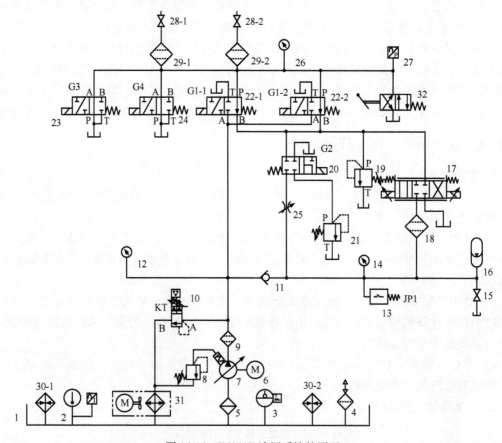

图 16-16　E6141E 液压系统的原理

1—油箱　2—电接点温度计　3—液位计　4—空气滤清器　5、9—过滤器　6—电动机　7—变量柱塞泵
8—遥控溢流阀　10—比例溢流阀　11—单向阀　12—电接点压力表　13—压力继电器　14、26—压力表
15、28—截止阀　16—蓄能器　17—比例方向阀　18、29—精过滤器　19、21—溢流阀
20、22、23、24—电磁换向阀　25—节流阀　27—压力传感器
30—加热器　31—风冷却器　32—手动换向阀

（1）卸荷　液压站采用变量泵作为系统工作油源，当液压站压力低于遥控溢流阀调定压力时，液压泵输出最大流量；当液压站压力达到遥控溢流阀调定压力时，液压泵输出最小流量，保持系统工作压力，避免系统大量发热。

（2）调压　液压站为盘形制动器提供不同油压的压力油。油压的变化由比例溢流阀 10 来调节。这时，电磁换向阀 G1-1、G1-2、G3、G4 带电，压力油通过管路分别进入盘形制动器；提升机操作人员通过调节比例溢流阀 10 的电压大小来实现油压的变化，从而达到调节制动力矩的目的。

根据矿井提升机的实际工作负载，确定最大工作油压 p_{max}，通过比例溢流阀自带的安全阀来调定。通过该安全阀调定的压力要比 p_{max} 大 1~2MPa。

通过改变比例溢流阀的电磁铁控制电压的大小，可实现制动系统油压的可调性。同时通过放大器自身的性能，保证控制电压和输出油压的线性和可跟随性，满足 JB/T 3277—2017《矿井提升机和矿用提升绞车 液压站》的相关规定。

调压原理：当比例溢流阀 10 的比例电磁铁控制电压增加时，系统油压升高；当比例溢流阀 10 的比例电磁铁控制电压减少时，系统油压下降；当比例溢流阀 10 的比例电磁铁控制电压减少至零时，这时系统的油压最低，为残压。

（3）蓄能器充油　系统正常工作前，比例溢流阀 10 的比例电磁铁控制电压最大（该电压由控制柜自给定，不需要操作台的手柄给定）。其他电磁阀均不通电，压力油通过单向阀 11 进入蓄能器 16，压力达到压力继电器 JP1 的设定值时，JP1 发出"蓄能器充油足"信号，系统转入"正常工作状态"。

（4）工作制动控制　系统正常工作制动时，电磁换向阀 G1-1、G1-2、G3、G4 通电。

1）开闸。当提升机要求开车时，比例溢流阀 10 的比例电磁铁控制电压增加到最大值 V_{max}（$V_{max} \leqslant 10V$，根据实际情况确定），系统油压升高到 p_{max}，压力油通过电磁换向阀 G1-1、G1-2 进入盘形制动器，使其开闸，保证提升机正常运转。

2）合闸。当提升机停车后，比例溢流阀 10 的比例电磁铁控制电压减少至零，系统油压下降到残压，盘形制动器合闸，使提升机处于静止状态。

（5）安全制动　当矿井提升机出现事故状态，如全矿断电时，液压站的安全制动部分将会产生紧急制动，即安全制动。其原理如下：

1）恒减速安全制动。液压泵电动机 6 断电停止转动，液压泵停止供油，电磁换向阀 G1-1、G1-2 断电，制动器压力先通过溢流阀 19，降低到贴闸皮油压，然后根据给定减速度信号，控制比例方向阀 17，调节制动器压力升降，使紧急制动减速度与给定减速度保持一致，当检测元件检测到提升机系统已停车或者安全制动延时时间到时，油压迅速降低到零。

典型的恒减速制动曲线如图 16-17 所示。

2）恒力矩二级安全制动。若紧急制动过程中，恒减速系统发生故障，系统可自动切换实现恒力矩二级制动，这时 G2 通电，比例方向阀控制信号为零，制动器油压马上降到溢流阀 21 调定压力 $p_{1级}$，待安全制动延时时间到，G3、G4 通电，使油压迅速降低到零，制动器达到全制动状态。在延时过程中，蓄能器起稳压补油作用，可通过调节节流阀 25 的开口度的大小来调节其补油量，使在整个制动过程中，$p_{1级}$ 值基本稳定在要求值。通过以上过程，确保提升系统在紧急制动时，可获得了良好的二级制动性能，其制动特性如图 16-5 所示。

3）井口安全制动。在距离井口停车点一定距离时，必须解除安全制动，以确保在井口

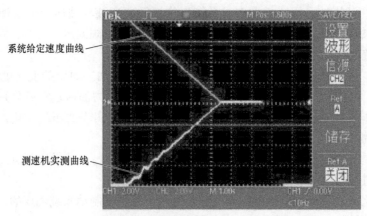

系统给定速度曲线

测速机实测曲线

图 16-17　典型的恒减速制动曲线

发生紧急制动，采用一级制动方式，能够立即停车。此时只要发出紧急制动信号，电磁换向阀 G3、G4 立即断电，制动器油压迅速降低到零，以全部制动力矩将提升机制动住。

（6）压力保护　电接点压力表 12 上限触点所设定的压力比 p_{max} 大 2~3MPa。当系统压力超出该压力时，电接点压力表 12 上限触点闭合，使提升机停车，同时发出报警信号。

（7）温度保护　电接点温度计 2 上限触点所设定的温度为 65℃。当系统压力超出该温度上限时，电接点温度计 2 上限触点闭合，使提升机停车，同时发出报警信号。

（8）液位保护　液位控制器可在液位低时发出报警信号。

（9）电加热器　该液压站设有电加热器，用于冬天或寒冷地区的油液加热。

（10）冷却器　该液压站设有风式冷却器，可在夏季或炎热地区用于油液冷却。

（11）手动泄压　通过液压站上设计的手动换向阀，可在液压系统检修时进行手动泄压，或在发生紧急状况的时候可由人员根据现场情况进行该操作。

注：除超压保护作为重故障处理外，其余保护按照轻故障进行处理。

4. 电气部分

（1）概述　提升机恒减速控制柜为恒减速电液控制系统的重要组成部分，通过 PLC 对液压站进行逻辑控制，完成系统运转过程中的恒减速制动、二级制动、一级制动和工作制动等功能。

（2）恒减速控制原理　恒减速控制系统的原理如图 16-18 所示。

调节系统主要为速度环、压力环的双闭环调节系统。提升系统正常工作时，恒减速控制系统处于待机状态。当系统安全制动时，恒减速控制系统投入工作，速度环和压力环切入系统并参与系统控制。与此同时，制动减速度给定环节从与提升机运行速度成比例的电平信号开始，按照给定的减速度形成速度给定曲线，该给定值加到速度调节器，经过运算输出与制动力的大小成比例的电压信号，经油压形成环节转换成油压给定值。该给定值送到压力调节器与压力反馈相比较后形成比例方向阀电流，进而控制制动力的大小，使提升机的速度随给定值变化并达到预期的减速度。

为保证安全制动的顺利实施，系统还设置了多种监控保护回路，以提高提升系统的可靠性和安全性。当任一种监控动作时，系统将退出恒减速制动控制功能，转而切换到二级制动方式。

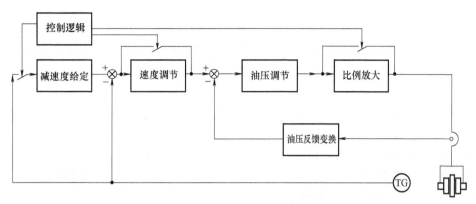

图 16-18　恒减速控制系统的原理

1）速度的实际值与给定值进行比较，当实际值大于给定值一定范围（±10%）时动作。

2）速度的实际值监控功能。通过和主控系统速度继电器比较判断，在小于一定范围时动作。

3）压力反馈值监控功能。通过压力传感器、压力继电器比较判断，在小于一定范围时动作。

（3）恒减速控制系统与主控系统的接口信号　作为独立的恒减速控制系统，该系统通过特定的接口与提升机主控系统进行信号的传输和通信。

恒减速控制系统与提升机主令控制及操作系统的配合关系如下：

1）恒减速柜所需电源：一路电源，AC380V，3 相 4 线制，32A。

2）来自主控系统接点信号（要求无源接点）：

① 安全回路 1、安全回路 2。主控系统的安全回路接点信号，当安全回路正常时为"1"，当安全回路故障时为"0"。

② 低速继电器。主控系统的速度继电器信号，当速度大于 0.5m/s 时为"1"，当速度小于 0.45m/s 时为"0"。

③ 恒减速解除信号。在提升机运行至距离井口或井底某一位置时，该信号发出并保持为"1"，如果该位置以后实行安全制动，就不能实行恒减速安全制动，只能实行二级制动，否则可能会过卷。

④ 二级制动解除信号。在提升机运行至距离井口或井底某一位置时，该信号发出并保持为"1"，直到反方向开车为止，如果该位置以后实行安全制动，那么安全起见，只能实行一级制动，否则可能会过卷。

⑤ 工作闸信号。主控系统工作闸信号传到恒减速柜，工作闸开始工作，随着工作闸推动位移的变化，工作闸模拟量信号进到恒减速柜里控制液压站油压的大小。

3）来自主控系统的模拟信号：

① 主控系统工作闸的给定。来自主控系统的模拟电压信号为 0~10V，该系统输入电阻为 10kΩ。主控系统综合手动施闸和自动施闸信号并给出一路模拟信号进入提升机恒减速液压站控制柜，作为提升机的松闸信号。

② 主控系统速度信号给定。从主控系统传过来的速度信号是 DC 0±10V 的模拟电压信

号，该信号进入恒减速柜至 PLC，一方面作为速度反馈信号，另一方面也作为速度检测保护信号。

4）输出到主控系统的模拟信号：通过恒减速柜里的恒减速调节回路板，把从压力变送器采集到的压力信号送给主控系统，该信号是 0~10V 的模拟电压信号。

5）送给主控系统的无源接点信号：

① 恒减速电控柜系统正常/故障信号。

该信号来自恒减速闸控系统保护环节，当系统正常时为闭合，当系统故障时为断开。

②紧闸、松闸信号。

其中松闸信号在制动力矩大于一倍静力矩时闭合，否则接点打开；紧闸信号为在制动油压小于 1MPa 时动作，否则接点打开。

③ 轻故障信号。

该信号来自液压站上的保护，当油位低、油温高于液压系统要求值时，该接点闭合，否则接点打开。

④ 恒减速制动状态指示。

当恒减速控制系统处于恒减速制动状态的条件成立时，接点闭合，否则接点打开。

⑤ 液压泵运转指示。

指示液压泵运转情况，运转时该无源接点闭合。

⑥ 主控安全回路返回点信号。

当主控系统的安全回路正常时为"1"，接点闭合，否则接点打开。

⑦ 二级制动状态指示。

当二级制动条件成立时，接点闭合，否则接点打开。

⑧ 一级制动状态指示。

当一级制动条件成立时，接点闭合，否则接点打开。

6）恒减速柜和操作台之间的联系：

① 可调闸电流指示。

该电流表指示比例溢流阀的工作电流，电流表量程为 DC 0~1A。

② 油压指示。

该电压表指示工作油压值。电压表为直流电压表，量程为 0~12V，分别对应表盘刻度 0~20MPa。

③ 泵起、停控制按钮。

操作台提供一组起、停控制按钮以控制液压泵电动机的起动和停止。

7）恒减速柜与测速机的联系：

主测速机 CSF 进入恒控柜作为恒减速制动速度反馈信号，以及速度检测保护信号。

16.7　新型智能闸控系统

16.7.1　概述

本节叙述的新型智能闸控系统简称为闸控系统，是近年来兴起的一种称谓，由于制动系统是矿井提升机重要的组成部分，而制动系统不仅仅由液压站来构成，其性能优劣、控制理念先进性等因素，同样决定了制动系统能否进行有效、可靠的制动。而闸控系统主要是由盘形制动器装置、液压系统、电气控制系统、闸检测系统等组成，并可配套远程监控系统用于在线监测制动系统的工作状态（见图 16-19）。

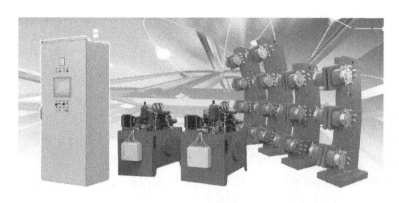

图 16-19　闸控系统的组成

目前的闸控系统为高端液压系统的代表，不同的厂家纷纷推出了具有自主特色的产品，如 ABB 公司的可控力矩闸控系统、西马格公司的 ST3-F 和 ST3-D 闸控系统。而中信重工作为国内提升机行业的带头人，也推出了具有自主知识产权的闸控系统，分别为 ZK143、ZK143D 和 ZK143A 等产品，以适应不同矿井提升机的需求。下面以中信重工的闸控系统为例，进行简要介绍。

16.7.2　ZK143 闸控系统的主要性能及特点

闸控系统主要由盘形制动器（见图 16-20）、液压站、控制系统、闸检测系统等组成。

1. 新型盘形制动器的特点

和传统的盘形制动器相比，新型的制动器具有以下特点：

1）采用液压缸后置的结构形式。

2）采用先进的加工工艺，优化密封形式，确保使用过程中的无渗漏。

3）采用高强度碟形弹簧，延长制动器的使用寿命，碟形弹簧的使用寿命可达到 2×10^6 次。

4）具有制动盘间隙、制动瓦磨损及弹簧疲劳检测显示和监控功能。

图 16-20　盘形制动器

5）具有制动盘偏摆无接触监测功能。

6）采用进口卡套式管接头及管路，减少安装现场的施工工作量。

2. 高性能恒减速电液制动控制装置

1）每套闸控系统含恒减速液压站两台（互为备用）及恒减速电控柜 1 台。

2）采用成熟的、控制性能优越的恒减速控制方式，具有减速度恒值闭环自动控制功能。其控制精度较高、响应速度快、动态性能好、双向调节，反映在制动过程速度曲线上，表现为对超调量的衰减速度快，即纠偏能力强、安全制动效果好。

3）有独立的安全制动和工作制动回路，并各自有备用回路。安全制动液压泄油回路数多于两条。

4）安全制动过程中，若恒减速安全制动方式失效，系统自动转为实施备用的恒力矩二级制动方式。

5）备用的恒力矩二级制动方式可实现重载上提和重载下放分别设定，使恒力矩二级制动更接近实现恒减速制动的防滑条件。在工作载荷差别大的工况下，也可用来实现不同载荷采用不同的恒力矩二级制动设定值，以更好地满足安全制动减速度要求。

6）具有制动压力监测功能，可监测施闸、松闸及停车等工况的状态。

7）采用全方位覆盖的安全控制理念和故障监控措施，可实现安全制动工况下制动系统状态的全面监控。系统可根据监控结果发出报警信号及安全制动指令，并实施相应措施。

8）通过触摸屏实现对整个系统的监控、显示功能，具有良好的人机界面。

9）通过系统自带的双测速装置，对主电控系统的减速过程进行实时监控，确保接近井口减速过程安全制动的制动性能和安全可靠性。

10）可实现故障信息记录、保存，以便在出现事故后分析原因。

11）具有后备不间断电源，用于供给电源发生故障时，维持系统的正常工作，直到提升系统停止运转。

3. 主要技术参数（见表 16-14）

表 16-14　闸控系统的主要技术参数

名称	规格
制动单元型号	TP1-80/TP1-125/TP1-150
最大工作油压	14MPa
在 2mm 闸间隙的夹持力	2×80kN/2×125kN/2×150kN
在 2mm 闸间隙的制动力（摩擦系数为 0.35）	56kN/87.5kN/105kN
摩擦系数	0.4
在 2mm 闸间隙的预期弹簧使用寿命	$2×10^6$ 次
闸间隙调节范围	0~2mm
液压泵	恒压变量泵
流量	15L/min
高压过滤器精度	$10\mu m$
系统冷却方式	风冷
蓄能器类型	皮囊式
蓄能器充气介质	氮气
独立泄油通道	≥2 条

（续）

名称	规格
比例阀控制电压	0~10VDC
PLC	S7-1500
恒减速控制板	2 块
触摸屏	具备
后备电池	具备
测速机	1 套
编码器	1 套
运行信息记录	具备
远程监控	具备

4. 液压系统的结构原理（见图 16-21）

5. 闸控系统的工作原理

待机状态下，系统给出开闸命令，液压泵电动机运转，向系统供油。比例溢流阀 10 的控制信号由 0 增加到 V_{max}，同时，系统通过压力继电器 13 判断蓄能器充压压力，如果其值小于设定值，阀 20、21 失电，液压泵泵出的油液全部进入蓄能器进行充压；当压力值达到设定压力后，压力继电器 13 发出信号，电磁换向阀 22 得电，压力油进入制动器液压缸，随着比例溢流阀 10 的控制电压变化，制动器打开。随着压力由 0 升至 p_{max}，制动盘逐渐打开至最大开闸间隙，提升机正常运转。提升机停车时，闸控系统得到停车信号，制动手柄信号由最大减小到 0，系统压力由 p_{max} 降至残压，制动器实现合闸，提升机定车制动。

6. 主要控制功能

（1）流量控制　液压站采用变量泵作为系统工作油源，在系统升压过程中泵以最大流量输出，达到设定压力后液压泵在变量机构作用下以最小排量输出，补充系统内部泄露。这样在提升系统运行过程中功率降低，使系统功耗降低，避免大量发热。

（2）调压　液压站可为盘形制动器提供不同油压值的压力油，油压的变化由手闸控制电液比例溢流阀来调节。通过改变比例溢流阀的控制电压的大小，可实现制动系统油压的连续可调性。该控制电压应在 0~10VDC 之间。

（3）蓄能器充油　系统正常工作前，蓄能器将自动进行充油，保证安全制动时的使用。充油完成后自动进入正常工作模式。系统充压及其完成由安装于蓄能器下部的压力控制器进行监控。

（4）压力保护　系统设有超压保护，当压力超出开闸压力 1~2MPa 时发出报警信号，并使提升机停车。

（5）温度保护　在系统工作过程中，当温度超出系统允许温度时，发出报警信号。但是第二次提升时，主电动机不能通电，必须等油温下降后，才能正常工作。

（6）液位保护　液位控制器可在液位低时发出报警信号。

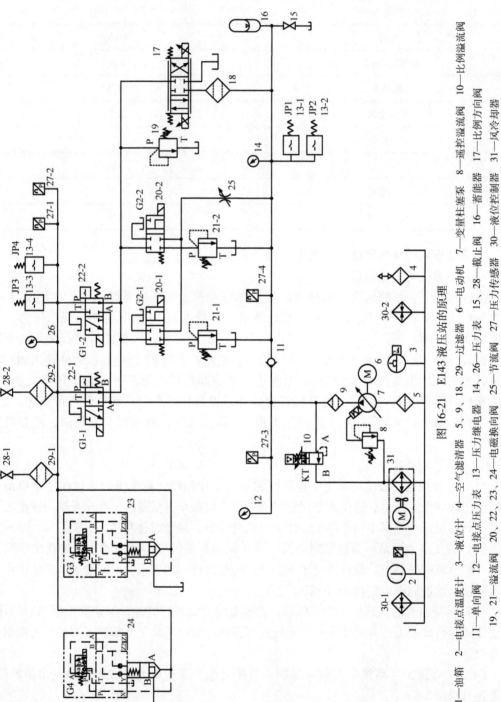

图 16-21 E143 液压站的原理

1—油箱 2—电接点温度计 3—液位计 4—空气滤清器 5、9、18、29—过滤器 6—电动机 7—变量柱塞泵 8—遥控溢流阀 10—比例溢流阀
11—单向阀 12—电接点压力表 13—电接点压力表 14、26—压力表 15、28—压力传感器 17—比例方向阀 31—风冷却器
19、21—溢流阀 20、22、23、24—电磁换向阀 25—节流阀 27—压力控制阀 30—液位控制阀

7. 电控系统

电气控制柜（见图 16-22）接收液压站、制动器、测速发电机、编码器、制动手柄和提升机控制系统信号实现液压站和制动器的各种控制。

电气控制柜监视制动系统的所有电源，包括进线 400V 缺相、过／欠电压监视，直流 24V 监视，UPS24V 电源模块监视，磁开关 110V 电源监视，加热器、冷却器电源监视等。在进线电源故障时，配备的后备电池向矿井提升机智能恒减速电液制动系统供电实现安全制动，安全制动结束后 PLC 控制停止后备电池的放电。

为了使电气控制柜控制液压站的信号实现一台使用、一台备用，在电气控制柜内，有两块恒减速调节板控制对应的液压站，每块恒减速调节板同时监视另一块恒减速调节板的速度信号，如果出现故障即发出轻报警信号；两路工作闸输出信号分别控制液压站的比例溢流阀，实现制动系统的松闸、施闸功能。

在工作制动和安全制动过程中，电气控制柜内的 PLC 实　图 16-22　恒减速电气控制柜
时监视液压站电磁阀 G1-1、G1-2、G3 的阀芯反馈信号，当电磁阀动作故障时，根据制动类型的不同采取轻、重故障报警控制。电气控制柜对液压站上的压力、温度传感器和控制柜内部部件进行监视、比较和处理，接收制动器的信息，综合各种信号并将矿井提升机智能恒减速电液制动系统和提升机运行状态的轻重故障、速度曲线、压力曲线、制动系统状态和提升机运行位置显示在控制柜门上的触摸屏和各种仪表上。

8. 智能闸检测

ZZJ4 型智能闸检测系统用于提升机制动器上盘形闸的检测（见图 16-23）。系统可在线检测并显示闸皮距制动盘间隙量、弹簧疲劳量、制动盘偏摆量、制动盘温度、制动器压力等信息，检测量超出报警设定值时自动发出报警信号，支持报警存档和历史报警的查询。系统可动态显示各间隙的变化曲线、间隙与油压的关系曲线，提供对制动器制动力分析的参考依据。

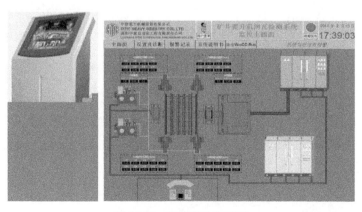

图 16-23　智能闸检测系统

　　智能闸检测系统主要包括以下几个部分：上位一体机、闸检测箱、传感器及其他部分安装附件等。该系统是一个集检测、运算、控制、监视为一体的独立电气控制系统。整个系统配置简单、接线安装方便、检测准确、精度高，同时智能化程度高，可以通过上位一体机实现参数修正和零位校准等，操作维护方便。

9. 测速装置（见图 16-24）

　　测速装置包括一台测速发电机、增量编码器组合和一个制动手柄。测速发电机、增量编码器组合安装在提升机卷筒一侧，测速发电机输出正比于速度的电压信号作为矿井提升机智能恒减速电液制动系统完成恒减速制动的速度反馈，增量编码器输出脉冲信号经过 PLC 计算出深度和速度作为提升机系统运行状态的监视。

10. 制动手柄（见图 16-25）

图 16-24　测速装置　　　　　　　　　　图 16-25　制动手柄

　　制动手柄安装在提升机控制系统操作台的左侧，由矿井提升机智能恒减速电液制动系统独立控制，在手动开车方式下制动手柄随司机操作输出模拟信号和数字信号输入到电气控制柜内的 PLC 中，结合提升机控制系统的控制信号"工作闸"和"贴闸"完成提升机系统的松闸和施闸顺序控制。

11. 常用易损件清单（见表 16-15）

表 16-15　E143 恒减速闸控系统的常用易损件清单

序号	名称	规格	数量
1	O 形密封圈	ϕ951.7×8.6	4
2	O 形密封圈	ϕ813×8.6	4
3	密封圈	OMS-MR 125×140.1×5.9	16
4	密封圈	BAUSLX2 70-90-10	16
5	O 形密封圈	60076	32
6	O 形密封圈	5021	32
7	密封圈	OMS-MR 70×85.1×5.9	16
8	O 形密封圈	4035	16
9	O 形密封圈	3467	16
10	导向带	5.5×2.5-227	16

（续）

序号	名称	规格	数量
11	导向带	5.5×2.5-402	16
12	滤芯	Hx-10×10	5
13	滤芯	HDX-40×10	5
14	滤油器	0050S125W	5
15	滤芯	0060D010BH4HC╱-V	5
16	制动瓦	TS222G-4	8
17	O 形密封圈	8.5×1.8	20
18	O 形密封圈	17.86×2.62	10
19	O 形密封圈	9.13×2.62	5
20	O 形密封圈	8.73×1.78	20
21	O 形密封圈	8×1.9	20
22	O 形密封圈	10×1.9	15
23	O 形密封圈	13×1.9	20
24	O 形密封圈	32×3.1	20
25	O 形密封圈	50×3.1	5
26	O 形密封圈	75×3.1	10
27	O 形密封圈	11.2×2.65	10
28	垫圈	8	20
29	垫圈	10	20
30	垫圈	14	20
31	垫圈	18	10
32	垫圈	22	10
33	垫圈	27	10
34	垫圈	42	10
35	碟簧	125×71×10	18
36	隔离模块	WAS5 VVC 0~10V/0~10V	1
37	中间继电器	CR-M024DC4L+CR-M4LS	2
38	中间继电器	CR-M110AC4L+CR-M4LS	1
39	接触器	KC6-40E-1.4	2
40	中间继电器	KC6-31Z-1.4	2
41	中间继电器	NSL80E-81	1
42	接触器	BC 7-30-10-01	1
43	接触器	AL 30-30-10-81	1
44	时间继电器	CT-ARE	1
45	熔断器	RT18-63 附熔芯 40A	1

（续）

序号	名称	规格	数量
46	电动机保护开关	MS450-32	1
47	断路器辅助触点	S2C-H6R	2

16.7.3　多通道智能闸控系统

1. 概述

中信重工的闸控系统均采用恒减速的制动原理，主要应用在大型、特大型摩擦式提升机，由于摩擦式提升机是采用摩擦力来传递转矩的，因此根据摩擦系数及钢丝绳正压力的不同，存在极限的防滑减速度。而闸控系统可避免摩擦式提升机在发生紧急制动时产生滑动，减少事故的发生率。

对于某些提升系统来说，其防滑极限减速度较低，同时《煤矿安全规程》规定了系统能够允许的制动减速度必须大于 1.5m/s^2，而在对该提升系统的防滑验算过程中，如果恒减速失效后备用为恒力矩制动，则提升系统防滑安全计算需按恒力矩系统设计。而恒力矩的制动方式无法通过防滑验算，使整个提升系统存在钢丝绳打滑的风险。因此，当提升系统的极限滑动减速度较小时，必须使用恒减速制动，且仅有恒减速制动可保证提升系统的防滑能力。多通道恒减速制动则通过热备的方式解决了这一问题，从而保证了提升系统的安全。

E143A 多通道恒减速液压站在紧急制动时，能使制动减速度不随负载、工况变化而变化，始终按预先设定的减速度值进行制动，大大提高了设备的运行安全。同时恒减速功能按多通路并联+独立断路阀设计，实现了安全制动回路的冗余和故障回路的自动诊断隔离，保证了设备始终处于恒减速制动的保护下运行。

E143A 多通道恒减速液压站是矿井提升机重要的安全控制部件。它和盘形制动器及电控系统共同组成矿井提升机闸控系统。

2. 主要技术参数（见表 16-16）

表 16-16　多通道智能闸控系统的主要技术参数

名称	规格
制动单元型号	TP1-80/TP1-125/TP1-150
最大工作油压	14MPa
在 2mm 闸间隙的夹持力	2×80kN/2×125kN/2×150kN
在 2mm 闸间隙的制动力（摩擦系数为 0.35）	56kN/87.5kN/105kN
摩擦系数	0.4
在 2mm 闸间隙的预期弹簧寿命	$2×10^6$ 次
闸间隙调节范围	0~2mm
液压泵	恒压变量泵
流量	主泵为 28L/min 辅助泵为 16L/min
液压泵驱动电动机功率及转速	11kW，970r/min

（续）

名称	规格
高压过滤器精度	$10\mu m$
系统冷却方式	风冷
蓄能器数量	3 个
蓄能器类型	活塞式
独立泄油通道	≥2 条
比例阀控制电压	0～10VDC
PLC	西门子 S7-1500
PLC 数量	2 台
恒减速控制板数量	2 块
闸控板数量	2 块
触摸屏	具备
后备电池	具备
测速机	2 套独立
编码器	2 套独立
闸控手柄	具备
运行信息记录	具备
远程监控	具备

3. 盘形制动器的特点

详见 16.7.2 中新型盘形制动器的特点。

4. 液压系统的工作原理

液压系统主要由油箱、油泵装置、过滤与检测装置、蓄能器组、主阀组和出口阀组组成（见图 16-26 和图 16-27）。正前方的左侧为电气接线箱，中间为主阀组，右侧为出口阀组；油箱左侧壁为蓄能器组。

待机状态下，系统给出开闸命令，液压泵电动机运转，向系统供油。比例溢流阀 10 的控制信号由 0 增加到 V_{max}，同时，系统通过压力继电器 13 判断蓄能器充压压力，如果其值小于设定值，电磁换向阀 22 失电，液压泵泵出的油液全部进入蓄能器进行充压；当压力值达到设定压力后，压力继电器 13 发出信号，电磁换向阀 22 得电，压力油进入制动盘液压缸。随着制动盘打开，压力由 0 升至 p_{max}。需要合闸时，闸信号由 V_{max} 降到 0，控制比例溢流阀压力从 p_{max} 降到系统残压，实现合闸。同时，多通道恒减速液压系统具备提升机故障状态的多重安全保护控制功能。

图 16-26 多通道智能闸控液压站

矿井提升装备

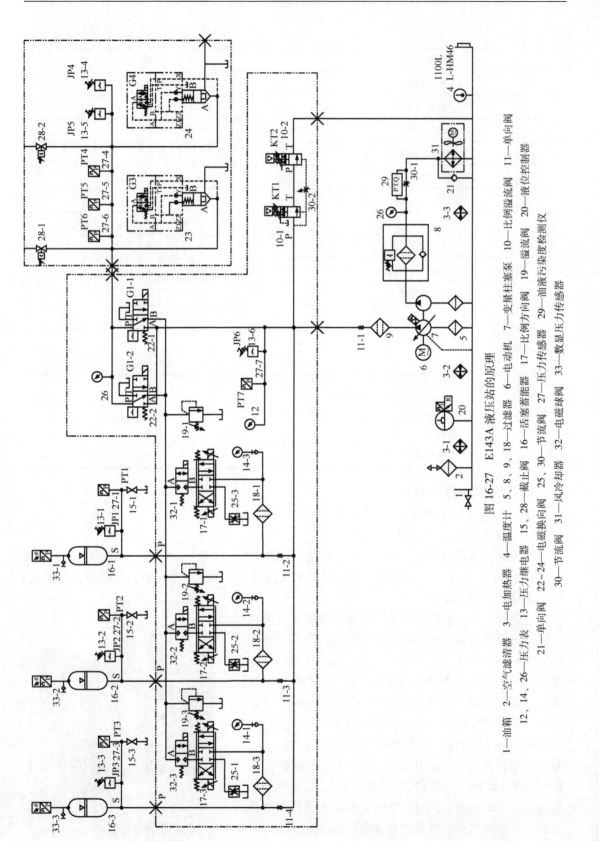

图 16-27 E143A 液压站的原理

1—油箱 2—空气滤清器 3—电加热器 4—温度计 5、8、9、18—过滤器 6—电动机 7—变量柱塞泵 10—比例溢流阀 11—单向阀
12、14、26—压力表 13—压力继电器 15、28—截止阀 16—活塞蓄能器 17—比例方向阀 19—溢流阀 20—液位控制器
21—单向阀 22~24—电磁换向阀 25、30—节流阀 27—压力传感器 29—油液污染度检测仪
30—节流阀 31—风冷却器 32—电磁球阀 33—数显压力传感器

5. 常用易损件清单（见表 16-17）

表 16-17　E143A 的常用易损件清单

序号	名称	规格	数量
1	O 形密封圈	φ295×7	4
2	密封圈	OMS-MR 125×140. 1×5. 9	16
3	密封圈	BAUSLX2 70-90-10	16
4	O 形密封圈	60076	32
5	O 形密封圈	5021	32
6	密封圈	OMS-MR 70×85. 1×5. 9	16
7	O 形密封圈	4035	16
8	O 形密封圈	3467	16
9	导向带	5. 5×2. 5-227	16
10	导向带	5. 5×2. 5-402	16
11	滤芯	Hx-10×10	5
12	滤芯	0060D010BH4HC∕-V	5
13	制动瓦	TS222G-4	8
14	O 形密封圈	8. 5×1. 8	20
15	O 形密封圈	17. 86×2. 62	10
16	O 形密封圈	9. 13×2. 62	5
17	O 形密封圈	8. 73×1. 78	20
18	O 形密封圈	8×1. 9	20
19	O 形密封圈	10×1. 9	15
20	O 形密封圈	13×1. 9	20
21	O 形密封圈	32×3. 1	20
22	O 形密封圈	50×3. 1	5
23	O 形密封圈	75×3. 1	10
24	O 形密封圈	11. 2×2. 65	10
25	垫圈	8	20
26	垫圈	10	20
27	垫圈	14	20
28	垫圈	18	10

（续）

序号	名称	规格	数量
29	垫圈	22	10
30	垫圈	27	10
31	垫圈	42	10
32	碟簧	125×71×10	18
33	隔离模块	WAS5 VVC 0~10V/0~10V	1
34	中间继电器	CR-M024DC4L+CR-M4LS	2
35	中间继电器	CR-M110AC4L+CR-M4LS	1
36	接触器	KC6-40E-1.4	2
37	中间继电器	KC6-31Z-1.4	2
38	中间继电器	NSL80E-81	1
39	接触器	BC 7-30-10-01	1
40	接触器	AL 30-30-10-81	1
41	时间继电器	CT-ARE	1
42	熔断器	RT18-63 附熔芯 40A	1
43	电动机保护开关	MS450-32	1
44	断路器辅助触点	S2C-H6R	2

6. 电气部分

电气控制装置通过控制液压站和制动器完成提升机运行的工作制动和安全制动（包括恒减速制动和一级制动等），采用换向阀阀芯位置监控结合制动压力监控和故障显示，实现对整个安全制动控制系统的过程故障监控和自诊断功能。电气控制装置由三部分组成，包括电气控制柜、提升机盘形制动器在线监控系统和辅助设备（包括测速发电机、增量编码器组合和制动手柄）。多通道恒减速系统的电气控制框如图16-28所示。

电气控制柜为并柜结构，分为电源及信号切换柜SA柜、1号液压站控制柜BC1柜和2号液压站控制柜BC2柜。SA柜接收提升机控制系统的所有接口信号和系统的供电电源，BC1柜接收1号液压站、制动器、1号测速发电机、1号编码器和制动手柄的信号，BC2柜接收2号液压站、制动器、2号测速发电机、2号编码器和制动手柄的信号，BC1柜和BC2柜根据提升机控制系统信号分别实现两个液压站和制动器的各种控制，其VPN远程诊断及维护系

图16-28　多通道恒减速系统
的电气控制柜

统可对 PLC 控制的电气控制装置进行远程在线诊断和维护。

两套西门子 S7-1500 型 PLC 分别安装在 BC1 柜和 BC2 柜内，并设置有用于 CPU/存储器、通信及工艺 I/O 信号的接口，MP377 触摸屏通过 RS485 接口连接到 BC1 柜和 BC2 柜的 S7-300，它们共同构成一套 PROFIBUS-DP 网络。

继电器和接触器都安装在背板上，用于下述硬接线电路：安全制动跳闸电路、各种制动方式的检测以及敞闸/施闸控制。

电控柜包含 380VAC、220VAC、110VAC、24VDC 四种电源，所有电源都有过流监视，部分电源具有欠电压监视，并且所有电源通过断路器来分配。

BC1 和 BC2 控制柜内，各有一块恒减速调节板控制对应的液压站，每块恒减速调节板内有三路独立的恒减速制动 PID 调节回路控制液压站的三个比例方向阀，构成了三条独立的恒减速制动通道，三条通道完全独立，相互之间具备 100%的修复能力，系统故障率降低到百万分之一，也就是说实现了无论任何工况都能保证安全制动。同时制动系统监视每个方向阀的控制和反馈信号，任何一路控制或反馈信号出现故障都会封锁调节回路并发出轻报警信号。

每个 BC 柜中都有两路工作闸输出信号分别控制液压站的两个比例溢流阀，实现制动系统的松闸、施闸功能。在工作制动和安全制动过程中，电气控制柜内的 PLC 实时监视液压站电磁阀 G1-1 和 G1-2 的阀芯反馈信号，当电磁阀动作故障时，根据制动类型的不同采取轻、重故障报警控制。

BC 柜对液压站上的压力、温度传感器和控制柜内部部件进行监视、比较和处理，接收制动器的信息，综合各种信号并将矿井提升机多通道恒减速电液制动系统和提升机运行状态的轻重故障、速度曲线、压力曲线、制动系统状态和提升机运行位置显示在控制柜门上的触摸屏和各种仪表上。

ZZJ4 型智能闸检测系统用于提升机制动器上盘形闸的检测。系统可在线检测并显示闸皮距制动盘间隙量、弹簧疲劳量、制动盘偏摆量、制动盘温度、制动器压力等信息，检测量超出报警设定值时自动发出报警信号，支持报警存档和历史报警的查询。系统可动态显示各间隙的变化曲线、间隙与油压的关系曲线，提供对制动器制动力分析的参考依据。

包括两台测速发电机、增量编码器组合和一个制动手柄。两台测速发电机、增量编码器组合安装在提升机卷筒一侧，每台测速发电机输出正比于速度的电压信号作为矿井提升机多通道恒减速电液制动系统完成恒减速制动的速度反馈，每台增量编码器输出脉冲信号经过 PLC 计算出深度和速度作为对提升机系统运行状态的监视。

制动手柄安装在提升机控制系统操作台的左侧，由矿井提升机多通道恒减速电液制动系统独立控制，在手动开车方式下制动手柄随司机操作输出模拟信号和数字信号输入到电气控制柜内的 PLC 中，结合提升机控制系统的控制信号"工作闸"和"贴闸"完成提升机系统的松闸和施闸顺序控制。

第 17 章　防爆液压站

17.1　概述

　　提升机防爆液压站是为煤矿井下用防爆提升机配套而设计的。用于提升机正常工作制动及故障状态下的紧急制动的控制。在紧急制动时，实现二级制动来保证提升机的安全。油泵装置（含比例溢流阀）共有两套，一套备用、一套工作，需要时可自动切换，切换后有故障的油泵装置要及时检修，排除故障以备用。整个系统设有 A 管和 B 管，接到盘形闸，A 管在紧急停车时实现全制动，B 管实现二级制动。也可不用 A 管，盘形闸只接 B 管，用 B 管来控制正常工作制动和紧急制动。在紧急制动时若 B 管油路由于电气或阀动作不灵造成不能转入二级制动油路时，其工作油路直接回油箱，实现一级制动，从而大大提高了提升机的安全可靠性，杜绝恶性事故的发生。

　　对应于单绳双筒提升机，液压站应能够实现调绳功能。

17.2　主要参数（见表 17-1）

表 17-1　防爆液压站的主要参数

名称	参数
最大油压值	6.3MPa
最大供油量	16L/min
油箱容量	500L
工作油温	15~65℃
蓄能器容量	0.6L
比例溢流阀控制信号	0~750mA，DC24V
电动机参数	2.2kW×2，1440r/min
液压油牌号	L-HM46 号

17.3　液压站的结构及原理

17.3.1　液压站的主要结构

　　液压站主要由油箱、电动机油泵装置及控制阀组等部件组成。电动机油泵装置、控制阀组均安放在油箱上，占地面积较小。仪表均安装在仪表盘上，便于观察。

为了确保提升机正常工作，设有两套油泵装置，一套工作、一套备用。当其中一套出现故障时，可以进行维修，不会影响到提升机正常工作。

液压站可为系统提供不同的油压值，油压的变化由防爆比例溢流阀进行调节，防爆比例溢流阀是锥阀式结构的先导式压力阀，该阀主要由带比例电磁铁的先导阀和主阀组成，比例电磁铁的输出力与放大器输入参考信号成正比，该力作用在阀芯上改变阀座孔的节流孔，从而控制压力阀进口的压力。防爆液压站如图 17-1 所示。

图 17-1 防爆液压站

17.3.2 液压站的工作原理

以中信重工生产的防爆液压站 E6118B 为例，其原理如图 17-2 和图 17-3 所示，E6118B 防爆液压站各电气元件的工作状态见表 17-2。

表 17-2 E6118B 防爆液压站各电气元件的工作状态（工作联锁表）

电气元件		正常松闸	工作制动	紧急制动		调绳离合器		
				井中二级制动	井口一级制动	离开	固定筒转动	合上
液压泵电动机		+	+			+	+	+
比例放大器		$0 \xrightarrow{+} 大$	$大 \xrightarrow{+} 0$	0	0	+	+	+
电磁铁	G1	-	-	-	-	+	+	-
	G2	-	-	-	-	-	-	+
	G3-1	+	+	-	-	-	-	-
	G3-2	+	+	-	-	-	-	-
	G4	+	+	-	-	-	+	-
	G5	+	+	$+ \xrightarrow{延时} -$	-	-	-	-
	G6	+	+	$+ \xrightarrow{延时} -$	-	-	-	-
	G7	+	+	-	-	-	+	-

注："+"表示通电；"-"表示断电。

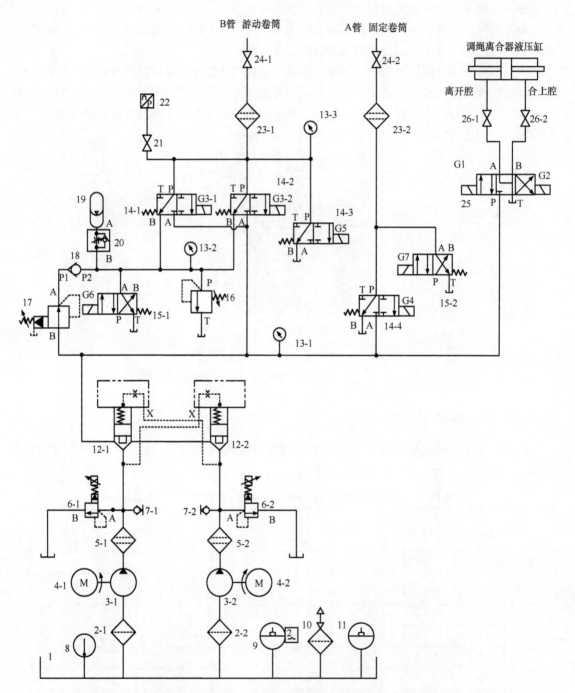

图 17-2　E6118B 防爆液压站的原理

1—油箱　2—吸油过滤器　3—叶片泵　4—电动机　5、23—精过滤器　6—比例溢流阀　7—测压接头

8—温度计　9—液位控制器　10—空气滤清器　11—液位计　12—插装阀　13—压力表

14、15、25—电磁换向阀　16—溢流阀　17—减压阀　18—单向阀　19—蓄能器

20—单向节流阀　21—压力表开关　22—压力传感器　24、26—球阀

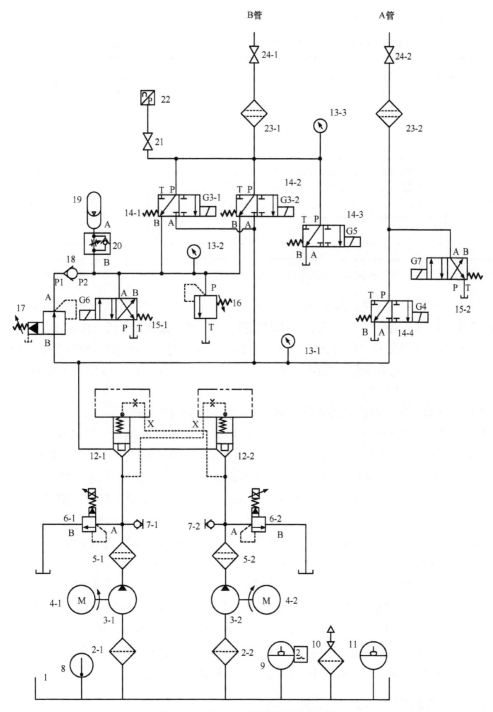

图 17-3　E6119B 防爆液压站的原理

1—油箱　2—吸油过滤器　3—叶片泵　4—电动机　5、23—精过滤器　6—比例溢流阀　7—测压接头　8—温度计

9—液位控制器　10—空气滤清器　11—液位计　12—插装阀　13—压力表　14、15—电磁换向阀

16—溢流阀　17—减压阀　18—单向阀　19—蓄能器　20—单向节流阀

21—压力表开关　22—压力传感器　24—球阀

E6119B 防爆液压站各电气元件的工作状态见表 17-3。

表 17-3　E6119B 防爆液压站各电气元件的工作状态（工作联锁表）

电气元件		正常松闸	工作制动	紧急制动	
				井中二级制动	井口一级制动
液压泵电动机		+	+	-	-
KT 线圈		$0 \xrightarrow{+} 大$	$大 \xrightarrow{+} 0$	0	0
电磁铁	G3-1	+	+	-	-
	G3-2	+	+	-	-
	G4	+	+	-	-
	G5	+	+	$+ \xrightarrow{延时} -$	-
	G6	+	+	$+ \xrightarrow{延时} -$	-
	G7	+	+	-	-

注："+"表示通电；"-"表示断电。

提升机进行提升或下放工作时，电磁铁 G3、G4、G5、G6、G7 通电，比例电磁铁输入信号最大值，压力油通过电磁铁 G3、G4 分别进入制动器，敞开闸，保证提升机正常运转。同时压力油经过减压阀 17、单向阀 18、单向节流阀 20 进入蓄能器 19 达到某一设定的一级制动油压值 $p_{1级}$。

压力传感器 22 起油压监视作用。开闸时，压力上升到开闸压力设定值，压力传感器发出开闸信号，表明闸已打开。

工作制动时，比例电磁铁输入信号降到 0，油压降到残压合闸。

当提升机实现安全制动时（其中包括全矿停电）电动机 4 断电，叶片泵 3 停止供油，电磁铁 G3、G4、G7 断电。A 管制动器的压力油迅速回油箱，油压降到 0，B 管的压力油经电磁换向阀 14，由溢流阀 16 溢流回油箱，系统压力降到溢流阀预先调定的压力，即一级制动油压值 $p_{1级}$，再经过电气延时，电磁铁 G5、G6 延时断电，使油压迅速降到 0，达到全制动状态，在延时过程中，蓄能器起到稳压作用。上述一级制动油压值是通过减压阀 17 和溢流阀 16 调定，工作油压经过减压阀 17、单向阀 18、单向节流阀 20 进入蓄能器 19，压力值降为 p_1'，溢流阀调定压力为 $p_{1级}$，它比 p_1' 大 0.2~0.3MPa 即可。

以上这个过程使提升机紧急制动时获得良好的二级制动性能，其特性如图 16-5 所示，从 p_{max} 即 A 点经 B 点降到 C 点，即一级制动油压值 $p_{1级}$ 时，接游动卷筒制动器里的油压，延时 t_1 后到达 D 点，此时提升机已停车，电磁铁 G5、G6 延时断电，油压 $p_{1级}$ 降到 0（从 D 点到 E 点），完成了二级制动，以三倍静力矩的制动力矩把卷筒抱死，安全制动。

同时，E6118B 液压站还可应用于双筒提升机实现调绳功能。

17.3.3　常用易损件清单（见表 17-4）

表 17-4　E6118B、E6119B 常用易损件清单

序号	标准号	名称型号
1	GB/T 26114—2010	过滤器芯 X-C×40×80
2	GB/T 26114—2010	过滤器芯 HDX-25×10Q

（续）

序号	标准号	名称型号
3	GB/T 26114—2010	过滤器芯 HX-10×10
4	GB/T 26114—2010	过滤器芯 HBX-40×10Q
5	JB/ZQ 4224—2006	O 形密封圈 13×1.9
6	JB/ZQ 4224—2006	O 形密封圈 16×2.4
7	JB/ZQ 4224—2006	O 形密封圈 20×2.4
8	GB/T 3452.1—2005	O 形密封圈 9×2.65
9	GB/T 3452.1—2005	O 形密封圈 2.65×10
10	GB/T 3452.1—2005	O 形密封圈 2.65×15
11	GB/T 3452.1—2005	O 形密封圈 2.65×17
12	JB/ZQ 4224—2006	O 形密封圈 32×3.1
13	JB/ZQ 4224—2006	O 形密封圈 70×3.1
14	JB/ZQ 4224—2006	O 形密封圈 3.5×31
15	JB/ZQ 4224—2006	O 形密封圈 3.5×34
16	JB/T 982—1977	密封垫 8
17	JB/T 982—1977	密封垫 12
18	JB/T 982—1977	密封垫 14
19	JB/T 982—1977	密封垫 18
20	JB/T 982—1977	密封垫 22
21	JB/T 982—1977	密封垫 27
22	GB/T 3452.1—2005	O 形密封圈 395×7

注：JB/T 982—1977 已作废，仅供参考。

第 18 章 减速器润滑站

18.1 概述

润滑站主要用于提升机减速器的稀油润滑。

通过油泵装置向齿轮摩擦副提供润滑油,使两个相互啮合的齿面之间形成一定厚度的油膜,避免齿轮之间的金属接触;循环的油液还可带走传递动力时产生的热量,将齿轮表面正常磨损所产生的金属颗粒及杂质等冲洗离开啮合面,保护齿轮的啮合面。达到提高传动效率、减少齿轮间的摩擦力、降低磨损、减少功率消耗、延长设备使用寿命的目的。液压系统除设有自身的过电压保护外还设有必要的电气联锁保护,当系统参数超过或低于监控系统设定范围极限值时,系统会自动报警,确保提升机的运行安全。

18.2 主要参数(见表 18-1)

表 18-1 减速器润滑站的主要参数

系列	公称流量 /(L/min)	额定压力 /MPa	电动机功率 /kW	过滤精度 /μm	冷却面积 /m²	油箱容积 /L
TE085Y	50	0.63	2.2	80	5	750
TE086Y	63	0.63	2.2	80	5	750
TE087Y	80	0.63	4	80	5	1000
TE088Y	100	0.63	4	80	5	1000

工作介质:油品黏度范围为 N220 ~ N320;冷却介质:温度不大于 28℃,压力不大于 0.4MPa 的清水。

18.3 润滑站的结构及原理

18.3.1 工作原理

减速器润滑站如图 18-1 所示。TE085Y-TE088Y 润滑站的工作原理如图 18-2 所示。本润滑站主要由油箱、液压泵装置、过滤器、仪表、管路及阀门等组成。起动液压泵电动机,液压泵将油箱内的油液吸出,经单向阀、过滤器和中间配管送到减速器的润滑点。

图 18-1 减速器润滑站

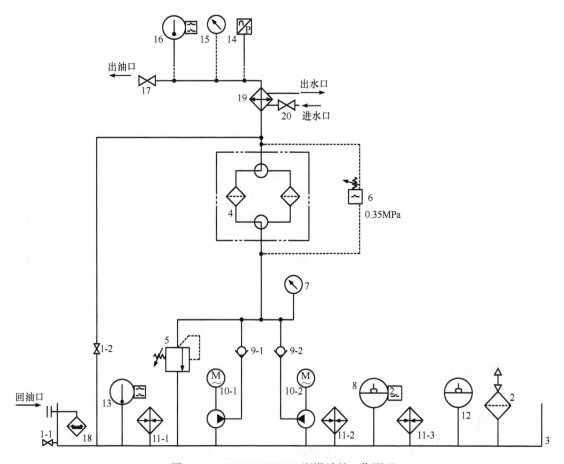

图 18-2　TE085Y-TE088Y 润滑站的工作原理

1、17、20—闸阀　2—空气滤清器　3—油箱　4—双筒过滤器　5—溢流阀　6—压差发信器　7、15—压力表
8—液位控制器　9—单向阀　10—液压泵装置　11—电加热器　12—液位计　13、16—电接点温度计
14—压力传感器　18—磁性过滤器　19—冷却器

　　系统的工作压力由负载决定。工作压力值取决于润滑点的开口量、润滑站出口与润滑点之间的标高差、管路长度和弯头数量及阀门开度等因素。

　　系统的过电压保护由溢流阀来实现。工作中当油压超过溢流阀的调定值时，溢流阀自动打开，系统卸压实现过载保护。

18.3.2　结构特点

　　主要由油箱、液压泵装置、过滤器、冷却器、仪表、管路及阀门等组成。润滑站设有压力、温度、流量、压差、液位等控制保护；油箱被分为两个油室：回油室和洁净油室，油液的合理循环流动保证了动力元件的长时间可靠运行；两台电动机液压泵装置，一台工作、一台备用；采用双筒网式过滤器，一台工作、一台备用，可以在线不停机切换备用滤芯，过滤器安装在冷却器之前，先过滤后冷却，过滤效果好；采用 GLC 型列管式油冷却器，它采用翅片管，水侧通道采用双管程结构，工艺先进，换热效果显著；油箱回油口设有磁性过滤器，可将回油的磁性杂质吸附，使系统回油更加清洁；油压、油温监控仪表直接安装在管道和油箱上，易于观察；液压泵出口管道上设有旁路阀门，并接回油箱，可用于系统多余油的分流；起动液压泵电动机，液压泵将油箱中的油液吸出，经单向阀、过滤器、冷却器、中间配管和流量控制器送到减速器的润滑点。润滑站供油正常后，减速器起动，在减速器运转过程中，供油系统应一直处于工作状态。

系统的工作压力由负载决定。工作压力值取决于润滑点的开口量、润滑站出口与润滑点之间的标高差、管路长度和弯头数量及阀门开度等因素。

系统的过电压保护由溢流阀来实现。工作中当油压超过溢流阀的调定值时，溢流阀自动打开，系统卸压实现过载保护。当系统压力低于设定值时，发出报警信号，切换备用泵工作。

在供油管道上靠近减速器润滑点处，可安装流量控制器，用于监控供油流量。当供油流量低于设定低限值时，发出声光报警信号，避免出现断流使主轴承受损。

润滑站出油口设有温度计，用于监控油液温度，以控制加热器的起停和冷却器的开闭，使润滑油在设定的温度内工作。

油箱上设有液位控制器，当油箱内液面达到上限位和下限位时，发出报警信号。

过滤器有压差开关，当压差超过其设定值（推荐值为 0.35MPa）时，发出声光报警信号。

18.4　防爆润滑站

18.4.1　概述

防爆稀油润滑站主要用于煤矿井下或其他含有易燃易爆介质场所等配备机械设备的稀油润滑系统中。

一般用于主减速器的润滑，同样也可用于其他机械设备的润滑。

主要作用是向齿轮摩擦副提供润滑油，使它们之间形成一定厚度的油膜，使其在油膜隔离的状态下正常运转；并可带走此处产生的热量；同时也可将其表面正常磨损产生的金属颗粒等机械杂质冲洗离开啮合面。达到减轻摩擦、降低磨损、减少功率消耗、延长设备使用寿命的目的。

18.4.2　主要参数

对于于非防爆的减速器润滑站，防爆润滑站的系列参照地面的进行设计，仍然为 4 个系列。减速器防爆润滑站的主要参数见表 18-2。

表 18-2　减速器防爆润滑站的主要参数

系列	公称流量/(L/min)	额定压力/MPa	电动机功率/kW	过滤精度/μm	冷却面积/m²	油箱容积/L
E6085B	50	0.63	2.2	80	5	750
E6086B	63	0.63	2.2	80	5	750

（续）

系列	公称流量 /（L／min）	额定压力 /MPa	电动机功率 /kW	过滤精度 /μm	冷却面积 /m²	油箱容积 /L
E6087B	80	0.63	4	80	5	1000
E6088B	100	0.63	4	80	5	1000

润滑站的工作压力取决于润滑点的开口度、润滑站出口与润滑点之间的标高差、管路长度和弯头数量，以及出口阀门开度等因素。

油品黏度为 N220~N320（工业齿轮润滑油）。

18.4.3　防爆润滑站的结构及原理

结构原理与非防爆的减速器润滑站类似，这里不再累述，所有相关防爆的电子产品，均具备防爆及 MA（煤安）认证。

防爆减速器润滑站仍具有必要的保护措施，并具有以下特点：

1）具有磁性回油过滤器，以吸附减速器齿轮磨损后的金属粉末。

2）双筒过滤器可在线切换，并更换备用滤芯，提高使用效率。

3）油泵装置采用螺杆泵装置，能有效减少系统运行时的噪声。

4）具有防爆温度控制器，在油液温度过高时，发出超温报警信号。

5）具有防爆压力传感器，可将实时压力信号远传至操作台，利于设备的集中控制。

第19章 电控系统

19.1 概述

19.1.1 电控系统的发展

矿井提升机电控系统是指矿井提升机的电气传动系统和控制系统，是为满足矿井提升机的拖动、控制和安全保护而设计开发的，是矿井提升机的重要组成部分。中信重工机械股份有限公司（原洛阳矿山机器厂）从1958年正式生产矿井提升机开始，即对矿井提升机的机、电、液系统进行全面设计研发。当时的洛阳矿山机械研究所电气室（现在的洛阳中重自动化工程有限责任公司自动化研究所）是国家指定归口的矿井提升机电控系统设计单位，设计开发了我国最早仿苏典型电控产品KKX系列。20世纪70年代初，随着提升机技术进步和国产化的深入，又进一步自主开发了新型TKD系列电控产品，完全取代了KKX系列。TKD系列电控产品采用继电器+磁放大器控制技术，通过调节转子串接电阻实现速度调节。在之后的20余年中，TKD系列电控产品不断改进，逐步采用控制电路板代替磁放大器，产品性能得到一定提升，但在总体技术方面没有太大进步，由于适合我国矿山的特点，价格低廉、便于现场维护，在我国矿井提升领域得到了广泛应用。

随着PLC技术的进步，我国开始研发采用PLC控制的系列提升机电控系统。洛阳矿山机械研究所电气室1986年设计的江西武山铜矿副井JKM-1.85×4多绳提升机电控系统采用了东芝EX-40型PLC；1987年设计的江西银山铅锌矿主井JKM-2.25×4多绳提升机电控系统采用了光阳SR-20型PLC。从此拉开了PLC应用在我国矿井提升机电控系统上的序幕，并且取得了令人满意的使用效果，此后日本三菱FX系列以及西门子S5、S7系列PLC得到广泛应用，并成为主流应用。这是一次重大的技术变革，软件编程替代了极其复杂、可靠性低的继电器+磁放大器等硬件控制回路，大大简化了系统结构，提高了软件编程的灵活性和便利性，使提升机安全保护和自动化水平跃上了新的台阶。此阶段发展起来的TKD-PC和JKM-PC系列全数字提升机电控产品基本代表了当时国内的最高水平，取得了良好的社会效益和经济效益。进入21世纪以来，随着网络、信息等技术的发展，使得多PLC分布式网络控制、热备冗余控制、远程监控，以及与矿山综合管理系统联网等更多技术不断应用到矿井提升机电控系统，促进了矿井提升机电控系统技术水平的不断进步。

矿井提升机电控系统按照电动机及电气传动类型可分为直流调速电控系统和交流调速电控系统。

19.1.2 直流调速电控系统的发展

在变频技术应用之前，交流电动机较难调速。由于直流电动机模型简单，实现速度和转矩的精确调节较容易，所以有较高调速需求的设备通常采用直流调速。对于我国来说，虽然较早采用了交流绕线式异步电动机转子串电阻调速系统，但其性能对于矿井提升不够理想。所以，调速性能优异的直流调速电控系统在 21 世纪前一直都是矿井提升机高端电控产品。直流调速电控系统经历了 GM-VM-DM 三个发展历程，20 世纪 60 年代开始采用直流发电机-电动机组调速，具体为由同步电动机驱动直流发电机，直流发电机为直流电动机电枢电压供电，通过改变直流发电机励磁大小来改变直流电动机电枢电压实现提升机调速。第二阶段，随着大功率电力电子半控型器件——可控硅的开发应用，洛阳矿山机械研究所电气室 1986 年设计的江西武山铜矿副井和 1987 年设计的江西银山铅锌矿主井电控系统采用了模拟电路控制的可控硅直流装置调速，系统结构更简单，设备体积大大减小，为直流调速大规模应用奠定了基础。第三阶段，随着计算机和集成电路技术的快速发展，1992 年洛阳矿山机器厂交付的开滦吕家坨矿主副井电控系统采用了更为精密的 ABB TYRAK XL 全数字可控硅直流装置。现代工业水平使数字化直流调速装置实现大规模标准化生产，并使调试变得更简单。推动了 20 世纪 90 年代至 21 世纪初全数字直流调速电控系统在国内矿井提升机上的大规模应用。

目前，由于交流电动机及交流变频调速系统发展迅速，具有电动机维护简单、效率高、容量大、变频装置功率因数高等优点，逐步取代了直流调速的主导地位。但全数字可控硅直流调速系统价格低廉、性能可靠、维护简单，仍然有很多用户选择在中小功率提升机上使用。

19.1.3　交流调速电控系统的发展

绕线式异步电动机转子串电阻调速电控系统是我国使用时间最长、生产数量最多的提升机交流调速电控系统。由于其调速性能差，并且它在调速时将大量电能消耗在电阻上，以转差功率的消耗为代价来换取转速的降低，因而效率比较低；且消耗大量的电能，从节能的观点出发，是不利的，特别是在当前世界能源危机、国家大力提倡节能环保的情况下，更是不应该发展，现在正进入逐步淘汰阶段。

交流变频调速技术的发展则经历了交-交变频→低压交-直-交变频→中高压三、多电平交-直-交变频三个阶段。由于矿井提升、轧机等设备对大容量、高性能交流调速的需求，交-交变频调速技术被研发应用，我国在 1987 年由潞安矿务局常村矿主井引进了采用可控硅整流的西门子交-交变频调速电控系统，主电动机为 3990kW 低速直联大功率交流同步电动机，实现了大容量、高精度的交流变频调速。

交流变频调速技术快速发展的基础是电力电子变流技术、计算机技术、控制理论技术的进步。随着半导体技术的发展，IGBT、IGCT、IEGT 等全控型电力电子器件相继研制成功并投入使用，使得功率因数更高的交直交变频器得以迅猛发展。20 世纪末，全数字低压交-直-交变频调速电控系统开始在中小功率交流异步电动机拖动的矿井提升机上推广应用，并取得了良好效果；随着 AFE（主动前端）有源整流技术的推出，即整流侧也采用全控型器件，具有谐波污染小，更节能省电等一系列优点，使得中小功率矿井提升机低压变频调速电控系统得以快速发展。

随着现代大型化矿山的发展，矿井提升机主电机功率越来越大，其多采用大容量、中压交流同步电动机，相应的变频技术得到了发展，2003 年，潞安矿业集团屯留矿主井引进了西门子中压三电平交-直-交变频调速电控系统（变频器为 ML2 型），主电动机为

4000kW 交流同步电动机；副井引进了 ABB 中压三电平交直交变频调速电控系统（变频器为采用直接转矩控制技术的 ACS6000 型），主电动机为 1540kW 交流同步电动机。由此开始推动了 3.3kV 级中压三电平交-直-交变频技术在国内大型矿井提升机上大量应用，并成为主流。

而在 2007 年前后，国内变频器厂商吸收国外技术，并创造性地研发了符合中国国情的 6kV 及 10kV 级功率单元级联型四象限高压交-直-交变频器，并应用于矿井提升机。其技术特点决定了这种变频器功率等级较多、范围较宽、中小功率及超大功率均适用，并适用于交流异步电动机和交流同步电动机调速。除此以外，还有五电平等多种多电平交流变频调速技术得到不断研发和应用，以适应现代大型设备电气传动高电压、大功率交流调速所需。

19.2　分类及特点

19.2.1　提升机电力拖动分类

1. 按电流的种类分

可分为交流拖动和直流拖动两大类。传统的交流拖动主要采用绕线型感应电动机，通过改变转子回路的电阻来控制转矩或转速，也有采用饱和电抗器或串级调速的方式进行转矩或速度控制的。20 世纪 60 年代以后，特别是自 20 世纪 70 年代以后，随着电力电子技术和控制技术的飞速发展，交流调速性能可以与直流调速性能相媲美、相竞争，使得交流调速逐步替代直流调速。如交-直-交变频调速和交-交变频调速系统开始广泛应用于矿井提升机的拖动。最早的直流拖动主要采用直流发电机-电动机组（即 G-M 系统），该种系统由于设备多、投入大、效率低、占地面积广而被淘汰，目前的直流拖动主要采用晶闸管供电的全数字直流调速方式，主要用于电动机功率为 300～3000kW 提升机的拖动。

2. 按电动机的数量分

可分为单电机拖动和双电机拖动。当负载特别大，单电动机的容量满足不了使用要求时，常采用双电动机拖动。

3. 按连接的形式分

有带减速器和直联式两种。由于提升机大部分选用高速电动机，所以需经减速器进行减速，达到所设计的提升速度，但为了提高传动效率和工作的可靠性，可以不用减速器，而采用低速电动机与提升机直联。目前，我国较大功率的直流提升机广泛使用低速直联形式，而大功率的交-交和中压交-直-交变频调速系统提升机更是普遍采用低速直联式的交流同步电动机或低速异步电动机。

19.2.2　矿井提升机电力拖动方式及拖动形式的选择

提升机拖动方式的选择应满足生产工艺的要求，即满足各种可能出现的运行速度图和力图。在这个前提下对各种可能的拖动方案做技术经济比较，然后选择出最合理的一种。

满足常用速度图和力图的电力拖动方案见表 19-1，表中编号 1 的减速阶段为负力减速，编号 2 的减速阶段为正力减速。

表 19-1 满足常用速度图和力图的电力拖动方案

编号		1				2			
速度图和力图									
阶段		加速	等速	减速	爬行	加速	等速	减速	爬行
拖动方式	传统交流拖动	金属电阻调速	异步电动机在自然特性曲线上运行	动力制动装置	脉冲 / 微拖装置 / 低频拖动装置	金属电阻调速	异步电动机在自然特性曲线上运行	金属电阻调速或自由滑行	脉冲 / 微拖装置 / 低频拖动装置
		液体电阻调速	异步电动机在自然特性曲线上运行	动力制动装置	液体电阻调速	液体电阻调速	异步电动机在自然特性曲线上运行	液体电阻调速	
		双机拖动	异步电动机在自然特性曲线上运行	动力制动装置	双机合成特性 / 低频拖动装置	双机拖动	异步电动机在自然特性曲线上运行	金属电阻调速	脉冲 / 双机合成特性 / 低频拖动装置
		可控硅串级调速	异步电动机在自然特性曲线上运行	动力制动装置	可控硅串级调速	可控硅串级调速	异步电动机在自然特性曲线上运行	可控硅串级调速	
	新型交流传动	低压交-直-交变频调速	异步电动机在自然特性曲线上运行	再生发电制动（能耗制动或回馈制动）	低频运行	低压交-直-交变频调速	异步电动机在自然特性曲线上运行	变频调速、低频爬行	
		交-交变频调速	同步电动机在自然特性曲线上运行	变频调试,再生发电制动	低频运行	交-交变频调速	同步电动机在自然特性曲线上运行	变频调速、低频爬行	
		高压级联型交-直-交变频调速	异步电动机在自然特性曲线上运行	变频调速,再生发电制动	低频运行	高压级联型交-直-交变频调速	异步电动机在自然特性曲线上运行	变频调速、低频爬行	

（续）

阶段		加速	等速	减速	爬行	加速	等速	减速	爬行
拖动方式	新型交流传动	中压三电平交-直-交同步电动机变频调速	同步电动机在自然特性曲线上运行	变频调速，再生发电制动	低频运行	中压三电平交-直-交变频调速	同步电动机在自然特性曲线上运行	变频调速、低频爬行	
		中压三电平交-直-交异步电动机变频调速	异步电动机在自然特性曲线上运行	变频调速，再生发电制动	低频运行	中压三电平交-直-交异步机变频调速	异步电动机在自然特性曲线上运行	变频调速、低频爬行	
	直流拖动	F-D 机组拖动	直流电动机在自然特性曲线上运行	再生发电制动	F-D 机组拖动	F-D 机组拖动	直流电动机在自然特性曲线上运行	F-D 机组拖动	
		晶闸管供电（或另加顺序控制）	直流电动机在自然特性曲线上运行	再生发电制动（或另加顺序控制）	晶闸管供电	晶闸管供电（或另加顺序控制）	直流电动机在自然特性曲线上运行	晶闸管供电（或另加顺序控制）	晶闸管供电

矿井提升设备的选型是否合理，直接影响矿井的基础投资、生产能力、安全可靠性及吨煤成本，在选型时主要考虑以下几个因素：

1. 初期投资费用及维护费用

交流串电阻调速的拖动系统由于不节能属于国家淘汰的范围，今后一般不再选用。小功率（500kW 以下）一般采用低压交-直-交变频拖动的电控系统（其电控系统价格一般是几十万），后期维护费用较低；中等功率（400～1500kW）目前较多采用高压交-直-交变频调速（其价格一般从几十万到一百多万），后期维护费用一般；直流拖动系统一般应用于中等或稍大功率（300～3000kW）（其价格一般从几十万到二百万左右），后期维护费用较低；交-交变频和中压交-直-交变频价格较高（从五六百万到一千多万），交-交变频价格更便宜一些，后期维护费相对较低，但是谐波干扰较大；中压交-直-交变频初期投资费用较高，维护费用也较高。从电动机的维护方面来说，异步电动机维护工作量小，维护费用很低；直流电动机维护量较大，维护费用较高；同步电动机维护工作量很大，维护费用也很高。

2. 运行费用

交流拖动调速、启动需要转子附加电阻，特别是在爬行二次给电阶段大部分能量消耗在电阻中，运行费用较高；直流系统和变频系统调速性能好，运行效率较高，运行费用比较低。

3. 控制性能

从传统意义上来说，直流电动机的起动和调速性能优于普通交流电动机。但随着电力电子技术的发展和控制技术的发展，目前采用变频技术的交流拖动系统也具有和直流传动一样的调速性能。

4. 容量的限制

绕线式感应电动机转子回路串电阻交流拖动的最大容量为 1600kW，双机拖动可达 3200kW，此种拖动方式目前一般很少采用。

目前低压交-直-交变频拖动系统适用于小容量（500kW 以下），高压级联型交-直-交变频系统适用于中小功率（400～1500kW），直流拖动系统适用于中小到中大功率（300～3000kW）。

拖动容量大于 3000kW 时，一般采用交-交变频或中压交-直-交变频供电的同步电动机拖动系统，也有采用中压交-直-交变频供电的低速异步电动机拖动系统。对于更大功率的系统可以采用双机拖动。

在选择拖动方式时，首先要根据系统的功率选择合适的拖动方式。一般来说，对于小功率建议选用低压交-直-交变频拖动，对于中等功率可以选择直流拖动或高压交-直-交变频拖动，对于大功率选用中压交-直-交变频拖动。

19.2.3　提升机的运行特点

1）具有周期性。提升机的运行情况如图 19-1 所示，在 t_1 时刻，提升机起动，容器 A 开始上提、容器 B 开始下放；到 t_2 时刻，提升机由静止加速到最高运行速度 v_m；当运行到 t_3 时刻时，提升机开始减速；到 t_4 时刻速度降至爬行速度，爬行速度是为了使容器准确停在需要的位置而设置的；当达到 t_5 时刻时，容器 A 到达最终位置，提升机停车，而容器 B 到达井底。下一次提升是容器 B 按照上述速度图运行，如此按一定规律，往返周期运行。

2）电动机存在两种运行状态。根据电动机负载情况的不同，电动机轴上的受力方向有时与容器的运动方向相反，如向上提升重物，就需要电动机产生拖动转矩，即为电动状态，称之为正力。有时轴上受力的方向与容器运动方向相同，如提升机下放重物，此时为了限制下放重物的速度，可采用制动状态，使电动机产生转矩的方向与重物方向相反，称之为负力。

3）绕线型感应电动机转子回路串电阻交流拖动系统在减速阶段电动机的运行状态，可能有三种情况：自由滑行、负力减速、正力减速。

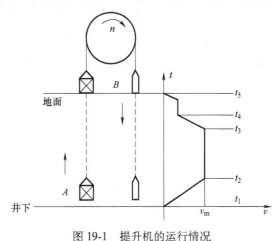

图 19-1　提升机的运行情况

① 自由滑行。减速时，电动机从电网断开，电动机的拖动转矩为 0，系统在自重及阻力作用下逐渐减速。

② 负力减速。减速时，使电动机产生力矩的方向与运动方向相反，此时电动机工作在制动状态，保证系统按照要求的减速度进行减速。

③ 正力减速。此时电动机仍处于电动状态，只不过产生的转矩小于负载转矩，以使提升系统按要求的减速度减速，避免减速度过大。

4）加速度、减速度的限制。由于提升系统存在有钢丝绳（弹性环节），多数情况下还存在着减速器齿轮间隙，加速度过大，则会产生过大的机械振动应力，对机械有害。《煤矿安全规程》规定，当升降人员时，加速度不得大于 $0.75\mathrm{m/s^2}$，而在主井提升中，一般根据设计规定，加、减速度也最好不大于 $1.2\mathrm{m/s^2}$。

为了改善钢丝绳在起动、制动过程中可能出现的动态张力，近年来，采用变加速度控制，或称加速度变化率限制，这样就可以在加、减速阶段减小冲击，同时也可减小钢丝绳的摆动。

19.2.4　提升机对拖动系统控制性能的要求

1）调速范围较宽，可高达 100%。

2）箕斗容器出卸载曲轨的速度应受到限制，一般不超过 1.5m/s，否则冲击大。

3）升降人员时，加、减速度受到限制，与升降货物时的速度图不同。

4）起动和制动过程实现加、减速度的自动控制。

5）便于实现自动、半自动控制，以减轻工人的劳动强度，避免由于人工操作造成的事故，提高运行安全性，充分发挥提升设备的能力。

6）各种保护要完善。

19.2.5　提升机电气控制的方式

按照提升工作图的要求，提升机的加速、等速、减速、爬行等工作过程，可通过控制拖动电动机的运行状态实现。下面以绕线式电动机转子回路串接八段电阻为例，分析各运行阶段的控制过程。图 19-2 所示为电动机串联八段电阻的加速特性曲线。

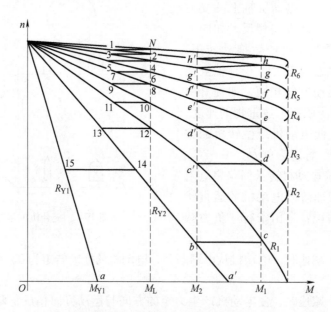

图 19-2　电动机串联八段电阻的加速特性曲线

1. 加速阶段（以传统切电阻为例）

电动机的八段加速特性曲线由二段预备级 R_{Y1}、R_{Y2} 和六段主加速级 $R_1 \sim R_6$ 组成。图中

M_L 为负载转矩。提升开始时，定子绕组接通交流电源，转子回路串入全部电阻，电动机工作在第一预备级 R_{Y1} 特性曲线的 a 点。由于这时的电磁转矩 M 过小，约为额定转矩的 $0.3 \sim 0.4$ 倍，故电动机不能运行，只能起到拉紧钢丝绳、消除机械传动系统齿轮啮合间隙的作用，为提升加速做准备。经过短时延时后，控制继电器动作，通过接触器切除第一预备级 R_{Y1}，电动机工作在第二预备级 R_{Y2} 特性曲线上的 a' 点。因此时的电磁转矩大于负载转矩 M_L，故提升机以平均初加速度 a_0 加速运行。当电动机转速 n 沿特性曲线 R_{Y2} 上升到 b 点后，完成提升工作图的初加速阶段。

t_1 阶段的加速过程，由逐段切除转子回路的六段加速电阻实现。当电动机加速至特性曲线的 b 点时，通过控制继电器、接触器切除第二预备级 R_{Y2}，电动机工作在主加速级电阻 R_1 特性曲线上的 c 点，然后沿 R_1 特性加速；当电动机转速上升到 c' 点时，切除第一加速级电阻 R_1，电动机又工作在第二主加速级电阻 R_2 特性曲线上的 d 点，沿 R_2 特性加速；以后按上述规律逐段切除加速电阻，使电动机沿图中折线 dd'、ee'……hh' 以平均加速度 a_1 加速运行，最后切除全部电阻，电动机工作在自然特性曲线上。

加速过程中各段电阻切除的方法，可采用时间控制法、电流控制法和电流为主附加时间控制法等。

2. 等速阶段

转子回路电阻全部切除后，电动机转速沿自然特性曲线上升到额定工作点 N，进入等速阶段，由于自然特性曲线很硬，所以可认为提升速度 v_m 是一个不变的定值。在等速阶段不需要进行任何控制。

3. 减速阶段

提升容器接近终点时，进入减速阶段。提升机在此阶段可采用以下几种方法进行减速：

（1）自由滑行减速　自由滑行减速开始时，切断电动机电源，使提升系统在负载转矩作用下减速。这时电动机电磁转矩为 0，工作点瞬间平移至纵轴，并沿纵轴下降减速。这种方法简单易行，不需要其他控制设备。

（2）正力减速（电动机减速）　电动机减速时，由主令控制器将转子回路电阻逐段串入，使电磁转矩小于负载转矩，电动机沿特性曲线的点 1、2、3……减速。由于这种方法是在较小的电磁力作用下以小于自由滑行的减速度减速，电动机工作在特性曲线的第一象限而输出正力，故称正力减速。电动机正力减速用于手动控制时，若操作适当，可按工作图的要求进行减速；若操作不当，将影响减速过程的平稳性。

（3）负力减速（电气制动减速）　电气制动减速时，电动机产生与拖动力相反的制动力，故称负力减速。此时，提升机将以大于自由滑行减速时的速度进行减速。电气制动又分为动力制动和低频制动。

动力制动减速时，利用高压接触器将电动机从高压交流电网断开，同时在定子绕组通入直流电，并将加速电阻重新串入转子回路，使电动机工作在第二象限，如图 19-3a 所示。随着转子回路电阻的逐段切除，工作点沿特性曲线点的 1、2、3……减速，完成减速过程。

低频制动不仅可用于减速，而且还可用于低速爬行。减速时，利用高压接触器断开电动机工频电源，同时通入相序相同、频率为 $2.5 \sim 5$ Hz 的低频电源，并将加速电阻串入转子绕组回路。由于电源频率降低，电动机的机械特性随之改变，其特性曲线如图 19-3b 所示。

这时电动机的同步转速为 n_0'

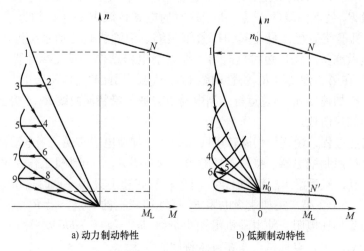

a) 动力制动特性　　　　　b) 低频制动特性

图 19-3　电动机制动特性

$$n_0' = \frac{60f'}{p}$$

式中　f'——低频频率。

投入低频电源时，在转速惯性作用下，电动机工作点由 N 平移至 1 点，由于此时对应的转速 n_0 远高于频率为 f' 对应的同步转速 n_0'，因而电动机工作在发电制动状态，提升机在制动转矩作用下减速。利用速度继电器和时间继电器配合控制接触器逐段切除转子电阻，减速过程将沿特性曲线的 1、2、3……减速。

4. 爬行阶段

提升容器到达爬行阶段，要求提升机以 0.5m/s 的低速稳定运行。常采用的方法有低频爬行、脉冲爬行和微电动机拖动爬行。

1）低频爬行是在低频电源作用下，当减速阶段终了时，转子回路电阻全部切除，电动机的工作点平滑过渡到低频特性曲线的 N' 点，以电动状态低速稳定运行，如图 19-3b 所示。爬行终了，提升机切断低频电源，施闸停车。

2）脉冲爬行是当采用自由滑行、机械制动和动力制动等完成减速过程进入爬行阶段时，利用低速继电器和中间继电器配合，控制接触器使电动机不断通、断工频高压电维持容器的低速运行。其运行特性如图 19-4a 所示。

当提升容器到达爬行阶段时，如图 19-4a 中 1' 点（动力制动）或 1 点（自由滑行、机械制动），电动机接通电源并串入全部电阻，工作点平移至 2 点（该点也是电动机减速终了时的工作点），这时电动机对应的转矩小于负载转矩而继续沿 R_{Y1} 特性减速；到达 3 点时，切除第一预备级 R_{Y1}，工作点平移到 R_{Y2} 特性曲线的 4 点，由于此时电磁转矩大于负载转矩，则电动机沿 R_{Y2} 特性加速；到 5 点时，切断电源，工作点平移至 6 点，并沿纵轴减速到 1 点，然后再次送电重复以上过程，电动机沿特性曲线的 1→2→3→4→5→6→1 循环振荡运行，形成脉冲爬行速度。其速度变化曲线如图 19-4b 所示。可见脉冲爬行速度不稳定，难以精确控制。

3）微电动机拖动爬行是当提升容器到达爬行阶段时，将主电动机从电网断开，由一台容量较小的电动机通过另一套减速装置带动提升机卷筒低速运行。由于此时的小电动机工作

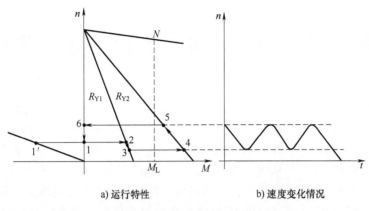

a) 运行特性　　　　　b) 速度变化情况

图 19-4　电动机脉冲运行特性

在自然特性曲线上，所以爬行速度很稳定。只要适当选择小电动机的转速和减速器变比，即可获得工作图要求的爬行速度。小电动机的功率一般为主电动机的 5% ~ 10%，故称微电动机。

第 20 章 直流矿井提升机的电控系统

对于矿井提升机直流拖动，20 世纪 70 年代以前一般采用发电机-电动机机组的方式，在 20 世纪 80 年代后普遍采用可控硅整流+电动机+模拟调节的方式。进入 20 世纪 90 年代，随着计算机控制技术和电力电子技术的飞速发展，直流传动系统发展为可控硅整流+全数字调节方式。直流矿井提升机电控系统可配套单绳、多绳矿井提升机用，包括主、副井提升机，凿井提升机，过坝提升机和升船机等，提升机的操作控制和传动控制均采用先进的计算机网络控制及"零接线"的设计理念，既可与新安装的提升机配套使用，又适合于对提升机发电机组电控设备及模拟调节直流电控设备进行技术改造，远程诊断专家服务系统能够为用户及时提供专家技术支持。

20.1 系统组成及功能

直流矿井提升机的电控系统主要由操作监控系统和直流传动系统两大部分组成。

操作监控系统主要采用可编程控制器（简称 PLC）作为控制核心，其主要功能是执行工艺控制程序，并实现各种安全保护及电气联锁。可满足使用条件的可编程控制器的种类较多，常用的可编程控制器为西门子公司 S7-300 和 S7-1500 系列，另外也有采用以下类型：三菱 FX2N 及 FX3U 系列，西门子 S7-200、400、1200 系列，罗克韦尔 ControlLogix 系列，施耐德 Modicon M340、Modicon Premium、Modicon Quantum 系列等，从功能上看，这些可编程控制器都能满足使用要求。可编程序控制器具有底板、电源模块、CPU（中央处理器）模块、通信模块、高速计数模块、模拟量输入输出模块、数字量输入输出模块等，操作控制系统作为主站与传动系统及监控系统构成网络控制系统。

全数字调速系统主要由全数字调速装置和晶闸管整流装置组成。通常有两种配置方式，一种是全数字调速装置和晶闸管整流装置全部采用进口件；另一种是采用进口的小型全数字调速装置，配置国产的晶闸管整流装置。随着国产晶闸管质量提高，这种配置比较常用，特别对于较大容量的提升机，性能价格比优良，使用效果好。根据用户实际需要，晶闸管装置可以配置成 6 脉动、串联 12 脉动或并联 12 脉动。对于 12 脉动，当一组晶闸管整流装置发生故障时，可以切换成 6 脉动运行。

监控系统采用最流行的工业计算机为上位机，配液晶显示器及彩色打印机，并配置编程及监控软件。在安装调试过程中，通过与可编程序控制器通信，在上位机进行程序编制，这样就可以不用配置专用编程器，节省投资。调试完毕后，上位机监控提升系统的运行和报警，设计多组彩色图表显示（显示内容可以数码、棒图、曲线、模拟框图等形式表现出来），并可以随时打印输出。

20.1.1 系统特性

1）具有检修、验绳、手动、半自动、全自动操作方式。

2）根据提升种类进行最高速度限制。

3）提升机工艺控制与必要的闭锁。

4）安全回路由 PLC 控制软件与外部硬件实现两套冗余，当 PLC 故障时，提升机能低速运行。

5）安全制动过程实现恒减速控制，使安全制动过程的减速度不受提升、下放、载荷大小影响，在给定范围内保持恒定，并且不超过防滑极限减速度，确保提升机安全运行（当选用恒减速液压系统时具有的功能）。

6）具有提升机位置闭环控制功能，可准确停车。

7）具有完善的保护功能，如：超速、过卷、钢丝绳滑动、衬垫磨损、制动瓦磨损、弹簧疲劳、过电流、过电压、变流装置故障等保护，对于重要的保护，一般都设有两到三重，确保提升机的安全运行。

8）测速机与测速机之间、测速机与编码器之间相互监视、互为备份，确保速度、深度指示及控制万无一失。

9）起动过程中，制动器油压与电流进行合理的自动配合，使提升机进行软起动，避免起动电流冲击或提升容器下坠。

20.1.2　直流调速系统的功能

1）主回路过电压、过电流保护。

2）冷却风机故障保护。

3）主回路接地、晶闸管缺相保护。

4）励磁欠流、过电流保护。

5）测速反馈故障保护。

6）手动、半自动、全自动速度给定控制。

7）起动过程防冲击的 S 化曲线控制。

8）速度、电流双闭环控制。

9）参数的显示和调整通过菜单指示设定。

10）具有转矩、电流限幅功能。

11）根据电流给定值、电动机反电势、电流断续/连续等情况，对电流调节回路进行预控制，从而改善系统动态性能。

12）自优化电流调节器、速度调节器。

13）装置本身故障自诊断并有报警功能。

14）对于串联 12 脉动，进行顺序控制以减少无功冲击及无功功率。

20.1.3　电控系统的组成及功能

1. 高压开关柜

高压开关柜用于高压配电系统，起通断、控制或保护等作用。

高压开关柜的形式较多，提升机使用较多的高压开关柜型号包括：GG-1A、KYN28、KYGC 等；电压等级多为 6kV、10kV 两种。

GG-1A 型高压开关柜在一台高压开关柜内集合了双进线开关、真空断路器和微机综合保护，多用于 6 脉动直流提升机电控系统。

KYN28、KYGC 等型号高压开关柜通常以一组形式出现，包括进线柜、馈出柜、PT（电压互感器）保护柜，每一路进线配备一台进线柜，设有一台独立的 PT 保护柜。馈出根据需求可以模块化组合，并可以增加联络柜等其他配置。通常用于 12 脉动直流提升机的电控系统。

2. 整流变压器

整流变压器是整流设备的电源变压器，主要功能：供给整流系统合适的电源，减小整流系统对电网的污染。整流变压器有环氧树脂浇注整流变压器和普通干式整流变压器两种。

3. 调速系统

直流调速系统通过调节系统输出的可控电压和电流从而调节直流电动机转速来满足提升工艺的需求。根据传动部分主回路结构类型，直流传动分为：6 脉动系统、12 脉动系统、24 脉动系统等几种类型。比较常用的为 6 脉动系统和 12 脉动系统，对于 12 脉动系统，根据晶闸管装置连接方式，又可以分为串联 12 脉动系统和并联 12 脉动系统，当一组晶闸管装置发生故障的情况下，可以切换成 6 脉动系统运行。

4. 直流侧电抗器

直流侧电抗器有两种类型，根据传动类型不同进行选配。

（1）平波电抗器　该电抗器用于 6 脉动整流或串联 12 脉动整流，其主要作用为在负载电流较小时，增大直流回路电感，使电枢电流连续、限制直流电流脉动率。

（2）均衡电抗器　该电抗器用于直流并联 12 脉动系统中。数量为两个，用于平衡两组整流桥间电压的相位差。

5. 直流快开

直流开关又称为直流快速开关或直流快速自动开关，用于对直流电枢回路进行分闸、合闸操作，并在短路、过载时起保护跳闸作用。6 脉动系统或串联 12 脉动系统配置 1 台，并联 12 脉动系统配置两台。

6. 低压电源柜

低压辅助电源柜采用双回路进线，为辅助设备液压站、润滑站、主电动机风机等提供电源并进行控制，提供控制系统操作电源，并提供 UPS（不间断）电源，以便在供电电源故障的情况下，能够使提升机实现可靠的安全制动，为上位计算机提供电源，保证计算机的运行和数据保持。

7. PLC 控制系统

采用两套 PLC 同时工作，一套为主 PLC，另一套为从 PLC。主 PLC 负责提升机全部控制功能和安全保护的实现，从 PLC 为系统提供冗余的安全监视，两套 PLC 系统对运行数据进行交换对比，确保提升机的安全运行。

8. 网络化操作台

操作台实现提升机运行的各种控制操作工艺的要求，同时监视系统运行的各种数据，并进行必要的保护。操作台内装有远程 I/O（输入/输出），与主 PLC 采用远程通信方式完成各种信号的传输。

主要控制部件有：速度控制手柄、工作闸控制手柄、工作方式选择开关、控制按钮，辅助设备起动及急停按钮等。

主要显示的数据有：容器数字深度速度指示器（带灯柱显示罐位的实际位置）、提升速度、电动机电流、制动油压、可调闸电流、高压电源电压等。

主要指示有：提升机运行状态指示、信号指示和安全状态指示。在操作台侧箱放置上位监控计算机以便于监视。

9. 系统检测元件

（1）编码器　脉冲编码器输出信号经 PLC 运算处理后提供提升机运行的速度和提升容器位置，从而进行必要的速度保护和位置保护。

（2）测速机　用于检测系统运行的实际速度。

（3）井筒开关　井筒开关主要有同步开关、减速开关、定点检测开关、停车开关、过卷开关等，用于反应提升容器在井筒中实际运行的位置，并提供减速、限速、停车、防止过卷等保护功能。

10. 提升机上位监控系统

上位机监控系统利用工业计算机安装专门的监控软件采集提升机运行中的深度、速度、电流、电压、运行次数、运行时间等参数，经分析和处理，生成系统静态配置图形、动态数据监视图形、报表系统图形、故障记录图形等，经交互式途径显示出来，能够直观快速地反应提升机状态，极大地方便了现场维护人员查找、处理故障。

目前市场上的上位监控系统主要在各大公司既有的软件基础上开发，软件主要有WinCC、力控组态软件、组态王、InTouch、Infix、Screenware 等，这些软件经过广泛应用证明都是成熟可靠的，并且由于 OPC（应用于过程控制的对象连接与嵌入）、WEB 等技术的发展，这些软件除支持本公司产品外，也可以与其他公司的下位设备通信。

11. 提升系统相关设备功能

（1）液压制动系统　详见第 15 章。

（2）润滑站　详见第 18 章。

（3）冷却风机　主电动机冷却风机主要作用是对主电动机进行强制风冷，防止电动机绕组发热导致温度过高损坏电动机。

（4）提升信号系统　《煤矿安全规程》规定：信号系统必须与提升机的控制回路相闭锁，只有在井口信号工发出信号后，提升机才能起动。

控制系统与信号系统的主要接口如下：

提升种类信号：提人、提物、检修、大件；

方向信号：快上、快下、慢上、慢下、多水平提升的去向信号；

起停信号：开车信号、停车信号；

故障信号：急停信号；

其他信号：对罐信号、换层信号（双层罐笼用）等。

20.2　传动系统的原理

20.2.1　直流电控系统调速的原理

对于矿井提升机直流拖动，20 世纪 70 年代以前一般采用发电机-电动机机组的方式，在

20 世纪 80 年代后普遍采用可控硅整流+电动机+模拟调节的方式。进入 20 世纪 90 年代，随着计算机控制技术和电力电子技术的飞速发展，直流传动系统已发展为可控硅整流+全数字调节方式。

直流传动矿井提升机主电动机采用他励直流电动机。他励直流电动机的机械特性方程式为

$$n = \frac{U}{C_e \Phi} - \frac{R_0}{C_e C_T \Phi^2} T = n_0 - \frac{R_0}{C_e C_T \Phi^2} T \tag{20-1}$$

式中　n_0——理想空载转速，$n_0 = \dfrac{U}{C_e \Phi}$；

　　　U——加在电枢回路上的电压；

　　　Φ——电动机磁通；

　　　R_0——电动机电枢回路总电阻；

　　　C_e——电动势常数；

　　　C_T——转矩常数；

　　　T——电动机转矩。

由式（20-1）可知，改变加在电动机电枢回路的电阻 R_0、电枢电压 U 及磁通 Φ 中的任何一个参数，就可以改变电动机的机械特性。改变电阻只能有级调速；减弱磁通虽然能够平滑调速，但由于弱磁时电动机转矩成平方关系变小，且调速范围不大，往往只是配合调压方案，在基速（即电动机额定转速）以上做小范围的弱磁升速。

矿井提升机要求调速系统能在一定范围内实现平滑调速，通常采用调压调速的方式，即保持主电动机磁通 Φ 和电枢回路电阻 R_0 不变，通过改变电动机电枢电压 U 来进行调速。这种调速方式属于恒转矩调速，在空载和满载转矩时均可获得稳定转速，通过电枢电压的正反向变化，可以使电动机实现平滑的起动和四象限运行。

20. 2. 2　晶闸管整流的原理

为了改变电动机的电枢电压，直流电控的传动系统采用三相桥式晶闸管全控整流技术来调节变流器的输出电压。通过将两组整流器反向并联，向电动机电枢回路提供可逆的电枢电流。

三相桥式整流电路的主回路如图 20-1 所示，其中 TM 为整流变压器，VT1 ~ VT6 为晶闸管。通过控制晶闸管 VT1 ~ VT6 的触发角 α 来控制整流电路输出电压。

共阴极组：阴极连接在一起的 3 个晶闸管（VT1、VT3、VT5）

共阳极组：阳极连接在一起的 3 个晶闸管（VT4、VT6、VT2）

导通顺序：VT1→VT2→VT3→VT4→VT5→VT6

自然换向时，每时刻导通的两个晶闸管分别对应阳极所接交流电压值最高的一个和阴极所接交流电压值最低的一个。

1. 三相桥式全控整流电路的工作原理（以电阻负载为例）

假设将电路中的晶闸管换作二极管，相当于晶闸管触发角 $\alpha = 0°$ 时。

共阴极组的 3 个晶闸管，阳极所接交流电压值最高的一个导通。

共阳极组的 3 个晶闸管，阴极所接交流电压值最低的一个导通。

任意时刻共阳极组和共阴极组中各有一个晶闸管处于导通状态，施加于负载上的电压为

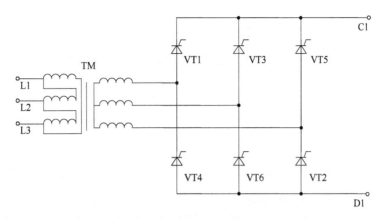

图 20-1　三相桥式整流电路的主回路

某一线电压。

三相桥式全控整流电路带电阻负载 $\alpha=0°$ 时的波形如图 20-2 所示。

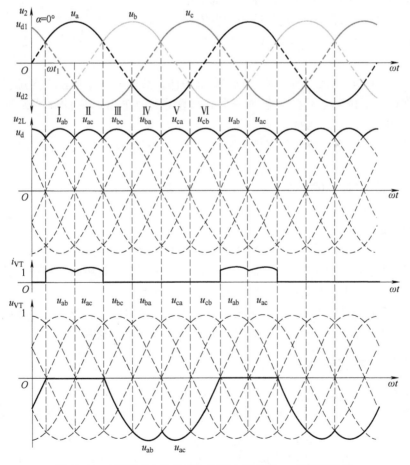

图 20-2　三相桥式全控整流电路带电阻负载 $\alpha=0°$ 时的波形

三相桥式全控整流电路带电阻负载 $\alpha = 0°$ 时晶闸管的工作情况见表 20-1。

6 个晶闸管导通顺序为 VT1→VT2→VT3→VT4→VT5→VT6。

表 20-1　三相桥式全控整流电路带电阻负载 $\alpha = 0°$ 时晶闸管的工作情况

时段	I	II	III	IV	V	VI
共阴极组中导通	VT1	VT1	VT3	VT3	VT5	VT5
共阳极组中导通	VT6	VT2	VT2	VT4	VT4	VT6
整流输出电压 u_d	$u_a - u_b = u_{ab}$	$u_a - u_c = u_{ac}$	$u_b - u_c = u_{bc}$	$u_b - u_a = u_{ba}$	$u_c - u_a = u_{ca}$	$u_c - u_b = u_{cb}$

2. 三相桥式全控整流电路的特点

1）两个晶闸管同时导通形成供电回路，其中共阴极组和共阳极组各一个，且不能为同一相器件。

2）对触发脉冲的要求：

按 VT1→VT2→VT3→VT4→VT5→VT6 的顺序导通，相位依次差 60°；

共阴极组 VT1、VT3、VT5 的脉冲相位依次差 120°；

共阳极组 VT4、VT6、VT2 的脉冲相位也依次差 120°。

同一相的上下两个桥臂，即 VT1 与 VT4、VT3 与 VT6、VT5 与 VT2，脉冲相位相差 180°。

3）u_d 一周期脉动 6 次，每次脉动的波形都一样，故该电路为 6 脉波整流电路。

4）为保证上下桥臂必须同时各有一个晶闸管导通，通常采用的脉冲光触发方法有两种，即宽脉冲触发或双脉冲触发（常用）。

5）晶闸管承受的电压波形与三相半波时相同，晶闸管承受最大正、反向电压的关系也相同。

晶闸管一周期中有 120°处于通态，240°处于断态，由于负载为电阻，故晶闸管处于通态时的电流波形与相应时段的 u_d 波形相同。

3. 有源逆变

同一套晶闸管电路，既可工作在整流状态，也可工作在逆变状态。对于可控整流电路，满足一定条件就可工作于有源逆变状态，其电路形式不变，只是电路工作条件转变，既可工作在整流状态又可工作在逆变状态，称为变流电路（装置）。

变流装置工作在逆变状态时，如果其交流侧接在交流电网上，电网成为负载，把直流电逆变为同频率的交流电反送到电网中去，这样的逆变叫"有源逆变"。

20.2.3　直流可逆调速系统

1. 直流调速系统的可逆运行

直流电动机的可逆运行需要电动机产生正、反向转矩，根据电动机转矩公式 $T_e = C_m \Phi I_d$，改变电动机电磁转矩 T_e 的方向有两种方法：一是改变电动机电枢电压的极性，即改变电枢电流 I_d 的方向；二是改变电动机励磁的方向，即改变励磁电流的方向。与此对应，晶闸管-电动机系统的可逆回路就有两种方式，即电枢可逆回路和励磁可逆回路。

电枢可逆系统由于电枢回路电感较小，反向过程进行得快，要应用较为广泛，本文将主要介绍电枢可逆调速系统。由于晶闸管整流器的单向导电性能，不能产生反向电流，因此在矿井提升机电控系统的直流调速上，经常采用的是两套三相全控桥晶闸管整流装置反并联组成的可逆回路。在每个桥臂上，将正、反向两个晶闸管压在一套散热器上，组成一个可逆单元组件，用 6 套这种组件就可组成电枢可逆直接反并联回路（见图 20-3）。该可逆系统靠正、反向两套三相全控桥晶闸管整流装置实现主回路电流双向可逆运行，电流换向时通过换向逻辑控制电路的一定时序，选择和释放晶闸管的触发脉冲，切换正/反向晶闸管导通，实现主电流方向可逆，满足四象限内电动机频繁起动、制动等状态运转的要求。

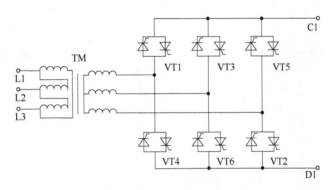

图 20-3　三相桥式整流可逆电路的主回路

2. 逻辑控制的无环流可逆调速系统

　　矿井提升机系统要求电动机既能正转又能反转，而且常常还需要快速地起动和制动，这就需要电力拖动系统具有四象限运行的特性，也就是需要可逆的调速系统。采用两组晶闸管反并联的可逆调速系统解决了电动机的正转、反转运行和回馈制动问题，但是，如果两组装置的整流电压同时出现，便会产生不流过负载而直接在两组晶闸管之间流通的短路电流，称作环流。这样的环流对负载无益，只会加重晶闸管和变压器的负担，消耗功率。环流太大时会导致晶闸管损坏，因此应该予以抑制或消除。

　　有环流可逆系统虽然具有反向快、过渡平滑等优点，但设置几个环流电抗器终究是个累赘。因此，当工艺过程对系统过渡特性的平滑性要求不高时，特别是对于大容量的系统，常采用既没有直流平均环流又没有瞬时脉动环流的无环流可逆系统。无环流可逆系统可按实现无环流原理的不同而分为两大类：逻辑无环流系统和错位无环流系统。而错位无环流系统在目前的生产中应用很少，逻辑无环流系统是目前生产中应用最为广泛的可逆系统。当一组晶闸管工作时，用逻辑电路封锁另一组晶闸管的触发脉冲，使它完全处于阻断状态，确保两组晶闸管不同时工作，从根本上切断了环流的通路，这就是逻辑无环流系统。组成逻辑无环流系统的思路是：任何时候只触发一组整流桥，封锁另一组整流桥，完全杜绝了产生环流的可能。

20.2.4　直流 6 脉动整流调速系统

　　直流 6 脉动整流调速系统设计为磁场恒定、电枢反向 6 脉动控制。主要由 1 台高压开关柜、1 台整流变压器、1 台直流调速柜、1 台直流快开和 1 台平波电抗器（选件）等组成。直流 6 脉动整流调速系统主回路的原理如图 20-4 所示。直流调速柜内部包含 1 个单相半控整流桥用于向电动机磁场供电；另外包含 1 个由反并联晶闸管组件组成的三相可逆全控桥用于向电动机电枢回路供电。

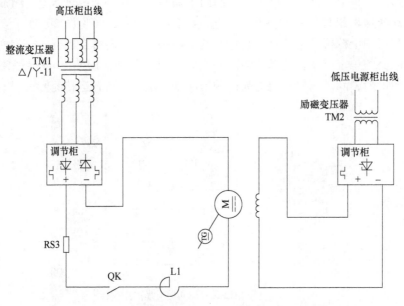

图 20-4　直流 6 脉动整流调速系统主回路的原理

20.2.5　直流 12 脉动整流传动系统

对于功率稍大的提升机，为减轻对电网的干扰，特别是减少谐波分量，可以将两组三相整流桥进行串联或并联，组成 12 脉动整流回路。直流 12 脉动整流传动系统通常应用在 1000kW 以上的较大功率提升机上。

1. 串联 12 脉动整流调速系统

对矿井提升机一般多采用串联方案（见图 20-5）。采用两台整流变压器 TM1 和 TM2，一次绕组接成三角形，二次绕组分别采用星形和三角形接法构成相位差 30°；两个二次绕组分别供电给两个三相全控整流桥，此两个整流电路输出串联后向直流电动机供电。当一路整流回路出现故障的情况下，经 6/12 脉动切换，电动机由一路整流回路供电，可实现主电动机满载半速运行，保证提升容器能被提升到井口，保证提升容器中人身或设备的安全，因而这种调速系统被广泛采用，如图 20-5 所示。系统主回路主要由 1 套高压开关柜（一般由两台高压进线柜、1 台 PT 柜、两台馈线柜组成）、两台主回路整流变压器、1 台励磁整流变压器、1 套直流调速系统（通常改装系统包含 1 台调节柜、1 台励磁柜、两台功率柜，采用原装系统的为两台整流柜和 1 台励磁柜）、1 台直流快开和 1 个平波电抗器等组成。

2. 并联 12 脉动整流调速系统

在一路功率回路出现故障的情况下，可实现 6/12 脉动切换，实现主电动机半载全速运行。并联 12 脉动整流调速系统主回路的原理如图 20-6 所示：主要由 1 套高压开关柜（一般由两台高压进线柜、1 台 PT 柜、两台馈线柜组成）、两台主回路整流变压器、1 台励磁整流变压器、1 套直流调速系统（通常改装系统包含 1 台调节柜、1 台励磁柜、两台功率柜，采

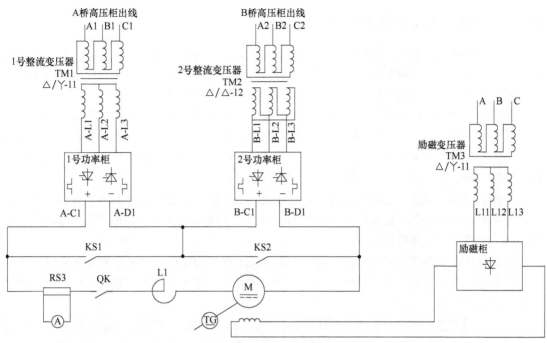

图 20-5　串联 12 脉动整流调速系统主回路的原理

用原装系统的为两台整流柜和 1 台励磁柜)、两台直流快开和两个均衡电抗器等组成。

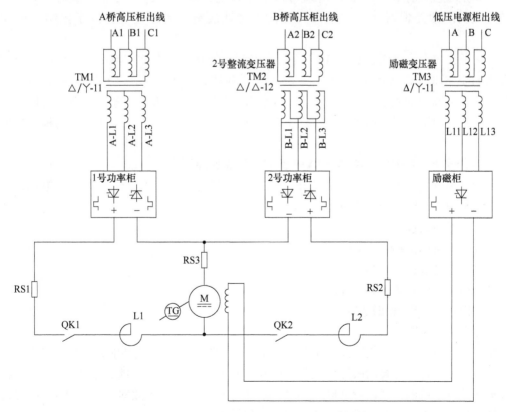

图 20-6　并联 12 脉动整流调速系统主回路的原理

20.2.6　全数字直流调速装置

早期的直流传动系统，其控制规律和基本设计方法，都是通过线性运算放大器和各类运算电路实现的，因而控制电路复杂、可靠性差，容易受到运行环境特别是环境温度变化的影响，因而控制精度、控制变量的分辨能力和运行的稳定性都比较差。

从 20 世纪 80 年代中后期起，随着微电子技术、微处理器及软件技术的快速发展，以西门子和 ABB 公司为代表的世界各大电气公司都相继开发出数字式调速传动产品，目前直流调速装置已经发展到了非常高的技术水平。以微处理器和其他先进技术为基础，产品精度高、控制性能优良、抗干扰能力较强，在国内外被广泛应用。

全数字化直流调速控制系统是指三相进线交流电源进入全数字直流调速装置后，通过其装置内部的三相桥式全控整流电路整流输出可调节直流电压给直流电动机电枢回路和励磁回路供电，完成电动机调速任务。

直流调速装置根据其主回路结构可分为单象限工作和四象限工作的电枢整流回路，单象限工作主回路结构是由一组三相桥式全控电路组成，四象限工作主回路结构由两组三相桥式全控电路反并联组成。

直流调速装置由微处理器来实现所有的控制、调节、监控和附加功能，且全部的控制过程都以程序软件实现，系统内部信息交换以全数字方式进行。与模拟调速系统相比，完全数字化的应用程序可以解决模拟系统中的电子元件的参数因环境因素变化而漂移的问题，特别是温度漂移的问题，所以可以消除系统精度受到的不可控因素的影响。控制的精确度仅由微处理器字长和检测元件的准确性决定，从而大大提高了控制功能和可靠性。

西门子公司直流调速装置和 ABB 公司直流调速装置在国内被广泛采用，西门子公司先后推出 SIMOREG DC MASTER 6RA24、6RA70 系列和 SINAMICS DCM 6RA80 系列直流调速装置产品；ABB 公司先后推出 DCS500、DCS600、DCS800 系列直流调速产品。目前正在推广使用的是西门子公司 6RA80 产品和 ABB 公司 DCS800 系列产品，下面对该两种装置做简要介绍。

1. 西门子 SINAMICS DCM 6RA80 系列直流调速装置

6RA80 系列整流器为西门子公司生产的全数字紧凑型整流器，输入为三相电源，可向变速直流驱动用的电枢和励磁供电。

主要技术参数包括：

额定输入电压：400~950V；

额定直流电流：30~3000A；

输出功率：6.3~2000kW 可扩展；

工作模式：二象限/四象限；

冷却方式：风冷。

主要技术特点：标准化产品，全数字调节；自诊断和自动优化功能，参数化界面，可以快速、简单地起动；完善的故障监控与诊断功能；多种网络通信功能；集成励磁调节功能；设计灵活，可扩展能力强；可并联/串联形成 12 脉动整流，将事故对生产的影响降到最低；调速性能高，转矩响应快，能在低速时输出全部转矩。

2. ABB DCS800 系列直流调速装置

主要技术参数包括：

额定输入电压：400~1200V；

额定直流电流：30~5200A；

输出功率：10~4000kW 可扩展；

工作模式：二象限/四象限；

冷却方式：风冷。

主要技术特点：除了和西门子 6RA80 系列相似的特点外，ABB DCS800 调速装置单机输出功率可以做得更大、结构更为紧凑。

20.3　操作监控系统

20.3.1　网络化 PLC 控制方案

矿井提升机对设备的安全性及可靠性要求非常高，要求矿井提升机必须按照设定的速度图运行，实现自动减速和准确定位停车，同时实现完善的安全保护。当前矿井提升机电气控制系统通常采用网络化 PLC 控制方案，主要有主从控制和软件冗余控制等，下面以西门子 PLC 为例进行介绍。

1. PLC 主从控制

矿井提升机控制系统采用双 PLC 主从控制方案，其中主 PLC 负责提升机全部工艺控制功能和安全保护功能的实现，从 PLC 为系统提供冗余的安全监视。主、从 PLC 各自独立采集信号、实时运算控制，并对运行数据进行实时比对，防止运行数据出现偏差，保证设备的正常运行。主、从 PLC 实现各自安全回路的独立运行，实现了多重化保护，确保提升机的安全运行。电控系统的主从控制通常采用 MPI（多点通信接口）、PROFIBUS-DP、PROFINET 等通信方式实现。

某矿井提升机控制系统主要由以下设备组成：计算机柜（主、从 PLC）、低压电源柜、操作控制台（采用远程 ET200M）等，传动系统以直流 12 脉动为例，由电枢 A、电枢 B 和励磁等组成。

某矿井提升机控制系统的网络化配置如图 20-7 所示。该矿井提升机控制系统由两套 S7-300PLC 组成，采用主从控制，两者之间采用 MPI 通信方式实现通信。

主 PLC 作为 DP 主站通过 FROFIBUS-DP 网络与从站通信，从站由操作控制台（ET200M），传动系统的 6RA70 电枢 A、6RA70 电枢 B 和 6RA70 励磁装置组成。

2. PLC 软件冗余控制系统

PLC 软件冗余控制系统由 A 和 B 两套 PLC 控制系统组成。开始时，A 系统为主，B 系统为备用，当主系统 A 中的任何一个组件出错，控制任务会自动切换到备用系统 B 当中执行。这时，B 系统为主，A 系统为备用。这种切换过程是包括电源、CPU、通信电缆和 IM153 接口模块的整体切换，可进行手动或自动切换。

S7-300PLC 冗余系统的配置如图 20-8 所示。该系统的硬件系统是由两套独立的 S7-300 PLC、ET200M 和采用 CP342-5（PROFIBUS-DP 通信）的冗余数据同步链路等组成。实现的

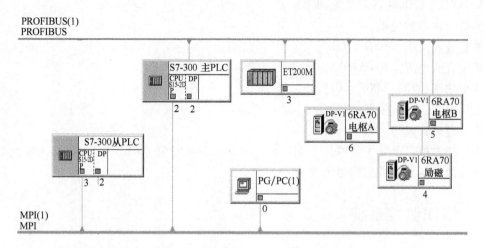

图 20-7　某矿井提升机控制系统的网络化配置

功能包括：主机架电源、背板总线等冗余，PLC 处理器冗余，PROFIBUS 现场总线网络冗余（包括通信接口、总线接头、总线电缆的冗余），ET200M 站的通信接口模块 IM153-2 冗余。

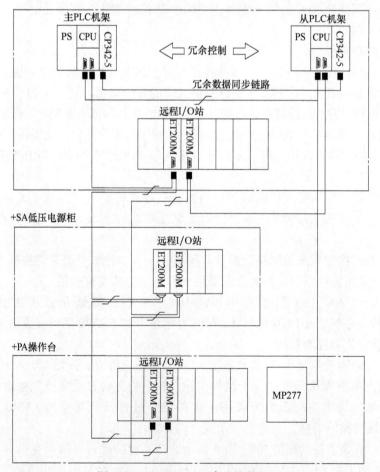

图 20-8　S7-300PLC 冗余系统的配置

3. 西门子 PLC 的主要通信方式

（1）MPI 通信　MPI 是多点通信接口（Multi Point Interface）的简称。MPI 物理接口符合 PROFIBUS RS485（EN50170）接口标准。连接 MPI 网络的常用两种部件为 RS485 总线连接器和 RS485 中继器。MPI 网络通信的通信速率为 $19.2 \sim 12 \times 10^3 \text{kbit/s}$，通常默认设置为 187.5kbit/s，最多有 32 个连接。

MPI 提供的通信服务：

1）PG 通信。PG 通信用来在工程师站（PG/PC）和 SIMATIC 通信模块之间交换数据，用于程序的上传、下载和数据组态诊断及测试诊断信息。

2）OP 通信。OP 通信用来在操作站（OP/TP）和 SIMATIC 通信模块之间交换数据，如触摸屏。

3）S7 通信。S7 标准通信是为 S7-300/400 系列 PLC 之间提供的通信方式，可通过全局数据通信（GD 通信）进行组态。

（2）PROFIBUS-DP 通信　PROFIBUS 通信是最为流行的现场总线之一，传输速率最高可达 12Mbit/s，它也是开放式的现场总线，在提升机电控系统中得到了广泛应用。

PROFIBUS-DP 支持主-从系统、纯主站系统、多主多从混合系统等几种方式，它采用 RS-485+双绞线或光缆，通信速率为 $9.6 \sim 12 \times 10^3 \text{kbit/s}$，单条总线上最多 126 个站点。

20.3.2　矿井提升机的控制工艺与功能

1. 提升运行速度图

矿井提升机是往复上下运行的设备，提升容器在一个提升循环内的运动包括起动、加速、全速、减速、爬行、停车等阶段，提升速度控制通常按六阶段速度图或五阶段速度图设计。图 20-9 所示为主井箕斗提升的六阶段速度图。

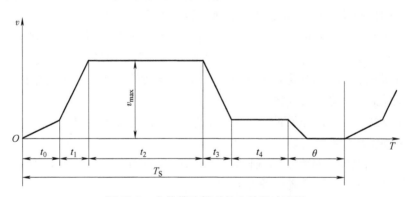

图 20-9　主井箕斗提升的六阶段速度图

提升运行的各个阶段：

（1）初加速度阶段 t_0　提升循环开始，处于井底装载处的箕斗被提起，而处于井口卸载位置的箕斗则沿卸载曲轨下行，为了减少容器通过卸载曲轨时对井架的冲击，对初加速度 a_0 及容器在卸载曲轨内的运行速度 v_0 要加以限制，一般取 $v_0 \leqslant 1.5\text{m/s}$。

（2）主加速阶段 t_1　当箕斗离开曲轨后，则应以较大的加速度 a_1 运行，直至达到最大提升速度 v_{max}，以减少加速阶段的运行时间，提高提升效率。

（3）等速阶段 t_2　箕斗在此阶段以最大提升速度 v_{max} 运行，直至重箕斗接近井口开始减速时为止。

（4）减速阶段 t_3　重箕斗将接近井口时，开始以减速度 a_3 运行，实现减速。

（5）爬行阶段 t_4　重箕斗将要进入卸载曲轨时，为了减轻重箕斗对井架的冲击以及有利于准确停车，重箕斗应以 v_4 低速爬行。

（6）停车休止阶段 θ　当重箕斗运行至终点时，提升机施闸停车。处于井底的箕斗进行装载，处于井口的箕斗卸载。

2. 提升设备的控制

矿井提升电气控制系统需要对主机、主电动机、高压开关柜、直流快开、直流调速系统、信号系统、液压站、润滑站、风机、各种检测元件（如井筒开关、编码器）等设备进行信号采集或连锁控制，由 PLC 程序根据提升机运行工艺进行逻辑控制。

（1）高压开关柜的控制　高压开关柜主要用于为高压用电设备提供电源并进行保护。主要有直流调速系统和辅助变压器等。PLC 实时监控高压开关进线柜、馈电柜的开合状态，以及高压系统的保护、报警等状态。

高压开关柜一般具有本地和远程控制两种方式。

本地控制：通过高压开关柜柜门上的合、分闸按钮或开关进行操作。

远控方式：通过操作控制台上的合、分闸按钮进行操作。

（2）直流快开的控制　直流快开对直流电枢回路进行分闸、合闸操作，并在短路、过载时起保护跳闸的作用。正常情况下操作操作台的合闸和跳闸按钮，通过 PLC 输出控制直流快开分合。

PLC 系统监视直流快开的电源及其开合状态。

（3）调速系统的控制　调速系统的控制采用硬件回路或者 PROFIBUS-DP 通信的方式。

调速系统的控制：启动/停止、使能、速度给定等。

调速系统的监控：监控控制回路的供电、启动反馈、使能反馈、故障状态，以及调速系统的速度、电枢（或定子）电流电压、实际励磁（或转子）电流等过程量。

（4）液压站的控制　液压泵控制的条件：液压泵站的选择、安全回路确认、液压压力高，以及液压站的起停命令（见图 20-10）。

对液压系统的监控：液压泵的电源及运行状态，液压温度保护、滤油堵塞等轻故障保护、液压压力高重故障保护等。

（5）润滑站的控制　对润滑站的监控：泵站的起停控制，泵站的电源供电，泵站的运行状态，润滑站的压力、温度等轻故障保护。

（6）冷却风机的控制　对冷却风机的监控：起停控制、电源供电及运行状态。如果调速系统运行，则主电动机冷却风机必须起动运行。

（7）电源的监视　监视励磁电源、传动电源、冷却风机电源、润滑站电源、液压站电源、快开电源（直流调速系统）、控制电源、电磁阀电源、PLC 输入控制电源等（见图 20-11）。

（8）允许开车的回路　允许开车的回路：安全回路确认、软件安全回路、全部电源合以及相关设备运行，如图 20-12 所示。

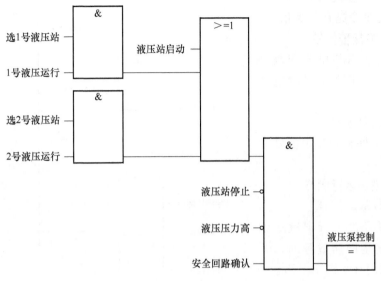

图 20-10　液压站的控制

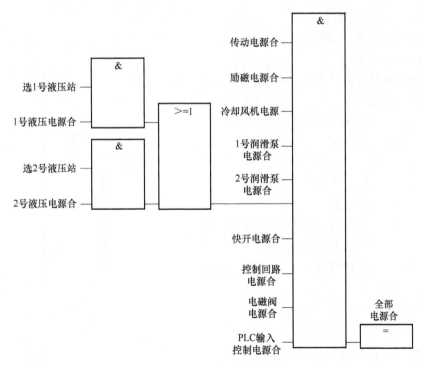

图 20-11　电源的监视

3. 提升信号选择及减速功能

矿井提升机运行的前提条件是具备允许开车信号，当有开车信号和提升方向时，提升才具备允许开车的条件。提升信号和提升方向来自于提升系统的信号控制系统。

矿井提升机的电气控制系统与提升信号系统的功能接口有：开车信号、快上、快下、慢

上、慢下、停车等提升信号，提
人、提物、大件等提升种类信号，
以及急停重故障报警信号。

（1）矿井提升机电气控制系
统的开车信号　开车信号继电器
的运行条件：

1）安全回路导通。

2）主令手柄和制动手柄处于
零位。

3）提升机非运行状态。

4）没有轻故障信号。

当矿井提升机运行中检测到
停车信号或安全回路故障时，开
车信号自动取消（见图20-13）。

（2）提升运行方向的选择　提
升运行方向的选择条件如下（以提
升正向为例，提升反向类似）：

1）提升正向的置位条件：

① 具备提升信号；

② 主令手柄和制动手柄处于零位；

③ 没有提升反向；

④ 信号系统产生快上或慢上信号。

2）提升正向的复位条件：

① 井口停车或井口过卷位置；

② 减速停车或信号停车命令；

③ 信号为快下或慢下。

（3）矿井提升机电气控制系统的减速功能

自动减速对于提升机是必须具备的功能，只
有根据给定的速度进行自动减速，才能确保提
升机的安全可靠停车。

减速功能的冗余设计：

1）井筒中的减速开关动作。

2）编码器（PLC软件）的减速点。

3）操作台的按钮停车和信号停车都具备减
速功能。

提升机正常运行时，减速命令后，提升机
由调速装置电气制动自动减速（见图20-14）。

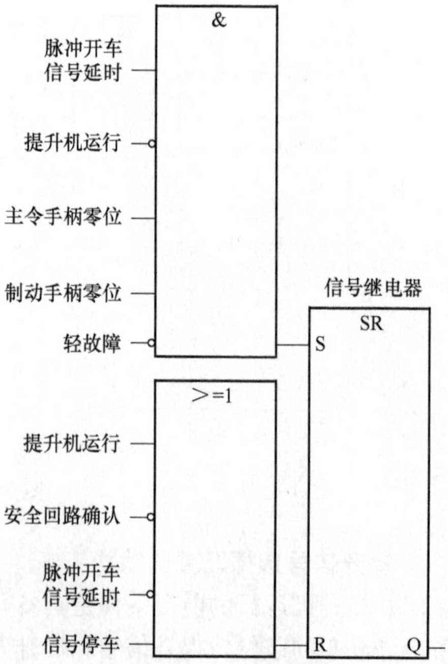

4. 操作方式

提升机的控制系统有以下操作方式：自动、

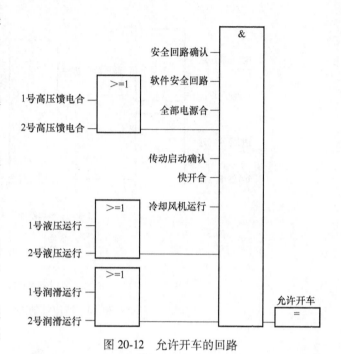

图 20-12　允许开车的回路

图 20-13　信号继电器

半自动、手动、检修、慢动等，同时具有液压试验方式以及特殊工况（如低速运行等）控制要求。

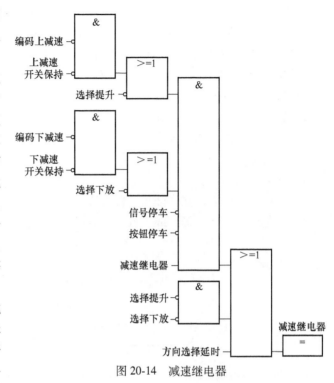

图 20-14　减速继电器

（1）自动操作方式　用于主井提升系统中，装卸载信号系统为自动操作方式。在自动运行逻辑正常时，接收到信号系统发出的开车信号后，PLC 控制系统自动根据信号要求控制完成一个提升循环，此时无须操作主令手柄和制动手柄。此种操作方式按照信号系统的信号自动选择方向，提升机的初加速、加速、全速、减速、爬行、停车等运行由程序控制自动完成。

（2）半自动操作方式　在此种操作方式下，当半自动运行逻辑正常时，接收到信号系统发出的开车信号后，司机按动开车按钮一次，PLC 控制系统自动根据信号要求控制完成一个提升循环，此时无须操作主令手柄和制动手柄。此种操作方式按照信号系统的信号自动选择去向，提升机的初加速、加速、全速、减速、爬行、停车等运行由程序控制自动完成。

（3）手动操作方式　司机可通过主令手柄控制提升速度在最高运行速度范围内连续可调，同时速度受到行程的限制，到达减速点会自动减速、到达爬行段会自动转入爬行、到达停车点会自动停车。司机可通过制动手柄控制制动油压的大小。

（4）检修运行方式　操作方式与手动操作相同，但最高速度在 PLC 控制系统中设定为 0~0.5m/s（大小可调），司机通过主令手柄能够实现 0.5m/s 速度内的连续可调，同时司机可通过制动手柄控制制动油压的大小。

（5）慢动控制方式　司机根据信号工的信号通过按钮或者操作手柄完成提升、下放慢动（需要信号系统提供慢上、慢下、停车信号，速度不大于 0.2m/s）。

（6）局部故障开车方式　当出现局部故障时，例如某编码器或主控测速机损坏等，可通过操作台转换开关实现故障状态下的低速开车（速度可调），此时仍能够满足《煤矿安全规程》中所要求的安全保护。

（7）液压试验方式　用于液压站和制动器的调试、检测、检修。在确保提升机不运行的状态下，实现电动机不带电情况下的液压站工作，打开制动器以方便调试制动器。

注意：此种方式下，需要机修人员确保制动器一次开闸数量不超过总制动器数量的 25%！

5. 液压制动控制与监视

控制系统对液压站的控制包括：液压泵的起停、工作闸的控制、液压压力的给定和液压制动方式的控制等。下面以通用二级制动液压站为例进行说明。

（1）工作闸控制及压力给定　工作闸控制，即允许液压抱闸打开的条件，工作闸导通后，系统将根据压力给定大小调节液压站压力（见图20-15）。

工作闸控制（手动方式）的导通条件：

1）选择手动方式。

2）制动手柄和主令手柄都离开零位。

3）没有减速停车的命令。

4）磁场建立。

5）安全回路确认。

6）转矩电流建立、允许开车、轻故障。

7）具备运行方向：提升或下放。

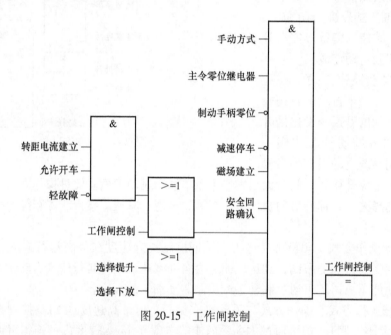

图 20-15　工作闸控制

手动开车方式时，司机通过操作制动手柄控制液压站的工作压力，压力大小同时受程序内部的限幅控制（如初始开闸和井口停车前的贴闸控制）。

检修方式、慢动方式与手动开车方式类似。

在自动或半自动开车方式下，工作闸的控制和液压压力的大小由程序自动控制。

（2）液压站制动　液压站制动分工作制动和安全制动两种制动类型，工作制动为正常的停车制动，安全制动是在安全回路出现故障情况下的一种起安全保护作用的制动方式。安全制动分一级制动和二级制动两种形式。

系统检测到安全故障时，液压泵停止工作，工作闸控制命令关闭，液压压力给定为0，液压电磁阀动作如下：二级制动时，G3、G4断电，制动油压降到设定的二级制动油压，G5延时断电，G6延时通电，延时时间为检测到安全故障后的延时的设置时间，即二级制动时间，延时时间到后制动油压降为0。

一级制动时，G3、G4停止工作，G5立即断电，G6立即通电，制动油压直接降为0。

（3）液压试验 用于液压站和制动器的调试、检测、检修。在停车状态下，确保卷筒不会转动，选择液压试验方式，推动制动手柄即可调节液压压力。

（4）对液压系统的监视

1）液压泵站的电源和运行状态。

2）实际液压压力。

3）液压压力高的重故障，液压温度高、堵塞等的轻故障。

6. 调速系统的控制与监视

控制系统对直流调速系统的控制信号主要有：装置起停、装置使能和速度给定。装置起动后，直流电动机的励磁电流建立，调速系统处于待机运行状态。装置使能后，调速系统将根据给定的速度调节输出电压和电流使直流电动机根据给定的速度运行（见图 20-16）。

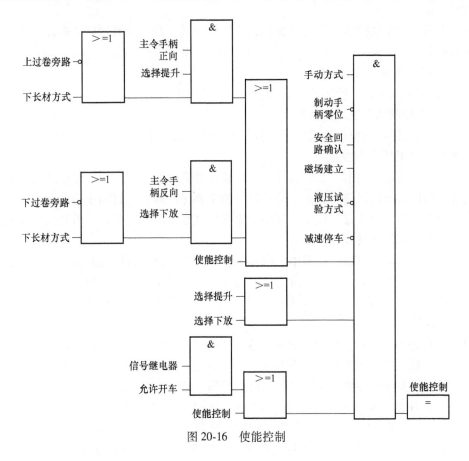

图 20-16 使能控制

（1）使能控制的导通条件（手动方式）

1）选择手动方式。

2）安全回路确认。

3）磁场建立或装置起动。

4）不是液压试验方式。

5）没有减速停车的命令。

6）能选择提升方向：提升或下放。

7）选择提升方向后，操作主令手柄与提升方向一致，但受到过卷条件的限制，过卷时不允许同方向开车。

8）制动手柄离开零位。

9）允许开车、信号继电器、工作闸控制等信号可能在提升过程中消失，但不影响本次提升机的运行。

采用手动开车方式时，允许使能由主令手柄控制。操作手柄的方向与提升所选择的方向一致，则使能控制导通，提升速度将按手柄给定的速度运行，但在到减速点之后至停车点之间的速度由程序控制。

检修开车方式和手动开车方式相似，但最大速度为 0.5m/s。

自动或半自动开车方式，除了上述条件，使能控制由开车命令控制。给定速度根据程序自动控制。

使能控制和工作闸控制相互连锁控制，使能控制后，只有检测到转矩电流建立时，才允许工作闸得电。

（2）主控对调速系统的监控

1）装置的起动确认、使能确认、重故障、轻故障等。

2）装置的控制电源及风机运行。

3）励磁电流的建立或电动机定子电流、电动机运行速度等。

7. 井筒开关的设置和监视

井筒开关安装在井筒中，用于检测提升容器在井筒中的实际位置，是矿井提升机电气控制系统进行减速、限速保护、停车、防止过卷的重要保护部件，其同步检测开关是用于对编码器检测的提升容器位置进行校正，以确保提升位置准确的重要部件。PLC 控制系统实时监视井筒开关的动作状况及故障情况。

在矿井提升机运行的整个过程中，同步位置到停车位置的行程控制是提升机控制的关键部分，井筒检测开关全部安装在该阶段对应的位置。为便于安装及接线，井筒开关通常都安装在井筒的上部（见图 20-17），下面以竖井和 A、B 罐笼为例，介绍井筒开关的功能、安装位置及设置原则。

（1）过卷开关　按相关规定，过卷开关安装在井口 A、B 罐笼停车位置以上 0.5m 处，过卷开关动作触点接入硬件安全回路和主、从 PLC 软件安全回路。过卷开关通常设置磁感应开关和机械开关两重保护，根据需要也可设置第三重极限过卷开关。

（2）停车开关　停车开关安装在停车的水平位置。对于主井提升箕斗，卸载位置即停车位置，对于副井双层罐笼系统，每侧需设置一个停车开关和一个换层停车开关。停车开关触点进入主、从 PLC 系统中，用于控制提升容器的准确停车，也用于主、从 PLC 系统中编码器位置的校正。

（3）定点开关　定点开关用于提升容器接近井口位置处的 2m/s 速度的限速保护，定点开关的动作触点进入 PLC 系统中。

（4）减速开关　自动减速是矿井提升机电控系统必须具备的功能，减速开关反应实际需要减速的位置，按减速度计算全速运行减速到爬行速度需要的距离，加上爬行距离，即为减速开关距离井口停车点的距离。减速开关的动作触点进入 PLC 系统中起减速功能。

（5）同步开关　同步开关用于 PLC 控制系统中编码器位置的校正，通常设置在减速开关以下 10m 左右的位置。

8. 提升速度、位置的计算及深度校正

在矿井提升机的电气控制系统中，准确的速度、位置控制是满足提升机控制性能的前提条件，也是提升机安全运行的重要保障。控制系统采集编码器的脉冲，通过 PLC 高速计数功能和逻辑运算，计算出提升机运行的实际位置、实际速度，并具有卷径计数和同步校正功能。

（1）脉冲计数　PLC 控制系统具有脉冲计数模块，脉冲计数模块有以下功能：

1）采集并计数编码器的脉冲。

2）脉冲同步功能，该功能与提升机同步功能配合工作，提升系统需要同步时，同步点的脉冲数会修正计数器自身的计数脉冲值，消除累积误差。

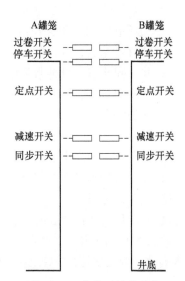

图 20-17　井筒开关的分布

3）可判断脉冲的方向，从而确定提升机实际运行的方向。

（2）提升机运行位置的计算　提升机实际位置的计算公式为

$$比例系数 = \frac{编码器每转脉冲数 \times 传动比}{卷径系数 \times \pi} \tag{20-2}$$

$$提升实际位置 = \frac{实际脉冲数 - 初始脉冲数}{比例系数} \tag{20-3}$$

式中　传动比——编码器和卷筒的转速比，通常是 1：1；

卷径系数——实际卷筒直径数值，单位为 m，随着提升机的运行如绳衬磨损会产生轻微的变化；

比例系数——每米距离对应的编码器脉冲数。

（3）提升机运行速度的计算　高速计数可输出脉冲的变化率信号，利用 CPU 自带的时间中断功能块 OB35，可计算出提升设备的运行速度。如西门子 PLC 中 OB35 功能块为固定的扫描周期，默认为 100ms，速度计算公式为

$$提升机的实际速度 = \frac{本周期深度值 - 上一周期深度值}{扫描时间} \tag{20-4}$$

（4）提升机卷径的计算　提升机运行过程中绳衬会产生磨损，导致提升机实际卷筒直径会产生轻微的变化，从而导致卷筒每转一圈，在脉冲数不变的情况下对应的提升距离产生轻微的变化。由于在一个提升循环中卷筒要转很多圈（一般几十圈到上百圈），会因累计误差使提升机运行位置变得不够准确。准确地计算卷筒的直径是系统正常、准确工作的基础，控制系统通常需要定期通过卷径的计算修改比例系数来保证提升运行位置的准确性。

卷径计算的原理：对固定的提升系统，井口停车位和井底的停车位是固定的高度。选择卷径计算的条件下，记录提升机从井口运行到井底总的脉冲数，计算出脉冲和距离的实际对应关系。

（5）提升机运行位置同步功能

1）提升机电气控制系统的同步设置点包括：

① 井口停车点，脉冲数为0；

② 井口同步点，脉冲数＝井口同步点位置×比例系数；

③ 井底同步点，脉冲数＝井底同步点位置×比例系数；

④ 井底停车点，脉冲数＝井底深度×比例系数。

2）同步运行的条件，以向上提升井口同步点为例：

① 提升方向为向上运行；

② 提升机为提升运行状态；

③ 安全回路通；

④ 同步后2s内不允许重复同步。

当检测到同步开关动作脉冲时，执行同步功能。同步时，把计算好的井口同步脉冲数值写入高速计数的实际脉冲数值中，修正计数偏差。

20.3.3　电控系统的安全保护功能

电控系统的安全保护功能在矿井提升机的运行过程中起着至关重要的作用，主要通过安全回路和其他闭锁保护来实现。

安全回路闭合是提升机运行的必备条件，只有当安全回路中所有触点都正常闭合后才允许开车。为了能够可靠地实现安全保护功能，安全回路一般采用双线制冗余结构设计，一条是硬件安全回路，另一条是主、从PLC软件安全回路。任何一处安全回路检测到故障，矿井提升机均实现安全制动。

1. 电控系统的安全保护类型

根据故障信号的轻重级别不同，电控系统安全保护功能共分为三类情况。

（1）一类保护　需要系统停机、制动闸动作。

故障发生后，系统立即断开安全回路，制动闸实施安全制动（恒减速、二级制动或一级制动等），提升机不能再起动，直至故障被排除后复位。

（2）二类保护　先电气减速，再抱闸停车。

故障发生后，系统将立即实施电气减速至低速后抱闸停车。之后提升机将不能起动，直至故障被排除后复位。

（3）三类保护　允许完成本次提升，之后不允许再次开车。

故障发生后，仍允许提升机继续完成本次提升。但在本周期完成之后，提升机将被闭锁，不能起动，直至故障被复位。这种类型故障一般称作轻故障。

2. 安全回路保护功能的设置

（1）与提升位置相关的保护

1）防止过卷保护（一类保护）。

当提升容器超过正常终端停车位置（或出车平台）0.5m时，过卷保护动作，安全回路断开，立即实施安全制动（一级制动）。

过卷保护是提升机运行的重要保护，采用多重化冗余设置，一般通过硬件和软件同时实现。硬件过卷保护开关一般包括井筒过卷开关（分为感应式和机械碰撞式两种）和牌坊深度指示上的机械过卷开关；软件过卷保护主要通过 PLC 程序内部的编码器深度值来实现。

2）井筒开关故障保护（二类保护）。

提升运行的实际深度、实际速度对提升系统是十分关键的，要保证提升运行位置的准确性，必须确保井筒同步开关可靠动作。同样，井筒中的减速开关对提升系统也是十分关键的。因此，控制系统必须监视提升机同步开关、减速开关的工作情况，当开关动作出现错误时，应设置闭锁保护。

以编码器位置信号为参考来监视井筒开关，井筒开关在设定的位置区间外动作或在设定的位置区间内无动作均视为故障或报警。主提升容器上行时，正向井筒开关动作异常视为故障，反向井筒开关动作异常视为报警（轻故障）；主提升容器下行时，正向井筒开关动作异常视为报警，反向井筒开关动作异常视为故障。

井筒开关故障发生后，系统将立即实施电气制动停车。

3）主从编码器位置保护（一类保护）。

保护原理：主编码器深度值与从编码器深度值相比较，超过一定设定值时，即实施安全制动。

故障后只允许采用检修方式应急开车。

（2）与提升速度相关的保护　速度采样的信号一般包括测速机速度、编码器速度、传动系统反馈的速度。这 3 个速度信号分别独立作用于速度相关的保护，实现重要保护功能的冗余配置。

1）过速保护（一类保护）。

当提升速度超过最大速度 15% 时（等速过速），安全回路自动断电，制动闸实施紧急制动停车。

过速保护采用多重化冗余设置，一般包含测速机全速超速保护、编码器全速超速保护和直流传动装置的速度反馈信号全速超速保护。

2）测速比较故障（一类保护）。

为了确保速度采样值的准确性，需要对速度值实时监控。因此，引入了测速比较故障保护。

保护原理：当提升机运行时，对测速机速度、两个编码器速度、传动装置反馈速度 4 个值实时地相互比较，正常情况下，4 个速度采样值应该是相同的，如果任意两个之间的差值超过设定值，则系统实施安全制动。

3）减速过速保护（一类保护）。

减速过速也称作包络线超速，提升机在减速阶段速度超过限定速度 10% 时，保护动作，安全回路断开。

限定速度曲线（即包络线）的计算式为

$$v_h = \sqrt{2a(h_t - h_0) + v_0^2} \tag{20-5}$$

式中　v_h——限速给定值，单位为 m/s；

　　　a——减速段的减速度绝对值，单位为 m/s²；（加减速度值一般由设计院在进行系统设计时确定。依据《煤矿安全规程》规定，用于升降人员时，立井的加减速度不得超过 0.75m/s²，斜井的加减速度不得超过 0.5m/s²；用于提升物料时的加减速度不得超过 1.2m/s²。)

h_t——提升容器与目标停车位置的实时距离，单位为 m；

h_0——爬行距离，单位为 m；

v_0——爬行速度，单位为 m/s。

4）定点限速保护（一类保护）。

《煤矿安全规程》和 GB 20181—2006《矿井提升机和矿用提升绞车 安全要求》规定，提升速度超过 3m/s 的提升绞车必须装设限速装置，以保证提升容器（或平衡锤）到达终端定点限速位置时的速度不超过 2m/s。

终端定点限速位置一般通过井筒开关和编码器深度值来确定，任何一个保护起作用都能断开安全回路。

5）钢丝绳打滑保护（二类保护）。

摩擦式提升机钢丝绳打滑超过规定值时，安全保护功能起作用，系统将立即实施电气制动停车。

保护原理：安装在天轮轴的防滑测速机或编码器的速度信号与安装在主卷筒轴端的测速机以及编码器速度信号实时比较，如果两者差值超过设定值，则视为钢丝绳打滑。

（3）与传动系统相关的保护

1）高压合闸联锁保护（一类保护）。

只有当高压开关柜合闸后，才允许安全回路通电。当高压柜由于短路、过电流、欠电压、失压等保护功能作用而掉电时，安全回路断开，实施安全保护。

2）直流快开合闸联锁保护（一类保护，仅针对直流调速系统）。

只有当直流快开装置合闸后，才允许安全回路通电。

当直流电动机的电枢回路由于过载或短路发生过电流时直流快开跳闸，安全回路断开。

3）传动柜重故障保护（一类保护）。

当传动装置发生过电流、过载、欠电压、过电压、超速、快熔熔断等重故障时，安全回路断开，实现安全保护。

4）堵转保护（一类保护）。

提升机发出起动信号后，电动机电流超过设定值一定时间后电动机还没有运转，这时检测到速度反馈信号低于设定值，堵转保护起作用，安全回路断开。

5）溜车保护（一类保护）。

当"传动使能"信号没有发出，系统却检测到一定的速度反馈值时，安全回路断开，系统实施紧急制动停车，防止溜车事故。

6）失磁保护（一类保护）。

提升机起动后，如果励磁电流的实际值小于设定值，那么安全回路断开。

7）使能断线（一类保护）。

正常情况下，传动装置收到控制系统发出的开车使能信号后，应该立即开始运行并将运行信号反馈给控制系统。如果控制系统发出开车使能信号后，超过设定时间仍收不到传动装置反馈的运行信号，则视为使能断线，安全回路断开，实施安全保护。

（4）其他保护

1）松绳保护或尾绳扭结保护（一类保护）。

松绳保护装置设置于单绳缠绕式提升机，松绳保护装置在钢丝绳松弛超过规定值时，发出音响信号并断开安全回路，实现安全制动，从而避免事故的发生。

尾绳扭结保护装置设置于多绳摩擦式提升机，其作用是防止尾绳在高速运行中扭结造成事故。动作原理：当尾绳扭结时，防扭结装置动作，安全回路断开。

2）错向保护（一类保护）。

当提升机实际运行方向与给定方向不一致时，错向保护动作，安全回路断开。

3）急停按钮保护（一类保护）。

司机操作台和信号控制台（箱）上装设有急停按钮，当发生紧急情况时，司机或信号工可以按下急停按钮，安全回路断开，实施紧急制动。

4）制动油压高保护（一类保护）。

当液压站制动油压超过设定的最高压力限制时，液压站上的电接点压力表触点闭合，安全回路断开，提升机进行安全制动。PLC 检测到液压站油压变送器的油压信号超过 PLC 内部设定值时，PLC 判断为制动油压高，安全回路断开，提升机进行安全制动。

5）满仓保护（一类保护）。

箕斗提升的井口料仓满仓时，安全回路断开，不允许再次提升。

6）速度给定手柄零位、制动手柄零位联锁和安全回路复位联锁。

只有当速度给定手柄处于中间零位、制动手柄在全抱闸位置时，才允许接通安全回路。当安全回路断电后，排除故障后，两手柄必须回到零位，按下故障复位按钮，才能重新接通安全回路。

3. 轻故障闭锁保护

（1）轻故障闭锁保护的实现　　当轻故障发生后，不需要立即实施安全制动停车，如果这时提升机正在运行，那么系统允许本次提升完成。为了实现轻故障闭锁保护，一般采取的方式是将保护功能与开车信号进行闭锁，即当轻故障发生后，系统将无法收到开车信号，直至故障被排除后复位。

（2）轻故障保护的设置

1）传动装置报警。

当传动装置输出报警信号（如检测到主电动机过热、整流器冷却故障等）时，系统报轻故障。

2）风机变频器故障。

主电动机的冷却风机用变频器供电时，如果变频器因故障停机，那么系统按轻故障处理。

3）润滑站报警。

包括润滑油压低、油温低、油温高、液位低、过滤器滤芯堵塞等。

4）液压站报警。

包括液压站油温低、油温高、液位低、过滤器滤芯堵塞等。

5）闸检测装置报警。

包括闸间隙过大、制动盘偏摆过大、制动盘温度过高。

依据 GB 20181—2006《矿井提升机和矿用提升绞车　安全要求》的规定，制动闸松闸时，制动瓦与制动轮或制动盘间的间隙应符合下列要求：

① 平移式块式制动器不应大于 2mm，且上下相等；

② 角移式块式制动器不应大于 2.5mm；

③ 盘形制动器不应大于 2mm。

6）整流变压器、主电动机、轴承、天轮等超温报警。

在测温部位预埋 Pt100 测温元件，并将测得信号送入测温仪表集中显示和报警。

7）井筒开关报警。

井筒开关报警也可以归为轻故障类型，前文已对此进行表述，此处不再赘述。

4. 闸检测

制动器是矿井提升机的重要组件之一，直接关系着提升设备的安全运行，现在矿井提升机用的制动器大部分是盘式制动器。

传统的闸检测装置使用机械式限位开关（如 TS249 型、TE032 型），在实际应用中，故障率高，维护工作量大，容易误动作，影响生产。随着技术的进步，以及矿山生产安全性能要求的提高，各种新型闸检测装置被越来越多的用户使用。

新型闸检测装置普遍采用位移传感器测量闸间隙量。位移传感器测量精度高，性能可靠，且测量值易于量化处理。常用的位移传感器主要有电阻式、电感式和电容式。

智能闸监测装置配以闸间隙/弹簧疲劳传感器和感应式制动盘偏摆传感器，可在线检测闸皮距制动盘的间隙量、弹簧的疲劳量和制动盘的偏摆量，另外又配备感应式制动盘温度传感器用以检测制动盘的温度，并以数字的形式将这些值直观显示出来。当闸间隙、弹簧疲劳和制动盘温度超过设定的报警值时，检测装置输出报警信号给电控系统，同时检测装置上相应位置的数字闪烁，提示报警位置。该检测装置安装使用方便、适用性强且具有智能性，可以把检测数值和报警状态通过通信的方式上传到上位计算机。

20.4　提升机上位监控系统

1. 系统简介

矿井提升机特定的工作环境决定了其控制设备工艺的复杂性、高安全性和可靠性，从而使电控设备的维护工作具有较高的难度。面对这一情况，越来越多的用户提出，希望能够有一种设备将提升机电控设备运行中能反应提升机的运行状态及将用户关注的过程参数直观地显示出来，以便实时监视提升机的运行状态和降低故障时的维护难度。

随着计算机技术的发展、PLC 功能的增强和网络的发展，这一要求逐渐得到很好的满足，出现了不同种类的人机交互界面管理工程师站，集中管理系统运营数据，在工程上称为工程管理计算机站，简称上位机监控系统。

上位机监控系统利用工业计算机安装专门的监控软件采集提升机运行中的深度、速度、电流、电压、运行次数和运行时间等参数，经分析和处理，生成系统静态配置图形、动态数据监视图形、报表系统图形和故障记录图形等，经交互式途径显示出来，能够直观快速地反映提升机状态，极大地方便了现场维护人员查找和处理故障。

目前市场上的上位监控系统主要在各大公司既有的软件基础上开发，软件主要有

WinCC、力控组态软件、组态王、InTouch、Infix、Screenware 等，这些软件经过广泛应用，证明都是成熟可靠的，并且由于 OPC、WEB 等技术的发展，这些软件除支持本公司产品外，也可以与其他公司的下位设备通信。

下面以中信重工研发的典型的基于西门子 WinCC 的上位监控系统为例，详述上位监控的构成和功能。

2. WinCC 简介

WinCC 是西门子公司基于 Windows 操作系统开发的工控软件，WinCC 即 Windows Control Center。WinCC 是一个功能强大的全面开放的监控系统，既可以用来完成小规模的、简单的过程监控，也可以用来完成复杂的应用。其主要功能包括：

（1）图形系统　用于组态画面的开发。

（2）报警系统　用于报警信息的记录、存储、分类、分析、显示及生成报表，操作非常简便。

（3）变量记录系统　用于对变量的存档接收、记录和压缩，用于显示曲线和图表及提供进一步功能。

（4）报表系统　生成各类用户需要的参数报表、生产报表等。

（5）数据处理　对图形对象的动作使用 VC 或者 VB 进行编辑。

（6）标准接口　通过 ODBC（开放数据库互连）和 SQL（结构化查询语言）访问用户组态和过程数据的 Sybase 数据库，提供标准接口连接第三方设备。

（7）用户管理　对不同的用户分配不同的授权以保证设备正常运行。

此外，WinCC 还提供多种可选软件包以满足客户的不同要求。

3. 上位监控系统概述

矿井提升机上位监控系统软件多采用西门子公司的 WinCC 软件，基于简体中文版 Windows 专家版环境下运行。主要对电气控制系统 PLC 进行组态、编程和监控，其功能包括：多窗口 PID 图、报警画面、趋势图、指导画面、控制画面、参数修改画面及故障诊断等各种监视画面。

1）提升系统动、静态画面的生成（如显示提升过程动态画面，显示速度动态曲线、电枢电流动态曲线，以及提升容器位置的动态显示等）。

2）各种设备状态的监视。

3）安全回路状态的监视。

4）井筒开关动作情况的记忆及显示。

5）故障自检显示、报警，能显示故障发生的位置、时间和原因等，对系统重要参数如速度、电流、电压及运行状态进行实时检测，对重要的参数（如速度图等趋势曲线）存盘，便于故障后的问题查找分析。

6）各类报表（班报、日报、月报、年报）生成打印的历史记录。

4. 主要监控画面介绍

（1）主画面　主画面是对系统整体概况的描述，显示了提升机运行的状态和设备构成，如图 20-18 所示。主要具有以下功能：

1）画面的最上方是标题栏，显示的是目前项目的名称和日期。

2）组态了矿井提升机系统的结构图，包含模拟的卷筒、模拟的电动机、液压站、润滑站、传动系统和低压控制系统。

3）组态了模拟的罐笼（或箕斗），上面的两个小滑块的运动轨迹与实际的罐笼（或箕斗）一致。

4）组态了井筒开关，当罐笼（箕斗）经过相应井筒开关时，开关动作，同时画面上所对应的开关的背景颜色也会改变。

5）组态了信号系统提供的信号，画面上所对应的区域有信号系统发出相应的信号文本显示。

6）组态了I/O域，用于显示系统运行的参数，如电枢电流、电动机速度、主编码器深度、从编码器深度、电动机温度。并将重要参数单独、显著地显示出来。

7）组态了提升机工况和辅助设备的状态，以帮助操作工正确开车。

8）在画面左下角组态了用户登录功能，只有授权的用户才能获得相应的操作权限，保证上位监控的安全、可靠运行。未获得授权的用户则只能观察主画面当页所显示的提升机基本状态，不能切换画面。

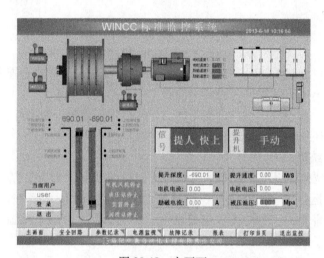

图 20-18　主画面

（2）安全回路画面　安全回路画面实时监测了提升机控制中重要的保护环节，包括了安全回路故障和轻故障，如图 20-19 所示。通过表格形式，当故障发生时指示相应故障信号。并且通过点击"详细"按钮，能够获得该故障的详细分析，以帮助维护工程师迅速排除故障。

（3）参数记录画面　提升机运行过程中，有一些参数能够在很大程度上反映系统的运行状态是否良好，并且在故障发生后能够帮助查明并分析故障原因。故而，在上位监控系统中，将这些参数用图表的形式实时记录，并且归档存储。通过一定的方法，不但能够观察当前数据状态，还可以查询历史数据。尤其对一些偶然发生的故障，当人不能一直监视时，参数记录将极大地节省人工人力。例如，对于磁开关，当需要检修开关工作是否可靠时，由于判断可靠性不能只用一次的动作情况作依据，需要经过大量的试验获得数据来分析，这就要求人员持续在岗观察，费时费力。而当将磁开关信号用上位监控系统记录时，这一切就变得相当简便，只需将历史记录调出查看即可，不必一直观察，更不必去井筒观察。又比如，当

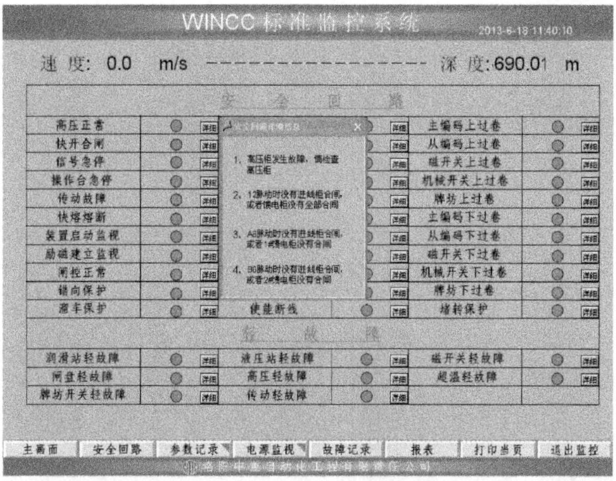

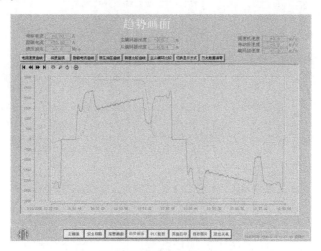

图 20-19　安全回路画面

故障发生产生停车时，若值班工程师当时不在现场，故障时电动机参数和提升机状态不能及时获得，则只需调出相应时间的参数记录画面即可查阅所有参数，便于排查故障，参数记录画面如图 20-20 所示。

图 20-20　参数记录画面

（4）电源监视画面　为了方便操作工操作或检修设备，节省提升机开机时间，将电源分合闸信号在监控系统统一显示，不但方便了操作，而且使得没有电气基础知识的操作人员也可以简单明了地查询开关状态。电源监视画面如图 20-21 所示。

（5）故障记录画面　故障记录类似参数记录，两者的区别主要在于对象不同，参数记录画面记录的是提升机运行过程中的运行参数，如电流、速度等；故障记录画面则记录经 PLC 分析处理的提升机运行状态而发出的警报，如"电动机堵转""速度超速"等，故障记录比参数记录的功能要强大和多样化，他们都具有归档的能力。故障记录画面如图 20-22 所示。

（6）报表功能　报表在生产环节占有举足轻重的作用，好报表可以直观地反映生产率、

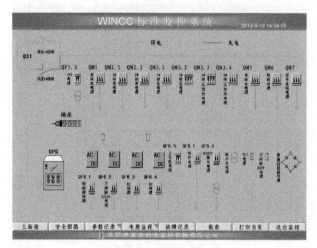

图 20-21　电源监视画面

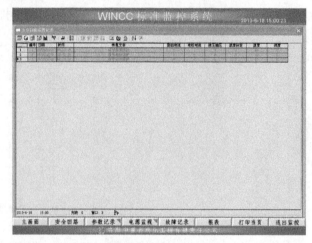

图 20-22　故障记录画面

设备利用率等，给予管理层简便明了的现场数据。报表功能充分利用 WinCC 的开放性，将 WinCC 与 EXCEL 表格数据共享，提升机的提升勾数、运行时间等数据一方面在报表画面中显示，另一方面将数据直接存储在 EXCEL 表格中。根据不同的日期，通过 EXCEL 的强大功能生成相应的日报表、月报表、年报表，用户可以直接调阅相关文件，并且报表系统可以根据用户的需求进行定制。报表功能如图 20-23 所示。

（7）其他　除上述功能外，还提供用户打印、取消激活等功能，并可根据用户需求增添其他功能。

5. 监控系统的使用

上位监控系统研发充分考虑使用的简便性，一般人员只需经现场简单培训即可查看上位监控系统。由于 Windows 操作方式的广泛应用，大部分监控系统的操作界面都是窗口式的，以适应大部分人的操作习惯。

近年来，随着计算机技术的发展以及数字矿山的大力发展，客户对上位监控系统的要求

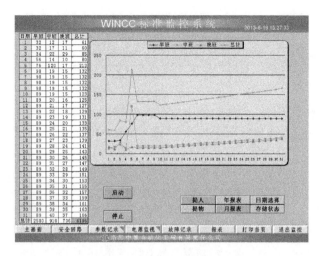

图 20-23　报表功能

也越来越高，越来越多样化。例如，越来越多的用户要求上位监控系统能够并入企业网以便于统一管理和查阅，要求能够多站多用户操作，并且用户对上位监控系统的自诊断能力提出越来越高的要求，同时系统的远程诊断能力也被客户越来越重视。OPC、WEB、VPN、SQL等技术的发展和基于该技术的开发使得这些功能得以实现。

　　总之，上位监控系统具有操作简单、控制方便、人机界面友好、通用性好、安装方便的特点，一个好的上位监控将为用户节约大量的人力物力，提高设备运行效率，帮助安全可靠生产。上位监控系统正逐渐朝着网络化和智能化的方向发展，其在矿井提升机系统中发挥的作用也越来越大。

20.5　成套范围

　　成套直流提升机电控设备主要由以下部件组成：高压开关柜、电枢整流变压器、励磁整流变压器、全数字直流调速柜、快速开关、直流侧电抗器、低压电源柜、PLC 控制柜、操作台、上位计算机、编码器、测速发电机及井筒检测开关等。表 20-2 所示为直流电控系统的典型配置。

表 20-2　直流电控系统的典型配置

序号	名称	技术说明	数量
1	高压开关柜	对整流变压器进行通断控制，并提供配电保护 6 脉动系统通常简化配置为 1 台，也可以配置 3~4 台 12 脉动系统常采用两进两馈一保护的形式，通常配置 5 台	1 套
2	电枢整流变压器	整流变压器为整流设备供电，提供所需要的电压和电流，并提供一定的短路阻抗 6 脉动系统配置 1 台 12 脉动系统配置 2 台	1 套

（续）

序号	名称	技术说明	数量
3	励磁整流变压器	励磁整流变压器是为主电动机励磁部分提供电源	1台
4	全数字直流调速柜	6脉动系统通常由1台整流柜组成 串联12脉动系统由励磁整流柜、调节柜、1号电枢柜、6/12脉动切换柜、2号电枢柜组成 并联12脉动系统由励磁整流柜、调节柜、1号电枢柜、2号电枢柜组成	1套
5	快速开关	对主电动机电枢回路起过电流保护作用 6脉动系统和串联12脉动系统配置1台 并联12脉动系统配置两台	1套
6	直流侧电抗器	保证直流回路电流连续，限制故障电流上升率 6脉动系统和串联12脉动系统需要配置1台平波电抗器 并联12脉动系统需要配置两台均衡电抗器	1套
7	PLC控制柜	采用可编程控制器，实现提升机工艺过程的控制连锁及保护，并与上位机通信	1台
8	低压电源柜	采用双回路进线，为提升机液压站、润滑站、主电动机风机等辅助设备提供电源	1台
9	操作台	装有指示灯、仪表、按钮、音响设备，能实现提升机运行的各种控制工艺的要求	1台
10	上位计算机	安装有上位监控软件和编程软件 上位监控软件主要用于显示提升机运行动、静态画面，安全回路和故障记录等 编程软件主要用于修改监控PLC程序	1台
11	井筒检测开关	提供同步、减速、停车、过卷等信号	1套
12	编码器或测速发电机	装于电动机侧或主轴端为传动装置提供速度反馈信号。也可接入控制系统作为速度保护信号	1套
13	轴编码器	提供高精度脉冲信号，用于检测提升机的运行速度和容器的位置 主轴端安装两个，摩擦式提升机在天轮或导向轮安装1个	1套

20.6　直流提升机电控系统案例

某矿副井，提升机型号为 JKMD-5×4（Ⅲ）。直流提升机电控系统采用串联 12 脉动形式，主要由高压系统、低压系统、传动系统、控制（含操作监控）系统等部分组成。

20.6.1　技术数据

1. 机械参数

最大提升速度为 8.38m/s，容器形式为双罐笼，结构形式为电动机直联。

2. 电动机参数（见表 20-3）

表 20-3　直流电动机的技术参数

提升机型号	JKMD-5×4（Ⅲ）
额定功率	1800kW
额定转速	32r/min
额定电压	900VDC
额定电流	2292A
励磁电压	220V/110V
励磁电流	170A/340A
励磁功率	37.5kW
过载倍数	2.0 倍/min，切断电流后为 2.25 倍
效率	86.8%（保证值）
冷却方式	IC37
防护等级	IP44

3. 电网电压

高压供电：两路 AC10kV 电源，一路使用一路备用。

低压供电：两路 AC400V 电源，一路使用一路备用。

20.6.2　高、低压供电系统

10kV 高压电源供电系统主要用来给系统主整流变压器供电，因为矿井提升机属于一级负载，需要双回路供电来保证及安全可靠运行。其主要由两台进线柜、两台馈电柜和 1 台 PT 柜组成。

低压电源供电系统的电源电压（三相交流电压 380V）为双回路进线，主要功能是为电控系统的辅助设备供电，系统主要由双回路进线开关、电控设备本身需要的电源、提升机辅助设备的电源、起重机电源、冷却风机电源、照明电源、提升信号设备电源等组成；并配置线式 UPS 电源，以便在主电源故障的情况下，能够使提升机实现可靠的安全制动，为计算机提供电源，保证计算机的运行和数据保持。

20.6.3　传动系统

传动系统的主回路包括整流变压器、变流器（选用 ABB 公司的 DCS800 装置）、平波电抗器、快速开关、励磁回路和保护回路等。电枢回路选用两台整流变压器供电（见图 20-24），分别接到两台变流柜上，构成串联 12 相可逆整流电路，整流桥输出通过串联后给电枢供电。单台故障时可手动切换为 6 脉动全载半速方式。电动机励磁采用一台整流变压器给 ABB DCS800 装置供电。各部分参数选择计算如下。

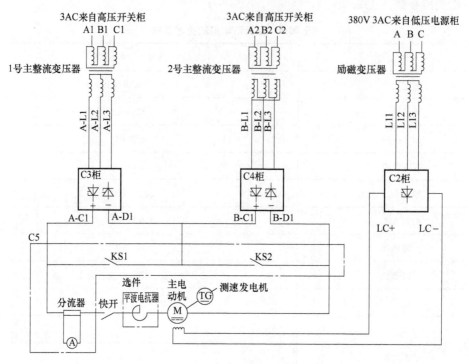

图 20-24　电枢主回路的接线原理

1. 整流变压器参数选择的计算

一台变压器接法为 △/△-12，另一台变压器接法为 △/Y-11，两台变压器二次侧三相电源间相位错开 30°。变压器二次相电压的计算如下：

$$U_{V\phi} = \dfrac{U_{MN} + \left(\dfrac{I_{Mmax}}{I_{MN}} - 1\right) I_{MN} R_{Ma} + \dfrac{I_{Mmax}}{I_{MN}} I_{MN} R_{ad} + n U_{df}}{K_{UV}\left(b\cos a_{min} - K_x \dfrac{e}{100} \dfrac{I_{Tmax}}{I_{TN}} - K_{DF}\right)} \quad (20\text{-}6)$$

式中　U_{MN}——电动机的额定电压，单位为 V；

I_{MN}——电动机的额定电流，单位为 A；

R_{Ma}——电动机电枢回路的电阻，单位为 Ω；

R_{ad}——电动机电枢回路的附加电阻，单位为 Ω；

I_{Mmax}/I_{MN}——电动机的允许过载倍数，无特殊情况时，认为 $I_{Tmax}/I_{TN} = I_{Mmax}/I_{MN}$；

K_{DF}——动态特性调节裕度，一般 $K_{DF} = 0.05 \sim 0.10$；

n——电流流过晶闸管的器件数；

U_{df}——晶闸管的正向瞬态压降，取 1.5V；

K_{UV}——整流电压计算系数，对串联 12 脉动回路取 4.68；

b——电网电压波动系数，取 0.95；

a_{min}——最小触发延迟角，对逻辑无环流可逆系统取 $\cos a_{min} = 0.93$；

K_x——换向电抗压降计算系数，取 0.259。

因此，有

$$\sqrt{3}\,U_{V\phi} = 1.732 \times \frac{900 + (2.2-1) \times 2292 \times 0.027 + 2.2 \times 2292 \times 0.0001 + 2 \times 1.5}{4.68(0.95 \times 0.93 - 0.259 \times 6\% \times 2.2 - 0.05)} \approx 453V \quad (20\text{-}7)$$

综上计算我们取 $\sqrt{3}\,U_{V\phi} = 450V$

2. 变压器等值容量的计算

等值容量

$$S_T = K_{ST} U_{d0} I_{dN} \quad (20\text{-}8)$$

式中　K_{ST}——等值容量计算系数，它表示变压器等值容量与理想直流功率之比，代表变压器的利用率，在此我们取 $K_{ST} = 1.03$。

$$S_T = 1.03 \times 2.34 \times 520 \times 2292kVA \approx 2873kVA$$

考虑变压器厂家的制造因素，选两台变压器如下：

一台变压器容量为 1600kVA，10kV/450，接法为 △/△-12；

一台变压器容量为 1600kVA，10kV/450，接法为 △/Y-11。

由于考虑晶闸管过电压机会较多，变压器绝缘等级选用 H 级。变压器预埋测温电阻用于检测铁芯温度，并配有冷却风机。

3. 整流回路和励磁回路

首先，根据工艺和用户要求，主回路方案选用串联十二脉动系统直流调速方案。本系统装备选用 DCS800 系列四象限全数字直流调速装置。

其次，按电动机参数选择调速装置的容量。由于电动机额定电压为 900VDC，按串联十二脉动中每个装置出一半电压，都为 450VDC，对应选择装置直流输出电压等级为 500V 档。电动机主回路额定负载下长期运行的电流为 2292A，按提升机系统 1.8 倍的过载倍数计算，应选择 4000A 档位。故直流模块（功率柜）选用 ABB 公司 DCS800-S02-4000-05+S199-L（500V，4000A 主回路左端出线）一台和 DCS800-S02-4000-05+S199-R（500V，4000A 主回路右端出线）一台。

由于电动机额定励磁电压/电流为 220V/170A 或 110V/340A，为降低励磁电流、提高装置使用效率，采用励磁电压/电流为 220V/170A，故励磁装置选用 ABB 公司的 DCS800-S01-0230-04+S199（400V，230A）和过电压保护单元 DCF506-0520-51。

4. 平波电抗器选择的计算

若要求变流器在最小工作电流 2292×5% 时仍维持电流连续，则电抗器的电感值应为

$$L_{1X} = K_{1X} K_{UV} U_{V\phi} / I_{min} - L_M - K_L L_T = -1.775mH \quad (20\text{-}9)$$

式中　K_{1X}——限制电流断续范围的电感系数，串联 12 脉动查表可得 $K_{1X} = 0.049$；

　　　$U_{V\phi}$——变压器二次相电压，$U_{V\phi} = 450/1.732V = 260V$；

　　　K_{UV}——整流电压计算系数，串联 12 脉动查表可得 $K_{UV} = 4.68$；

　　　I_{min}——最小工作电流，按照实际工作情况，可按 2292A×5% 计算；

　　　L_M——电动机电枢回路电感，上海电动机厂提供为 2.448mH；

　　　K_L——变压器电感折算系数，串联 12 脉动查表可得 $K_L = 4$；

　　　L_T——变压器折合到二次侧的每相漏电电感值。

$$L_T = K_{TL} \frac{e}{100} \frac{U_{V\phi}}{\omega I_{dN}} \times 10^3 \quad (20\text{-}10)$$

式中　K_{TL}——变压器漏感计算系数，串联 12 脉动时为 0.634；

　　　　e——变压器阻抗百分值，$e=6$；

　　　　ω——电源角频率；

　　　　I_{dN}——额定整流电流，$I_{dN}=2292$。

由于本系统采用低速直连电动机，主电动机电感值足够大，经计算所需平波器电感值为负数，因此本系统无须再配置平波电抗器。

5. 直流快速开关的选择

直流回路中采用直流快速开关，用于保护电动机和整流装置，防止过电流时损坏设备，型号为 DS14 系列。

断路器采用桥式双断点触头，具有结构紧凑、操作机构灵巧、分断能力高等特点。

整定电流范围为 2500～6300A。

20.6.4　控制系统

控制系统选用由西门 S7-300 系列 PLC（可编程序控制器）作为控制核心，采用双 PLC 冗余控制，双安全回路，实现整个提升机电控系统的控制、保护和监测。

副井提升按五段速度图运行，如图 20-25 所示，分为加速段、等速段、减速段、爬行段、停车休止段五段。

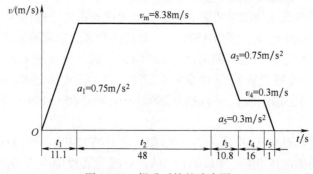

图 20-25　提升系统的速度图

1. S7-300 系列 PLC 硬件的简介

（1）PS 电源模块　将外部 220VAC 电源变换为可编程序控制器所需的 DC24V 工作电压。

（2）CPU 模块　是可编程序控制器的中央处理单元。

（3）高速计数模块　对轴编码器的输出脉冲值计数，完成位置和速度控制。

（4）数字量输入模块　将开关量电信号转化为 CPU 能够处理的电平信号，对各开关量信号状态进行检测，为程序执行提供依据。

（5）数字量输出模块　将 CPU 输出的电平信号变换为控制对象所需的工作电平，控制执行机构工作。

（6）模拟量输入模块　将来自过程的模拟量信号转换为 PLC 可以处理的数字量信号，供 CPU 在执行程序时调用。模拟量信号可以是电压信号、电流信号或测温元件 Pt100 信号等。

（7）模拟量输出模块　将 CPU 处理过的数字量信号变换为过程所需的电压、电流等模拟量信号。

2. 双 PLC 冗余系统的设计

（1）双 PLC 冗余系统的硬件设计　双 PLC 冗余系统的硬件及网络配置（见图 20-26、表 20-4~表 20-6）由计算机柜主从 PLC 控制系统、远程 I/O 子站和操作台远程 I/O 子站组成。如图 20-26 所示，主从 PLC 机架由电源模块 PS、CPU 模块、同步模块和以太网通信模块组成，计算机柜配置由 ET200 远程 I/O 模块、高速计数模块、模拟量输入输出模块和数字量输入输出模块组成。

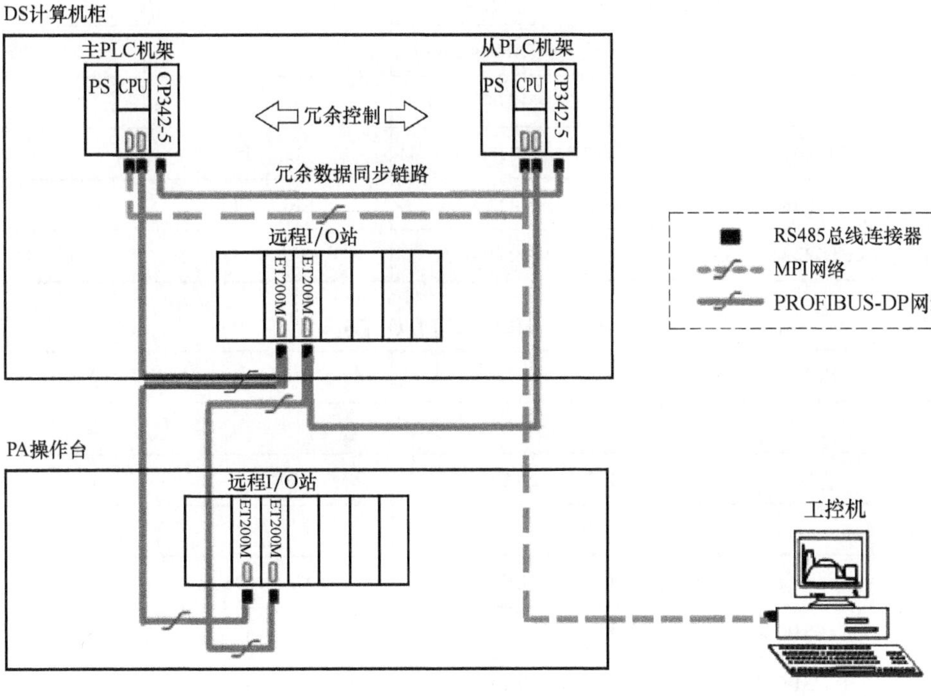

图 20-26　PLC 配置及网络组成

表 20-4　主从 PLC 硬件配置

S...	Module...	Order number...	Firmware	MPI add...	I...	Q...
1	PS 307 2A	6ES7 307-1BA00-0AA0				
2	CPU315-2 DP	6ES7 315-2AG10-0AB0	V2.6	2	2	
X2	DP				2047 *	
3						
4	CP 342-5	6GK7 342-5DA02-0XE0	V5.0	4	256...	256...
5	CP343-1 Lean	6GK7 343-1CX10-0XE0	V2.0	3	276...	276...

表 20-5　计算机柜远程 I/O 硬件配置

S...	Module...	Order number...	I Add...	Q Address...
1				
2	IM153-2	6ES7 153-2BA02-0XB0	2043 *	
3				
4	FM350-2 COUNTER E	6ES7 350-2AH01-0AE0	28...67	28...43
5	AI8x12Bit	6ES7 331-7KF02-0AB0	316...331	
6	AI8x12Bit	6ES7 331-7KF02-0AB0	332...347	
7	AO8x12Bit	6ES7 332-5HF00-0AB0		12...27
8	DI32xDC24V	6ES7 321-1BL00-0AA0	8...11	
9	DI32xDC24V	6ES7 321-1BL00-0AA0	12...15	
10	DI32xDC24V	6ES7 321-1BL00-0AA0	16...19	
11	DO32xDC24V/0.5A	6ES7 322-1BL00-0AA0		8...11

表 20-6　操作台远程 I/O 配置

S...	Module...	Order number...	I Add...	Q Address...
1				
2	IM153-2	6ES7 153-2BA02-0XB0	2045 *	
3				
4	AI8x12Bit	6ES7 331-7KF02-0AB0	272...275	
5	DI32xDC24V	6ES7 321-1BL00-0AA0	0...3	
6	DI16xDC24V	6ES7 321-1BH02-0AA0	4...5	
7	DO32xDC24V/0.5A	6ES7 322-1BL00-0AA0		0...3
8	DO32xDC24V/0.5A	6ES7 322-1BL00-0AA0		4...7

（2）双 PLC 冗余系统软件的设计　在软冗余系统进行工作时，主 PLC、从 PLC 控制系统（处理器、通信、I/O）同时在线独立运行，初始由主系统的 PLC 掌握对 ET200 从站中的 I/O 控制权。每台 CPU 程序由非冗余用户程序段和冗余用户程序段组成。

双 PLC 运行过程如图 20-27 所示。主 PLC 开始输入信息，先处理非冗余、不需要进行数据同步的程序内容，同时分析从备用 CPU 中获取的状态信息，然后执行控制程序的冗余部分，并将冗余部分的数据复制到备用 CPU 中，备用 PLC 的程序处理过程与主 PLC 一样。

3. 控制系统完成的主要功能及重要安全保护

操作控制的主要功能如下：

1）满足提升机自动、半自动、手动、检修、慢动等运行方式的控制要求。

2）监视提升系统的各路电源。

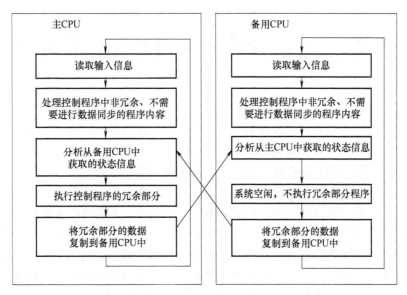

图 20-27　双 PLC 运行过程

3）完成提升机运行工艺要求的控制功能。

4）实现对调速系统速度给定的控制。

5）实现提升机恒减速制动系统的控制功能。

6）实现完善的保护功能，例如对于全速超速、井筒两端减速段超速、上下过卷等安全保护的多重保护。同时，还能完成定点速度监视、井筒开关监视、电动机温度检测、制动瓦磨损与弹簧疲劳等监控与保护功能。

7）实现连续速度包络线监测保护和逐点速度监测保护功能。

8）完成提升机的位置控制，实现数字行程给定功能，定位精度≤|2|cm，并实现数字行程罐位显示，在井筒内设置同步开关对光电编码器进行同步校正。

9）实现与信号系统的连锁接口。

10）实现上位机监控功能、远程通信及远程诊断功能。

重要保护即安全回路的介绍如下：

安全回路的作用是当提升系统出现异常情况时能够使提升机停止运行，并防止重新起动，以防事故进一步恶化。

安全回路为多重化，其中一套为硬接线回路，两套软件安全回路相互独立运行、互为冗余，并独立于其他正常回路。

安全回路的工作状态能在监视器上监视并有报警记录，以便查找故障和历史记录。

第 21 章　交流矿井提升机的电控系统

传统的调速控制方法是采用在电动机转子电路内接入金属电阻，用接触器切除电阻来达到调速的目的。这些控制装置的缺点是：电阻能耗大、散热难以解决；电阻调速属于有级调速，开环控制，调速范围小、精度低、安全性能差；在减速段和下放时需投切动力制动直流电源或低频电源，易造成设备损坏，且浪费了大量的电能。另外，原有的控制系统保护不够齐全，安全可靠性差，原系统已严重地制约了矿山的安全生产，急切需要生产厂家制造出一种安全可靠、性能优良且又节电的新型驱动系统。全数字矿井提升机变频驱动系统从根本上解决了原有电阻调速控制系统存在的各种弊病，使矿山提升驱动系统迈上了一个新的台阶。

变频调速是近年来发展起来的一门新兴的自动控制技术，它利用改变被控对象的电源频率，成功实现了交流电动机大范围的无级平滑调速，在运行过程中能随时根据电动机的负载情况，使电动机始终处于最佳运行状态，在整个调速范围内均有很高的效率，节能效果明显。采用变频器对异步电动机进行调速控制，因为其使用方便、可靠性高并且经济效益显著，所以得到了广泛应用。

交-直-交变频调速系统不仅适用于中小容量场合，同样也适用于大容量场合。随着变频器价格下降，以及变频器调速系统在节能环保、调速性能、维护等方面的突出优点，将会被逐步推广使用。

因此，应用全数字交-直-交变频矿井提升机电控系统，无论是对提升机原有电控系统进行改造还是新项目，将成为必然趋势。

21.1　电控系统的组成与功能

交流电动机与直流电机相比，具有结构简单、造价低、维护方便等优势，容易做成高转速、高电压、大电流、大容量的电动机，因此在矿井提升机项目上应用广泛。交流提升机的电控系统主要有两种类型，转子串电阻调速电控系统和变频调速电控系统。串电阻调速系统的调速性能差、能耗高；操作方式主要以手动操作控制串接电阻配合制动闸为主，制动瓦磨损量大，需要经常更换，已逐渐被变频调速系统所取代。变频调速系统调速范围广，加、减速运行时过渡平滑性好，低速运转时能保证电动机有足够的输出转矩，电动机再生能量可回馈电网，节能性能明显；操作简单，制动闸基本不参与控制，可实现手动、半自动、自动、低速检修等各种操作方式。

21.1.1　交流电控系统的种类

目前我国矿山企业提升机系统使用的交流电控系统主要有以下几种：

（1）高、低压串电阻电控系统　串电阻系统利用接触器或可控硅对串入转子回路中不同阻值的电阻进行组合，达到调速的目的。

电压等级：380V、660V、6kV、10kV 等；

功率范围：单机 1600kW 以下、双机 2×1600kW 以下；

适用范围：单绳缠绕式提升机和多绳摩擦式提升机，由于节能环保的需要，目前该种类型电控系统基本已经淘汰，很少有用户再订购，本书不做详细介绍。

（2）低压变频电控系统　低压变频电控系统分能耗型和能量回馈型两种，能耗型配置为单象限变频器配制动单元+制动电阻，电动机再生能量消耗在制动电阻上；能量回馈型配置为四象限变频器，电动机再生能量直接回馈电网。

电压等级：380V、660V；

功率范围：800kW 以下；

适用范围：小功率单绳缠绕式提升机和多绳摩擦式提升机。

（3）高压变频电控系统　目前国内常用提升机用高压变频器是由多个功率模块串联组成的多电平四象限能量回馈型变频器，采用输入多重化技术，对电网无谐波污染，输入功率因数高。

电压等级：3kV、6kV、10kV；

功率范围：200~4000kW；

适用范围：单绳缠绕式提升机和多绳摩擦式提升机。

（4）交-交变频电控系统　交-交变频电控系统采用的晶闸管移相控制技术，没有中间直流母线环节，能够将三相交流进线电源直接转化为可调的交流电源输出。由于其自身结构复杂、功率因素低、谐波污染大等缺点，已逐渐被中压交-直-交变频电控系统取代，本书不再进行介绍。

电压等级：1000~1650V；

功率范围：1500~8000kW；

适用范围：大功率多绳摩擦式提升机。

（5）中压交-直-交变频电控系统　中压交-直-交变频电控系统采用三电平变频技术、能量回馈的四象限变频器、具有过载能力强、功率因数高、谐波小、结构简单等优点。中压交-直-交变频电控系统是目前大功率交流系统的首选。

电压等级：3300V；

功率范围：2500~10000kW；

适用范围：大功率多绳摩擦式提升机。

21.1.2　电控系统组成部分的功能

1. 高压开关柜

提升机电控系统中的高压开关柜用于高压配电系统，起通断、控制或保护等作用。

高压开关柜的形式较多，提升机使用最多的高压开关柜型号包括：GG-1A、KYN28、KYGC 等；电压等级多为 6kV、10kV 两种。

GG-1A 高压开关柜在一台高压开关柜内集合了双进线开关、真空断路器和微机综合保护，多用于低压交-直-交变频电控系统、高压交-直-交变频电控系统、转子串电阻电控系统。

KYN28、KYGC 等高压开关柜通常以一组的形式出现，包括进线柜、馈出柜、PT 保护柜，每一路进线配备一台进线柜，设有一台独立的 PT 保护柜。馈出根据需求可以模块化组合，并可以增加联络柜等其他配置。通常用于中压交-直-交变频电控系统、交-交变频电控系统等。

2. 整流变压器

整流变压器是整流设备的电源变压器，主要功能为供给变频传动系统合适的电源及减小传动系统对电网的污染。整流变压器有环氧树脂浇注整流变压器和普通干式整流变压器两种。

对于高压变频器来说，其整流变压器与变频器集成为一体。

3. 调速系统

1）交流串电阻调速系统通过转子接触器或可控硅的接通和断开来调节串入转子回路中电阻的阻值，来改变电动机的机械特性，以达到调速的目的。

2）交流变频调速系统通过变频装置改变输出到交流电动机的电压和频率来进行调速。根据传动部分主回路结构的类型，可分为交-交变频和交-直-交变频两大类型。

4. 低压电源柜

低压辅助电源柜采用双回路进线，为辅助设备液压站、润滑站、主电动机风机等提供电源并进行控制，提供控制系统操作电源，并提供 UPS（不间断）电源，以便在供电电源故障的情况下，能够使提升机实现可靠的安全制动，为计算机提供电源，保证计算机的运行和数据保持。

5. PLC 控制系统

两套 PLC 同时工作，一套为主 PLC，另一套为从 PLC，主 PLC 负责提升机全部控制功能和安全保护的实现，从 PLC 为系统提供冗余的安全监视，两套 PLC 系统对运行数据进行交换对比，确保提升机的安全运行。

6. 网络化操作台

操作台实现提升机运行的各种控制操作工艺的要求，同时监视系统运行的各种数据，并进行必要的保护。操作台内装有远程 I/O，与主 PLC 采用远程通信方式完成各种信号的传输。

主要控制部件有：速度控制手柄、工作闸控制手柄、工作方式选择开关、控制按钮，以及辅助设备起动和急停按钮等。

主要显示的数据：容器的深度和速度（带灯柱显示罐位的实际位置）、提升速度、电动机电流、制动油压、可调闸电流、高压电源电压等。

主要指示：提升机运行状态指示、信号指示和安全状态指示。在操作台侧箱放置上位监控计算机以便于监视。

7. 系统检测元件

（1）脉冲编码器　脉冲编码器输出信号经 PLC 运算处理后提供提升机运行的速度和提升容器位置，从而进行必要的速度保护和位置保护。

（2）测速机　用于检测系统运行的实际速度。

（3）井筒开关　井筒开关主要有同步开关、减速开关、定点检测开关、停车开关和过卷开关等，用于反应提升容器在井筒中实际运行的位置，并提供减速、限速、停车、防止过卷等保护功能。

8. 上位监控系统

上位监控系统利用工业计算机安装专门的监控软件来采集提升机运行中的深度、速度、电流、电压、运行次数、运行时间等参数，经分析和处理，生成系统静态配置图形、动态数据监视图形、报表系统图形、故障记录图形等，经交互式途径显示出来，能够直观、快速地反映提升机状态，极大地方便了现场维护人员查找、处理故障。

目前市场上的上位监控系统主要在各大公司既有的软件基础上开发，软件主要有 WinCC、力控组态软件、组态王、InTouch、Infix、Screenware 等，这些软件经过广泛应用证明都是成熟可靠的，并且由于 OPC、WEB 等技术的发展，这些软件除支持本公司产品外，也可以与其他公司的下位设备通信。

9. 提升系统相关设备功能的介绍

（1）液压制动系统　详见第 15 章。

（2）润滑站　详见第 18 章。

（3）冷却风机　主电动机冷却风机的主要作用是对主电动机进行强制风冷，防止电动机绕组发热导致温度过高而损坏电动机。变频电动机绕组的发热量比较大，必须配备冷却风机进行散热，并且电动机运行时冷却风机必须开启。

（4）提升信号系统　《煤矿安全规程》规定：信号系统必须与提升机的控制回路相闭锁，只有在井口信号工发出信号后，提升机才能起动。

控制系统与信号系统的主要接口如下：

提升种类信号：提人、提物、检修、大件；

方向信号：快上、快下、慢上、慢下、多水平提升的去向信号；

起停信号：开车信号、停车信号；

故障信号：急停信号；

其他信号：对罐信号、换层信号（双层罐笼用）等。

21.2　传动系统的原理

矿井提升机用的交流电动机有异步电动机（即感应电动机）和同步电动机两大类，其传动方式有所区别。

1. 交流传动系统分类

异步电动机的转速公式为

$$n = n_0(1-s) = \frac{60f_1}{n_p}(1-s) \tag{21-1}$$

同步电动机的转速公式为

$$n = n_0 = \frac{60f_1}{n_p} \tag{21-2}$$

式中　f_1——定子频率；

　　n_p——极对数；

　　s——转差率。

由式（21-1）和式（21-2）可见，异步电动机共有变极对数调速、改变转差率调速和变频调速三种调速方法，同步电动机由于极对数固定只有变频调速一种调速方法。

（1）变极对数调速　这种调速方法是用改变定子绕组的接线方式来改变笼型电动机定子极对数来达到调速目的，特点如下：

1）具有较硬的机械特性，稳定性良好。

2）无转差损耗，效率高。

3）接线简单、控制方便、价格低。

4）有级调速，级差较大，不能获得平滑调速；此调速方法可以与调压调速、电磁转差离合器配合使用，以获得较高效率的平滑调速特性。

（2）改变转差率调速　改变转差率的方法主要有三种：定子调压调速、转子电路串电阻调速和串级调速。下面来分别进行介绍。

1）定子调压调速方法：当改变电动机的定子电压时，可以得到一组不同的机械特性曲线，从而获得不同转速。由于电动机的转矩与电压平方成正比，因此最大转矩下降很多，其调速范围较小，不适用于提升机负载。

2）转子电路串电阻调速方法：绕线式异步电动机转子串入附加电阻，使电动机的转差率加大，串入的电阻越大，电动机的转速越低。此方法设备简单、控制方便，但转差功率以发热的形式消耗在电阻上，属有级调速，机械特性较软。以前的交流提升机基本上都是采用这种调速方法。

3）串级调速：绕线式电动机转子回路中串入可调节的附加电势来改变电动机的转差，达到调速的目的。应用中多采用晶闸管串级调速，其特点是调速过程中的转差损耗回馈到电网或生产机械上，效率较高，装置容量与调速范围成正比，投资小，适用于调速范围在额定转速 70%~90% 的生产机械上。

（3）变频调速　变频调速是改变电动机定子电源的频率，从而改变其转速的调速方法。变频调速系统的主要设备是提供变频电源的变频器，变频器可分成交-直-交变频器和交-交变频器两大类，目前国内大都使用交-直-交变频器。其特点为：

1）效率高，调速过程中没有附加损耗。

2）应用范围广，可用于笼型异步电动机和同步电动机。

3）调速范围大，特性硬，精度高。

4）技术复杂、造价高，维护检修有一定困难。

2. 变频调速控制方法简介

异步电动机的动态数学模型是一个高阶、非线性、强耦合的多变量系统，需要异步电动机调速系统具有高动态性能时，就必须有好的控制方案，下面对常见的控制方案进行简要介绍。

（1）V/f 压频比控制　交流异步电动机调速时，需保持电动机中每极磁通量不变为额定值，同时改变定子电压和频率来调速。要想保持磁通不变，定子电压和定子频率之比应该为常数，绕组中的感应电动势是不能直接控制的，如果忽略定子绕组的漏磁阻抗压降，认为定子相电压等于感应电动势，可控制定子相电压与定子频率之比为定值。但是低频时，定子绕组的漏磁阻抗压降占的比重较大，不能被忽略，这样就需要在低频时对定子压降进行补偿，将定子相电压增加。在实际应用中，补偿定子压降值根据负载的大小不同是不一样的，要有不同的补偿特性来计算适应。

（2）矢量控制（Vector Control）　20 世纪 70 年代，西门子工程师 F. Blaschke 首先提出了异步电动机矢量控制理论来解决交流电动机转矩的控制问题。矢量控制实现的基本原理是通过测量和控制异步电动机定子电流矢量，根据磁场定向原理分别对异步电动机的励磁电流和转矩电流进行控制，从而达到控制异步电动机转矩的目的。

矢量控制变频调速的做法是将异步电动机在三相坐标系下的定子电流 I_A、I_B、I_C 通过三相-二相变换，等效成两相静止坐标系下的交流电流 I_α、I_β，再通过按转子磁场定向旋转变换，等效成同步旋转坐标系下的直流电流 I_m、I_t（I_m 相当于直流电动机的励磁电流；I_t 相当于与转矩成正比的电枢电流），然后模仿直流电动机的控制方法，求得直流电动机的控制量，经过相应的坐标反变换，实现对异步电动机的控制（见图 21-1）。

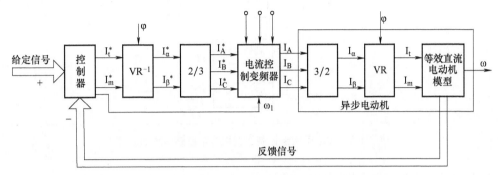

图 21-1　矢量控制系统的原理结构框图

其实质是将交流电动机等效为直流电动机，分别对速度、磁场两个分量进行独立控制。通过控制转子磁链，然后分解定子电流而获得转矩和磁场两个分量，经坐标变换实现正交或解耦控制。

（3）直接转矩控制（DTC，Direct Torque Control）　异步电动机直接转矩控制技术是继矢量控制技术之后发展的另一种高性能的变压变频控制方法，在它的转速环里，把转矩反馈直接作为被控量控制，因此得名。

德国鲁尔大学的 M. Depenbrock 教授采用转矩模型、电压型磁链模型，以及电压空间矢量控制的 PWM（脉冲宽度调制）逆变器，实现转速和定子磁链的砰-砰控制，取得了成功。随后日本的 I. Takahashi 教授也提出了类似的控制方案，在国际上统称为直接转矩控制系统。

1）DTC 直接转矩控制的特点。

按定子磁链控制的直接转矩控制系统的原理如图 21-2 所示，转速调节器的输出作为电磁转矩的给定信号 T_e^*，在 T_e^* 后面设置转矩控制内环，它可以抑制磁链变化对转速子系统的影响，使转速和磁链子系统实现近似的解耦。它的特点是：

① 转矩和磁链的控制采用双位式砰-砰控制器，并在 PWM 逆变器中直接用这两个控制信号产生电压的 SVPWM（空间矢量脉冲宽度调制）波形，避开了将定子电流分解成转矩和磁链分量，省去了旋转变换和电流控制，简化了控制器的结构；

② 选择定子磁链为被控量，这样计算磁链的电压模型不受转子参数变化的影响，提高了控制系统的鲁棒性；

③ 由于采用了转矩反馈的砰-砰控制，在加、减速和负载变化等动态过程中，可以得到快速的转矩响应，但要注意限制过大的冲击电流，避免损坏电力电子器件，因此实际转矩响应也是有限的。

2）矢量控制系统与直接转矩系统相比较。矢量控制系统的低速稳态性能更好，从而有更宽的调速范围；直接转矩系统的转矩响应速度更快。

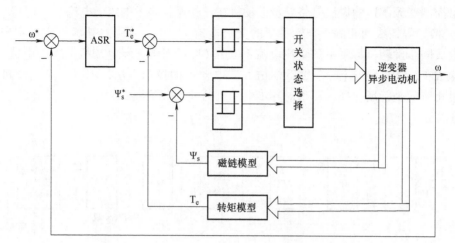

图 21-2　按定子磁链控制的直接转矩控制系统的原理

3. 交流转子串电阻提升机

串电阻调速电控系统常用于单绳缠绕式提升机 TKD 系列和多绳摩擦式提升机 JKM 系列。这两种提升机通常在电动机转子回路中串接附加电阻进行起动和调速。采用转子串电阻调速可以增大起动转矩、减小起动电流、实现有级调速，在二象限和四象限（正、反向重物下放）运行时，各转子串电阻曲线均延伸至同步转速以上，这时候电动机发电运行，能量回馈电网。当需要进行负力减速时需另加动力制动或低频装置来解决制动和爬行问题。尽管转子串电阻调速方法性能差、能耗高，但是因为这种调速方法比较简单易行，初期投资少，维护直观简单，所以在小型矿山上仍然在应用。其缺点是系统大量转差功率转变为热能被浪费掉，系统可靠性差、精度低。

（1）交流转子串电阻调速的原理

1）单绳提升机。

对于单绳提升机在加速阶段，系统采用八级（低压电动机时五级）电阻起动的方案。对于不同的起动电阻级数，其基本原理都是一样的，采用以电流为主、时间为辅的原则。

单纯按时间起动的原则，就是在恒定的时间间隔内切除电动机的转子各级附加电阻，起动时间与提升负载的轻重没有关系。但起动时各级的切换速度却随负载的轻重而变化。当重载时，电动机在恒定的时间间隔内不能加速到在额定条件下所得到的转速，转子电阻的切换于电动机达到的相应速度之前进行，此时获得很大的冲击电流和转矩，严重时会使电动机发生"颠覆"，可能由于过电流保护装置动作而使高压开关柜跳闸，提升机不能起动。相反，在轻载时，电动机在恒定的时间间隔内超过了在额定条件下所得到的转速，电动机转子电阻的切换于电动机达到相应速度之后进行，此时各级的切换速度过大，却使电流转矩的峰值减小。

纯电流原则的主要特点：当切除起动电阻时，起动电流在定子和转子内做台阶式的变化，在短接了起动电阻的时候，起动电流增大，当起动电流增大到某一整定值时，系统中 JLJ 过电流板检测值达到 PLC 程序的预设值时，PLC 中的起动回路程序就会阻碍下一个加速接触器的吸合，在加速过程中电动机绕组中的电流开始降低。当电流达到整定值的下限时，

PLC 发出指令允许下一级加速接触器吸合切除部分电阻，电动机随着接触器继续不断地吸合切除电阻而加速，直到电动机进入其机械自然特性曲线。这种根据纯电流的起动原则对提升机的工况是不适用的。因为在提升负载较轻时，会出现当切除起动电阻时，起动电流达不到电流继电器 JLJ 的吸合值，使每级接触器骤然吸合，造成加速过快。因此考虑在回路上每级电阻切除时附加时滞来修正，在这种情况下，当电流降到一定数值后，下一个加速接触器不是立即吸合，而是经过一段延时再吸合，此时间的大小由每级附加时间继电器的时滞来确定。这样，以电流为主、时间为辅的起动原则，就与提升负载的轻重无关了。

根据以电流为主、时间为辅的起动原则，在重载提升时，起动阶段时间会自然增大，这样就限制了加速度的值，防止电动机"颠覆"，并且也减少了提升机所受的机械应力，在轻载时，加速也不会过大，每级接触器不是骤然吸合，而是要经过一段时间再吸合。

2）多绳提升机。

对于多绳提升机的电控系统，在加速阶段，系统采用十级电阻（针对高压系统）起动方案，采用电流和时间平行的起动原则，防止起动转矩太大而引起打滑。

（2）交流绕线电动机转子串电阻调速时的特性曲线　下面以电动机转子回路串联八段电阻为例给予说明。

1）加速段和等速段。

不论是单绳八级还是多绳十级，其起动特性基本相同，都是采用二级预备级和六级（或八级）加速级，图 21-3 中给出了八级起动特性。二级预备中第一预备级用于消除齿轮间隙、紧绳等。第二预备级是用来实现箕斗在曲轨中的初加速，而主加速级则用于实现速度图中加速的要求，使箕斗加速到提升机等速运行速度。加速过程如图 21-3 所示，为在电动运行区域内的 a-b-c-d-e-f-g-h-i-j-k-l-m-n-o-p 曲线，稳定运行于 p 点。此时，电动机发出的力与提升负载 F_L 相等。电动机在转子接触器 8JC 带电吸合后，短接了全部转子串联电阻，运行在自然特性曲线上。

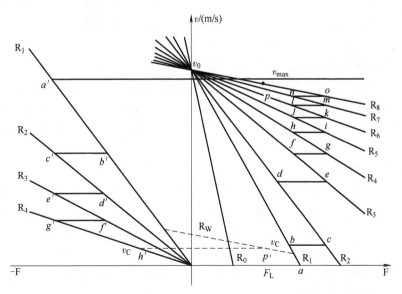

图 21-3　转子串电阻调速时的机械特性曲线

2）减速段。

当提升容器运行到减速点时，需要进行负力减速而采用动力制动减速时，首先切除电动机高压电源，电动机转子串入全部电阻，并经过一定延时后，电动机定子回路中接入两相可调直流电源，即投入动力制动。此时速度由 p 点移向 a' 点，电动机进入动力制动区，随着速度的下降，按速度原则短接了电阻 $R_1 \sim R_4$，使提升容器速度降低到爬行速度 v_C，此时已为低速爬行的投入做好准备，速度下降曲线为 $a'\text{-}b'\text{-}c'\text{-}d'\text{-}e'\text{-}f'\text{-}g'\text{-}h'$。

图 21-3 中的 R_0、R_1 为二级预备级；$R_2 \sim R_8$ 为主加速级；R_W 为微拖电动机自然特性曲线；v_{max} 为等速运行速度；v_C 为爬行速度；F_L 为提升负载；R_8 为提升机自然特性曲线。

3）爬行。

减速完成后系统开始进入爬行阶段，一般采用高压电动机脉动爬行或微拖动爬行，对于采用低频制动的采用低频爬行，工作点由 h' 点移至 p' 点，由制动区回到电动运行区，稳定运行在 p' 点，其速度为 v_C。

4）停车。

当提升容器运行到停车位置时停车开关动作，系统切除电动机电源并抱闸停车，司机可将主令手柄和工作闸手把拉至零位。

（3）交流绕线电动机转子串电阻调速主回路的构成及作用　高、低压传动系统的原理类似，这里着重介绍高压交流串电阻调速系统。高压传动系统主要由高压开关柜、高压换向柜、主令控制柜、操作台、转子柜、动力制动柜或低频制动柜等构成。

1）高压开关柜采用全封闭式真空高压开关柜，断路器采用真空断路器，配弹簧储能电动操作机构。其断路器是用来向电动机供电和在必要时紧急切断（可能自动切断）运行的电动机电源。配置的微机综合保护装置用来实现欠电压、过电流、短路及接地绝缘检测等保护功能。同时微机综合保护装置还可显示电压、电流、有功、无功、功率因数等参数，便于用户观察、记录。

2）高压换向柜用来起、停电动机时为电动机接通所需的电源。

3）转子电路中的起动电阻和加速接触器的主回路接点是用来保证必要的起动力矩，限制起动电流，逐段切除电阻达到加速起动的目的。

4）动力制动柜或低频制动柜用半自动提升方式，提升机运行至减速点时，高压电源与电动机断开，经过 $0.5 \sim 0.7s$ 的消弧延时后投入装置。采用速度闭环调节输出电压、输出电流的大小，使提升机减速段的实际速度跟随给定速度变化。当速度下降至爬行速度时，提升机由减速状态自然过渡到爬行状态（动力制动减速后的爬行方式是高压脉动爬行）并以爬行速度运行直至停车。

4. 低压交-直-交变频

提升机调速用低压变频器目前主要为交-直-交结构。首先由整流单元将三相交流电变为直流电，中间储能元器件为电容（即电压源型变频器），逆变单元将直流电变为频率可调节的三相交流电，频率的调节即实现了速度的调节。常见的中、低压变频器（380V 或 660V）如：西门子公司的 S120 系列产品、ABB 公司的 ACS880 系列产品、深圳市汇川技术股份有限公司的产品、深圳市英威腾电气股份有限公司的产品等。提升机用低压变频器要求采用矢量控制或者直接转矩控制技术。

（1）低压交-直-交变频传动的主要分类　目前常用的低压变频传动根据其整流/回馈部

分类型的不同，主要分为以下三类：

1）能耗制动型交-直-交变频。

该种类型采用可控硅或二极管整流，制动能量不回馈电网，采用制动单元+制动电阻消耗制动能量，该种方式的初期投资成本最经济。

该种类型的传动系统常用于交流 380V、690V 异步电动机变频调速，采用二极管或者可控硅整流，中间直流回路由电容储能，直流变交流侧由 IGBT 桥逆变输出到电动机。电动机处于发电状态时，发电能量由制动单元控制，通过制动电阻消耗掉，以保证直流母线电压维持在允许的范围。带制动单元的能耗制动型如图 21-4 所示。

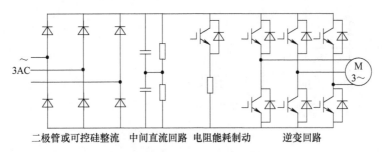

二极管或可控硅整流　中间直流回路　电阻能耗制动　　逆变回路

图 21-4　带制动单元的能耗制动型

2）整流回馈型交-直-交变频。

该种类型有一种是采用可控硅整流，同时配置一组可控硅回馈桥，制动能量回馈电网，省电节能。该种类型由于整流侧多了一组反并联的可控硅回馈桥连接到电网，少了制动单元和制动电阻，在电动机处于发电状态时，发电能量可以通过可控硅回馈桥回到电网，节能性能较好。

还有一种结构采取用普通变频器，不用制动单元而采用回馈单元的模式，该种类型制动能量由回馈单元回馈电网，由于其初期投资成本比 AFE 型变频低，因此目前较常采用。带可控硅回馈桥的普通整流回馈型如图 21-5 所示。

以上两种类型主回路结构采用了可控硅或二极管作为整流器件，在电网侧会产生 5、7、11、13 次等特征谐波，这与直流调速类似。

3）AFE 有源前端型交-直-交变频。

该种类型采用 IGBT 型器件整流回馈，结构简单，谐波在三种方式中最小，抗电网扰动能力强，无逆变颠覆危险，性能最优，初期投资价格最高。

目前，高端变频器通常采用该种主回路结构，新型大容量变频器也多以此为基本结构延伸发展，因为采用 IGBT 等全控器件作为整流回馈桥，电动机发电状态时的能量同样可以通过 IGBT 桥回馈到电网，较易控制谐波和功率因数，对电网污染小，符合电能质量国家标准，并有较强的抗电网扰动能力，可靠性更高，省电节能。AFE 有源前端回馈型变频传动如图 21-6 所示。

（2）低压交-直-交逆变器的结构及波形　逆变器把直流电逆变成电动机运行所需的频率可调的交流电，基于 IGBT 的电压型逆变器（采用 PWM 脉宽调制技术）是典型的三相桥式结构，其主电路如图 21-7 所示，图中 V1～V6 是逆变器的 6 个全控型电力电子开关器件 IGBT，它们各有一个续流二极管（VD1～VD6）和它们并联。

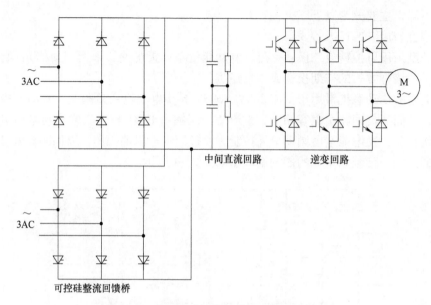

图 21-5　带可控硅回馈桥的普通整流回馈型

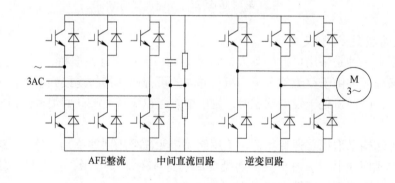

图 21-6　AFE 有源前端回馈型变频传动

PWM 逆变器的主要功能是通过改变开关器件导通和关断的时间分配规律改变输出电压的幅值和频率；通过改变开关器件导通和关断的顺序来改变输出电压的相序。

由于 PWM 可以同时实现变频变压反抑制谐波的特点，因此在交流传动及其他能量变换系统中得到了广泛应用。PWM 控制技术大致可以分为三类：正弦 PWM（包括以电压、电流或磁通的正弦为目标

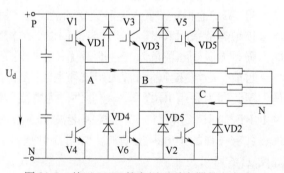

图 21-7　基于 IGBT 的电压型逆变器的主电路

的各种 PWM 方案，多重 PWM 也应归于此类）、优化 PWM 及随机 PWM。正弦 PWM 已为人们所熟知，而旨在改善输出电压、电流波形，降低电源系统谐波的多重 PWM 技术在大功率

变频器中有其独特的优势（如 ABB 公司的 ACS1000 系列和美国 ROBICON 公司的完美无谐波系列等）；而优化 PWM 所追求的则是实现电流谐波畸变率（THD）最小、电压利用率最高、效率最优、转矩脉动最小，以及其他特定优化目标。

电压型逆变器的典型工作方式是 180° 导通，其输出波形如图 21-8 所示。任何时刻都有不同相的三只主管导通，每次换相都是在同一相上下两个桥臂之间进行的，因此又称为纵向换相。同相中上下两桥臂中的两只主管称为互补管（即控制脉冲是互反的），它们交替导通。在换流瞬间，为了防止同一相上下两臂的主管同时导通而引起直流电源的短路，通常采用"先断后通"的方法，即先给应关断的主管关断信号，待其关断后留一定时间余量，然后再给应导通的主管开通信号，两者之间留一个短暂的死区时间。

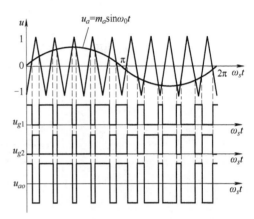

图 21-8　电压型逆变器的输出波形

使用 S_a、S_b、S_c 分别表示图 21-7 所示逆变器中 3 个主管 V1、V3 和 V5 的开关状态（1 为开通，0 为关断），而 V2、V4 及 V6 的状态分别与 S_a、S_b、S_c 相反。这样，3 个二进制位共有 8 种组合，图 21-7 所示逆变器共可以输出 8 个电压空间矢量，其中 U0 与 U7 为零电压矢量，其余 6 个（U1~U6）为非零电压矢量。主管的各种开关状态与各基本电压矢量的对照见表 21-1。

表 21-1　主管的开关状态与各基本电压矢量的对照

开关状态	U_s							
	U0	U1	U2	U3	U4	U5	U6	U7
S_a、S_b、S_c	000	001	010	011	100	101	110	111

5. 功率单元级联型高压交-直-交变频

功率单元级联型高压交-直-交变频器通过功率单元级联，可以方便组合为多种电压等级的变频器，常用的有 3.3kV、6kV、10kV。功率单元是三相交流输入、单相输出的低压变频器，采用了成熟的低压变频器技术，当前多数 3.3kV 变频器每相 3 个功率单元串联，6kV 变频器每相 6 个功率单元串联，10kV 变频器每相 9 个功率单元串联。

图 21-9 所示为级联型高压交-直-交变频器主回路的结构，可以看出，改变前端移相变压器变比能够使变频器接入不同电压等级的电网。例如，由于 6kV 变频器单元数量少、可靠性更高，很多 10kV 电网矿井提升机实际采用了 6kV 高压变频器和 6kV 电动机，只需要改变 6kV 高压变频器内移相变压器的变比即可。

6kV 高压变频器功率单元串联输出电压的向量图如图 21-10 所示。

图 21-11 所示为功率单元的结构，其结构与低压变频器的结构类似，只是逆变桥变为单相逆变输出，前端整流侧采用 IGBT 全控型器件，即为 AFE 有源前端，功率因数更高，利用 SPWM（正弦脉宽调制）法，对整流电流精确控制，实现能量双向流动，确保提升机四象限

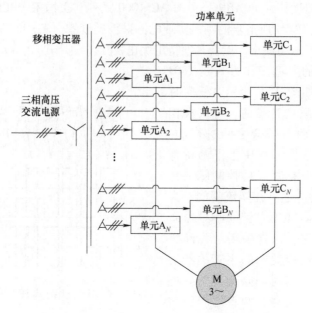

图 21-9　级联型高压交-直-交变频器主回路结构

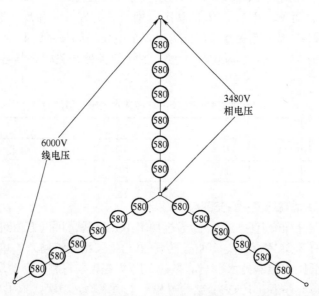

图 21-10　6kV 高压变频器功率单元串联输出电压的向量图

运行且节省能耗；输入电流总谐波畸变率（THD）远低于国家标准要求，电网侧谐波电压及谐波电流符合 IEEE 519-2014 和 GB/T 14549-1993《电能质量 公用电网谐波》中规定的数值要求。

　　功率单元级联型高压交直交变频器主要包括：移相变压器、进线电抗器、功率单元和控制回路等，移相变压器为一次侧高压，二次侧多绕组移相低压输出，移相变压器能够降低变频器对电网的谐波污染。

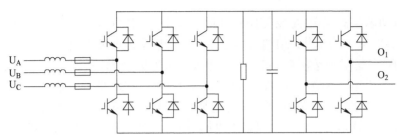

图 21-11　功率单元的结构

输出采用载波移相调制方式，各功率单元输出电压相互错开一定角度，使得叠加后各单元电压能达到期望的电压；各功率单元输出的主要谐波相互抵消，使电动机承受极小的谐波损耗，消除负载机械轴承和叶片的振动；输出高压由若干级错开相位的低压脉冲组成，dV/dt 小，输出波形是多电平（$2N+1$）的近似正弦波，如图 21-12 所示，每相 5 个功率单元级联，叠加输出是 11 电平，对电缆和电动机的绝缘无损坏，无须输出滤波器就可延长输出电缆长度，可直接用于普通交流电动机。

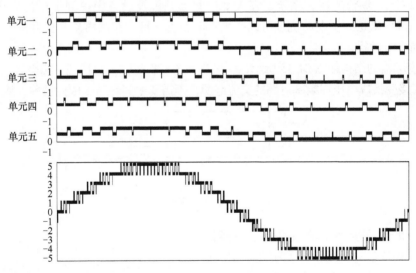

图 21-12　输出波形

这种变频器非常适合原来的交流串电阻提升机电控系统的现代化改造，因为转子串电阻调速系统采用的是绕线式三相异步电动机，不是变频电动机，级联变频器的诸多优点正适用于绕线式异步电动机，这样不需要更换电动机，减少了成本和改造安装时间。

变频器本身具有完善的保护功能，包括变压器过热、输入过电压、输入接地、输出过电流、输出过电压、输出接地、功率单元故障、冷却风机故障和高压柜门连锁等。

国内此类变频器生产厂家较多，多采用 V/F 控制技术，低频性能较差，尤其在起动过程中，经常会出现堵转或者开车瞬间速度给定大，而造成电流瞬间过电流导致跳闸的情况。高性能的级联变频器采用矢量控制技术，动态及稳态性能均优于采用 V/F 控制技术的产品，可实现 0.01Hz 极低频率稳定运行，以及零速悬停等，更不会出现堵转时电流瞬间过电流导致跳闸的情况。

功率单元级联型高压交-直-交变频器最新技术适用于矿井提升机大功率交流同步电动机的调速，3000kW 以上的矿井提升机大多采用低速直连交流同步电动机拖动，以往多采用三电平中压交-直-交变频调速电控系统，电压等级为 3.3kV，变频器必须采用大功率高压 IGBT 器件，更多的是采用更先进、昂贵的大功率高压 IGCT、IEGT 器件。这些大功率器件都依赖进口，因而组成的变频器价格很高，并且后期维护成本也较高，而采用多电平高压级联方式，每个单元电压低至几百伏，可以采用成熟通用的 IGBT 器件，使初期投入和后期维护成本都大大降低，且不会出现紧急情况下买不到备件的情况。交流同步电动机的效率高、功率因数高，但转子需要励磁，变频调速装置根据速度、力矩等需求综合控制电动机定子和转子供电，转子励磁目前一般采用成熟的全数字直流调速装置。

与其他结构的多电平变频器相比较，功率单元级联型高压交-直-交变频器采用了成熟的、通用的、性价比高的 IGBT 器件，单元模块化结构，可快速更换；功率单元数量较多，输出电平数比当前其他结构变频器多，输出波形最接近正弦波，谐波最小。

6. 交-交变频传动

基于晶闸管移相控制的交-交变频调速系统是一种适用于大功率（2000kW 以上）、低速（600r/min 以下）场合的调速系统，在大型矿井提升机等设备中得到了广泛应用。交-交变频调速电动机可以是同步电动机也可以是异步电动机，目前在国内矿井提升机上主要应用的是双绕组同步电动机。

交-交变频器的结构如图 21-13 所示，它只有一个变换环节，直接把三相交流电源从固定电压和频率直接变换成电压和频率可调的交流电源，不需要中间环节，因此又称直接式变频器。

图 21-13　交-交变频器的结构

（1）单相交-交变频　常用的交-交变频器输出的每一相都是一个由正、反两组晶闸管可控整流桥（如三相全控桥）反并联的可逆回路（见图 21-14），也就是说，每一相都相当于一套电枢可逆的直流调速系统。

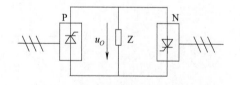

1）电路构成和基本工作原理。

输出端接感性负载的单相交-交变频器的输出电压和电流波形如图 21-15 所示，一个周期的波形可以分成 6 段。

① $u_O>0$，$i_O<0$，变流器工作于第二象限，反向组逆变；

② 电流过零，无环流死区时间；

③ $u_O>0$，$i_O>0$，变流器工作于第一象限，

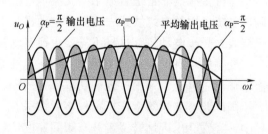

图 21-14　单相交-交变频电路原理图

注：α_P 是正组变流器 P 的触发角。

正向组整流；

④ $u_O<0$，$i_O>0$，变流器工作于第四象限，正向组逆变；

⑤ 电流过零，无环流死区时间；

⑥ $u_O<0$，$i_O<0$，变流器工作于第三象限，反向组整流。

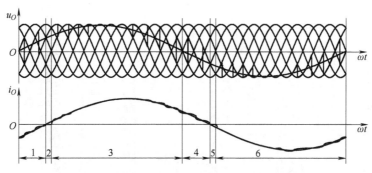

图 21-15　单相交-交变频器的输出电压和电流波形

当输出电压、电流之间的相位差 $\Phi<90°$ 时，电动机工作于电动状态，电能从电网流向电动机。而当 $\Phi>90°$ 时，能量从电动机流向电网，电动机工作于发电制动状态。在每一个周期内，有两次电流过零，存在两个无环流死区时间。

为使 u_O 波形接近正弦波，可按正弦规律对触发角 α 进行调制。

在半个周期内让正组变流器 P 组的 α 角按正弦规律从 90° 减到 0° 或某个值，然后再逐渐增大到 90°。

每个控制间隔内的平均输出电压就按正弦规律从零逐渐增至最高，再逐渐减低到零。另外半个周期可对 N 组进行同样的控制。

u_O 并不是平滑的正弦波，而是由若干段电源电压拼接而成，在 u_O 的一个周期内，所包含的电源电压段数越多，其波形就越接近正弦波。

2）输出上限频率。

输出频率增高时，输出电压一周期所含电网电压段数减少，波形畸变严重。电压波形畸变以及由此产生的电流波形畸变和转矩脉动是限制输出频率提高的主要因素。就输出波形畸变和输出上限频率的关系而言，很难确定一个明确的界限。构成交-交变频电路的两组变流电路的脉波数越多，输出上限频率越高。

6 脉波三相桥式电路，输出上限频率不高于电网频率的 1/3～1/2。电网频率为 50Hz 时，交-交变频电路的输出上限频率约为 20Hz。

（2）三相交-交变频电路　电路接线方式包括：

1）公共交流母线进线方式（见图 21-16）。

由三组彼此独立、输出电压相位相互错开 120° 的单相交-交变频电路构成，电源进线通过进线电抗器接在公共的交流母线上。因为电源进线端公用，所以三组的输出端必须隔离。交流电动机的三个绕组必须拆开，共引出六根线。

2）输出星形联结方式（见图 21-17）。

三组的输出端是星形联结，电动机的三个绕组也是星形联结；电动机中性点不和变频器中性点接在一起，电动机只引出三根线即可。三组单相交-交变频器分别用三个变压器供电。

和整流电路一样，同一组桥内的两个晶闸管靠双触发脉冲保证同时导通。两组桥之间则是靠各自的触发脉冲有足够的宽度，以保证同时导通。

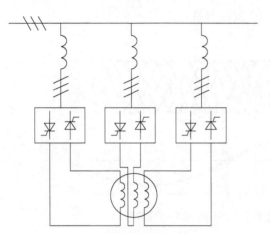

图 21-16　公共交流母线进线方式的
三相交-交变频电路（简图）

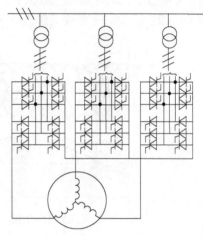

图 21-17　输出星形联结方式的
三相交-交变频电路

（3）矿井同步电动机交-交变频提升系统较常用的主电路结构　矿井同步电动机交-交变频提升系统较常用的主电路结构如图 21-18 所示。同步电动机的定子结构为两套三相绕组，即绕组 I （三相）和绕组 II （三相），它们均接成星形。这两套绕组分别由两套相位和幅值相同（或相差 30°）的三相交-交变频电源供电，即由单相变频器 V_{R1}、V_{S1}、V_{T1} 组成的三相变频器 I 和由 V_{R2}、V_{S2}、V_{T2} 组成的三相变频器 II。这两个三相变频器分别由三台整流变压器 T_{R1}、T_{S1}、T_{T1} 和 T_{R2}、T_{S2}、T_{T2} 供电。其中 T_{R1}、T_{R1}、T_{T1} 由高压开关 Q_1 控制，T_{R2}、T_{S2}、T_{T2} 由高压开关 Q_2 控制。变频器的同步信号取自高压电压互感器。

同步电动机采用双绕组的目的是当一套变频装置出现故障时，可以由 4 只三极双投隔离开关 S_{1A}、S_{2B}、S_{3C}、S_{4D} 进行系统切换，其目的是当其中一套变频器出现故障时，例如变频器 II 出现故障，可将 S_{1A}、S_{3C} 开关搬到反向位置实现切换，将定子绕组每两相进行串联，均由变频器 I 供电，同步电动机照样可以运行。只是加在每套定子绕组的电压为原来的一半，根据磁通恒定的原则（即恒压频比），在变频器输出额定电压时，频率要降为原来的一半，这样可以实现系统的全载半速运行，保证设备不停产，以免造成损失。

同步电动机的转子励磁电源由可控变流器 V_F 供电，变流变压器为 T_C，由高压开关柜 Q_3 控制。

交-交变频调速系统采用可控硅作为主回路器件，技术发展非常成熟、过载能力强。其中，功率部分技术国产化程度高，价格和服务更有优势。其缺点是功率因数较低，需加装无功补偿设备；交-交变频谐波频谱很广，既有特征谐波，又有非特征谐波，不利于谐波治理，对电网有较大谐波污染，需要谐波治理装置。特别是在 2010 年以后大功率中压三电平交-直-交变频器日渐成熟且价格总体降低以后，交-交变频的应用逐渐减少。

7. 三电平型中压交-直-交变频

近几年来，三电平中压交-直-交变频技术已经成为大型交流传动系统的首选，也是目前

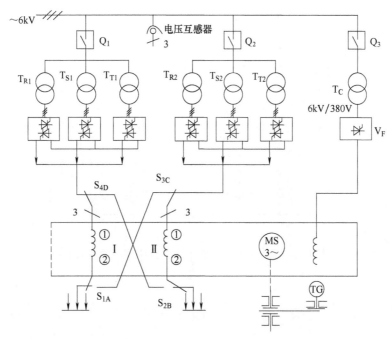

图 21-18　矿井同步电动机交-交变频提升系统较常用的主电路结构

大型电气传动的高端技术。在此技术基础上开发出的三电平中压交-直-交变频调速系统适用于大功率（2000kW 以上，提升机主电动机功率最大可达 10000kW，定子额定电压达 3.15kV）。其驱动变频调速电动机可以是同步电动机也可以是异步电动机，目前在国内矿井提升机上主要应用的是同步电动机，该技术在大型多绳摩擦式矿井提升机设备中得到了广泛应用。

产品有单象限产品和四象限产品，单象限产品不适用于提升机负载，以下主要介绍应用于矿井提升机的四象限产品。

（1）三电平型中压交-直-交变频器的基本结构、电路构成（见图 21-19）和基本工作原理

图 21-20 所示是二极管钳位型三电平中压变频器的主回路拓扑结构。从图中可以看出，三电平逆变器的每相桥臂有 4 个功率开关器件 IGCT，即 IGCT11、IGCT12、IGCT13、IGCT14，每一个 IGCT 元件都反并联一只续流二极管。当上桥臂的 IGCT 关断时，通过下面的续流二极管续流，以保证电流的连续。V_{N1}、V_{N2} 是两个辅助钳位二极管。

假设器件为理想器件，不计其导通管压降，定义负载电流由逆变器流向电动机或其他负载时的方向为正方向。

当 IGCT11、IGCT12 导通，IGCT13、IGCT14 关断时，U 相输出电压为+Ud/2V。

当 IGCT12、IGCT13 导通，IGCT11、IGCT14 关断时，U 相输出电压为 0V。

当 IGCT13、IGCT14 导通，IGCT11、IGCT12 关断时，U 相输出电压为-Ud/2V。

由于有中点钳位二极管，每个处于关断状态的器件承受的正向电压为 V，也不需要静态均压。与低压的二电平变频器相比，若器件承受电压一样，则三电平的变频器输出电压可增高一倍。

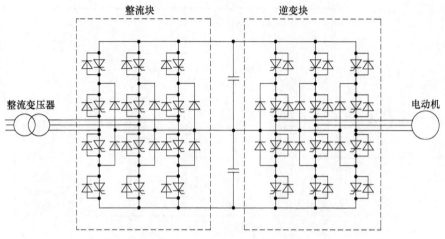

图 21-19　三电平型中压交-直-交变频器的主回路结构

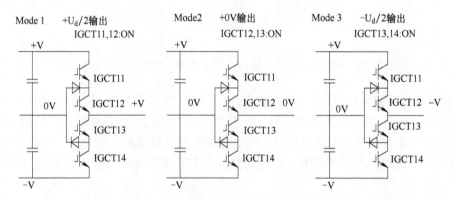

图 21-20　二极管钳位型三电平中压变频器的主回路拓扑结构

三电平变频器的输出线电压仿真波形如图 21-21 所示。

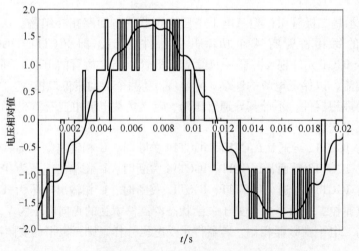

图 21-21　输出线电压仿真波形

从仿真结果可以看出：变频器输出端线电压为 3 个电平，输出端线电压为 5 个电平。同时，逆变器负载端线电压波形也非常接近正弦波。相对于两电平逆变器，由于其输出电压波形阶梯数的增加，可使输出电压波形更加接近于正弦波。因此，在相同开关频率下，可以大大降低输出电压的谐波含量。

三电平中压交-直-交变频器使用的电力电子器件主要为 IGBT（3300V），其额定输出电压主要是 2300V；IGCT（4500V）和 IEGT（4500V）的额定输出电压均为 3300V。因为中压三电平变频器使用高压开关器件，开关过程较慢（与低压器件相比），所以开关频率小于 1kHz。控制方式主要是矢量和直接转矩控制。

提升机常用的三电平变频器产品主要是采用 IGCT 的西门子公司的 SM150 和 ABB 公司的 ACS6000 变频器，现在已经有国内制造商研发的采用 HV-IGBT 的三电平变频器开始应用到提升机上。

采用 AFE 的三电平变频器（整流+逆变）与低压二电平 AFE 的主要特点相同，分别为：

1）网侧输入电流为正弦波，无功功率从感性到容性连续可调（功率因数 ≈1）。

2）双方向功率流，既可整流又可回馈。

3）可在不稳定的电网中可靠工作。在电网电压大幅度波动时，仍维持直流母线电压不变；在电网故障（电压降低超出允许范围或完全掉电）时，立即关断所有自关断器件，避免逆变颠覆。

（2）国内常用的三电平中压交-直-交变频器

1）西门子公司的 SM150。

SM150 是一种适用于低速和高速的高端变频器，高动态性能和四象限运行，适用于中压驱动，配备 IGCT 功率半导体器件的单电动机和多电动机驱动。

SM150 中压交-直-交变频传动系统的主要技术参数如下：

额定输出电压为 3.15kV；最大持续输出功率（无过载能力）为 10~30MW；额定功率（175%过载能力）为 5~17MW；调速方式为中压交-直-交变频调速（矢量控制方式）；输出电压为 0~3.15kV（连续）；冷却方式为水冷。主要技术特点如下：

① 设计紧凑，配置灵活，易于维护；

② 操作界面对用户友好，系统易于操作；

③ 有自动维护功能，使运行更平稳可靠，当需要进行维护或更换组件时，变频器提前自动发出信号；

④ 采用 IGCT 技术，无熔断器设计，结合对外部干扰的智能响应，耐用性及可靠性高；

⑤ 标准模拟-数字接口-Profibus 接口，无缝集成到上级自动化；

⑥ 在电网侧只有很低的不良影响（无无功功率，谐波很低）；

⑦ 电网侧功率因数 ≈1，可调，无须功率补偿；

⑧ 三电平电压源型变频器主动/有源前端技术；

⑨ 先进的高性能矢量控制技术，保证了优化的脉冲波形和变频器的高效率最低的谐波电流以及 IGCT 功率元件的最低的损耗；

⑩ 带水冷的紧凑式设计；

⑪ 与控制设备之间采用光纤连接，可将功率部分和控制部分置于不同的房间。

2）ABB 公司的 ACS6000 变频器。

ACS6000 的主要技术参数如下（用于矿井提升机）：

型号为 ACS6000；供电电压为 3150V（−5%～10%），50/60Hz；功率为 7～27MW 连续输出；应用异步或同步电动机；控制类型为 DTC 直接转矩控制；冷却介质为去离子水；额定输出电流为 1300～4950A；输入功率因数为 1.0；效率>97.0%，在带有 IFU 连接的额定负载下；输出功率因数为 1.0；输出频率为 0～75Hz。

变频器主要由 ARU（有源整流单元）、INU（逆变单元）、CBU（电容器组单元）、WCU（水冷单元）、EXU（励磁单元）及 CCU（控制单元）等组成。

ACS6000 的主要控制特点是 DTC（直接转矩控制）。直接转矩控制是交流传动方面独特的电动机控制方式。逆变器的导通与关断由电动机的核心变量磁通和转矩直接控制。

其转矩响应快，达到每 $25\mu s$ 将测量的电动机电流值和直流回路电压值输入到一个自适应的电动机模型，并精确的计算出电动机转矩和磁通。磁通和转矩比较器把实际值与磁通和转矩控制器计算的给定值进行比较。根据磁滞控制器的输出，每 $50\mu s$ 由最优的开关逻辑控制器直接决定最优的开关位置。

21.3 操作监控系统

21.3.1 网络化 PLC 控制方案

矿井提升机是矿井的"咽喉"，提升容器载着人员或矿产在井口和井底之间进行高速往复运行。因此，矿井提升机的控制系统需要合理科学设计，矿井提升机必须按设定的速度图运行，实现自动减速和准确定位停车，同时实现完善的安全保护。当前矿井提升机电气控制系统通常采用网络化 PLC 控制方案，主要有主从控制和软件冗余控制等，下面以西门子 PLC 为例进行介绍。

1. PLC 主从控制

矿井提升机控制系统采用双 PLC 主从控制方案，其中主 PLC 负责提升机全部工艺控制功能和安全保护功能的实现，从 PLC 为系统提供冗余的安全监视。主从 PLC 各自独立采集信号、实时运算控制，并对运行数据进行实时比对，防止运行数据出现偏差，保证设备的正常运行。主、从 PLC 实现各自安全回路的独立运行，实现了多重化保护，确保提升机的安全运行。电控系统的主从控制通常采用 MPI、PROFIBUS-DP、PROFINET 等通讯方式实现。

某矿井提升机控制系统主要由以下设备组成：计算机柜（主、从 PLC）、低压电源柜、操作控制台（采用远程 ET200M）、传动系统等组成。

某矿井提升机控制系统网络化配置图如图 21-22 所示。该矿井提升机控制系统由两套 S7-300PLC 组成，采用主从控制，两者之间采用 MPI 通讯方式实现通信。

主 PLC 作为 DP 主站通过 FROFIBUS-DP 网络与从站通信，从站由操作控制台（ET200M）和变频传动系统组成。

2. PLC 软件冗余控制系统

PLC 软件冗余控制系统由 A 和 B 两套 PLC 控制系统组成。开始时，A 系统为主，B 系

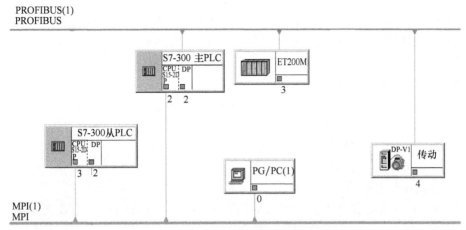

图 21-22　某矿井提升机控制系统网络化配置图

统为备用，当主系统 A 中的任何一个组件出错，控制任务会自动切换到备用系统 B 当中执行。这时，B 系统为主，A 系统为备用。这种切换过程是包括电源、CPU、通讯电缆和 IM153 接口模块的整体切换，可进行手动或自动切换。

S7-300PLC 冗余系统的配置如图 21-23 所示。该系统的硬件系统是由两套独立的 S7-

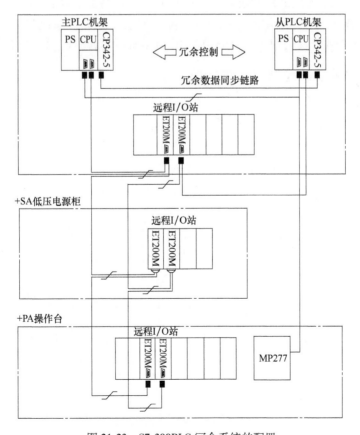

图 21-23　S7-300PLC 冗余系统的配置

300PLC、ET200M 和采用 CP342-5（PROFIBUS-DP 通信）的冗余数据同步链路等组成。实现的功能包括：主机架电源、背板总线等冗余，PLC 处理器冗余，PROFIBUS 现场总线网络冗余（包括通信接口、总线接头、总线电缆的冗余），ET200M 站的通信接口模块 IM153-2 冗余。

3. 西门子 PLC 主要通信方式

（1）MPI 通信　MPI 是多点通信接口（Multi Point Interface）的简称。MPI 物理接口符合 PROFIBUS RS485（EN50170）接口标准。连接 MPI 网络的常用两种部件为 RS485 总线连接器和 RS485 中继器。MPI 网络通信的通信速率为 $19.2 \sim 12 \times 10^3$ kbit/s，通常默认设置为 187.5kbit/s，最多有 32 个连接。

MPI 提供的通信服务：

1）PG 通信。PG 通信用来在工程师站（PG/PC）和 SIMATIC 通信模块之间交换数据，用于传输程序的上传、下载，数据组态诊断及测试诊断信息。

2）OP 通信。OP 通信用来在操作站（OP/TP）和 SIMATIC 通信模块之间交换数据，如触摸屏。

3）S7 通信。S7 标准通信是为 S7-300/400 系列 PLC 之间提供的通信方式，可通过全局数据通信（GD 通信）进行组态。

（2）PROFIBUS-DP 通信　PROFIBUS 通信是最为流行的现场总线之一，传输速率最高可达 12Mbit/s，它也是开放式的现场总线，在提升机电控系统中得到广泛应用。

PROFIBUS DP 支持主-从系统、纯主站系统、多主多从混合系统等几种方式，它采用 RS-485+双绞线或光缆，通信速率从 $9.6 \sim 12 \times 10^3$ kbit/s，单条总线上最多 126 个站点。

21.3.2　矿井提升机的控制工艺与功能

1. 提升运行的速度

矿井提升机是往复上下运行的设备，提升容器在一个提升循环内的运动包括起动、加速、全速、减速、爬行、停车等阶段，提升速度控制通常按六阶段速度图或五阶段速度图设计。主井箕斗提升的六阶段速度图如图 21-24 所示。

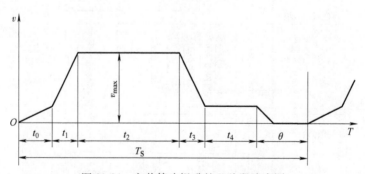

图 21-24　主井箕斗提升的六阶段速度图

提升运行的各个阶段：

（1）初加速度阶段 t_0　提升循环开始，处于井底装载处的箕斗被提起，而处于井口卸载位置的箕斗则沿卸载曲轨下行，为了减少容器通过卸载曲轨时对井架的冲击，对初加速度

a_0 及容器在卸载曲轨内的运行速度 v_0 要加以限制，一般取 $v_0 \leq 1.5\text{m/s}$。

（2）主加速阶段 t_1　当箕斗离开曲轨后，则应以较大的加速度 a_1 运行，直至达到最大提升速度 $v_{\max}$，以减少加速阶段的运行时间，提高提升效率。

（3）等速阶段 t_2　箕斗在此阶段以最大提升速度 $v_{\max}$ 运行，直至重箕斗接近井口开始减速时为止。

（4）减速阶段 t_3　重箕斗将接近井口时，开始以减速度 a_3 运行，实现减速。

（5）爬行阶段 t_4　重箕斗将要进入卸载曲轨时，为了减轻重箕斗对井架的冲击以及有利于准确停车，重箕斗应以 v_4 低速爬行。

（6）停车休止阶段 θ　当重箕斗运行至终点时，提升机施闸停车。处于井底的箕斗进行装载，处于井口的箕斗卸载。

2. 提升设备的控制

矿井提升电气控制系统需要对主机、主电动机、高压开关柜、交流变频调速系统、信号系统、液压站、润滑站、风机、各种检测元件（如井筒开关、编码器）等设备进行信号采集或连锁控制，由 PLC 程序根据提升机运行工艺进行逻辑控制。

（1）高压开关柜的控制　高压开关柜主要用于为高压用电设备提供电源并进行保护。主要有变频系统的整流变压器、辅助变压器和换向柜等。PLC 实时监控高压开关进线柜、馈电柜的开合状态，以及高压系统的保护、报警等状态。

高压开关柜一般具有本地和远程控制两种方式。

本地控制：通过高压开关柜柜门上的合、分闸按钮或开关进行操作。

远控方式：通过操作控制台上的合、分闸按钮进行操作或者由传动系统发出合分闸命令。

注：当传动系统为高压变频系统、中压交-直-交变频系统或交-交变频系统时，高压开关柜合闸回路上串接有传动系统控制的"允许合闸"触点；分闸回路上并接有传动系统控制的"分闸"触点。

（2）调速系统的控制　调速系统的控制采用硬件回路或者 PROFIBUS-DP 通信的方式。

调速系统的控制：启动/停止、使能、速度给定等。

调速系统的监控：监控控制回路的供电、启动反馈、使能反馈、故障状态，以及调速系统的速度、电枢（或定子）电流电压、实际励磁（或转子）电流等过程量。

（3）液压站的控制　液压泵控制的条件：液压泵站的选择、安全回路确认、液压压力高，以及液压站的起停命令（见图 21-25）。

对液压系统的监控：液压泵的电源及运行状态，液压温度保护、滤油堵塞等轻故障保护、液压压力高重故障保护等。

（4）润滑站的控制　对润滑站的监控：泵站的起停控制，泵站的电源供电，泵站的运行状态，润滑站的压力、温度等轻故障保护。

（5）冷却风机的控制　对冷却风机的监控：起停控制、电源供电及运行状态。如果调速系统运行，则主电动机冷却风机必须起动运行。

（6）电源的监视　监视励磁电源、传动电源、冷却风机电源、润滑站电源、液压站电源、控制电源、电磁阀电源、PLC 输入控制电源等（见图 21-26）。

（7）允许开车的回路　允许开车的回路：安全回路确认、软件安全回路、全部电源合

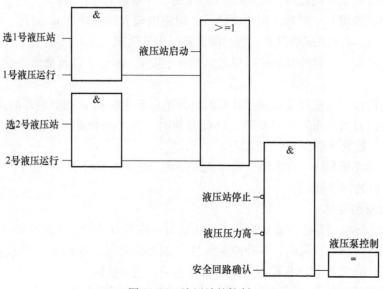

图 21-25　液压站的控制

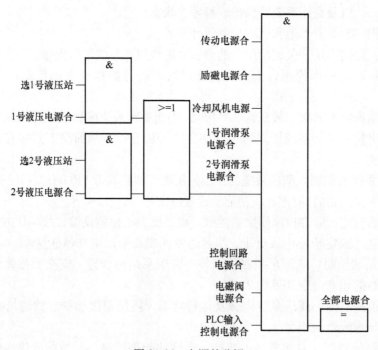

图 21-26　电源的监视

以及相关设备运行，如图 21-27 所示。

3. 提升信号选择及减速功能

矿井提升机运行的前提条件是具备允许开车信号，当有开车信号和提升方向时，提升才具备允许开车的条件。提升信号和提升方向来自于提升系统的信号控制系统。

矿井提升机的电气控制系统与提升信号系统的功能接口有：开车信号、快上、快下、慢

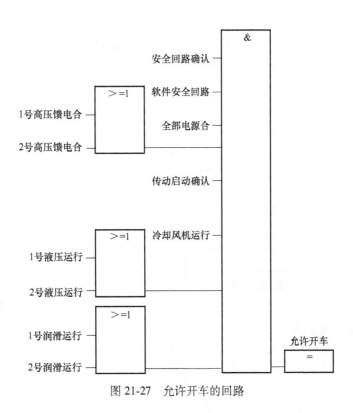

图 21-27　允许开车的回路

上、慢下、停车等提升信号，提人、提物、大件等提升种类信号，以及急停重故障报警信号。

（1）矿井提升机电气控制系统的开车信号　开车信号继电器的运行条件：

1）安全回路导通。

2）主令手柄和制动手柄处于零位。

3）提升机非运行状态。

4）没有轻故障信号。

当矿井提升机运行中检测到停车信号或安全回路故障时，开车信号自动取消（见图 21-28）。

（2）提升运行方向的选择　提升运行方向的选择条件如下（以提升正向为例，提升反向类似）：

1）提升正向的置位条件：

① 具备提升信号；

② 主令手柄和制动手柄处于零位；

③ 没有提升反向；

④ 信号系统产生快上或慢上信号。

2）提升正向的复位条件：

① 井口停车或井口过卷位置；

② 减速停车或信号停车命令；

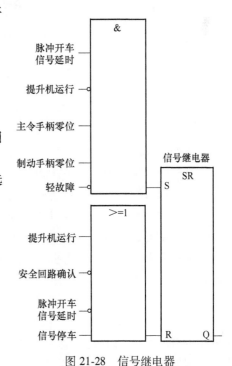

图 21-28　信号继电器

③ 信号为快下或慢下。

（3）矿井提升机电气控制系统的减速功能　　自动减速对于提升机是必须具备的功能，只有根据给定的速度进行自动减速，才能确保提升机的安全可靠停车。

减速功能的冗余设计：

1）井筒中的减速开关动作。

2）编码器（PLC 软件）的减速点。

3）操作台的按钮停车和信号停车都具备减速功能。

提升机正常运行时，减速命令后，提升机由调速装置电气制动自动减速（见图 21-29）。

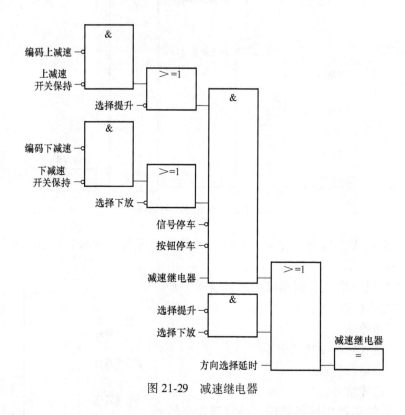

图 21-29　减速继电器

4. 操作方式

提升机的控制系统有以下操作方式：自动、半自动、手动、检修、慢动等，同时具有液压试验方式以及特殊工况（如低速运行等）控制要求。

（1）自动操作方式　　用于主井提升系统中，装卸载信号系统为自动操作方式。在自动运行逻辑正常时，接收到信号系统发出的开车信号后，PLC 控制系统自动根据信号要求控制完成一个提升循环，此时不需操作主令手柄和制动手柄。此种操作方式按照信号系统的信号自动选择方向，提升机的初加速、加速、全速、减速、爬行、停车等运行由程序控制自动完成。

（2）半自动操作方式　　在此种操作方式下，当半自动运行逻辑正常时，接收到信号系统发出的开车信号后，司机按动开车按钮一次，PLC 控制系统自动根据信号要求控制完成一个提升循环，此时不需操作主令手柄和制动手柄。此种操作方式按照信号系统的信号自动选择去向，提升机的初加速、加速、全速、减速、爬行、停车等运行由程序控制自动完成。

（3）手动操作方式　司机可通过主令手柄控制提升速度在最高运行速度范围内连续可调，同时速度受到行程的限制，到达减速点会自动减速、到达爬行段会自动转入爬行、到达停车点会自动停车。司机可通过制动手柄控制制动油压的大小。

（4）检修运行方式　操作方式与手动操作相同，但最高速度在 PLC 控制系统中设定为 0~0.5m/s（大小可调），司机通过主令手柄能够实现 0.5m/s 速度内的连续可调。司机还可通过制动手柄控制制动油压的大小。

（5）慢动控制方式　司机根据信号工的信号通过按钮或者操作手柄完成提升、下放慢动（需要信号系统提供慢上、慢下、停车信号，速度不大于 0.2m/s）。

（6）局部故障开车方式　当出现局部故障时，例如某编码器或主控测速机损坏等，可通过操作台转换开关实现故障状态下的低速开车（速度可调），此时仍能够满足《煤矿安全规程》中所要求的安全保护。

（7）液压试验方式　用于液压站和制动器的调试、检测、检修。在确保提升机不运行的状态下，实现电动机不带电的情况下的液压站工作并打开制动器。

注意：此种方式下，需要机修人员确保制动器一次开闸数量不超过总制动器数量的 25%！

5. 液压制动控制与监视

控制系统对液压站的控制包括：液压泵的起停、工作闸的控制、液压压力的给定和液压制动方式的控制等。下面以通用二级制动液压站为例说明。

（1）工作闸控制及压力给定　工作闸控制，即允许液压抱闸打开的条件。工作闸导通后，系统将根据压力给定大小调节液压站压力（见图 21-30）。

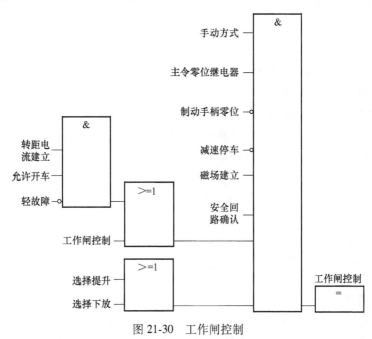

图 21-30　工作闸控制

工作闸控制（手动方式）的导通条件：

1）选择手动方式。

2）制动手柄和主令手柄都离开零位。

3）没有减速停车的命令。

4）磁场建立（同步电动机控制，如不是同步电动机则无此项）。

5）安全回路确认。

6）转矩电流建立、允许开车、轻故障。

7）具备运行方向：提升或下放。

手动开车方式时，司机通过操作制动手柄控制液压站的工作压力，压力大小同时受程序内部的限幅控制（如初始开闸和井口停车前的贴闸控制）。

检修方式、慢动方式与手动开车方式类似。

在自动或半自动开车方式下，工作闸的控制和液压压力的大小由程序自动控制。

（2）液压站制动　液压站制动分工作制动和安全制动两种制动类型，工作制动为正常的停车制动，安全制动是在安全回路出现故障情况下的一种起安全保护的制动方式。安全制动分一级制动和二级制动两种形式。

系统检测到安全故障时，液压泵停止工作，工作闸控制命令关闭，液压压力给定为 0，液压电磁阀动作如下：二级制动时，G3、G4 断电，制动油压降到设定的二级制动油压，G5 延时断电，G6 延时通电，延时时间为检测到安全故障后的延时的设置时间，即二级制动时间，延时时间到后制动油压降为 0。

一级制动时，G3、G4 停止工作，G5 断电，G6 通电，制动油压直接降为 0。

（3）液压试验　用于液压站和制动器的调试、检测、检修。在停车状态下，确保卷筒不会转动，选择液压试验方式，推动制动手柄即可调节液压压力。

（4）对液压系统的监视

1）液压泵站的电源和运行状态。

2）实际液压压力。

3）液压压力高的重故障，液压温度高、堵塞等的轻故障。

6. 调速系统的控制与监视

交流调速系统主要对交流电动机的定子部分进行电压和频率调节，主控系统对交流调速系统的控制信号主要有：装置起停、装置使能和速度给定。装置起动后，调速系统处于待运行状态；装置使能后，调速系统将根据给定的速度调节输出电压和电流，使电动机根据给定的速度运行（见图 21-31）。

（1）使能控制的导通条件（手动方式）

1）选择手动方式。

2）安全回路确认。

3）磁场建立或装置起动。

4）不是液压试验方式。

5）没有减速停车的命令。

6）能选择提升方向：提升或下放。

7）选择提升方向后，操作主令手柄与提升方向一致，但受到过卷条件的限制，过卷时不允许同方向开车。

8）制动手柄离开零位。

9）允许开车、信号继电器、工作闸控制等信号可能在提升过程中消失，但不影响本次提升机的运行。

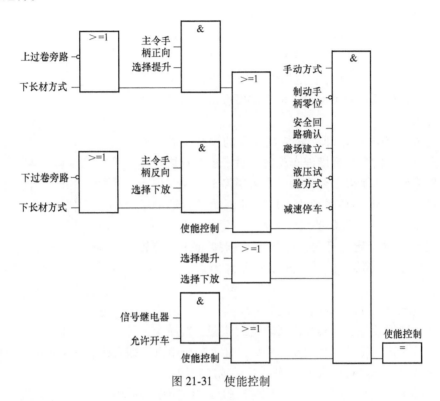

图 21-31　使能控制

采用手动开车方式时，允许使能由主令手柄控制。操作手柄的方向与提升所选择的方向一致，则使能控制导通，提升速度将按手柄给定的速度运行，但在到减速点之后至停车点之间的速度由程序控制。

检修开车方式和手动开车方式相似，但最大速度为 0.5m/s。

自动或半自动开车方式，除了上述条件，使能控制由开车命令控制。给定速度根据程序自动控制。

使能控制和工作闸控制相互连锁控制，使能控制后，只有检测到转矩电流建立时，才允许工作闸得电。

（2）主控对调速系统的监控

1）装置的起动确认、使能确认、重故障、轻故障等。

2）装置的控制电源及风机运行。

3）励磁电流的建立或电动机定子电流、电动机运行速度（变频系统为频率）等。

7. 井筒开关的设置和监视

井筒开关安装在井筒中，用于检测提升容器在井筒中的实际位置，是矿井提升机电气控制系统进行减速、限速保护、停车、防止过卷的重要保护部件，其同步检测开关是用于对编码器检测的提升容器位置进行校正，以确保提升位置准确的重要部件。PLC 控制系统实时监视井筒开关的动作状况及故障情况。

在矿井提升机运行的整个过程中，同步位置到停车位置的行程控制是提升机控制的关键部分，井筒检测开关全部安装在该阶段对应的位置。为便于安装及接线，井筒开关通常都安装在井筒的上部（见图21-32），下面以竖井和A、B罐笼为例，介绍井筒开关的功能、安装位置及设置原则。

（1）过卷开关　按相关规定，过卷开关安装在井口A、B罐笼停车位置以上0.5m处，过卷开关动作触点接入硬件安全回路和主、从PLC软件安全回路。过卷开关通常设置磁感应开关和机械开关两重保护，根据需要也可设置第三重极限过卷开关。

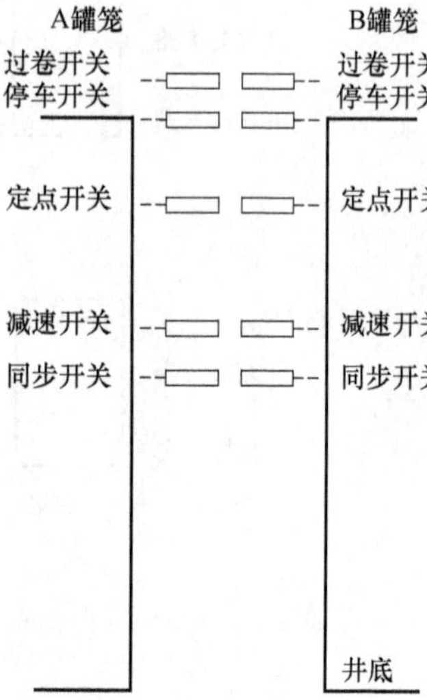

（2）停车开关　停车开关安装在停车的水平位置。对于主井提升箕斗，卸载位置即停车位置，对于副井双层罐笼系统，每侧需设置一个停车开关和一个换层停车开关。停车开关触点进入主、从PLC系统中，用于控制提升容器的准确停车，也用于主、从PLC系统中编码器位置的校正。

（3）定点开关　定点开关用于提升容器接近井口位置处的2m/s速度的限速保护，定点开关的动作触点进入PLC系统中。

（4）减速开关　自动减速是矿井提升机电控系统必须具备的功能，减速开关反映实际需要减速的位置，按减速度计算全速运行减速到爬行速度需要的距离，加上爬行距离，即为减速开关距离井口停车点的距离。减速开关动作触点进入PLC系统中起减速功能。

图21-32　井筒开关的分布

（5）同步开关　同步开关用于PLC控制系统中编码器位置的校正，通常设置在减速开关以下10m左右的位置。

8. 提升速度、位置的计算及深度校正

在矿井提升机的电气控制系统中，准确的速度、位置控制是满足提升机控制性能的前提条件，也是提升机安全运行的重要保障。控制系统采集编码器的脉冲，通过PLC高速计数功能和逻辑运算，计算出提升机运行的实际位置、实际速度，并具有卷径计数和同步校正功能。

（1）脉冲计数　PLC控制系统具有脉冲计数模块，脉冲计数模块有以下功能：

1）采集并计数编码器的脉冲。

2）脉冲同步功能，该功能与提升机同步功能配合工作，提升系统需要同步时，同步点的脉冲数会修正计数器自身的计数脉冲值，消除累积误差。

3）可判断脉冲的方向，从而确定提升机实际运行的方向。

（2）提升机运行位置的计算　提升机实际位置的计算公式为

$$比例系数 = \frac{编码器每转脉冲数 \times 传动比}{卷径系数 \times \pi} \tag{21-3}$$

$$提升实际位置 = \frac{实际脉冲数 - 初始脉冲数}{比例系数} \tag{21-4}$$

式中　传动比——编码器和卷筒的转速比，通常是 1∶1；

　　　卷径系数——实际卷筒直径数值，单位为 m，随着提升机的运行如绳衬磨损会产生轻微
　　　　　　　　的变化；

　　　比例系数——每米距离对应的编码器脉冲数。

（3）提升机运行速度的计算　　高速计数可输出脉冲的变化率信号，利用 CPU 自带的时间中断功能块 OB35，可计算出提升设备的运行速度。如西门子 PLC 中 OB35 功能块为固定的扫描周期，默认为 100ms，速度计算公式为

$$提升机实际速度 = \frac{本周期深度值 - 上一周期深度值}{扫描时间} \tag{21-5}$$

（4）提升机卷径的计算　　提升机运行过程中绳衬会产生磨损，导致提升机实际卷筒直径会产生轻微的变化，从而导致卷筒每转一圈，在脉冲数不变的情况下对应的提升距离产生轻微的变化。由于在一个提升循环中卷筒要转很多圈（一般几十圈到上百圈），会因累计误差使提升机运行位置变得不够准确。准确地计算卷筒的直径是系统正常、准确工作的基础，控制系统通常需要定期通过卷径的计算修改比例系数来保证提升运行位置的准确性。

卷径计算的原理：对固定的提升系统，井口停车位和井底的停车位是固定的高度。选择卷径计算的条件下，记录提升机从井口运行到井底总的脉冲数，计算出脉冲和距离的实际对应关系。

（5）提升机运行位置同步功能

1）提升机电气控制系统的同步设置点包括：

① 井口停车点，脉冲数为 0；

② 井口同步点，脉冲数 = 井口同步点位置×比例系数；

③ 井底同步点，脉冲数 = 井底同步点位置×比例系数；

④ 井底停车点，脉冲数 = 井底深度×比例系数。

2）同步运行的条件，以向上提升井口同步点为例：

① 提升方向为向上运行；

② 提升机为提升运行状态；

③ 安全回路通；

④ 同步后 2s 内不允许重复同步。

当检测到同步开关动作脉冲时，执行同步功能。同步时，把计算好的井口同步脉冲数值写入高速计数的实际脉冲数值中，修正计数偏差。

21.3.3　电控系统的安全保护功能

电控系统的安全保护功能在矿井提升机的运行过程中起着至关重要的作用，主要通过安全回路和其他闭锁保护来实现。

安全回路闭合是提升机运行的必备条件，只有当安全回路中所有触点都正常闭合后才允许开车。为了能够可靠地实现安全保护功能，安全回路一般采用双线制冗余结构设计，一条是硬件安全回路，另一条是主、从 PLC 软件安全回路。任何一处安全回路检测到故障，矿井提升机均实现安全制动。

1. 电控系统的安全保护类型

根据故障信号的轻重级别不同，电控系统安全保护功能共分为三类情况。

（1）一类保护　需要系统停机、制动闸动作。

故障发生后，系统立即断开安全回路，制动闸实施安全制动（恒减速、二级制动或一级制动等），提升机不能再起动，直至故障被排除后复位。

（2）二类保护　先电气减速，再抱闸停车。

故障发生后，系统将立即实施电气减速至低速后抱闸停车。之后提升机将不能起动，直至故障被排除后复位。

（3）三类保护　允许完成本次提升，之后不允许再次开车。

故障发生后，仍允许提升机继续完成本次提升。但在本周期完成之后，提升机将被闭锁，不能起动，直至故障被复位。这种类型故障一般称作轻故障。

2. 安全回路保护功能的设置

（1）与提升位置相关的保护

1）防止过卷保护（一类保护）。

当提升容器超过正常终端停车位置（或出车平台）0.5m时，过卷保护动作，安全回路断开，立即实施安全制动（一级制动）。

过卷保护是提升机运行的重要保护，采用多重化冗余设置，一般通过硬件和软件同时实现。硬件过卷保护开关一般包括井筒过卷开关（分为感应式和机械碰撞式两种）和牌坊深度指示上的机械过卷开关；软件过卷保护主要通过PLC程序内部的编码器深度值来实现。

2）井筒开关故障保护（二类保护）。

提升运行的实际深度、实际速度对提升系统是十分关键的，要保证提升运行位置的准确性，必须确保井筒同步开关可靠动作。同样，井筒中的减速开关对提升系统也是十分关键的。因此，控制系统必须监视提升机同步开关、减速开关的工作情况，当开关动作出现错误时，应设置闭锁保护。

以编码器位置信号为参考来监视井筒开关，井筒开关在设定的位置区间外动作或在设定的位置区间内无动作均视为故障或报警。主提升容器上行时，正向井筒开关动作异常视为故障，反向井筒开关动作异常视为报警（轻故障）；主提升容器下行时，正向井筒开关动作异常视为报警，反向井筒开关动作异常视为故障。

井筒开关故障发生后，系统将立即实施电气制动停车。

3）主从编码器位置保护（一类保护）。

保护原理：主编码器深度值与从编码器深度值相比较，超过一定设定值时，即实施安全制动。

故障后只允许采用检修方式应急开车。

（2）与提升速度相关的保护　速度采样的信号一般包括测速机速度、编码器速度、传动系统反馈的速度。这3个速度信号分别独立作用于速度相关的保护，实现重要保护功能的冗余配置。

1）过速保护（一类保护）。

当提升速度超过最大速度15%时（等速过速），安全回路自动断电，制动闸实施紧急制动停车。

过速保护采用多重化冗余设置，一般包含测速机全速超速保护、编码器全速超速保护和传动装置的速度反馈信号全速超速保护。

2）测速比较故障（一类保护）。

为了确保速度采样值的准确性，需要对速度值实时监控。因此，引入了测速比较故障保护。

保护原理：当提升机运行时，对测速机速度、两个编码器速度、传动装置反馈速度 4 个值实时地相互比较，正常情况下，4 个速度采样值应该是相同的，如果任意两个之间的差值超过设定值，则系统实施安全制动。

3）减速过速保护（一类保护）。

减速过速也称作包络线超速，提升机在减速阶段速度超过限定速度 10% 时，保护动作，安全回路断开。

限定速度曲线（即包络线）的计算式为

$$v_\mathrm{h}=\sqrt{2a(h_\mathrm{t}-h_0)+v_0^2} \tag{21-6}$$

式中　v_h——限速给定值，单位为 m/s；

　　　a——减速段的减速度绝对值，单位为 m/s^2；（加减速度值一般由设计院在进行系统设计时确定。依据《煤矿安全规程》规定，用于升降人员时，立井的加减速度不得超过 0.75m/s^2，斜井的加减速度不得超过 0.5m/s^2；用于提升物料时的加减速度不得超过 1.2m/s^2。）

　　　h_t——提升容器与目标停车位置的实时距离单位为 m；

　　　h_0——爬行距离单位为 m；

　　　v_0——爬行速度单位为 m/s。

4）定点限速保护（一类保护）。

《煤矿安全规程》和 GB 20181—2006《矿井提升机和矿用提升绞车　安全要求》规定，提升速度超过 3m/s 的提升绞车必须装设限速装置，以保证提升容器（或平衡锤）到达终端定点限速位置时的速度不超过 2m/s。

终端定点限速位置一般通过井筒开关和编码器深度值来确定，任何一个保护起作用都能断开安全回路。

5）钢丝绳打滑保护（二类保护）。

摩擦式提升机钢丝绳打滑超过规定值时，安全保护功能起作用，系统将立即实施电气制动停车。

保护原理：安装在天轮轴的防滑测速机或编码器的速度信号与安装在主卷筒轴端的测速机以及编码器速度信号实时比较，如果两者差值超过设定值，则视为钢丝绳打滑。

（3）与传动系统相关的保护

1）高压合闸联锁保护（一类保护）。

只有当高压开关柜合闸后，才允许安全回路通电。当高压柜由于短路、过流、欠压、失压等保护功能作用而掉电时，安全回路断开，实施安全保护。

2）传动柜重故障保护（一类保护）。

当传动装置发生过电流、过载、欠电压、过电压、超速、快熔、熔断等重故障时，安全回路断开，实现安全保护。

3）堵转保护（一类保护）。

提升机发出起动信号后，电动机电流超过设定值一定时间后电动机还没有运转，这时检测到速度反馈信号低于设定值，堵转保护起作用，安全回路断开。

4）溜车保护（一类保护）。

当"传动使能"信号没有发出，系统却检测到一定的速度反馈值时，安全回路断开，系统实施紧急制动停车，防止溜车事故。

5）失磁保护（一类保护，针对交流变频同步机调速）。

提升机起动后，如果励磁电流实际值小于设定值，安全回路断开。

6）使能断线（一类保护）。

正常情况下，传动装置收到控制系统发出的开车使能信号后，应该立即开始运行并将运行信号反馈给控制系统。如果控制系统发出开车使能信号后，超过设定时间仍收不到传动装置反馈的运行信号，则视为使能断线，安全回路断开，实施安全保护。

（4）其他保护

1）松绳保护或尾绳扭结保护（一类保护）。

松绳保护装置设置于单绳缠绕式提升机，松绳保护装置在钢丝绳松弛超过规定值时，发出音响信号并断开安全回路，实现安全制动，从而避免事故的发生。

尾绳扭结保护装置设置于多绳摩擦式提升机，其作用是防止尾绳在高速运行中扭结造成事故。动作原理：当尾绳扭结时，防扭结装置动作，安全回路断开。

2）错向保护（一类保护）。

当提升机实际运行方向与给定方向不一致时，错向保护动作，安全回路断开。

3）急停按钮保护（一类保护）。

司机操作台和信号控制台（箱）上装设有急停按钮，当发生紧急情况时，司机或信号工可以按下急停按钮，安全回路断开，实施紧急制动。

4）制动油压高保护（一类保护）。

当液压站制动油压超过设定的最高压力限制时，液压站上的电接点压力表触点闭合，安全回路断开，提升机进行安全制动。

当液压站制动油压超过设定的最高压力限制时，PLC检测到液压站油压变送器的油压信号超过PLC内部设定值时，PLC判断为制动油压高，安全回路断开，提升机进行安全制动。

5）满仓保护（一类保护）。

箕斗提升的井口料仓满仓时，安全回路断开，不允许再次提升。

6）速度给定手柄零位、制动手柄零位联锁和安全回路复位联锁。

只有当速度给定手柄处于中间零位、制动手柄在全抱闸位置时，才允许接通安全回路。当安全回路断电后，排除故障后，两手柄必须回到零位，按下故障复位按钮，才能重新接通安全回路。

3. 轻故障闭锁保护

（1）轻故障闭锁保护的实现　当轻故障发生后，不需要立即实施安全制动停车，如果这时提升机正在运行，那么系统允许本次提升完成。为了实现轻故障闭锁保护，一般采取的方式是将保护功能与开车信号进行闭锁，即当轻故障发生后，系统将无法收到开车信号，直至故障被排除后复位。

（2）轻故障保护的设置

1）传动装置报警。

当传动装置输出报警信号（如检测到主电动机过热、变频器冷却故障等）时，系统报轻故障。

2）风机变频器故障。

主电动机的冷却风机用变频器供电时，如果变频器因故障停机，那么系统按轻故障处理。

3）润滑站报警。

包括润滑油压低、油温低、油温高、液位低、过滤器滤芯堵塞等。

4）液压站报警。

包括液压站油温低、油温高、液位低、过滤器滤芯堵塞等。

5）闸检测装置报警。

包括闸间隙过大、制动盘偏摆过大、制动盘温度过高。

依据 GB 20181—2006《矿井提升机和矿用提升绞车　安全要求》的规定，制动闸松闸时，制动瓦与制动轮或制动盘间的间隙应符合下列要求：

① 平移式块式制动器不应大于 2mm，且上下相等；

② 角移式块式制动器不应大于 2.5mm；

③ 盘形制动器不应大于 2mm。

6）整流变压器、主电机、轴承、天轮等超温报警。

在测温部位预埋 Pt100 测温元件，并将测得信号送入测温仪表集中显示和报警。

7）井筒开关报警。

井筒开关报警也可以归为轻故障类型，前文已对此进行表述，此处不再赘述。

4. 闸检测

制动器是矿井提升机的重要组件之一，直接关系着提升设备的安全运行。制动器按结构可分为带式、块式和盘式，现在矿井提升机用的制动器大部分是盘式制动器。

传统的闸检测装置使用机械式限位开关（如 TS249 型、TE032 型），在实际应用中，故障率高，维护工作量大，容易误动作，影响生产。随着技术的进步，以及矿山生产安全性能要求的提高，各种新型闸检测装置被越来越多的用户使用。

新型闸检测装置普遍采用位移传感器测量闸间隙量。位移传感器测量精度高，性能可靠，且测量值易于量化处理。常用的位移传感器主要有电阻式、电感式和电容式。

中信重工 ZZJ4 型智能闸监测装置配以闸间隙/弹簧疲劳传感器和感应式制动盘偏摆传感器，可在线检测制动瓦距制动盘的间隙量、弹簧的疲劳量和制动盘的偏摆量，另外又配备感应式制动盘温度传感器用以检测制动盘的温度，并以数字的形式将这些值直观地显示出来。当闸间隙、弹簧疲劳和制动盘温度超过设定的报警值时，检测装置输出报警信号给电控系统，同时检测装置上相应位置的数字闪烁，提示报警位置。该检测装置安装使用方便、适用性强且具有智能性，可以把检测数值和报警状态通过通信的方式上传到上位计算机。

21.4 提升机上位监控系统

1. 系统简介

矿井提升机特定的工作环境决定了其控制设备工艺的复杂性、高安全性和可靠性，从而使电控设备的维护工作具有较高的难度。面对这一情况，越来越多的用户提出，希望能够有一种设备将提升机电控设备运行中能反应提升机的运行状态及将用户关注的过程参数直观地显示出来，以便实时监视提升机的运行状态和降低故障时的维护难度。

随着计算机技术的发展、PLC 功能的增强和网络的发展，这一要求逐渐得到很好的满足，出现了不同种类的人机交互界面管理工程师站，集中管理系统运营数据，在工程上称为工程管理计算机站，简称上位机监控系统。

上位机监控系统利用工业计算机安装专门的监控软件采集提升机运行中的深度、速度、电流、电压、运行次数和运行时间等参数，经分析和处理，生成系统静态配置图形、动态数据监视图形、报表系统图形、故障记录图形等，经交互式途径显示出来，能够直观快速地反映提升机状态，极大地方便了现场维护人员查找和处理故障。

目前市场上的上位监控系统主要在各大公司既有的软件基础上开发，软件主要有WinCC、力控组态软件、组态王、InTouch、Infix、Screenware 等，这些软件经过广泛应用，证明都是成熟可靠的，并且由于 OPC、WEB 等技术的发展，这些软件除支持本公司产品外，也可以与其他公司的下位设备通信。

下面以中信重工研发的典型的基于西门子 WinCC 的上位监控系统为例，详述上位监控系统的构成和功能。

2. WinCC 简介

WinCC 是西门子公司基于 WINDOWS 操作系统开发的工控软件，WinCC 即 Windows Control Center。WinCC 是一个功能强大的全面开放的监控系统，既可以用来完成小规模的、简单的过程监控，也可以用来完成复杂的应用。其主要功能包括：

（1）图形系统　用于组态画面的开发。

（2）报警系统　用于报警信息的记录、存储、分类、分析、显示及生成报表，操作非常简便。

（3）变量记录系统　用于对变量的存档接收、记录和压缩，用于显示曲线和图表及提供进一步功能。

（4）报表系统　生成各类用户需要的参数报表、生产报表等。

（5）数据处理　对图形对象的动作使用 VC 或者 VB 进行编辑。

（6）标准接口　通过 ODBC 和 SQL 访问用户组态和过程数据的 Sybase 数据库，提供标准接口连接第三发设备。

（7）用户管理：对不同的用户分配不同的授权以保证设备正常运行。

此外，WinCC 还提供多种可选软件包以满足客户的不同要求。

3. 上位监控系统概述

矿井提升机上位监控系统软件多采用西门子公司的 WinCC 软件，基于简体中文版 Windows专家版环境下运行。主要对电气控制系统 PLC 进行组态、编程和监控，其功能包括：多窗口 PID 图、报警画面、趋势图、指导画面、控制画面、参数修改画面及故障诊断等各种监视画面。

1）提升系统动静态画面的生成（如显示提升过程动态画面，显示速度动态曲线、电枢电流动态曲线，以及提升容器位置动态显示等）。

2）各种设备状态的监视。

3）安全回路状态的监视。

4）井筒开关动作情况的记忆及显示。

5）故障自检显示、报警，能显示故障发生的位置、时间和原因等，对系统重要参数，如速度、电流、电压及运行状态进行实时检测，对重要的参数（如速度图等趋势曲线）存盘，便于故障后的问题查找分析。

6）各类报表（班报、日报、月报、年报）生成打印的历史记录。

4. 主要监控画面介绍

（1）主画面　主画面是对系统整体概况的描述，显示了提升机运行的状态和设备构成，如图 21-33 所示。主要具有以下功能：

1）画面的最上方是标题栏，显示的是目前项目的名称和日期。

2）组态了矿井提升机系统的结构图，包含模拟的卷筒、模拟的电动机、液压站、润滑站、传动系统和低压控制系统。

3）组态了模拟的罐笼（或箕斗），上面的两个小滑块的运动轨迹与实际的罐笼（或箕斗）一致。

4）组态了井筒开关，当罐笼（箕斗）经过相应井筒开关时，开关动作，同时画面上对应的开关的背景颜色也会改变。

5）组态了信号系统提供的信号，画面上所对应的区域有信号系统发出相应的信号文本显示。

6）组态了 I/O 域，用于显示系统运行的参数，如电枢电流、电动机速度、主编码器深度、从编码器深度、电动机温度。并将重要参数单独、显著地显示出来。

7）组态了提升机工况和辅助设备的状态，以帮助操作工正确开车。

8）在画面左下角组态了用户登录功能，只有授权的用户才能获得相应的操作权限，保证上位监控的安全可靠运行。未获得授权的用户则只能观察主画面当页所显示的提升机基本状态，不能切换画面。

（2）安全回路画面　安全回路画面实时监测了提升机控制中重要的保护环节，包括了安全回路故障和轻故障，如图 21-34 所示。通过表格形式，当故障发生时指示相应故障信号。并且通过点击"详细"按钮，能够获得该故障的详细分析，以帮助维护工程师迅速排除故障。

（3）参数记录画面　提升机运行过程中，有一些参数能够在很大程度上反映系统的运行状态是否良好，并且在故障发生后能够帮助查明并分析故障原因。故而，在上位监控系统中，将这些参数用图表的形式实时记录，并且归档存储。通过一定的方法，不但能够观察当前数据状态，还可以查询历史数据。尤其对一些偶然发生的故障，当人不能一直监视时，参数记录将极大地节省人工人力。例如，对于磁开关，当需要检修开关工作是否可靠时，由于判断可靠性不能只用一次的动作情况作依据，需要通过大量的试验获得数据来分析，这就要

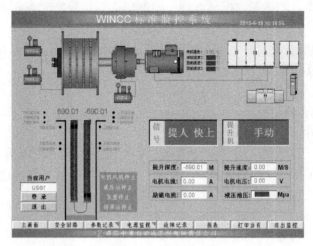

图 21-33 主画面

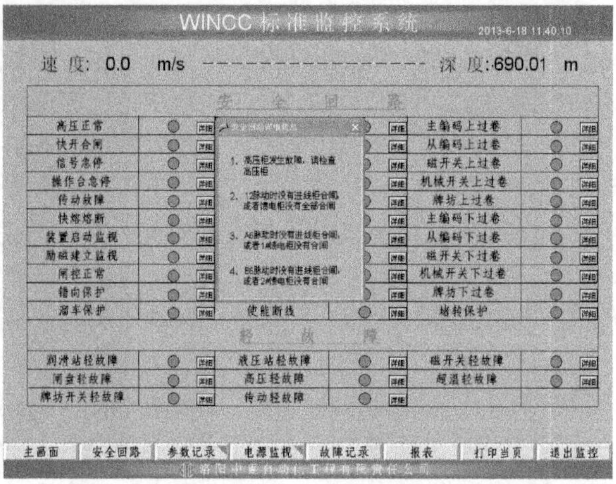

图 21-34 安全回路画面

求人员持续在岗观察，费时费力。而当将磁开关信号用上位监控系统记录时，这一切就变得相当简便，只需将历史记录调出查看即可，不必一直观察，更不必去井筒观察。又比如，当故障发生导致停车时，若值班工程师当时不在现场，故障时的电动机参数和提升机状态不能及时获得，则只需调出相应时间的参数记录画面即可查阅所有参数，便于排查故障，参数记录画面如图 21-35 所示。

（4）电源监视　为了方便操作工操作或检修设备，节省提升机开机时间，将电源分合闸信号在监控系统统一显示，不但方便了操作，而且使得没有电气基础知识的操作人员也可以简单明了地查询开关状态。电源监视画面如图 21-36 所示。

（5）故障记录画面　故障记录类似参数记录，两者的区别主要在于对象不同，参数记录画面记录的是提升机运行过程中的运行参数，如电流、速度等；故障记录画面则记录经 PLC 分析处理的提升机运行状态而发出的警报，如"电动机堵转""速度超速"等，故障记录比参数记录的功能要强大和多样化，他们都具有归档的能力。故障记录画面如图 21-37 所示。

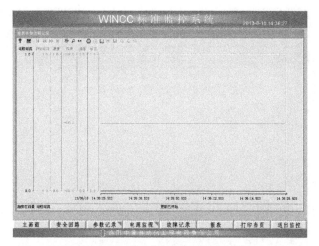

图 21-35 参数记录画面

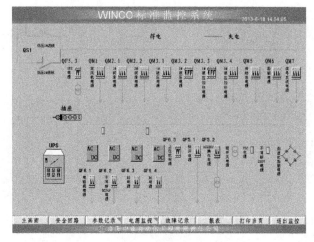

图 21-36 电源监视画面

（6）报表功能　报表在生产环节占有举足轻重的作用，好报表可以直观地反映生产率、设备利用率等，给予管理层简便明了的现场数据。报表功能充分利用 WinCC 的开放性，将 WinCC 与 EXCEL 表格数据共享，提升机的提升勾数、运行时间等数据一方面在报表画面中显示，另一方面将数据直接存储在 EXCEL 表格中。根据不同的日期，通过 EXCEL 的强大功能生成相应的日报表、月报表、年报表，用户可以直接调阅相关文件，并且报表系统可以根据用户的需求进行定制。报表功能如图 21-38 所示。

（7）其他　除上述功能外，还提供用户打印、取消激活等功能，并可根据用户需求增添其他功能。

5. 监控系统的使用

上位监控系统研发充分考虑使用的简便性，一般人员只需经现场简单培训即可查看上位监控系统。由于 Windows 操作方式的广泛应用，大部分监控系统的操作界面都是窗口式的，以适应大部分人的操作习惯。

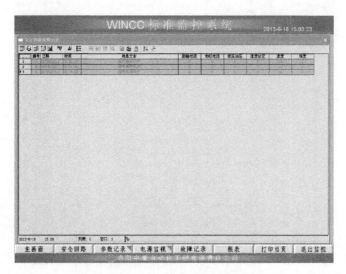

图 21-37　故障记录画面

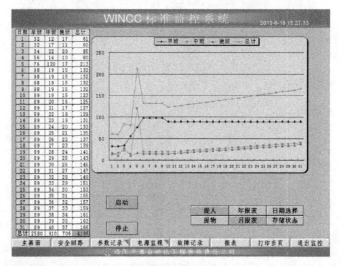

图 21-38　报表功能

近年来，随着计算机技术的发展以及数字矿山的大力发展，客户对上位监控系统的要求也越来越高，越来越多样化。例如，越来越多的用户要求上位监控系统能够并入企业网以便于统一管理和查阅，要求能够多站多用户操作，并且用户对上位监控系统的自诊断能力提出越来越高的要求，同时系统的远程诊断能力也被客户越来越重视。OPC、WEB、VPN、SQL等技术的发展和基于该技术的开发使得这些功能得以实现。

总之，上位监控系统具有操作简单、控制方便、人机界面友好、通用性好、安装方便的特点，一个好的上位监控将为用户节约大量的人力物力，提高设备运行效率，有助于安全可靠地生产。上位监控系统正逐渐朝着网络化和智能化的方向发展，其在矿井提升机系统中发挥的作用也越来越大。

21.5 成套范围 （见表 21-2）

表 21-2 变频电控系统的成套范围

序号	名称	技术说明	数量
1	高压开关柜	采用真空断路器对整流变压器进行通断高压电控制，配置微机综合保护装置对变频装置进行保护 低压变频、高压变频通常配置 1 台 交-交变频、中压交-直-交变频常采用模块化结构高压柜，通常配置 6 台	1 套
2	整流变压器	为变频装置提供需要的工作电压 低压变频配置 1 台 高压变频内置 1 台移相变压器 交-交变频配置 6 台定子整流变压器、1 台励磁整流变压器；中压交-直-交配置 1 台定子整流变压器、1 台励磁整流变压器	1 套
3	变频调速柜	接收控制系统的命令，驱动电动机按给定速度运行	1 套
4	PLC 控制柜	采用可编程控制器，实现提升机工艺过程的控制连锁及保护，并与上位机通信	1 台
5	低压电源柜	采用双回路进线，为提升机辅助设备液压站、润滑站、主电动机风机等提供电源	1 台
6	操作台	装有指示灯、仪表、按钮、音响设备，实现提升机运行的各种控制工艺的要求	1 台
7	上位计算机	安装有上位监控软件和编程软件 上位监控软件主要用于显示提升机的运行动静态画面、安全回路和故障记录等 编程软件主要用于修改监控 PLC 程序	1 套
8	井筒检测开关	提供同步、减速、到位停车、过卷等信号	1 套
9	测速发电机	为提升机电控系统提供速度保护信号	1 台
10	轴编码器	提供高精度脉冲信号，用于检测提升机的运行速度和容器位置 主轴端安装两个，摩擦式提升机在天轮或导向轮安装 1 个 电动机侧安装 1 个，为变频器提供速度反馈信号	1 套

21.6　交流提升机电控系统案例

1. 高压变频案例

宁夏王洼煤业有限公司王洼煤矿副斜井 JK-4×2.7 单绳缠绕式矿井提升机的电控系统改造项目，控制系统设计为采用两套 S7-300PLC，组成热备冗余系统，各冗余子站采用 ET200M 远程 I/O 系统，网络化结构减少了柜间接线，使系统更加可靠。成套电控系统的供货范围包括：PLC 柜、低压电源柜、操作台、高压开关柜、高压变频柜、工控机、编码器、位置开关和通信电缆等。高压变频柜选用了中信重工 CHIC1000 矿井提升机专用变频器，采用矢量控制技术，变频器过载能力强。王洼煤矿副斜井电控系统参数见表 21-3，变频器的技术参数见表 21-4。

表 21-3　王洼煤矿副斜井电控系统参数

项目	参数
提升主机	JK-4×2.7 单绳缠绕式矿井提升机
卷筒直径	4.0m
减速器减速比	31.5
卷筒宽度	2.7m
钢丝绳最大静张力	220kN
提升斜长	1041.0m
提升速度	正常运行时为 4.92m/s；提人时为 3.9m/s；提最大件时为 1m/s
减速器	行星齿轮减速器
提升水平	单水平
供电方式	交流变频供电
提升方式	串车提升
电动机	交流异步电动机
功率	1120kW
电压	6000V
额定转速	740r/min
频率	5~50Hz
冷却形式	IC37 电动机冷却采用下进、出风口 电动机定子内埋置测温元件 Pt100 共 12 件 电动机内部装置防冷凝的加热器，电压等级为 AC220V
轨道上山倾角	16°

表 21-4　变频器的技术参数

项目	参数
型号	CHIC1000-10/6-1250AH
变频器适配电动机功率	1250kW
输入电压	10kV
额定输出电流	154A
输出电压	6kV
每相串联单元数	6
输入频率	45~55Hz
额定输入电压	10kV±10%
控制技术	矢量控制技术
控制电源	AC220V，30kW
输入功率因数	额定负载下>0.95
整机效率	额定负载下>0.97
输出频率范围	0~50Hz
输出频率分辨率	0.01Hz
过载能力	200%额定转矩 1min
模拟量输入输出	各两路，4~20mA
上位通信	隔离 RS485 和以太网接口，ModBus 规约
加减速时间	5~1600s
开关量输入输出	7 入/7 出
运行环境温度	0~40℃
贮存/运输温度	−40~70℃
冷却方式	强迫风冷
环境湿度	<90%，不结露
安装海拔高度	1800m

2. 矿井提升机中压交-直-交变频电控系统案例

首钢矿业有限公司杏山铁矿主井，提升机型号为 JKM-4×6（Ⅲ）；最大运行速度为 10.37m/s；提升方式为双箕斗；电动机为交流同步电动机；额定功率为 4000kW；额定转速为 58r/min；额定频率为 7.73Hz；额定电压为 3150V。

电控系统主要由高压开关柜、主整流变压器、励磁变压器、传动系统、控制及监控系统等组成。

　　传动系统采用西门子公司的 SM150 中压交-直-交变频调速系统，功率器件为 IGCT。其交流-直流侧采用 AFE 有源前端结构，谐波小、功率因数高，完全满足国家电能质量的各项指标要求。

　　1) 驱动控制功能。

　　提升机驱动控制由西门子公司的全数字控制模板构成，并成为 SM150 的一部分，包含如下主要功能：

　　① 是提升机工艺控制的接口；

　　② 转矩控制；

　　③ 矢量控制；

　　④ 定子相电流控制；

　　⑤ 磁通控制；

　　⑥ 励磁电流控制；

　　⑦ 高压柜等外围信号控制；

　　⑧ 对电动机和变频器的监控，产生相应故障和报警：如过电流、过电压、欠电压、超速、温度故障、快熔故障、通信故障、供电故障、高压柜故障、实际值检测故障、定子接地故障、励磁接地故障、输入电压相序错误、设定参数超限错误、换相错误和零电流错误等。

　　2) SM150 的技术参数见表 21-5。

表 21-5　SM150 的技术参数

名称	交-直-交变频器 SM150
数量	1 台
原理	三电平电压源型变频器
变频器网侧端	有源前端（AFE）
输入电压	3AC、3300V±10%
输入频率	50/60Hz±2%
输出电压	3AC、0~3150V
DC-中间环节	4800V
U_{peak} 相间峰值电压	8400V
U_{peak} 相对地峰值电压	8400V
输出电流	标称 1750A
峰值电流（20s）	最大 1950A
功率柜保护等级	IP23
噪声等级	<75dB（A）无外部冷却时
冷却	水冷

3）励磁回路。

提升电动机的励磁绕组由一套单向 6 脉动整流器 DC Master 6RA70 供电。励磁整流器由 1 台励磁整流器连接到励磁变压器的二次侧上，负责给同步电动机励磁绕组供电。励磁整流器的主要技术参数见表 21-6。

表 21-6　励磁整流器主要技术参数

名称	励磁整流器
数量	1
构成方式	6RA70
最大输出电流	1200A
最大供电电压	400V
连接方式	B6C
额定电流	400A
冷却方式	自带冷却风扇

由于操作控制系统与直流传动系统雷同，在此不再赘述。

第 22 章 矿井提升机的电动机

电机是机电能量转换或电能传递的一种机械。它以磁场为媒介，利用电磁感应原理来进行工作。电机主要分为电动机和发电机，电动机将电能转换为机械能，发电机把机械能转换为电能。

作为生产性机械驱动源而进行大量应用的主要还是电动机，主要有直流电动机和交流电动机，交流电动机又分为异步电动机和同步电动机两类。

矿井提升机以往多采用高速电动机，通过减速箱驱动卷扬机运转，采用这种形式的提升设备，要增加一套减速箱，对设备的安装和检修维护都带来困难，同时也增加了设备投入成本、降低了系统效率。近年矿井提升设备的需求不断增加，而新建矿井多选用低速直联式电动机，此种直联式电动机省去了减速箱，结构简单、维护方便、运行稳定可靠，因而被新投产的大型现代化矿井提升设备所采用。

下面以上海电气集团上海电机厂有限公司（下称上电）的产品为例，对矿井提升设备用驱动电动机进行简要介绍。

22.1 直流驱动电动机

对电动机而言，能量形式的变换依赖于电动机定子和转子之间的气隙磁场。对直流电动机来说，定子和转子的两个磁场均由直流电流产生。直流电动机的结构一般为定子采用凸极（带有主极、换向极）、集中式绕组分布（带有励磁绕组、换向极绕组），而转子则采用均匀分布的嵌入式绕组，并带有换向作用的换向器。

直流电动机与交流电动机相比，具有如下优点：

1）调速范围广、运行平滑。

2）过载起动和制动转矩大，且适宜频繁起动、制动。

3）负载急剧变化时可维持转速不变。

4）对供电系统及控制系统的要求不高，电气系统投资、使用及维护成本较低。

由于直流电动机具备上述优点，故对于起动、制动和调速性能要求较高的生产机械，多采用直流电动机来驱动，如冶金行业的轧钢、轧铝用各类粗轧机、精轧机、卷取机，以及矿山矿井用各类提升设备等。

但是，对于直流电动机而言，受其结构限制，转子旋转线速度对电动机电流换向影响特别大，很难做大容量，直流提升电动机的最大功率也仅在 3100kW 左右。通常，为满足电动机容量、输出转矩增加的要求，需放大电动机规格，使转子直径增大，从而导致电动机表面线速度高、转动惯量大、换向困难。

矿井提升设备驱动用直流电动机主要有两大类：ZKTD 系列电动机和 Z 系列电动机，下面分别进行简要介绍。

22.1.1　ZKTD 系列直流矿井提升用低速直联电动机

此类电动机是目前矿山设备驱动市场上比较典型的产品，产品技术和生产制造工艺都比较成熟，广泛应用于各类矿井的提升设备驱动。

1. ZKTD 系列电动机的结构及其与主机的连接方式

ZKTD 系列电动机的标准结构为悬挂式，即电动机无轴、无轴承座。电动机转子直接悬挂在提升机主轴上，它与提升机主轴的连接方式有 3 种：

1）锥套过盈连接，液压装卸。

2）夹板式配合螺栓连接。

3）夹板式高强度螺栓摩擦连接。

按照防护要求不同，ZKTD 系列电动机标准系列产品主要有 IP01 和 IP44 两种防护等级。此外，根据客户需求，还可向厂家定制 IP00、IP23 防护等级的产品。

ZKTD 系列电动机的主要冷却方式为 IC37（管道强迫通风冷却）。

ZKTD 系列电动机的安装方式为 IM5710（电动机无轴承、机座带抬高了的底脚用底板安装、转子无轴伸）。

ZKTD 系列电动机因体积较大，通常将定子、刷架等设计为分半式。出厂试验结束后，分体装箱，定子、转子、底架等采用分箱运输，现场装配调试。

图 22-1 所示为锥套过盈连接结构的 ZKTD 系列电动机结构示意图。

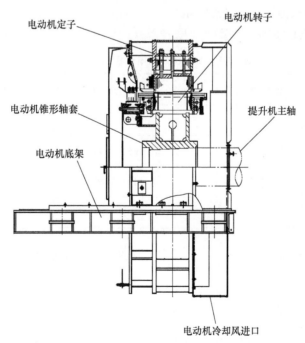

图 22-1　锥套过盈连接结构的 ZKTD 系列电动机结构示意图（锥套式、IP44、IC37）

2. ZKTD 系列电动机型号的含义

以产品型号 ZKTD215/45 为例，ZKTD 表示该电动机属于 ZKTD 系列矿井提升用低速直联电动机，215 代表电动机转子外径为 215cm，45 代表电动机转子（电枢）铁心长度为 45cm。

ZKTD 系列电动机按照电动机大小又可以分为 4 个子系列：ZKTD215、ZKTD250、ZK-TD285 和 ZKTD315。每个子系列又根据电动机铁心长度的不同分为不同的产品规格。

3. ZKTD 系列电动机的主要技术特性

ZKTD 系列电动机的绝缘等级为 F 级，电动机最高温升允许达到 105K，其定额工作制以连续工作制（S1）为基准。

ZKTD 系列电动机的励磁方式为他励。励磁绕组有 4 个引线端子，分为两组，两组串联时励磁电压为 110V，两组并联时励磁电压为 55V。电动机允许强行励磁，强励电压不得超过 500V（强励时允许励磁电流瞬时略超过额定励磁电流，但励磁电流稳定后不得超过额定值）。电动机允许双向运行，当采用磁场反向进行逆运行时，磁场电流（励磁电流）从正向额定值变为负向额定值的时间为 1s。

ZKTD 系列电动机可由发电机机组电源供电和静止整流电源供电。当采用静止整流电源供电时，整流脉波数不应小于 6。在额定转速、额定电压和额定负载下的相控因数不低于 85%。电动机的性能标准以额定转速、额定电压和额定负载下，供电电源的峰值纹波因数不超过 6% 为基准。

ZKTD 系列电动机允许主回路电流变化率（di/dt）为 200 倍额定电流/s。

ZKTD 系列电动机允许短时过载运行，短时最大过载能力为 2 倍额定电流，持续时间不超过 60s，切断电流为 2.25 倍额定电流。短时过载运行之后，必须轻载运行，使电动机整个负载周期的电流方均根值不超过其连续定额。

4. ZKTD 系列电动机的主要参数（见表 22-1）

表 22-1　ZKTD 系列电动机的主要参数

电动机系列	电动机额定功率/kW	电动机额定电压/V	电动机额定转速/(r/min)
ZKTD215	800～1250	540～800	38～75
ZKTD250	1250～2000	660～1000	42～85
ZKTD285	2000～2800	750～1000	38～85
ZKTD315	2500～3150	800～1000	38～75

用户可根据设备驱动所需转矩、转速、供电系统电压等，参照电动机产品样本上的参数选择电动机规格。

22.1.2　Z 系列电动机

Z 系列直流电动机是直流电动机体系中最为典型的产品系列之一，也是市场上销售最为广泛的一类电动机，广泛应用于各类工业设备驱动。因其额定工作转速相对较高，在作为提升设备驱动源时，通常通过变速齿轮箱与提升设备相连。

在 ZKTD 系列等矿井提升用低速直联电动机进入市场之前，Z 系列电动机曾是矿井提升设备驱动的主力产品。随着直联式驱动电动机进入市场后，Z 系列在矿井提升领域的应用便日渐萎缩。目前仍有部分市场存在。

1. Z 系列电动机的主要结构及与主机的连接方式

Z 系列电动机的主要结构如图 22-2 所示。

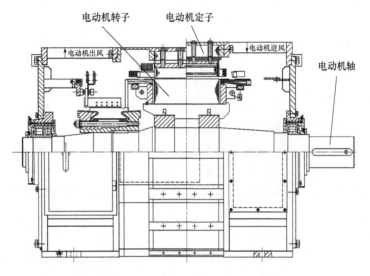

图 22-2   Z 系列电动机的主要结构

Z 系列电动机在作为矿井提升设备驱动源使用时，需要通过变速齿轮箱将电动机输出转速调整到提升设备所需转速。通常电动机先通过弹性棒销联轴器或其他联轴器与变速齿轮箱相连，变速齿轮箱输出端通过联轴器或其他方式与提升设备联接，输出驱动力矩。

Z 系列的主要冷却方式有 IC06（风机强迫通风冷却）、IC37（管道强迫通风冷却）、IC86W（空水冷却器冷却）等方式。

Z 系列电动机的安装方式为 IM1001（1002）[具有两个端盖式轴承、带底脚横装、具有 1 个（两个）圆柱形轴伸]。

Z 系列电动机的结构紧凑，通常采用整体吊运、整机包装送货，现场直接整机安装调试。

2. Z 系列电动机型号的含义

Z 系列电动机主要有以下两种型号表示方式：

1）中心高+铁心长。

2）中心高+轴向底脚孔间距离（B 尺寸）+产品类别代号。

以产品型号 Z710-450 为例，Z 表示该电动机属于 Z 系列直流电动机，710 代表电动机轴中心距离底脚安装面的高度为 710mm，450 代表电动机转子（电枢）铁心长度为 450mm。

以 Z400-2A 为例，Z 表示该电动机属于 Z 系列直流电动机，400 代表电动机轴中心距离底脚安装面高度为 400mm，2 表示电动机编号为 2 的 B 尺寸（按照 B 尺寸不同，依次采用 1、2……来进行表示），A 表示电动机为第 1 类电动机。

Z 系列电动机根据中心高不同，可分为多个子系列，如 H315、H355、H400、H450、

H500、H560、H710、H900 等,每个子系列又根据电动机铁心长度或 B 尺寸不同可分为不同的产品规格。

3. Z 系列电动机的主要技术特性

Z 系列电动机的绝缘等级为 F 级,电动机最高温升允许达到 110K(用户要求 B 级考核时,温升允许达到 90K)。其定额工作制以连续工作制(S1)为基准。

Z 系列电动机的励磁方式为他励。励磁绕组有 4 个引线端子,分为两组,两组串联时励磁电压为 220V(110V),两组并联时励磁电压为 110V(55V)。电动机允许强行励磁,强行励磁电压不得超过 500V(强行励磁时允许励磁电流瞬时略超过额定励磁电流,但励磁电流稳定后不得超过额定值)。电动机允许双向运行,当采用磁场反向进行逆运行时,磁场电流(励磁电流)从正向额定值至负向额定值的时间为 1s。

Z 系列电动机可由发电机机组电源和静止整流电源供电。当采用静止整流电源供电时,整流脉波数不应小于 6。在额定转速、额定电压和额定负载下的相控因数不低于 85%。电动机的性能标准以额定转速、额定电压和额定负载下,供电电源的峰值纹波因数不超过 6% 为基准。

Z 系列电动机的容许主回路电流变化率(di/dt)为 200 倍额定电流/s。

Z 系列电动机允许短时过载运行,短时最大过载能力为 2 倍额定电流,持续时间不超过 60s,切断电流为 2.25 倍额定电流。短时过载运行之后,必须轻载运行,使电动机整个负载周期的电流方均根值不超过其连续定额。

4. Z 系列电动机的主要参数范围(见表 22-2)

表 22-2　Z 系列电动机的主要参数范围

电动机系列	电动机额定功率/kW	电动机额定电压/V	电动机额定转速/(r/min)
Z315	57~305	220~660	269~1629
Z355	57~424	220~660	153~1540
Z400	50~558	220~660	72~1510
Z450	86~624	220~660	86~1360
Z500	144~774	220~660	98~1180
Z560	184~908	220~660	84~820
Z710	800~1500	440~750	185~860
Z900	1600~2240	660~950	99~595

22.1.3　直流驱动电动机的运行及维护

电动机未用存储时,尽可能使电动机存放在清洁、干燥,环境温度为 5~50℃、空气干燥、通风良好的仓库或者储存地点,并加以遮盖。

如果储存场所潮湿,可利用电动机自带空间加热器或灯泡通电加热驱潮,驱潮时需确保绝缘绕组表面温度不超过 80℃。最好不要采用定子或转子绕组通低压直流电来保持电动机温度的做法。在储存期间，每月将转轴转动 180°左右。

被存放的电动机，应定期进行检查，每三个月不少于一次。

在电动机正式安装使用前，需对电动机各部件进行检查确认，确保无锈蚀、损伤或杂物存在。

为了确保设备长期正常运行，Z 系列电动机在电动机安装时，电动机轴中心线和与其联结的负载轴中心线之间的径向偏差和角度偏差应尽可能降低，轴系对中要尽可能准确。

对于 ZKTD 系列而言，在安装时，转子主要是通过锥套锥孔或夹板止口定位，可通过调整定子位置确保定子、转子间隙均匀，磁中心对齐。

电动机接线标记详见电动机产品随机所附外形图或机组图（图 22-3 所示为他励直流电动机最常用的主回路与励磁回路接线图，定子测温元件等接线详见随机外形图或机组图），各绕组线端标记见表 22-3。

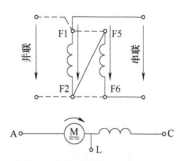

图 22-3　他励直流电动机最常用
的主回路与励磁回路接线图
（电动机转向为从非换向器端看）
注：L 为信号线，电控测量用。

表 22-3　直流电动机各绕组线端标记

绕组名称	线端标记	说明
电枢	A	电枢绕组
补偿绕组	C	换向极绕组与补偿绕组交错夹杂连接于电枢绕组的一端
他励绕组	F1、F2 F5、F6	他励绕组分 4 个线端供串联和并联使用： 串联时：F2-F5 并接，F1、F6 引入励磁 并联时：F1-F5 并接，F2-F6 并接后引入励磁

在电动机起动前必须确认电动机接线正确，电动机部件或电动机和机械连接安装到位、牢固，电动机防护接线有效连接，配套油水管路（如有）完好连接，确认后方可起动。

电动机的安装、调试过程可按照电动机厂家提供的使用维护说明书逐步操作，确保安装调试质量。

在直流驱动电动机使用时，需注意观察电动机换向状态，通常情况下，点状、粒状火花是稀疏而较均匀地分布在大部分电刷上，属于正常换向火花。在个别电刷下面出现舌状火花是允许存在的。而响声状、火球或飞溅状火花，很可能属有害火花。环火状现象发生时，电动机将受损，应立即断电停机。

碳刷作为直流电动机电流换向的关键部件，其状态需经常检查。一旦发现碳刷磨损严重，达到电动机厂家设定的界限或影响电动机正常使用，必须立即按照要求更换。

电动机在使用或维护过程中，需定期进行维护保养，如发现异常现象或产品故障，可按照使用维护说明书指示进行故障排除，必要时可联系电动机厂家进行技术支持和故障修理。

22.2　交流电动机（异步电动机）

矿井提升设备驱动用异步电动机主要有两大类：YR系列和YBP系列电动机，下面分别简要介绍。

22.2.1　YR系列绕线式异步电动机

1. YR系列电动机的结构形式及其特点

YR系列绕线式电动机的结构形式主要分为两种，一种为带座式轴承安装形式：IM7311，这种结构的典型外形如图22-4所示。

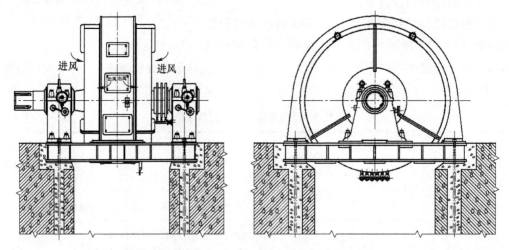

图 22-4　YR系列电动机 IM7311 安装形式的典型外形

这种类型的电动机采用自然通风冷却，从电动机两端进风，经过定子、转子通风道，从电动机机座中间窗口出风。电动机的防护等级为 IP01 开启式，根据转子是否预留检修长度空间，又分为短轴式和长轴式。电动机定子、转子引出线都为下出线，通过电动机下方的坑道将定子、转子引出线接入电控柜和水电阻柜。电动机轴伸通过双切向键与负载联轴器相联，旋转方向可以由用户任意选择。电动机前、后轴承都采用座式滑动轴承，强迫油润滑。座式轴承下方装有绝缘衬垫，可以避免轴电流的产生。

另一种为端盖式轴承安装形式：IM1001，这种结构的典型外形如图22-5所示。

这类电动机的冷却方式也为 IC01，当电动机功率较大，中心高在710mm及以上时，通常在电动机顶部加装通风柜，电动机内部为前后对称风路，冷却风从电动机顶部通风柜的前后两端进入，热风从通风柜左右两侧排出，如图22-5a所示。当电动机功率不太大，中心高在630mm及以下时，通常在电动机内部靠近驱动端加装同轴大风扇，冷却风从机座尾部百叶窗进入，通过电动机铁心中的轴向通风道，从机座前侧百叶窗排出，如图22-5b所示，达到冷却铁心和线圈的目的。箱式结构的 YR 系列电动机的整体防护等级为 IP23，在非驱

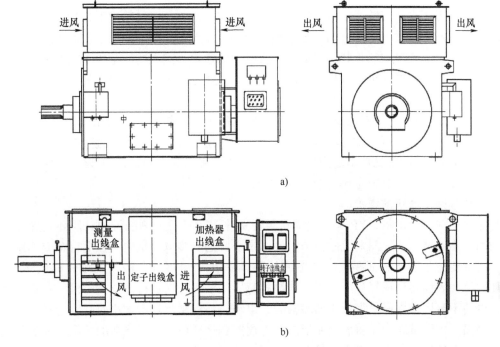

a)

b)

图 22-5 YR 系列电动机 IM1001 安装形式的典型外形

动端轴承外侧是滑环室。这类电动机可以单独安装在钢底座上,也可以和负载共用底架,安装较为简便。并且电动机内部的定子、转子引出线测温元件引出线和加热器引出线都接到相应的接线盒中,通过接线盒中的接线端子可直接与用户外部电缆连接,现场接线也很方便。同时,该类电动机的结构紧凑,稳定性好,在 YR 系列绕线式电动机中越来越多地被采用。

2. YR 系列电动机型号的含义

YR 系列电动机,字母 Y 代表异步,R 代表绕线式电动机。该系列电动机主要有以下两种型号表示方式:

(1)电动机功率+极数 这主要用在 YR 系列安装形式为 IM7311 的老结构电动机中,例如电动机型号 YR2500-10,即电动机额定功率为 2500kW,极数为 10P。这类电动机又根据定子铁心外径的大小分不同的机座号,例如定子铁心外径为 1430mm,对应机座号为 17号;外径为 1730mm,对应机座号为 18 号。

(2)中心高+极数 中心高是指电动机轴中心距离底脚安装面的高度,这种型号表示方式主要用在安装形式为 IM1001 的箱式结构电动机中,例如电动机型号 YR710-10,表示电动机中心高为 710mm,极数为 10P。提升机用 YR 系列电动机中常见的中心高有 H500、H560、H630、H710、H800 等。

3. YR 系列电动机的主要技术特性

YR 系列电动机的绝缘等级为 F 级,电动机最高温升允许达到 110K,(用户要求 B 级考核时,温升允许达到 90K)。其额定工作制以连续工作制(S1)为基准。

YR 系列电动机的起动方式为通过转子外接电阻起动。通过调整外接电阻的阻值,可以使电动机的起动转矩接近最大转矩，同时又大幅度减小了起动电流。电机运行时也可通过调节转子外接电阻值来调节转速，但调速范围较窄，尤其是不能在低转速下长期运行，因为自通风冷却（IC01）的冷却方式在转速较低时，产生的冷却风量很小，而且提升机是恒转矩负载，在低速时电动机的热负载仍然很高。所以在低速时，产生的冷却风不能对电动机进行充分冷却，就会导致电动机温升超标。同时，由于外接电阻上会产生很大的损耗，所以这种调速方式的效率较低。

YR 系列电动机允许短时过载运行，通常电动机最大转矩倍数设计值 ≥2.0，短时过载运行之后，必须轻载运行，使电动机整个负载周期的电流方均根值不超过其连续定额。

YR 系列电动机的常见功率范围是 250~2500kW，极数为 8~12P（工频下对应的同步转速为 500~750r/min），电压为 6kV 或者 10kV 级。

4. YR 系列电动机的维护

相比于鼠笼型电动机，YR 系列电动机要特别注意滑环及电刷的维护。滑环是连接转子绕组与固定不旋转电刷之间电流的环节。带固定电刷的异步电动机装有镍铜合金或不锈钢集电环。电刷要有足够接触面积，要求电刷接触面积在 75% 以上。经过一段时间的运行后，集电环的接触表面将形成氧化层。当在线绕式感应电动机投入运行的初始阶段，在集电环上的氧化层还不足以使电刷获得最小的磨损时，电动机在空载下运行数小时必定会有比正常大的电刷磨损。由于碳粉会覆盖表面而形成漏电通路，这样就增加了飞弧的危险。为了防止损伤电动机，在使用时要进行以下的核对工作：

（1）记录电刷的长度　大约经过 10h 运转之后，测量并记录每只环上每条痕迹处的一只电刷的全长。

（2）确定电刷的磨损　每隔 30h 测量电刷的长度并算出电刷的磨损量。从第 1 次测量值计算起，当某一只电刷的磨损量达到 4~5mm 时就要清除滑环绝缘路径上及电刷装置上的碳粉。当电刷磨损量减小时，测量的时间间隔可增加到 60h，但是每当电刷磨损 4~5mm 时必须清除碳粉一次。

（3）正常运行的条件　当磨损小于 6mm/1000h 时，可以认为电刷已跑合。随后，电刷装置按维护保养计划的说明进行维修。

（4）电刷装置的清洁工作　每当更换电刷时，刷握、支承螺杆的绝缘，环间绝缘及导电杆螺栓都要去灰清洁。每月都要检查电刷装置及滑环零件的炭灰沉积度，并且每月清洁一次，停车后再起动必须要清理炭灰。决不能用溶剂清洗电刷装置。电刷、刷握及滑环最好用真空吸尘器清除碳粉，再用压缩空气吹拂，最后用清洁的干布揩抹。在使用中，滑环表面形成包含石墨的氧化膜。当此氧化膜形成后（1000h 工作以后），就会有一个光滑的表面，表面膜的颜色可能处于淡灰到黑色之间，取决于电刷的品级、电流密度、大气湿度及温度。为了达到满意的使用效果，需保证在滑环的整个宽度及圆周上有一层均匀的氧化膜。

22.2.2　YBP 系列变频异步电动机

1. YBP 系列电动机的结构形式及其特点

YBP 系列变频异步鼠笼型电动机，采用安装形式为 IM1001 的箱式结构，前后采用端盖式轴承。电动机通常采用 IC666 的冷却方式，顶部装有含内、外风路强迫风机的冷却器，如

图 22-6a 所示。冷却器顶部的风机参与电动机内风路循环，冷却器尾部的风机用于为外风路提供压头。这类电动机的整体防护等级可达 IP55。还有一种冷却方式是 IC06，电动机机座靠非驱动端上方加装强迫风机，把机座内的热风通过机座前侧的百叶窗排出，如图 22-6b 所示。这种结构用在防护等级为 IP23 的场合。

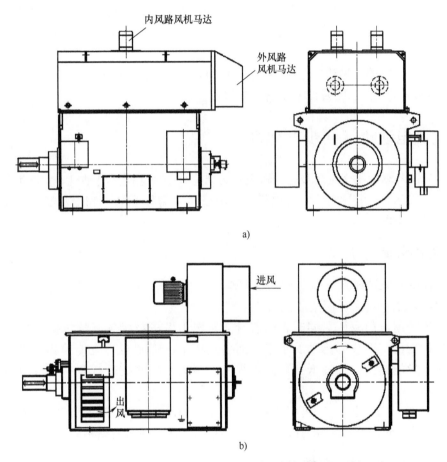

图 22-6 YBP 系列电动机 IM1001 安装形式的典型外形

2. YBP 系列电动机型号的含义

YBP 系列电动机，字母 Y 代表异步，BP 代表变频电动机，以电动机型号 YBPKK800-12 为例，KK 表示空空冷，提升机电动机的应用场合都以空冷为主；800 表示电动机中心高为 800mm；12 表示电动机极数为 12P。

3. YBP 系列电动机的主要技术特性

YBP 系列电动机的绝缘等级为 F 级，电动机最高温升允许达到 110K，（用户要求 B 级考核时，温升允许达到 90K）。其定额工作制以连续工作制（S1）为基准。

YBP 系列电动机通过变频器进行起动，可以得到较高的起动转矩和较低的起动电流。同时电动机还通过变频器调节运行转速，可以得到很宽的调速范围，并且调速运行的效率比绕线式电动机高。考虑到提升机为恒转矩负载，当变频器调节转速较低时，电动机自身产生的风量不足，所以在电动机冷却风路中加装强迫风机，如在前文中提到的 IC06 和 IC666 冷却方式都是加装了强迫风机。

用户在选择变频器时通常应选择完美无谐波型变频器，以减小对电动机绝缘及电气性能的影响。同时，电动机绝缘也会进行加强以适应变频调速的特点。并且在电动机轴伸端加装接地碳刷，后轴承采取绝缘结构来防止轴电流的产生。

YBP 系列电动机允许短时过载运行，通常电动机最大转矩倍数设计值≥2.0，短时过载运行之后，必须轻载运行，使电动机整个负载周期的电流方均根值不超过其连续定额。

YBP 系列电动机的常见功率范围是 250~1250kW，极数为 6~12P（工频下对应同步转速为 500~1000r/min），电压为 6kV 或者 10kV 级。

22.3　交流电动机（同步电动机）

矿井提升设备驱动用交流同步电动机主要为低速直联调速同步电动机。我国生产此类电动机的主要厂家有上海电气集团上海电机厂有限公司（简称上电）和哈尔滨电气动力装备有限公司（简称哈电）。

22.3.1　发展背景

由于以前变频装置昂贵且交流调速性能差，长期以来直流传动在调速领域一直占据统治地位。但随着工业化大规模集成机械化生产的不断发展，机械设备越来越朝着大功率、低能耗、易维护的方向发展。同时，随着近年来电力电子技术突飞猛进的发展，大功率交流调速的性能已接近直流传动的水平，而装置成本已降到与直流传动相当或略低的程度，维护费用及能耗也大大降低，可靠性提高，因此在矿井提升行业中交流传动正逐步替代直流传动。

提升机用交流调速同步电动机用于驱动大型矿山的设备、矿石和人员等的提升，根据矿井深度和产量的不同，配备的提升机不同，相应的电动机容量也有所不同。

22.3.2　上电电动机的主要技术特性

TDBS 系列电动机型号的含义：TD 代表同步电动机，BS 代表变速。

以电动机型号 TDBS5000-16 为例，TDBS 表示调速同步电动机，5000 表示电动机功率为 5000kW；16 表示电动机的极数为 16P。TDBS 系列电动机的参数见表 22-4。

表 22-4　TDBS 系列电动机的参数

电动机功率/kW	频率/Hz	电压/V（伏级）	定子绕组的接法
500~11000	5~15	690、1140、1650、3300、6000	Y、YY（0°）或 YY（30°）

电动机的绝缘等级为 F 级，B 级考核。其定额工作制以连续工作制（S9）为基准。电动机允许短时过载运行，短时最大过载能力为 2 倍额定转矩，持续时间不超过 60s，切断电流为 2.25 倍额定电流。短时过载运行之后，必须轻载运行，使电动机整个负载周期的电流方均根值不超过其连续定额。

22.3.3　上电电动机的结构特点（见图 22-7 和图 22-8）

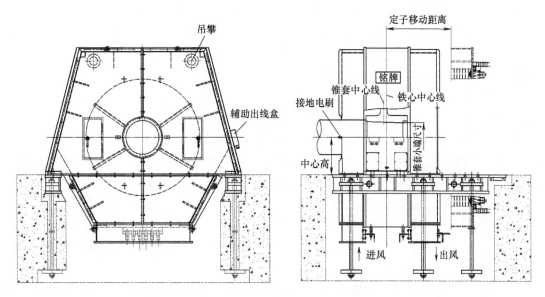

图 22-7　形式一：管道通风，前进后出

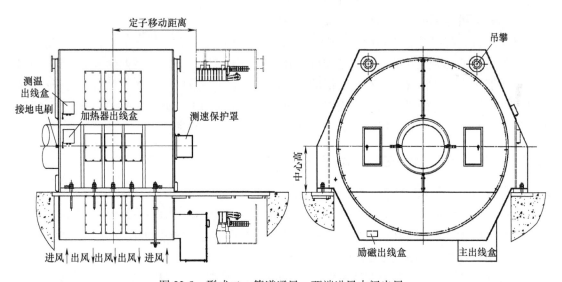

图 22-8　形式二：管道通风，两端进风中间出风

1）电动机为卧式结构，安装形式为 IM5710，即电动机为转子悬挂式，电动机无轴、无轴承，带分块底架，与提升机的连接方式有：

① 锥套过盈连接，液压装卸；

② 夹板式配合螺栓连接；

③ 夹板式高强度螺栓连接。

2）目前以锥套过盈连接为主。

3）电动机冷却方式为 IC37，即电动机主体采用管道强制风冷却，进出风口在电动机下方。

4）电动机防护等级为 IP44（电动机本体）和 IP21（滑环）。

5）电动机负载端侧装有接地电刷。

6）电动机定子为整体结构。定子机座为钢板焊接整体结构。定子冲片材料采用具有高导磁性能的冷轧硅钢板。考虑到变频器供电的特殊性，定子线圈下线后，绕组的端部采取可靠的固定绑扎措施，再经真空压力无溶剂（VPI）浸渍处理，使整个定子具有良好的绝缘性和可靠的机械强度，确保电动机满足频繁正、反转运行的工况。

7）转子为凸极式结构，其力学性能适合提升机负载的要求。磁极铁心由优质冷轧钢板叠压而成，磁极绕组为带散热匣的磁极线圈串联而成，有利于提高绕组的散热效果、降低转子温升。每个磁极通过若干个螺栓将其固定在磁轭上，有利于承受频繁的正、反转冲击转矩。磁轭与提升机主轴采用锥套式过盈连接。

8）阻尼绕组：考虑到提升机负载的特殊工况，同步电动机阻尼绕组的设计为全阻尼绕组。其阻尼杆与阻尼环为硬钎焊连接，阻尼环间通过 Ω 连接片用螺栓及止动片予以短路，从而形成完整、可靠、两端闭合的全阻尼形绕组。

9）定子绕组引出线位于电动机底部或后部，引出线可根据需求设置 3、6 或 12 根。并且，电动机可根据要求，通过定子绕组的串、并联，实现电动机全载半速或半载全速运行的工况，极大地提升了矿井提升设备的运行安全水平。

10）电动机定子可做轴向移动，使转子外露便于维护和检修。

11）底板、端罩及通风系统。

因为电动机无轴及轴承，因此电动机的底板为分块结构。电动机的两侧装有端罩，分为上端罩和下端罩，冷空气由电动机下部的入风口首先进入端罩的空腔内，然后经定子线圈端部进入电动机内部进行热交换。热空气在吸风机的负压作用下，通过定子铁心背部的空腔由电动机底部的出风管道排到厂房外。集电环和电刷的冷却为自通风。

22.3.4 哈电电动机的主要技术特性

提升机用交流变频同步电动机。

TBP 系列电动机型号的含义：字母 T 代表同步电动机，BP 代表变频调速。

以电动机型号 TBP5000-16 为例，TBP 表示调速同步电动机，5000 表示电动机功率为 5000kW；16 表示电动机极数为 16P。

电动机工作制为 S8，即负载转速相应变化的连续工作制；电动机可做正、反转双向运行；电动机的功率因数 $\cos\phi=1$；电动机定子绕组 Y 形连接；绝缘等级为（定子/转子）F/F；电动机过载能力（常规要求）为 200%倍额定负载，时间为 60s；电动机采用变频装置供电。对于各种电压等级，采用相应的绝缘结构与之匹配。哈电电动机在设计时考虑到了不同变频装置的特性，并与之相适应，进而达到优良的使用及调节特性。使用双变频装置供电的时候，定子绕组采用双 Y 接法，并可在单电源供电的情况下，串联两套绕组，实现全载半速运行。这是为了在一套变频装置发生故障时，仍可完成提升工作。对于两个变频装置存在 30°相带角的情况，电动机依然可以达到上述要求。

22.3.5　哈电电动机的结构特点（见图 22-9 和图 22-10）

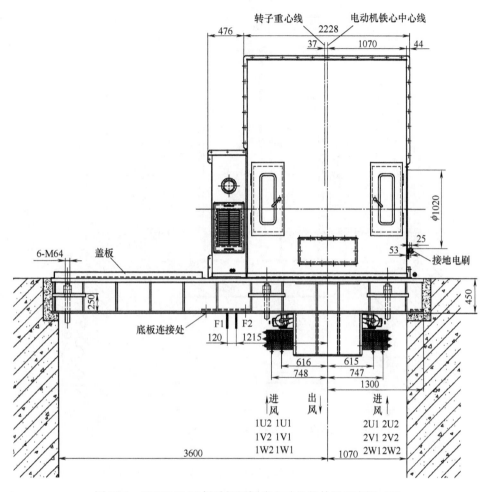

图 22-9　TBP2240-20 提升机用同步电动机的外形示意图（1）

电动机出线排标记见表 22-5。

表 22-5　电动机出线排标记

绕组名称	线端标记	说明
电枢绕组	U、V、W	代表单 Y，中心点不打开
	U1、V1、W1 U2、V2、W2	代表单 Y，中性点打开
	1U、1V、1W 2U、2V、2W	代表双 Y（两套绕组），中性点不打开
	1U1、1V1、1W1 1U2、1V2、1W2 2U1、2V1、2W1 2U2、2V2、2W2	代表双 Y（两套绕组），中性点打开

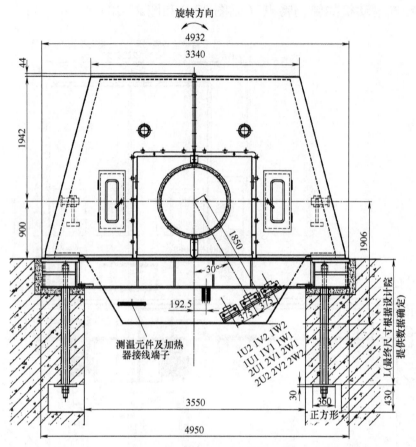

图 22-10　TBP2240-20 提升机用同步电动机的外形示意图（2）

1）电动机的安装形式为 IM5710，卧式结构。电动机防护等级为 IP44，集电环为 IP21。

2）电动机的定子机座采用整体结构。设计时除进行刚度、强度计算，还会根据我们对于振动理论的研究计算，修改定子结构调整固有频率的分布，以达到消除电动机振动和噪声的目的。定子铁心是由优质高导磁优质硅钢片叠压而成。定子线圈为双层迭绕组，采用 Y 形连接，引出线由机座非负载侧底部引出。定子绕组内埋设三线制铂热电阻（Pt100）并按圆周均布，用来检测定子绕组的温度。整个绕组铁心经过 VPI（VPI 所用的无溶剂浸漆为西门子产品，牌号为 ET884）真空浸漆，使定子绕组具有良好的电气及力学性能，并获得更好的防潮能力和散热性，更有效地延长绝缘寿命，从而延长电动机的寿命。

3）电动机转子为悬挂式，连接方式为锥套连接，电动机转子通过锥套与提升机的轴相连接。电动机本身不设置轴承。磁极线圈采用先进的磁极线圈绝缘结构。线圈带有普通匝和散热匝，线圈的上下表面和对地绝缘均做特殊固化成形处理。转子磁极的各部分经绝缘处理后通过加热固化成为一体，提高了转子部分的电气可靠性。电动机的阻尼绕组采用全阻尼系统，阻尼环之间为软连接结构，阻尼系统按电动机的实际工况进行结构设计，避免产生机械疲劳和有害变形。

4）电动机的底板为分块底板，更便于运输。在厂内已做好各部分的打销定位，现场安装更便捷。底板上设置有滑轨，在电动机需要检修时，可沿滑轨将定子轴向移动，使转子与定子错开，以便于操作。

5）电动机采用 IC37 强迫通风冷却的形式，径向通风结构。冷空气经过电动机下面两侧的进风口进入电动机，经过电动机定子两端进入电动机端部、定子铁心绕组和转子铁心绕组，并在将其冷却后，热空气从电动机下部的中部出风口抽出，热空气经过强迫循环冷却后，再次回到电动机内部完成冷却过程。进、出口均埋设三线制铂热电阻（Pt100），用以监控进、出风温。电动机内部设置空间加热器，出风口配有接口法兰。

22.3.6　电动机整体的易用性及维护性

1）电动机定子绕组配备 6~12 只 Pt100 测温元件，电动机尾端安装测速编码器，方便监控电动机的运行状态。

2）电动机配备加热器及进、出风测温。

3）电动机使用的电刷刷握均为恒压刷握。

4）转子配备专用吊运工具，方便安装。

5）定子配备专用移动工具，方便电动机检修。

6）电动机配套安装用调节垫片，方便电动机安装。

7）电动机配套有地脚螺栓。

22.3.7　交流调速同步电动机的维护

1）电动机储存时，尽可能使电动机存放在清洁、干燥、环境温度为 5~50℃、通风良好的仓库或者储存地点，并加以遮盖。如果储存场所潮湿，可利用电动机自带空间加热器或灯泡通电加热驱潮，驱潮时需确保绝缘绕组表面温度不超过 80℃。最好不要采用定子或转子绕组通低压直流电来保持电动机温度的做法。在储存期间，每月将转轴转动 180°左右。

2）存放的电动机，应定期进行检查，每三个月不少于一次。在电动机正式安装使用前，需对电动机各部件进行检查确认，确保无锈蚀、损伤或杂物存在。

3）在电动机安装时，转子主要是通过锥套锥孔或夹板止口定位，可通过调整定子位置确保定、转子间隙均匀，磁中心对齐。

4）电动机接线标记详见电动机产品随机所附外形图或机组图，在电动机起动前必须确认电动机接线正确，电动机部件或电动机和机械连接安装到位、牢固，电动机防护接线有效连接，配套油、水管路（如有）完好连接，确认后方可起动。

5）电动机的安装、调试过程可按照电动机厂家提供的使用维护说明书逐步操作，确保安装调试质量。

第23章 箕 斗

23.1 概述

立井提煤箕斗应用于煤矿主立井提升系统，将煤从井底提升至地面，是矿井提升系统的关键技术装备之一。煤在井下通过装载设备装入箕斗，箕斗提升到井上卸载位置后由开闭装置打开箕斗闸门，将煤卸入接受仓，卸载完毕后箕斗闸门关闭离开卸载位置，箕斗下行到井底再行装煤，进入下一个工作循环。

23.2 分类与组成

立井提煤箕斗按配套使用的提升机类型分为立井单绳箕斗和立井多绳箕斗，按导向罐道的不同又分为绳罐道箕斗和刚性罐道箕斗，根据箕斗装煤口和卸煤口是否在同一侧还分为同侧装卸载箕斗和异侧装卸载箕斗。根据以上划分，可以组合成多种形式的箕斗，以满足不同矿井提升的需要。

立井单绳箕斗用于中小型矿井，按罐道形式分为 JS 和 JG 两种系列，根据箕斗的一次提煤量确定规格，目前使用的单绳箕斗载重范围为 2~15t。

单绳箕斗的结构由悬挂装置、框架、斗箱、闸门、导向装置和护栏等组成（见图 23-1），其闸门为上开式侧扇形闸门结构，采用曲轨自动卸载。

立井多绳箕斗用于大中型矿井，按罐道形式分为 JDS 和 JDG 两种系列，根据箕斗的一次提煤量确定规格，目前使用的立井多绳箕斗载重范围为 4~50t。

立井多绳箕斗的结构由首绳悬挂装置、框架、斗箱、闸门、导向装置、尾绳悬挂装置和安全篷等组成（见图 23-2 和图 23-3），其闸门结构分为上开式侧扇形闸门和后开式底圆弧闸门两种形式，分别采用曲轨自动卸载和液动开闭器外动力卸载。目前，40t 及以下箕斗的卸载方式 90% 采用曲轨自动卸载方式，40t 以上箕斗的卸载方式大多为液动开闭器外动力卸载方式。曲轨自动卸载具有结构简单、卸载快速、维护量小的优点，卸载过程中会对提升机施加一定的纵向负载、对套架施加一定的横向载荷，但不会对系统造成不良影

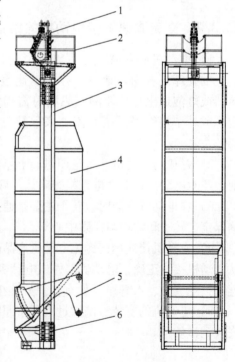

图 23-1　单绳箕斗
1—悬挂装置　2—护栏　3—框架　4—斗箱
5—闸门　6—导向装置

响。液动开闭器卸载方式对井架的动载荷小，箕斗提升可实现三阶段速度图运行，缩短提升时间，但卸载系统机构复杂、卸载休止时间长、维护工作量大。

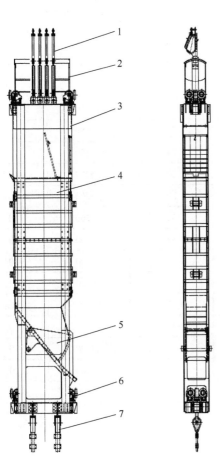

图 23-2　上开式侧扇形闸门箕斗
1—首绳悬挂装置　2—安全篷　3—框架　4—斗箱
5—闸门　6—导向装置　7—尾绳悬挂装置

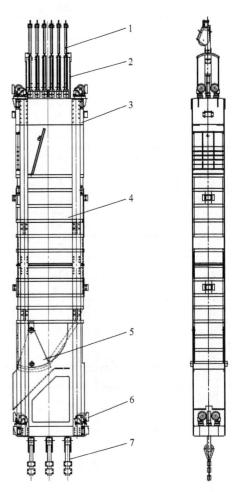

图 23-3　后开式底圆弧闸门箕斗
1—首绳悬挂装置　2—安全篷　3—框架　4—斗箱
5—闸门　6—导向装置　7—尾绳悬挂装置

23.3　主要技术参数

23.3.1　单绳箕斗的技术参数（见表 23-1）

表 23-1　单绳箕斗的技术参数

型号	名义载煤量/t	斗箱有效容积/m³	最大终端负载/kN	尾梁处允许载荷/kN	配套楔形绳环	允许提升速度/(m/s)
JG-2	2	2.2	57	15	XS90	10
JS-2	2	2.2	57	15	XS90	10

（续）

型号	名义载煤量/t	斗箱有效容积/m³	最大终端负载/kN	尾梁处允许载荷/kN	配套楔形绳环	允许提升速度/(m/s)
JG-2.5	2.5	2.8	67	15	XS90	10
JS-2.5	2.5	2.8	67	15	XS90	10
JG-3	3	3.3	77	15	XS90	10
JS-3	3	3.3	77	15	XS90	10
JG-4	4	4.4	100	20	XS150	10
JS-4	4	4.4	100	20	XS150	10
JG-5	5	5.5	125	27	XS150	10
JS-5	5	5.5	125	27	XS150	10
JG-6	6	6.6	135	27	XS200	10
JS-6	6	6.6	135	27	XS200	10
JG-7	7	7.7	145	32	XS200	10
JS-7	7	7.7	145	32	XS200	10
JG-8	8	9	155	32	XS200	10
JS-8	8	9	155	32	XS200	10
JG-9	9	10	165	32	XS200	10
JS-9	9	10	165	32	XS200	10
JG-12	12	13.2	200	32	XS200	10
JS-12	12	13.2	200	32	XS200	10
JS-15	15	16.5	300	45	XS300	10

23.3.2 多绳箕斗的技术参数（见表23-2）

表 23-2 多绳箕斗的技术参数

型号	名义载煤量/t	斗箱有效容积/m³	提升绳数	提升钢丝绳直径/mm	最大终端负载/kN	尾梁处允许载荷/kN	自重/kg	允许提升速度/(m/s)
JDG9	9	10	4	28~32	431.5	220	11600	12
JDS9	9	10	4	28~32	431.5	220	10700	10
JDG12	12	13.2	4~6	20~32	530	220	13300	12
JDS12	12	13.2	4~6	20~32	530	220	12500	10
JDG14	14	15.4	4~6	20~32	550	220	14100	12
JDS14	14	15.4	4~6	20~32	550	220	13300	10
JDG16	16	17.6	4~6	28~40	590	260	17800	12
JDS16	16	17.6	4~6	28~40	590	260	16900	10

（续）

型号	名义载煤量/t	斗箱有效容积/m³	提升绳数	提升钢丝绳直径/mm	最大终端负载/kN	尾梁处允许载荷/kN	自重/kg	允许提升速度/(m/s)
JDG20	20	22	4~6	30~40	800	360	27600	14
JDS20	20	22	4~6	30~40	800	360	25500	12
JDG22	22	24	4~6	30~40	850	360	29500	14
JDS22	22	24	4~6	30~40	850	360	27500	10
JDG25	25	28	4~6	36~46	900	360	34650	14
JDS25	25	28	4~6	36~46	900	360	32850	12
JDG27	27	30	4~6	36~50	900	360	38500	14
JDG30	30	30	4~6	36~50	1100	420	45100	14
JDG32	32	35	4~6	36~50	1250	520	48500	14
JDG35	35	38	4~6	36~50	1250	520	51520	14
JDG40	40	44	4~6	40~56	1400	520	55100	14
JDG42	42	46.5	4~6	40~56	1500	600	57450	14
JDG45	45	50	4~6	50~66	1700	600	63100	14
JDG50	50	55	4~6	50~66	2000	720	66300	14

注：根据提升高度的不同，箕斗的最大终端载荷、尾梁处允许载荷和自重等存在变化。

第 24 章 罐 笼

24.1 概述

罐笼应用于矿井的副立井提升系统，用于提升人员、矸石、设备、材料等。对于中小型矿井，罐笼也有用于矿井的主井提升系统，作提升煤炭、矿石之用。罐笼是矿井提升系统中的重要设备之一。

24.2 分类及组成

罐笼的类型较多，按配套提升机的类型可分为单绳罐笼和多绳罐笼，按导向罐道的不同可分为绳罐道罐笼和刚性罐道罐笼，按罐笼的层数可分为单层、双层和多层罐笼。此外，罐笼还按罐道布置形式、装载矿车数量、进出车方向等不同而分类。根据以上划分，可以组合成多种形式的罐笼，以满足不同矿井提升的需要。

单绳罐笼以单层和双层为主，多绳罐笼以双层居多。单绳罐笼一般应用于中小型矿井，多绳罐笼一般应用于大中型矿井。单层罐笼换车简单，但一次提升载荷较小。多层罐笼可以在不加大井筒断面的情况下增加一次提升的有效载重，其缺点是采用单层车场时，换车复杂且时间较长。

罐笼提升有双罐笼提升和单罐笼配平衡锤提升两种形式。后者的优点是井筒断面小，井口及井底换车设备简单，便于多水平提升，其缺点是提升量小，提升系统效率低。

单绳罐笼由悬挂装置、罐体、抓捕器、导向装置、淋水棚、罐内阻车器和罐门等主要部件组成（见图 24-1）。

多绳罐笼由首绳悬挂装置、罐体、导向装置、罐门、罐内阻车器和尾绳悬挂装置等主要部件组成（见图 24-2）。

上述罐笼的罐体结构，一般情况下区别不大，均采用上、下两个盘体或上、中、下 3 个盘体以及多个盘体，通过两侧的垂直立柱连接而成。罐体节点的连接有铆接、栓接（高强度螺栓连接）和焊接 3 种连接方式，铆接节点在早期的罐笼上比较常用，栓接节点是目前应用最多的一种方式，焊接节点则较少采用。罐体的结构形式主要有扁钢桁架式和框架式两种形式，其中框架式罐体的刚性好，不易变形，横向尺寸较大，使用比较广泛。扁钢桁架式罐体采用扁钢立柱，横向尺寸较小，在设置端罐道的情况下具有较小的提升中心距，有利于井筒布置；但由于扁钢立柱的横向刚性差，因此只能采用摇台承接，同时罐体在运输和存放过程中需要采取防止产生变形的相应措施。

近年来，为满足大型矿井整体下放液压支架等大型设备的要求，特大型罐笼在诸多矿井开始应用。特大型罐笼采用扁钢桁架式结构（见图 24-3），其断面尺寸一般 ≥7500mm×3500mm×10000mm（长×宽×高），一次提升质量 ≥45t，一次提人数 ≥300 人。

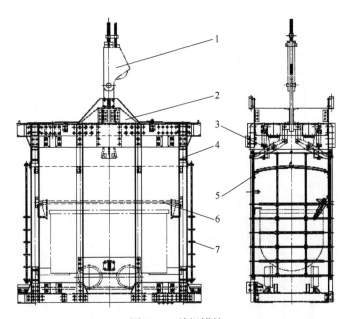

图 24-1　单绳罐笼

1—悬挂装置　2—罐体　3—抓捕器　4—导向装置　5—淋水棚　6—罐内阻车器　7—罐门

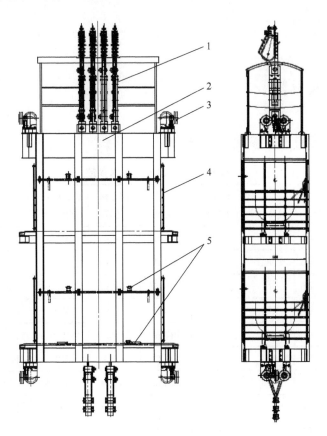

图 24-2　多绳罐笼

1—首绳悬挂装置　2—罐体　3—导向装置　4—罐门　5—罐内阻车器

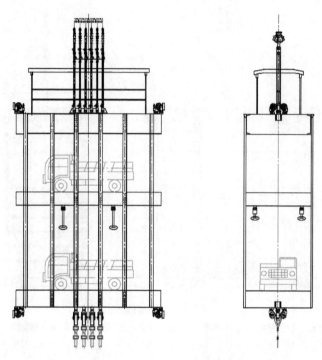

图 24-3　特大型罐笼结构示意

24.3　主要技术参数

24.3.1　单绳罐笼的技术参数（见表 24-1）

表 24-1　单绳罐笼的技术参数

型号	适用矿车型号	允许最大载荷/kN	允许乘坐人数	配套防坠器	配套楔形绳环	最大提升高度/m	罐内阻车方式	提升速度/(m/s)
GLG1/6/1/1	MGC1.1-6	90	12	BF111	XS150	500	同侧进出车	7
GLS1/6/1/1	MGC1.1-6	90	12	BF111	XS150	500	同侧进出车	7
GLG1/6/2/2	MGC1.1-6	110	24	BF122	XS150	500	同侧进出车	7
GLS1/6/2/2	MGC1.1-6	110	24	BF122	XS150	500	同侧进出车	7
GLG1/6/1/2	MGC1.1-6	150	27	BF112	XS200	500	同侧进出车	7
GLS1/6/1/2	MGC1.1-6	150	27	BF112	XS200	500	同侧进出车	7
GLG1.5/6/2/2	MGC1.7-6	150	34	BF152	XS200	500	同侧进出车	7
GLS1.5/6/2/2	MGC1.7-6	150	32	BF152	XS200	500	同侧进出车	7
GLS1.5/6/1/2	MGC1.7-6	113	35	BF152	XS150	—	同、异侧进出车	7
GLS1.5/9/1/1	MGC1.7-9	89	18	BF152	XS150	—	同、异侧进出车	7

（续）

型号	适用矿车型号	允许最大载荷/kN	允许乘坐人数	配套防坠器	配套楔形绳环	最大提升高度/m	罐内阻车方式	提升速度/（m/s）
GLS1.5/9/1/2	MGC1.7-9	149	37	BF321	XS200	—	同、异侧进出车	7
GLS1.5/9/2/2	MGC1.7-9	89	18	BF152	XS150	—	同、异侧进出车	7
GLG3/9/1/1	MGC3.3-9	110	29	BF311	XS150	—	同、异侧进出车	7
GLS3/9/1/1	MGC3-9	110	29	BF311	XS150	—	同、异侧进出车	7
GLG3/9/2/1	MGC3.3-9	149	27	BF332	XS200	—	同、异侧进出车	7
GLS0.5/6/1/1	MF0.5-6	25	7	BF0511	XS55	—	同、异侧进出车	7

24.3.2　多绳罐笼的技术参数（见表 24-2）

表 24-2　多绳罐笼的技术参数

型号	适用矿车型号	最大终端载荷/kN	允许乘坐人数	配套首绳悬挂装置	提升绳数	配套楔形绳环	配套尾绳悬挂装置	最大提升高度/m	罐内阻车方式	自重/kg
GDG1/6/1/2	MGC1.1-6	279	23	XSZ135	4	XS150	XWB100（B）	1000	同侧进出车	—
GDG1/6/1/2K	MGC1.1-6	279	30	XSZ135	4	XS150	XWB100（B）	1000	同侧进出车	—
GDS1/6/1/2	MGC1.1-6	279	23	XSZ135	4	XS150	XWB100（B）	1000	同侧进出车	—
GDS1/6/1/2K	MGC1.1-6	279	23	XSZ135	4	XS150	XWB100（B）	1000	同侧进出车	—
GDG1/6/2/2	MGC1.1-6	275	20	XSZ90	4	XS90	XWB60（B）	1000	同侧进出车	—
GDG1/6/2/2K	MGC1.1-6	275	28	XSZ90	4	XS90	XWB60（B）	1000	同侧进出车	—
GDS1/6/2/2	MGC1.1-6	275	20	XSZ90	4	XS90	XWB60（B）	1000	同侧进出车	—
GDS1/6/2/2K	MGC1.1-6	275	28	XSZ90	4	XS90	XWB60（B）	1000	同侧进出车	—
GDG1/6/2/4	MGC1.1-6	378	46	XSZ135	4	XS150	XWB100（B）	1000	同侧进出车	—
GDG1/6/2/4K	MGC1.1-6	378	76	XSZ135	4	XS150	XWB100（B）	1000	同侧进出车	—
GDS1/6/2/4	MGC1.1-6	378	50	XSZ135	4	XS150	WY110	1000	同侧进出车	—
GDS1/6/2/4K	MGC1.1-6	378	60	XSZ135	4	XS150	WY110	1000	同侧进出车	—
GDG1.5/6/1/2	MGC1.7-6	289	30	XSZ200	4~6	—	XWB260（B）	1000	异侧进出车	15700
GDG1.5/6/1/2K	MGC1.7-6	289	30	XSZ200	4~6	—	XWB260（B）	1000	异侧进出车	15700
GDG1.5/9/1/2	MGC1.7-9	575	32	XSZ200	4~6	—	XWB260（B）	1000	异侧进出车	15700
GDG1.5/9/1/2K	MGC1.7-9	575	42	XSZ200	4~6	—	XWB260（B）	1000	异侧进出车	15700
GDG1.5/6/2/2	MGC1.7-6	289	44	XSZ135	4~6	—	XWB100（B）	1000	异侧进出车	9931
GDG1.5/6/2/2K	MGC1.7-6	289	44	XSZ135	4~6	—	XWB100（B）	1000	异侧进出车	9931
GDG1.5/6/2/4	MGC1.7-6	520	84	XSZ170	4~6	—	XWY150（B）	1000	同侧进出车	10784

（续）

型号	适用矿车型号	最大终端载荷/kN	允许乘坐人数	配套首绳悬挂装置	提升绳数	配套楔形绳环	配套尾绳悬挂装置	最大提升高度/m	罐内阻车方式	自重/kg
GDG1.5/6/2/4K	MGC1.7-6	520	84	XSZ170	4~6	—	XWY150（B）	1000	同侧进出车	10784
GDG1.5/9/2/4	MGC1.7-9	520	84	XSZ170	4~6	—	XWY150（B）	1000	同侧进出车	10930
GDG1.5/9/2/4K	MGC1.7-9	520	84	XSZ170	4~6	—	XWY150（B）	1000	同侧进出车	11880
GDG3/9/1/1	MGC3.3-9	380	35	XSZ135	4~6		WY150	1000	异侧进出车	10453
GDG3/9/1/1K	MGC3.3-9	380	40	XSZ135	4~6		WY150	1000	异侧进出车	10453
GDG3/9/2/2	MGC3.3-9	410	60	XSZ135	4~6	—	XWB150（B）	1000	同侧进出车	14640
GDG3/9/2/2K	MGC3.3-9	410	60	XSZ135	4~6	—	XWB150（B）	1000	同侧进出车	14640

注：根据提升高度的不同，罐笼的最大终端载荷和自重等存在变化。

24.3.3　特大型罐笼的技术参数（见表24-3）

表 24-3　特大型罐笼的技术参数

型号	适用矿车型号	最大终端载荷/kN	允许乘坐人数	配套首绳悬挂装置	提升绳数	配套尾绳悬挂装置	最大提升高度/m	罐内阻车方式	自重/kg
GDG60/9/1T	60t 支架搬运车、平板车、无轨胶轮车、MGC1.7-9 矿车	1230	173	XSZ400	4~6	XWB260（B）	1000	异侧进出车	46000
GDG60/9/2T	60t 支架搬运车、平板车、无轨胶轮车、MGC1.7-9 矿车	1730	346	XSZ400	4~6	XWB260（B）	1000	异侧进出车	58500

注：根据提升高度和断面的不同，罐笼的最大终端载荷和自重等存在变化。

第 25 章 平 衡 锤

25.1 概述

平衡锤用于单容器立井提升系统中（单容器可为罐笼或箕斗），其作用是平衡提升负载，减少电动机容量。

平衡锤配单容器提升的优点是井筒断面小，井底及井口操车设备简单，便于多水平提升。其缺点是效率较低，为达到与双容器提升相等的提升量必须加大提升能力，需要较强的钢丝绳及井架，同时需要较大的提升机和提升容器。因此，平衡锤配单容器提升主要应用于中小型矿井。在使用特大型罐笼的矿井中，为减小井筒断面，也采用平衡锤配单容器提升。另外，在金属和非金属矿井中，由于提升中段较多，平衡锤配单容器提升应用最为广泛。

25.2 分类与组成

平衡锤按配合使用的提升机类型可分为单绳平衡锤和多绳平衡锤，按运行罐道的形式可分为刚性罐道平衡锤和钢丝绳罐道平衡锤。

单绳平衡锤主要由楔形绳环、框架和重锤块组成，如图 25-1 所示。平衡锤框架由型钢铆接、栓接或焊接而成，框架的上部开有便于安放重锤块的缺口。重锤块一般为铸铁件，其数量视提升容器的需要而定，每块质量一般为 100~150kg。

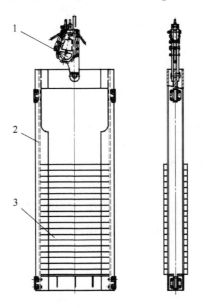

图 25-1 单绳平衡锤

1—楔形绳环 2—框架 3—重锤块

多绳提升用平衡锤主要由首绳悬挂装置、框架、重锤块和尾绳悬挂装置组成，如图 25-2 所示。多绳平衡锤的框架和重锤块结构与单绳平衡锤的框架和重锤块结构基本相同。

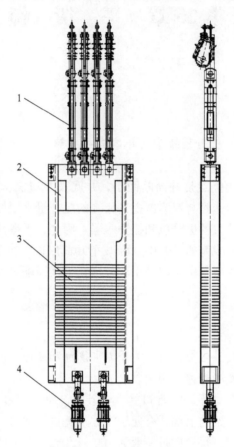

图 25-2　多绳平衡锤

1—首绳悬挂装置　2—框架　3—重锤块　4—尾绳悬挂装置

25.3　主要技术参数

平衡锤的主要技术参数为自重，其计算公式为

$$G = G_1 + 0.5G_2$$

式中　G_1——配套的提升容器自重；

　　　G_2——提升容器的载重。

除此之外，平衡锤的框架高度、罐道形式和首尾绳悬挂装置选择均与配套使用的提升容器相同，其断面尺寸可根据井筒直径和自重来设计。

第 26 章　井　架

26.1　概述

　　井架广义上称作矿山提升运输系统特种设备，它是一种特别重要的构筑物，是连接井上和井下的咽喉，是立井提升系统的重要组成部分，是矿山的标志性构筑物。

　　矿山井架目前主要采用钢结构形式，历史上曾有木井架、砖井架、钢筋混凝土井架等类型，因安全原因已不再采用。

　　近年来，生产、凿井两用钢结构井架广为应用。生产井架在凿井前就安装好并用来凿井，这不仅节省了凿井井架费用，还缩短了施工占用井口时间，加快了建井速度，取得了良好的效果。

26.2　分类与组成

　　井架的分类有多种形式，根据提升方式可分为单绳提升井架、多绳提升井架，按矿井功能可分为主井井架、副井井架和混合井井架，按结构形式可分为单斜架钢井架、双斜架钢井架、四柱或筒体悬臂式钢筋混凝土井架、六柱斜架式钢筋混凝土井架、钢筋混凝土立架和钢斜架组合式井架（见图26-1~图26-5），按用途分为生产凿井井架和生产提升井架（见图26-6和图26-7）。目前，井架的主流分类以按结构形式为主，本章主要介绍钢结构生产井架。

a) 单斜撑(单绳)　　b) 单斜撑(多绳刚接)　　c) 单斜撑(多绳铰接)　　　　a) 双斜撑(单绳)　　　　b) 双斜撑(多绳刚接)

图 26-1　单斜架钢井架　　　　　　　　　　　　　　　　图 26-2　双斜架钢井架

　　生产提升井架有单绳提升井架和多绳提升井架两种类型。单绳提升井架（见图26-8）提升钢丝绳的破断力一般不是很大，井架也不是很高，可用普通型钢制作而成，又称型钢井架。随着现代化矿井井型加大和深部煤层的开采，单绳缠绕式提升机在容绳量、提升速度、提升能力、安全性能等方面都难以满足要求，因而在大中型矿井设计中逐步选用了多绳摩擦

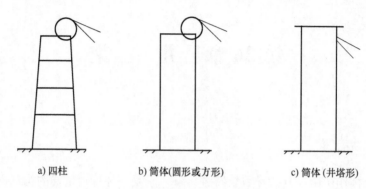

a) 四柱　　　　　　b) 筒体(圆形或方形)　　　　c) 筒体(井塔形)

图 26-3　四柱或筒体悬臂式钢筋混凝土井架

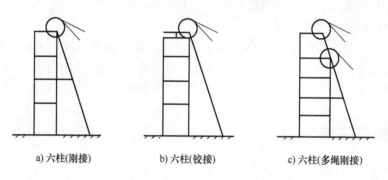

a) 六柱(刚接)　　　　　b) 六柱(铰接)　　　　　c) 六柱(多绳刚接)

图 26-4　六柱斜架式钢筋混凝土井架

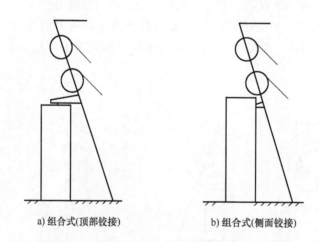

a) 组合式(顶部铰接)　　　　　　　　b) 组合式(侧面铰接)

图 26-5　钢筋混凝土立架和钢斜架组合式井架

式提升机。

　　多绳摩擦式提升机按布置方式有塔式和落地式两种类型。塔式提升机配以钢筋混凝土井塔实现立井的提升，落地式提升机则配以钢结构整体井架实现立井的提升。由于井塔施工周期长、造价高，以及考虑防震和地基等因素的影响，20 世纪 80 年代开始，多绳提升钢结构井架在矿井建设中占据了较大的比例。

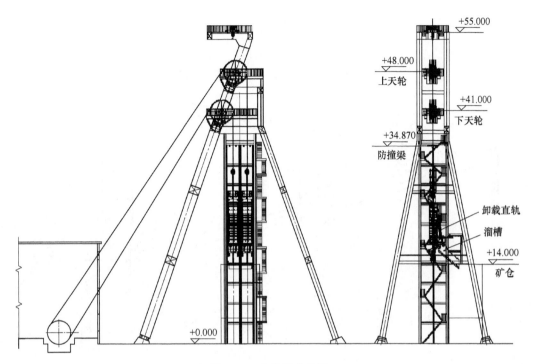

图 26-6 生产提升井架

图 26-7 生产提升井架三维图

落地式多绳提升钢结构井架如图 26-9 所示，一般包括主体架、立架、井架基础、斜架基础和辅助构件五大部分。

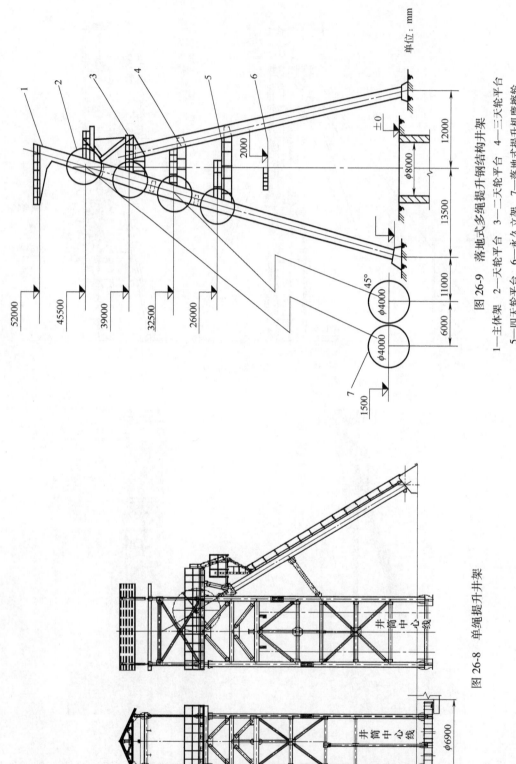

图 26-9　落地式多绳提升钢结构井架

1—主体架　2—一天轮平台　3—二天轮平台　4—三天轮平台
5—四天轮平台　6—永久立架　7—落地式提升机摩擦轮

单位：mm

图 26-8　单绳提升井架

主体架结构直接承受提升运行载荷，包括斜架、天轮托架、天轮平台、天轮起重架及防护栏杆等。立架是井架的直立空间结构，用来固定地面以上的罐道、卸载曲轨等，并承受头部下传的载荷。斜架斜撑于提升机一侧，承受大部分提升钢丝绳载荷，并维持井架的整体稳定性。

26.3 主要技术参数

26.3.1 井架的尺寸参数

井架的主要尺寸是指井架高度、天轮平台及井架底部平面尺寸。确定这些尺寸的原则是：结构简单，稳定性好，使用方便，性价比高。

1. 竖向布置

1）井架高度分段尺寸（见图 26-10）应符合下列规定：

井架高度 h 及总高度 H，可按式（26-1）和式（26-2）计算

$$h = h_1 + h_2 + h_3 + h_4 + h_5 \tag{26-1}$$

$$H = h_0 + h_1 + h_2 + h_3 + h_4 + h_5 + h_6 + h_7 \tag{26-2}$$

式中 h_0——支承框架顶面至井颈顶面的高度，单位为 m；

h_1——罐笼提升时取值为 0，箕斗提升时可取井颈顶面至箕斗底的高度，单位为 m；

h_2——罐笼出车轨面或箕斗下盘底面至提升容器上盘顶面的高度，单位为 m；

h_3——提升容器上盘顶面至防撞梁底面的高度，又称过卷高度，过卷高度应由工艺确定，单位为 m；

h_4——防撞梁底面至下天轮轴中心的高度，采用密闭井架时，应包括密闭所需要的高度，单位为 m；

h_5——下天轮轴中心至上天轮轴中心的高度，应由工艺确定，单绳提升时，此高度为 0，单位为 m；

h_6——上天轮轴中心至吊钩中心的高度，应由工艺确定，单位为 m；

h_7——吊钩中心至天轮起重架横梁顶面的高度，单位为 m。

2）防撞梁底面至下天轮轴中心的高度 H_4，可按式（26-3）校核

$$H_4 \geqslant h_{2a} + D/2 \tag{26-3}$$

式中 h_{2a}——提升容器上盘顶面至悬挂装置上缘的高度，单位为 m；

D——天轮直径，单位为 m。

3）当天轮直径大于或等于 2m 时，宜设安装、检修用的天轮重架，起吊高度 H_6 可按式（26-4）校核

$$H_6 \geqslant D/2 + 2 \tag{26-4}$$

4）立架节间高度及框口尺寸应满足工艺要求。

2. 平面布置

1）立架平面尺寸 L_a、L_b 应由工艺确定，但不宜小于立架高度的 1/10（见图 26-11）。

L_a、L_b 按式（26-5）和式（26-6）计算

$$L_a \geqslant (m_1 + m_2)/2 + a + 2b + 2c \tag{26-5}$$

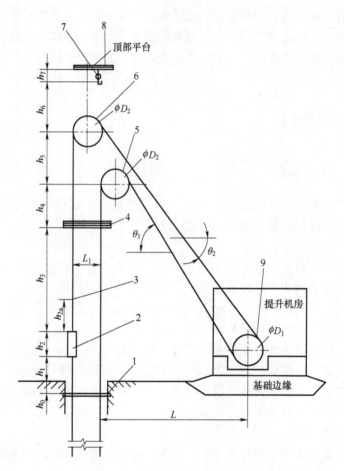

图 26-10　井架高度分段示意图

1—支承框架　2—容器　3—悬挂装置　4—防撞梁　5—下天轮　6—上天轮

7—吊钩　8—横梁　9—提升机

$$L_\mathrm{b} \geqslant n+d+2b+2c \tag{26-6}$$

式中　L_a、L_b——立架柱轴线间的距离，单位为 mm，宜取 100mm 模数进级；

　m_1、m_2、n——容器外形尺寸，单位为 mm；

　　　a——提升容器中心距，单位为 mm；

　　　b——立架柱轴线至横梁内侧边缘的距离，单位为 mm；

　　　c——容器与立架横梁之间的净距离，单位为 mm，当工艺无要求时，刚性罐道不应小于 150mm，柔性罐道不应小于 350mm；

　　　d——箕斗卸载时的外伸部分尺寸，单位为 mm，由工艺确定，当工艺无要求时可取 0。

2）井架提升钢丝绳合力线应在立架与斜撑之间，合力线宜接近斜撑平面的中心线。

3）单斜撑式井架及双斜撑式井架，提升一侧的斜撑基础顶面中心线之间的水平距离不宜小于井架总高度的 1/3。

4）天轮平台上的通道净宽不应小于 700mm，提升钢丝绳与平台构件间的净距不应小

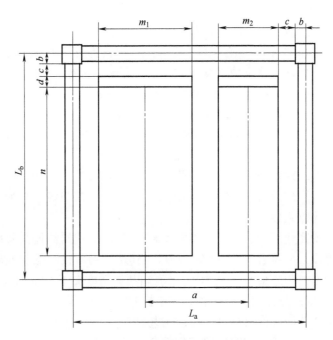

图 26-11　立架平面尺寸示意图

于 100mm。

26.3.2　井架的载荷参数

1. 井架结构上的载荷分类

1）永久载荷：结构自重、设备重和地基变形等。

2）可变载荷：提升工作载荷、钢丝绳罐道工作载荷、防坠钢丝绳工作载荷、平台活载荷、风载荷、起重架安装载荷、罐道梁工作载荷、凿井工作载荷和温度作用等。

3）偶然载荷：断绳载荷、防坠器制动载荷、过卷载荷、托罐载荷和地震作用等。

2. 永久载荷标准值（G_k）

1）结构自重标准值（G_{1k}），应由计算确定。

2）设备重标准值（G_{2k}），天轮、轴承、罐道、起重设备、卸载装置、防坠器、四角罐道和安全门等，应由工艺确定。

3）地基变形引起的作用（G_{3k}），按实际情况计算确定。

3. 可变载荷标准值（Q_k、ω_k）

1）提升工作载荷标准值（Q_{1k}），当箕斗或罐笼上提时可按式（26-7）计算，当箕斗下放时可按式（26-8）计算，当罐笼下放时可按式（26-9）计算

$$Q_{1k}=S_{max}(1+a_1/g+f) \tag{26-7}$$

$$Q_{1k}=S_{min}(1-a_1/g-f) \tag{26-8}$$

$$Q_{1k}=S_{max}(1-a_1/g-f) \tag{26-9}$$

式中　S_{max}、S_{min}——提升钢丝绳最大、最小静张力；

　　　　a_1——提升加速度；

g——重力加速度；

f——运行阻力系数，可取 0.1。

2）钢丝绳罐道工作载荷标准值（Q），钢丝绳罐道自重及拉力标准值，由工艺确定。

3）防坠钢丝绳工作载荷标准值（Q_1），防坠钢丝绳自重及拉力标准值，由工艺确定。

4）平台活载荷标准值（Q_{4k}），天轮平台、检修平台载荷标准值工艺无特殊要求时，单绳提升可取 3.5kN/m²，多绳提升可取 5.0kN/m²，钢梯及其他休息平台可取 2.0kN/m²。

5）风载荷标准值（ω_k），分为纵向和横向，按式（26-10）计算

$$\omega_k = \psi\beta_z\mu_s\mu_z\omega_0 \tag{26-10}$$

式中　ψ——挡风系数，对不封闭立架及起重架应取 0.6~0.7，当立架封闭时应取 1.0；

β_z——风振系数，应符合 GB 50009—2012《建筑结构荷载规范》的规定；

μ_s——风载荷体型系数，应取 1.3；

μ_z——风压高度变化系数，应符合 GB 50009—2012《建筑结构荷载规范》的规定；

ω_0——基本风压，应符合 GB 50009—2012《建筑结构荷载规范》的规定或由当地气象资料确定，但不应小于 0.3kN/m²，当井架高度大于 60m 时应乘以 1.1 的系数。

注：井架的纵向指提升方向，横向指垂直于提升方向。

6）起重架安装载荷标准值（Q_{zk}），应由工艺确定。

7）水平载荷、垂直载荷下，罐道梁工作载荷标准值（Q_{HK}、Q_{VK}），可按式（26-11）和式（26-12）计算

$$Q_{HK} = Q_{1K}/12 \tag{26-11}$$
$$Q_{VK} = Q_{HK}/4 \tag{26-12}$$

8）凿井提升工作载荷标准值（Q_{pk}），可按式（26-13）计算

$$Q_{pk} = 1.3\eta P_Q \tag{26-13}$$

式中　1.3——动力系数；

η——凿井事故增大系数，可取 1.5；

P_Q——容器、载重及钢丝绳等的总质量。

4. 偶然载荷标准值

1）断绳载荷标准值（A_{1k}），应按下列规定确定：

① 单绳提升时，应一根为断绳载荷，另一根为两倍工作载荷；

② 多绳提升时，应一侧为所有钢丝绳的断绳载荷，另一侧为所有钢丝绳的 0.33 倍断绳载荷。

2）防坠器制动载荷标准值（A_{2k}），可按式（26-14）计算

$$A_{2k} = 3.0S_{max} \tag{26-14}$$

3）防撞梁载荷标准值（A_{3k}），可按式（26-15）计算

$$A_{3k} = 4.0S_{max} \tag{26-15}$$

5. 缓冲装置载荷标准值（A_{4k}）

$$A_{4k} = 2.0S_{max} \tag{26-16}$$

注：此处缓冲装置载荷标准值特指锲形罐道；当采用新型缓冲装置时，应由工艺确定。

6. 托罐载荷标准值（A_{5k}）

$$A_{5k} = 5.0S_{max} \tag{26-17}$$

注：当采用新型托罐装置时，应由工艺确定。

7. 地震作用标准值（F_n）

应符合 GB 50385—2018《矿山井架设计标准》中的规定。

26.3.3 井架的重力参数

钢结构井架的自重可按经验公式估算

$$M = ah\sqrt{9.8A}$$

式中 M——钢结构井架重力，单位为 kN；

$\quad\quad a$——结构自重系数，单绳提升钢井架可取 0.20~0.25，多绳单斜撑式提升钢井架可取 0.35~0.45，多绳双斜撑式提升钢井架可取 0.40~0.55，设有两台提升机的多绳双斜撑式提升钢井架可取 0.55~0.75，一个大直径、一个小直径时取小值，两台均为大直径提升机的井架时取大值；

$\quad\quad h$——井架高度，单位为 m；

$\quad\quad A$——断绳载荷，当有两台提升机时取大值，单位为 kN。

各部分自重比例可采用下列数值：对于单绳提升钢井架，天轮平台和起重架占 25%~30%，立架占 35%~40%，支承框占 5%，斜撑占 25%~35%；对于多绳提升钢井架，立架占 25%~35%，斜撑、天轮平台和起重架占 60%~70%，支承框架占 5%。

结构自重不包括设备重力、钢梯重力和密闭板重力。

第 27 章 罐 道

27.1 概述

罐道是提升容器在井筒内运行的导向装置，其作用是限制提升过程中提升容器的横向摆动，使容器在井筒内高速、安全、平稳地运行。

罐道可分为刚性罐道和柔性罐道两种形式。刚性罐道一般采用钢轨、各种型钢或方木，固定在井筒中的金属型钢或特质钢筋混凝土构成的罐道梁上。早期的中小型矿井多采用钢轨或方木作为刚性罐道，20 世纪 80 年代之后，越来越多的矿井采用组合刚性罐道，组合刚性罐道成为刚性罐道的主流。组合刚性罐道具有承载能力大、允许速度高、提升容器横向摆动小、不增加井架负载的优点，但也存在安装难度大、安装周期长、维护相对困难的问题。

柔性罐道亦称钢丝绳罐道，一般采用密封钢丝绳，偶有采用普通钢丝绳的情况。钢丝绳沿井筒轴线布置，其上端固定在井架上，下端重锤拉紧或固定在井底横梁上。钢丝绳罐道具有安装简单、安装周期短、运行平稳、维护简单的优点，但井架或井塔负载增大并需要较大的井筒直径和容器间距，服务年限较短。

27.2 分类及组成

27.2.1 刚性罐道

1. 刚性罐道的类型

（1）木罐道 木罐道一般多用木质致密、强度较大的松木或杉木制作，也有矿井使用水曲柳制作。木罐道结构简单，更换方便，但变形大，磨损快，易腐烂，提升不平稳，强度低，使用年限短，一般适用于提升终端载荷不大和服务年限不长的井筒中。木罐道常用断面尺寸为 160mm×160mm、180mm×180mm、180mm×200mm 等。

（2）钢轨罐道 钢轨罐道一般选用 38kg/m 或 43kg/m 的钢轨制作，在接头之间应留有 4~5mm 的伸缩间隙。钢轨罐道强度较大，但在两个轴线方向上的刚度相差较多，抗侧向水平力的能力较弱。在使用过程中，滑动罐耳对钢轨罐道的磨损严重，需要经常更换。钢轨罐道多用于立井单绳提升的矿井。

（3）型钢组合罐道 型钢组合罐道也叫矩形空心截面钢罐道，通常用槽钢或者角钢焊接而成，可配合摩擦系数小的胶轮滚动罐耳使用。由于侧面刚性和截面系数较大，侧向弯曲和扭转阻力大，刚性强，运行平稳，罐道和罐耳磨损小，服务年限长，因此适用于终端负载和提升速度都很大的大型矿井和深井。其缺点是罐道的加工组装消耗较大的人力和物力，质量大，加工时易引起变形，经校正后误差仍较大，因此影响安装质量，目前已基本不再采用。

（4）整体热轧异型钢罐道 整体热轧异型钢罐道在受力特性上具有型钢组合罐道的优点，并且与型钢组合罐道相比，不仅可以节约加工费用，还可以减轻罐道的自重，保证罐道安装质量。异型钢因其使用的特殊性和单一性，对精度的要求比简单断面型钢要高，对设备的能力有更高的要求，目前极少采用。

（5）冷弯方管罐道 冷弯方管罐道是采用冷弯卷制工艺将罐道的冷弯、纵剪、高频焊、飞锯和探伤等加工由大型连续辊式冷弯机组自动完成的，其结构合理，刚性强，整体性好。与相近规格的型钢组合罐道相比，该种罐道增大了惯性矩截面系数，降低了耗材，提升了容器载重量，可取代传统的型钢组合罐道，并能满足特大型矿井井筒装备高速重载提升需要，也解决了组合罐道焊接工作量大及罐道加工中的质量难于控制等问题，目前已在矿井中广泛采用。冷弯方管罐道常用断面尺寸为 160×160mm、180×180mm、200×200mm、220×220mm 等。

（6）玻璃钢罐道 在钢表面敷以玻璃钢，利用钢的高强度和玻璃钢的耐腐蚀组合成玻璃钢的复合材料罐道。该型罐道解决了钢罐道的防腐问题，具有使用寿命长，质量小的优点，但也存在表层玻璃钢老化问题，对使用环境具有一定要求。目前这种罐道在一定数量的矿井应用。

2. 刚性罐道的布置方式

刚性罐道可布置在提升容器的端面或侧面，一般采用两根，也有三根或四根的形式（见图 27-1）。

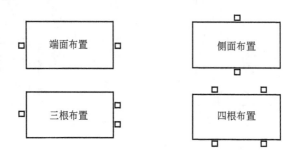

图 27-1 刚性罐道的布置方式

3. 刚性罐道的罐耳

罐耳是安装在立井提升容器上的导向装置，可以使容器沿刚性罐道平稳运行，减少容器的摆动量。其安装布置方式如图 27-2 所示。

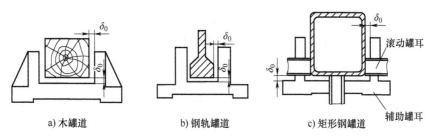

a) 木罐道   b) 钢轨罐道   c) 矩形钢罐道

图 27-2 罐耳的安装布置方式

　　罐耳分为滑动罐耳和滚动罐耳两种形式。

　　滑动罐耳多为铸件或组焊件，固定在提升容器上，运行时沿罐道上下滑动。其结构简单，适用于多种罐道，但噪声大，磨损快，有冲击。为解决存在的问题，部分滑动罐耳增设了摩擦衬板。

　　滚动罐耳由底座、支架、滚轮、调节装置等组成，主要用于矩形罐道。每组滚动罐耳由一个端面滚轮和两个侧面滚轮组成，运行时滚轮沿罐道上下滚动。由于滚轮用弹性体制造且带有缓冲装置，因此滚动罐耳具有良好的缓冲和减振性能，可以避免容器与罐道间的硬性撞击，使容器运行平稳、噪声小，有效改善提升容器的运行状态。滚动罐耳的结构如图 27-3 所示。

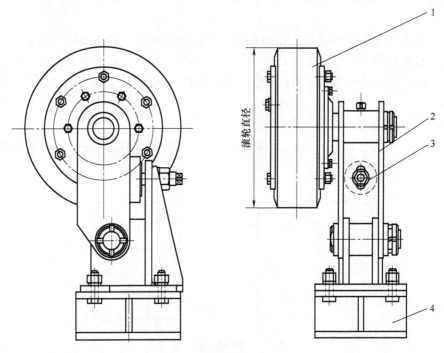

图 27-3　滚动罐耳的结构
1—滚轮　2—支撑架　3—调节装置　4—底座

27.2.2　钢丝绳罐道

　　钢丝绳罐道是利用钢丝绳作为提升容器运行的导向装置，钢丝绳沿井筒轴线布置，其上端固定在井架上，下端重锤拉紧或固定在井底横梁上。

1. 罐道钢丝绳的选择和布置

　　目前使用的钢丝绳罐道有普通钢丝绳、密封钢丝绳和异形钢丝绳 3 种。用普通 6×7 或 6×19 钢丝绳作罐道时，货源广，投资少，但不耐磨，寿命短，不够经济，只适用于小型煤矿的浅井。密封钢丝绳和异形钢丝绳表面光滑，耐磨性强，具有较大的刚性，是比较理想的罐道绳。特别是异形钢丝绳，它虽比普通钢丝绳贵 40%，但使用寿命是普通钢丝绳的 2~3 倍。

钢丝绳罐道的布置方式如图 27-4 所示。

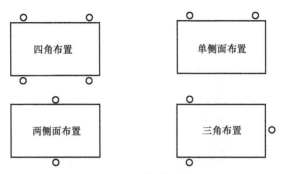

图 27-4　钢丝绳罐道的布置方式

四角布置为普遍采用的形式，单侧面布置一般为平衡锤采用，两侧面布置适用于小型提升容器，三角布置仅用于箕斗提升。

2. 钢丝绳罐道拉紧装置

钢丝绳罐道拉紧装置的作用是将罐道绳固定在井架上，并且保证所需要的拉紧力。拉紧装置可分为螺旋拉紧、弹簧拉紧、重锤拉紧、液压螺杆拉紧和双缸自锁，但常用的方式为重锤拉紧、液压螺杆拉紧和双缸自锁，螺旋拉紧和弹簧拉紧基本不再采用。

（1）重锤拉紧式钢丝绳罐道装置　重锤拉紧式钢丝绳罐道装置由上固定装置和井下重锤拉紧装置组成。上固定装置为双楔块固紧式结构，通过底座用螺栓固定在井上支撑梁上；井下重锤拉紧装置是由双楔块固紧器与重锤拉紧两部分组成；井上、井下固定装置中的双楔块固紧器相同，重锤装置为立式悬挂（见图 27-5）。

安装时，罐道钢丝绳的上端经双楔块固紧器固定后沿底座穿过，罐道钢丝绳的下端由井下固定装置中的双楔块固紧器固定。调绳时，根据罐道钢丝绳的张紧力，调整重锤的块数，使罐道钢丝绳拉紧。

重锤拉紧装置的优点是拉紧力稳定，日常维护量小，适用于各种深度井筒，缺点是须设井底水窝，增大了井筒深度。

（2）液压螺杆拉紧式钢丝绳罐道装置　液压螺杆拉紧式钢丝绳罐道装置（见图 27-6）是由井上、井下固定装置和液压缸两部分组成，井上固定装置与井下固定装置中的双楔块固紧器相同。液压缸为立式，其活塞杆中空。

安装时，钢丝绳固定在井上固定装置内，之后穿过液压缸，进入井下固定装置内，然后锁紧井下固定装置。调整张力时，通过给液压缸充液，使活塞杆伸出拉紧钢丝绳，之后将钢丝绳固定锁紧。

在正常运行情况下，罐道绳的拉紧力由液压缸上部的双楔块固紧器传至梯形螺杆，借梯形螺杆上的两个螺母传递到液压缸壁，通过缸壁再把拉紧力由液压缸底座传至固定液压拉紧装置的楼板或梁上。

液压螺杆拉紧式与重锤拉紧式相比，可以减少井底水窝深度，节省重锤所需材料，适用于地质条件较差的井筒，但调绳和换绳相对麻烦。

（3）双缸自锁式钢丝绳罐道装置　双缸自锁式钢丝绳罐道装置（见图 27-7）由井上液压张紧与自锁装置和井下固定装置组成，井上液压张紧与自锁装置由两个能自动锁紧和松开的楔形装置和两个液压缸构成，井下固定装置为双楔块固紧结构。

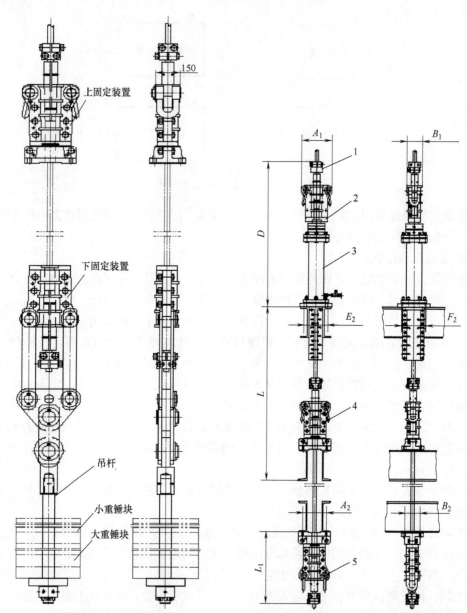

图 27-5　重锤拉紧式钢丝绳罐道装置　　　图 27-6　液压螺杆拉紧式钢丝绳罐道装置

　　　　　　　　　　　　　　　　　　　1—绳卡　2—井上固定装置　3—液压缸
　　　　　　　　　　　　　　　　　　　4—调绳用固定装置　5—井下固定装置

　　安装时，钢丝绳穿入上液压张紧与自锁装置的两个楔形装置内，下楔形装置自动锁紧钢丝绳，然后钢丝绳穿入井下固定装置内并锁紧。调整张力时，通过给液压缸充液，液压缸带动上楔形装置向上运动，通过上下两个楔形装置的步进运动拉紧钢丝绳。

　　双缸自锁式钢丝绳罐道装置具有穿绳方便、调绳快捷省力的优点，加装传感器后可随时监测钢丝绳的张力，并根据情况随时调整。目前，此种钢丝绳罐道装置已替代液压螺杆拉紧

式钢丝绳罐道装置并推广使用。

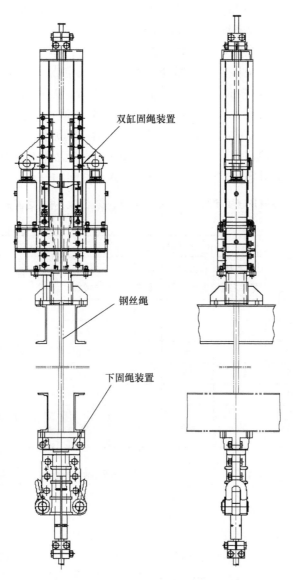

图 27-7 双缸自锁式钢丝绳罐道装置

3. 绳罐道导向装置

绳罐道导向装置安装在提升容器上，保证容器沿罐道绳上下运行。一般每根罐道绳设上下两个导向装置，容器过高时可设三个。导向装置目前普遍采用由外壳和衬套组成的滑动式导向器，外壳多为铸件，衬套的材质常用的有黄铜、铸铁和工程塑料等。

27.3 主要技术参数

罐道型号和规格的选择主要依据提升载荷、提升高度和罐道间距等参数进行确定。

刚性罐道的主要技术参数为断面形状和断面尺寸，并要求有足够的刚性和耐磨性。一般要求如下：①抗拉强度>160MPa；②抗弯强度>160MPa；③综合弹性模量为 1.9×10^5 MPa，④滚动磨损≤1mm/20a；⑤滑动磨损≤2mm/20a。

钢丝绳罐道的主要技术参数除钢丝绳直径外，还应包括钢丝绳抗拉强度、刚性系数、钢丝绳表层钢丝硬度等。一般来说，每个提升容器（或平衡锤）设有4根罐道绳时，每根罐道绳的最小刚性系数不得小于500N/m，各罐道绳张紧力之差不得小于平均张紧力的5%，内侧张紧力大，外侧张紧力小。当1个提升容器（或平衡锤）只有两根罐道绳时，每根罐道绳的刚性系数不得小于1000N/m，各罐道绳的张紧力应相等。

罐道在设计、安装及使用过程中，应遵守《煤矿安全规程》的有关规定。

立井提升容器间及提升容器与井壁、罐道梁、井梁之间的最小间隙见表27-1。

表27-1 立井提升容器间及提升容器与井壁、罐道梁、井梁之间的最小间隙

（单位：mm）

罐道和井梁布置		最小间隙				备注
		容器与容器之间	容器与井壁之间	容器与罐道梁之间	容器与井梁之间	
罐道布置在容器一侧		200	150	40	150	罐耳与罐道卡子之间最小间隙为20
罐道布置在容器两侧	木罐道	—	200	50	200	有卸载滑轮的容器，滑轮与罐道梁间隙增加25
	刚性罐道	—	150	40	150	
罐道布置在容器正面	木罐道	200	200	50	200	—
	刚性罐道	200	150	40	150	
钢丝绳罐道		500	350	—	350	设防撞绳时，容器之间最小间隙为200

提升容器的罐耳在安装时，与罐道之间所留间隙应当符合《煤矿安全规程》如下的要求：

1）使用滑动罐耳的刚性罐道每侧不得超过5mm，木罐道每侧不得超过10mm。

2）钢丝绳罐道的罐耳滑套直径与钢丝绳直径之差不得大于5mm。

3）采用滚轮罐耳的矩形钢罐道的辅助滑动罐耳，每侧间隙应当保持10~15mm。

使用过程中，《煤矿安全规程》规定，罐耳和罐道的磨损量或者总间隙达到下列极限值时，必须更换：

1）木罐道任一侧磨损量超过15mm或者总间隙超过40mm。

2）钢轨罐道轨头任一侧磨损量超过8mm，或者轨腰磨损量超过原有厚度的25%，罐耳的任一侧磨损量超过8mm，或者在同一侧罐耳和罐道的总磨损量超过10mm，或者罐耳与罐道的总间隙超过20mm。

3）矩形钢罐道任一侧的磨损量超过原有厚度的50%。

4）钢丝绳罐道与滑套的总间隙超过15mm。

第 28 章　装卸载系统

28.1　概述

立井箕斗装卸载系统是煤矿立井提升系统的重要装备之一，分为箕斗装载设备和箕斗卸载装置两部分，承担将煤炭装入箕斗和从箕斗卸出的任务。当箕斗运行到井底装载位置时，装载设备将煤炭定量装入箕斗；当箕斗提升至地面卸载位置时，卸载装置将箕斗闸门打开，箕斗内的煤卸入井口接受仓。

28.2　分类与组成

28.2.1　箕斗装载设备的种类

目前配合箕斗使用的装载设备有以下三种基本形式：

1. 计量仓式箕斗装载设备

计量仓式箕斗装载设备的特点是有一个或一对独立的小型贮仓（通常称为定量斗），作为大容量煤仓向箕斗装载原煤的中间贮装装置。为了便于计量，小型贮仓制成直立式或斜式。通常直立仓是配合测重装置进行预先计重时用的，斜仓则是配合矿车计数、给煤装置计时和煤位信号等进行容积计量用的。目前，直立式计量仓箕斗装载设备是箕斗装载的主流方式，应用最为广泛。

2. 溜槽式箕斗装载设备

溜槽式箕斗装载设备的结构特点是溜槽上部与大容量煤仓直接相连，其下部带有下开式扇形闸门和簸箕式溜嘴。在装载原煤时，借箕斗下落的重力打开闸门，煤仓中贮煤直接装入箕斗内。箕斗提升后，闸门借配重自动关闭，并切断煤流，与此同时，簸箕式溜嘴内残留的煤被提起。目前，此种类型的装载设备已基本淘汰。

3. 计量运输机式箕斗装载设备

计量运输机式箕斗装载设备的特点是以板式或带式运输机自动计量，慢速贮装、快速卸载。为满足快速装载的要求，需要较大的功率和输送量，目前，此种类型装载设备有少数应用。

本章主要介绍直立式计量仓箕斗装载设备。

28.2.2　直立式计量仓箕斗装载设备的组成

直立式计量仓箕斗装载设备由计量斗、溜槽、液压站、电控装置等组成，其工作模式为：电控装置接收到箕斗到位信号→电控装置发出指令→液压站工作→液压缸工作→闸门打开→称重传感器给出信号→液压缸工作→闸门关闭并发出信号→箕斗提升→计量斗装煤→等待下一个工作循环。直立式计量仓箕斗装载设备的结构如图 28-1 和图 28-2 所示，其中图 28-1

为一对一装载方式，图 28-2 为一对二装载方式。

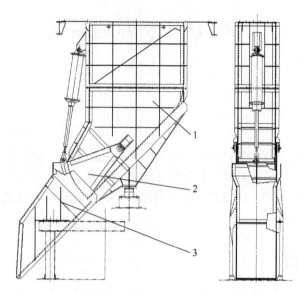

图 28-1　直立式计量仓箕斗装载设备的结构（一对一装载方式）
1—计量斗本体　2—闸门　3—溜槽

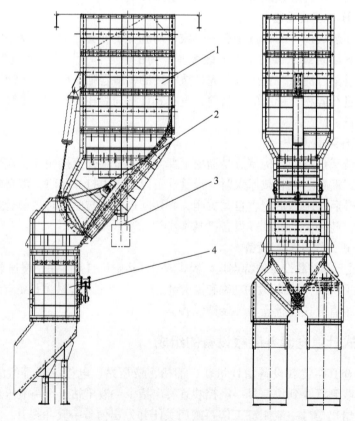

图 28-2　直立式计量仓箕斗装载设备的结构（一对二装载方式）
1—计量斗本体　2—闸门　3—传感器　4—分配溜槽

28.2.3　箕斗卸载装置的种类与组成

立井提煤箕斗的卸载方式有曲轨自动卸载和液动直轨卸载两种基本形式。

曲轨卸载的工作模式为：在井口卸载位置的套架上每台箕斗对应安装 1 副曲轨→箕斗提升并进入曲轨→箕斗闸门开始打开→箕斗到达卸载位置→箕斗闸门完全打开→卸载完毕→箕斗下行、闸门随之关闭。曲轨卸载具有结构简单、卸载快速、运行费用低、维护工作量小的特点，目前已在≤40t 的箕斗中广泛采用，并有向更大箕斗发展的趋势。曲轨由底板、立板、筋板组焊而成。卸载曲轨的结构如图 28-3 所示。

液动直轨卸载装置由可水平移动直轨、液压缸、液压站、电控装置等组成，液动直轨卸载的工作模式为：在井口卸载位置的套架上每台箕斗对应安装 1 套（2 件）卸载直轨→箕斗提升到达卸载位置并发出信号→液压站工作→液压缸驱动直轨→箕斗闸门打开→卸载完成→液压缸驱动直轨→闸门关闭并发出信号→箕斗下行。液动直轨卸载具有卸载平稳、冲击小、箕斗爬行距离短的优点，但存在结构复杂、卸载时间长、运行费用高、维护工作量较大的问题。目前，45~50t 箕斗的卸载方式均采用液动直轨卸载。液动直轨卸载装置的结构如图 28-4 所示。

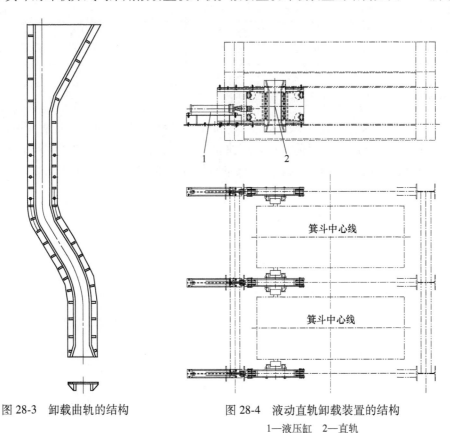

图 28-3　卸载曲轨的结构

图 28-4　液动直轨卸载装置的结构
1—液压缸　2—直轨

28.3　主要技术参数

直立式计量仓箕斗装载设备是目前矿井应用最为广泛的一种形式，表 28-1 所示是直立计量仓式 ZL 系列立井计量装载设备的主要参数。

表 28-1　ZL 系列立井计量装载设备的主要参数

序号	型号	名义装载量/t	有效容积/m³	液压缸			质量/kg
				工作压力/MPa	直径/mm	行程/mm	
1	ZL-4	4	4.5	6	70	940	5030
2	ZL-6	6	6.6	6	70	940	5560
3	ZL-9	9	10	6	70	1000	6700
4	ZL-12	12	13.5	7	80	1000	7430
5	ZLY-16	16	17.5	7	80	1000	9170
6	ZL-20	20	24.5	8	80	1050	15300
7	ZL-25	25	27.5	8	80	1050	19500
8	ZL-30	30	33	10	90	1050	23600
9	ZL-32	32	35	10	90	1050	25750
10	ZLY-35	35	38.5	10	90	1050	27450
11	ZL-40	40	44	12	100	1100	30100
12	ZL-45	45	50	12	100	1100	32300
13	ZL-50	50	55	12	100	1100	35500

注：根据不同的矿井情况和装载方式，设备质量存在变化。

对于箕斗卸载装置来说，其主要技术指标是卸载时间的长短；《煤炭工业矿井设计规范》中规定，箕斗卸载时间≤1s/t。目前广泛采用曲轨自动卸载和液动直轨卸载两种形式中，曲轨自动卸载的卸载时间远远小于规范要求，液动直轨卸载的卸载时间也不超出规范的规定。

第29章 摇 台

29.1 概述

在使用罐笼提升的矿井中，由于在各水平需要进出矿车及人员，因此必须通过罐笼承接装置将罐笼内的轨道或平台与各水平的固定轨道或平台衔接，才能实现矿车和人员顺利进罐或出罐。

摇台是一种应用在井口、井底及中段水平，可抬起或落下的罐笼承接装置。提升钢丝绳在使用过程中，由于钢丝绳的性能、规格、使用时间长短、负载变化等原因，钢丝绳会存在弹性伸长和残余伸长，长度产生不同程度的变化（见图 29-1）；同时，停罐位置也可能存在误差。尤其是双罐笼提升时，井上和井下的罐笼不能同时对准进出车平台，只有用摇台来调节和补偿提升钢丝绳长度的变化和停罐误差，避免二次对罐，从而保证井上和井下罐笼同时进出矿车，提高工作效率。

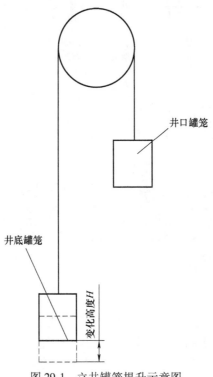

图 29-1 立井罐笼提升示意图

29.2 分类与组成

目前，矿井使用的摇台主要有 CY 系列搭接摇台、KBK 系列稳罐摇台、TNY 系列缓冲托罐摇台和 YSG 大型锁罐承接摇台等。

29.2.1　CY 系列搭接摇台

CY 系列搭接摇台按动力方式分为手动和液动两种，按摇臂调节范围分为 150mm、300mm 和 500mm 3 个规格。

CY 系列搭接摇台主要由摇臂、转轴、支架、驱动装置及配重等部分组成（见图 29-2）。该摇台的动作原理为：罐笼到位→液压缸拉动滑车后退→滚轮脱离→摇臂靠自重下落搭接罐笼→摇台承接工作完毕→液压缸推动滑车前进→滚轮抬起（转轴旋转）→摇臂抬起相应角度。

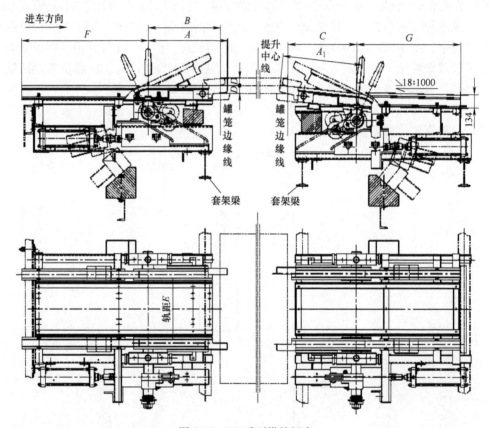

图 29-2　CY 系列搭接摇台

CY 系列搭接摇台的使用较为普遍，对单、多绳罐笼的提升均能使用。此系列摇台的优点在于摇台使用时靠摇尖搭接在罐笼盘体上，提升钢丝绳不会失重，对罐笼结构设计无特殊要求，亦不增加罐笼的质量，其工作快捷，操作方便，停罐休止时间短。但是 CY 系列摇台在使用过程中也存在一些问题，例如：矿车进出罐笼时产生的冲击使罐笼左右摇晃，罐笼负载发生变化使得提升钢丝绳弹性变形量改变而造成罐笼上下跳动。

29.2.2　KBK 系列稳罐摇台

KBK 系列稳罐摇台采用液动或气动，按摇臂长度和轨距不同分为 9 种规格。

　　KBK 系列稳罐摇台主要由摇臂、稳罐臂、支架、驱动装置及配重等部分组成（见图 29-3）。该摇台的动作原理为：罐笼到位→液压缸动作→摇臂下落并与罐笼搭接→摇台承接工作完毕→液压缸工作→摇臂抬起相应角度。

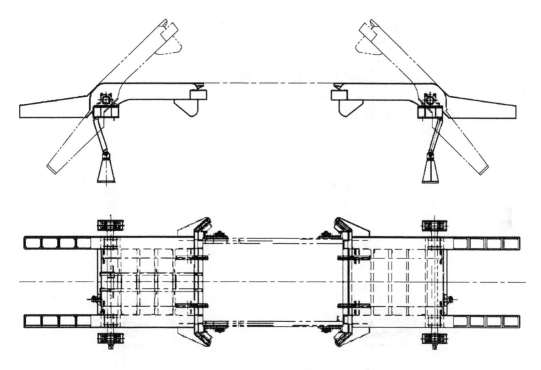

图 29-3　KBK 系列稳罐摇台

　　KBK 系列稳罐摇台主要应用在钢丝绳罐道矿井中，特别是多水平钢丝绳罐道矿井。为保证提升速度，钢丝绳罐道矿井的各中段水平一般不设置刚性稳罐罐道，这种情况下矿车进出会使罐笼晃动严重，普通摇台不能满足要求。KBK 系列稳罐摇台的摇臂上设有稳罐装置，与罐笼搭接时，摇臂上的稳罐装置卡住罐笼盘体的四角，可保证矿车进出时罐笼不会发生大的晃动，因此 KBK 系列稳罐摇台适用于多水平钢丝绳罐道矿井。

29.2.3　TNY 系列缓冲托罐摇台

　　TNY 系列缓冲托罐摇台采用液动方式，按额定托罐力的不同分为 3 种规格。

　　TNY 系列缓冲托罐摇台主要由补偿托爪、缓冲器、主传动装置、承接摇台和安装支架等机构组成（见图 29-4）。

　　TNY 系列缓冲托罐摇台的工作过程为：罐笼在井口准备下放重物→托爪伸出托住罐笼，同时摇台搭接罐笼轨衬→重物入罐→带液压阻尼力的托爪缓慢释放，罐笼随托爪缓慢向下运动→托爪到位后停止，搭接摇台抬起→发出允许开车信号→罐笼运行→罐笼运行到井底车场并在托罐装置的补偿高度范围内停罐→托爪伸出托起罐笼使罐内轨道面与车场轨道面平齐，搭接摇台搭接到罐笼轨衬→罐内重物出罐→搭接摇台抬起，同时托爪收回→发出允许开车信号→罐笼运行（见图 29-5）。

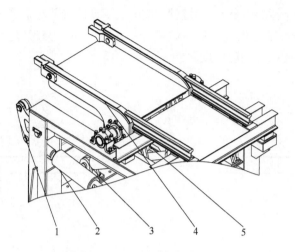

图 29-4　TNY 系列缓冲托罐摇台

1—补偿托爪　2—缓冲器　3—主传动装置　4—承接摇台　5—安装支架

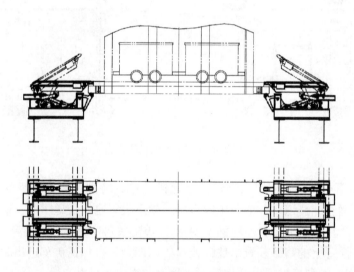

图 29-5　TNY 缓冲托罐摇台的工作过程

　　TNY 系列缓冲托罐摇台的出现，是为了满足罐笼提升和下放重物的要求，防止重物进出罐笼时因钢丝绳弹性伸长量变化大而造成的罐笼上下跳动。TNY 系列缓冲托罐摇台具有上下补偿功能，在普通摇台的基础上增加了托罐装置，可在一定范围内补偿重物进出罐笼时罐笼的上下移动。TNY 缓冲托罐摇台采用液压缸驱动、弹性缓冲托罐，可避免对罐笼的冲击；托罐、摇臂双补偿，双罐提升时可井口、井底同时操作；解锁靠液压力释放，无须操作绞车即可实现解锁，操作简便。但是，在托罐过程中，液压缸及相应的传动件受力较大，造成液压缸和各传动件磨损较快、维护工作量增加；同时，为保证提升过程中罐笼与托罐摇台之间留有足够的安全间隙，其调节补偿的范围受到一定限制，不能满足深井和超深井提升的要求。

29.2.4　YSG 大型锁罐承接摇台

　　YSG 大型锁罐承接摇台按其承接载荷的大小来确定规格，主要适用于特大型罐笼提升和下放重型设备，也适用于深井和超深井副井提升系统。

　　YSG 大型锁罐承接摇台主要由承接摇台、上锁舌、下锁舌及配套的液压和电控系统组成（见图 29-6）。其工作过程为：罐笼运行至相应水平停车位置→上下锁舌液压缸伸出，锁罐装置的上下锁舌锁住罐笼上的锁块→摇台液压缸收回，摇台搭接在罐笼上→重物进出罐笼→摇台升起，不承载锁舌收回→电控装置发出绞车上行解锁或下行解锁信号→绞车得到信号相应上行或下行→相应锁舌与罐笼的锁块分离，相应锁舌收回→发出绞车运行信号（见图 29-7）。

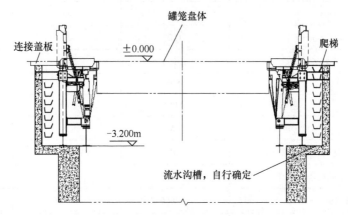

图 29-6　YSG 大型锁罐承接摇台

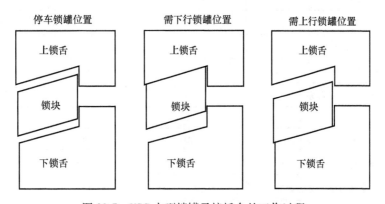

图 29-7　YSG 大型锁罐承接摇台的工作过程

　　YSG 大型锁罐承接摇台采用上、下锁舌和摇台组合，以液压缸驱动锁舌和摇台动作，能将罐笼可靠锁住，重物进出罐笼时不会出现因钢丝绳伸长量变化造成的罐笼上下跳动，适用各种类型的载荷及不同井深，特别是在深井大载荷提升中更为适用。工作过程中，液压缸只用于驱动锁舌和摇臂，不承载锁罐力，安全可靠性高。一般情况下，仅摇台工作，上下锁舌不工作，使用方便。但在提升或下放大型设备时，需提升机联动才能解锁，过程复杂、时间较长。

29.3　主要技术参数

29.3.1　CY系列搭接摇台的技术参数（见表 29-1）

表 29-1　CY系列搭接摇台的技术参数

名称		气动（或液动）式搭接摇台		
型号		CY-6/1.5	CY-6/3	CY-6/5
图号		B74-306.1G1	B74-306.12G1	B74-306.2G1
轨距/mm		600	600	600
调节高度/mm		150	300	500
允许通过车辆的名义载重量/t		≤1.5	≤1.5	≤1.5
摇臂长度/mm	进车侧	800	1500	2300
	出车侧	800	1500	2800
进出车两端轴中心线高度差 h/mm		75	150	250
升起时摇尖与罐笼的最小间隙/mm		80	150	150
摇尖与罐笼搭接的最小距离/mm		40	50	50
设备质量/kg		≈2600	≈3630	≈4590
名称		气动（或液动）式搭接摇台		
型号		CY-9/1.5	CY-9/3	CY-9/4
图号		B74-306.3G1	B74-306.12G2	B74-306.4G1
轨距/mm		900	900	900
调节高度/mm		150	300	400
允许通过车辆的名义载重量/t		≤3	≤3	≤3
摇臂长度/mm	进车侧	800	1500	2300
	出车侧	800	1500	2800
进出车两端轴中心线高度差 h/mm		75	150	200
升起时摇尖与罐笼的最小间隙/mm		80	150	150
摇尖与罐笼搭接最小距离/mm		40	50	50
设备质量/kg		≈2890	≈4060	≈5120
名称		手动搭接摇台		
型号		CYS-6/1.5		CYS-6/3
图号		B74-306.11		B74-306.12
轨距/mm		600		600

（续）

名称		手动搭接摇台	
调节高度/mm		150	300
允许通过车辆的名义载重量/t		1	1
摇臂长度/mm	进车侧	800	1500
	出车侧	800	1500
进出车两端轴中心线高度差 h/mm		75	150
升起时摇尖与罐笼的最小间隙/mm		80	150
摇尖与罐笼搭接最小距离/mm		40	50
设备质量/kg		≈2350	≈3310

29.3.2　KBK 系列稳罐摇台的技术参数（见表 29-2）

表 29-2　KBK 系列稳罐摇台的技术参数

名称		气动（或液动）式稳罐摇台		
型号		KBK17-6	KBK17-7	KBK17-9
轨距/mm		600	762	900
调节高度/mm		250	250	250
允许通过车辆的名义载重量/t		≤3	≤3	≤3
摇臂长度/mm	进车侧	1700	1700	1700
	出车侧	1700	1700	1700
进出车两端轴中心线高度差 h/mm		125	125	125
升起时摇尖与罐笼的最小间隙/mm		350	350	350
摇尖与罐笼搭接最小距离/mm		50	50	50
设备质量/kg		≈5000	≈5250	≈5500
名称		气动（或液动）式稳罐摇台		
型号		KBK20-6	KBK20-7	KBK20-9
轨距/mm		600	762	900
调节高度/mm		300	300	300
允许通过车辆的名义载重量/t		≤3	≤3	≤3
摇臂长度/mm	进车侧	2000	2000	2000
	出车侧	2000	2000	2000
进出车两端轴中心线高度差 h/mm		150	150	150
升起时摇尖与罐笼的最小间隙/mm		350	350	350
摇尖与罐笼搭接最小距离/mm		50	50	50
设备质量/kg		≈5900	≈6150	≈6400

（续）

名称	气动（或液动）式稳罐摇台		
型号	KBK25-6	KBK25-7	KBK25-9
轨距/mm	600	762	900
调节高度/mm	400	400	400
允许通过车辆的名义载重量/t	≤3	≤3	≤3
摇臂长度/mm 进车侧	2500	2500	2500
摇臂长度/mm 出车侧	2500	2500	2500
进出车两端轴中心线高度差 h/mm	200	200	200
升起时摇尖与罐笼的最小间隙/mm	350	350	350
摇尖与罐笼搭接最小距离/mm	50	50	50
设备质量/kg	≈7400	≈7690	≈8000

名称	气动（或液动）式稳罐摇台		
型号	KBK30-6	KBK30-7	KBK30-9
轨距/mm	600	762	900
调节高度/mm	500	500	500
允许通过车辆的名义载重量/t	≤3	≤3	≤3
摇臂长度/mm 进车侧	3000	3000	3000
摇臂长度/mm 出车侧	3000	3000	3000
进出车两端轴中心线高度差 h/mm	250	250	250
升起时摇尖与罐笼的最小间隙/mm	350	350	350
摇尖与罐笼搭接最小距离/mm	50	50	50
设备质量/kg	≈8800	≈9200	≈9600

29.3.3 TNY 系列托罐摇台的技术参数（见表 29-3）

表 29-3 TNY 系列托罐摇台的技术参数

名称	缓冲托罐摇台		
型号	TNY-25	TNY-40	TNY-60
适用矿车轨距/mm	按要求定制或无轨胶轮车		
调节高度/mm	−350～+150	−400～+150	−450～+150
额定托罐力/kN	250	400	600
液压缸活塞直径/mm	100	125	140
油缸工作压力/MPa	10～16	10～16	10～16
允许通过最大载重量/t	25	40	60

（续）

名称		缓冲托罐摇台		
摇臂长度/mm	进车侧	1700	1700	1700
	出车侧	1700	1700	1700
进出车两端轴中心线高度差 h/mm		0	0	0
升起时摇尖与罐笼的最小间隙/mm		150	150	150
摇尖与罐笼搭接最小距离/mm		100	100	100
设备质量/kg		≈5200	≈7400	≈10800

29.3.4 YSG 大型锁罐承接摇台的技术参数（见表 29-4）

表 29-4 YSG 大型锁罐承接摇台的技术参数

名称		大型锁罐承接摇台
型号		YSG-80
适用矿车轨距/mm		按要求定制或无轨胶轮车
锁罐时锁舌与锁块间隙/mm		60
额定锁罐力/kN		800
摇台液压缸活塞直径/mm		80
摇台液压缸工作压力/MPa		10~16
锁舌液压缸活塞直径/mm		50
锁舌液压缸工作压力 MPa		5~16
允许通过最大载重量/t		80
摇臂长度/mm	进车侧	1550
	出车侧	1550
进出车两端轴中心线高度差 h/mm		0
升起时与罐笼的最小间隙/mm		150
摇尖与罐笼搭接最小距离/mm		140
设备质量/kg		≈16500

第30章 钢 丝 绳

30.1 钢丝绳的结构、类型及应用

30.1.1 钢丝绳按捻向分类

一般分为以下几类：右交互捻、左交互捻、右同向捻及左同向捻钢丝绳（见图30-1）。图30-1a 和 b 中，绳与股捻制方向相反，图30-1c 和 d 中，绳与股捻制方向相同。

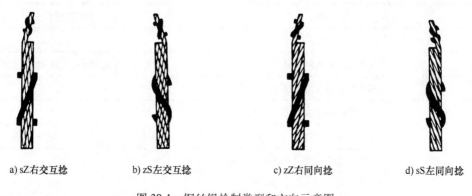

a) sZ右交互捻　　　b) zS左交互捻　　　c) zZ右同向捻　　　d) sS左同向捻

图30-1　钢丝绳捻制类型和方向示意图

30.1.2 钢丝绳的一般分类

可分为点接触圆股、线接触圆股、异形股、压实股。

1）点接触圆股钢丝绳：股中的钢丝除中心钢丝外，所有钢丝直径一样，相邻层钢丝的捻距不同，内、外层钢丝之间呈点接触。

2）线接触圆股钢丝绳：股中所有钢丝具有相同捻距，每层的钢丝置于里面一层钢丝间形成的沟槽上，结构紧密。耐疲劳性能比点接触钢丝绳好。

3）异形股钢丝绳：股结构是由一层或多层钢丝围绕一根三角形钢丝或组合成的三角形绳芯捻制而成的。相同直径、强度时，三角股钢丝绳和圆股钢丝绳相比，破断拉力高10%以上，耐磨性更优。

4）压实股钢丝绳：股内钢丝呈面接触状态，股结构紧密，耐磨性强，疲劳强度高，耐挤压性能好，该钢丝绳不易变形。

矿井提升用钢丝绳的分类见表30-1。

表30-1　矿井提升用钢丝绳的分类（GB/T 33955—2017）

组别	类型	类别	钢丝绳典型结构	钢丝绳			分类原则	外层股			股结构	公称直径范围/mm
				股数	外层股数	股层数	钢丝数	外层钢丝数	钢丝层数	股捻制类型		
1	圆股钢丝绳	6×7	6×7	6	6	1	5~9	4~8	1	单捻	1-6	8~44
2		6×19	6×19S	6	6	1	15~26	7~12	2~3	平行捻	1-9-9	12~40
			6×19W								1-6-6+6	12~40
			6×25F								1-6-6F-12	12~44
			6×26WS								1-5-5+5-10	18~44
3		6×35N	6×37SN	6	6	1	28~48	12~18	3~4	复合捻	1-6/15-15	20~62
			6×29F								1-7-7F-14	14~44
4		6×36	6×31WS	6	6	1	29~57	12~18	3~4	平行捻	1-6-6+6-12	18~46
			6×36WS								1-7-7+7-14	18~66
			6×41WS								1-8-8+8-16	32~66
			6×49SWS								1-8-8-8+8-16	36~66
			6×55SWS								1-9-9-9+9-18	36~66
5		18×7	17×7	17~18	10~12	2	5~9	4~8	1	单捻	1-6	12~60
			18×7								1-6	12~60
6		18×19	18×19W	17~18	10~12	2	15~26	7~12	2~3	平行捻	1-6-6+6	12~60
			18×19S								1-9-9	18~60
7		24×7	24(W)×7	19~28	11~12	3	5~9	4~8	1	单捻	1-6	16~60
8		34(M)×7	34(M)×7	34~36	17~18	3	5~9	4~8	1	单捻	1-6	13~60
			36(M)×7								1-6	20~60
9		35(W)×7	35(W)×7	27~40	15~18	3	5~9	4~8	1	单捻	1-6	16~60
			40(W)×7								1-6	16~60
10	异形股钢丝绳	4×V35N	4×V39FC	4	4	1	28~48	12~18	3	复合捻	FC-9/15-15	16~36
			4×V48FC								FC-12/18-18	20~40
11		6×V8（三角股）	6×V10B	6	6	1	8~10	7~9	1	单捻	BUC-9	20~36
12		6×V25（三角股）	6×V21FC	6	6	1	15~34	10~18	2	多工序点接触平行捻	FC-9/12	18~36
			6×V24FC								FC-12/12	18~36

（续）

组别	类型	类别	钢丝绳典型结构	分类原则								股结构	公称直径范围/mm
				钢丝绳			外层股						
				股数	外层股数	股层数	钢丝数	外层钢丝数	钢丝层数	股捻制类型			
12	异形股钢丝绳	6×V25（三角股）	6×V25B	6	6	1	15~34	10~18	2	多工序点接触/平行捻		BUC-12/12	20~44
			6×V28B									BUC-12-15	26~58
			6×V30									6-12/12	20~38
			6×V34B									BUC-15/18	38~58
13		6×Q19: 6×V21（椭圆股）	6×Q19	12	6	1	19~33	14~15	3	多工序点接触		外股: 5~14 内股: FC~9/12	40~52
			6×V21FC										
			6×Q33									外股: 5~13/15 内股: FC~9/12	40~60
			6×V21FC										
14	压实股钢丝绳	6×K7	6×K7	6	6	1	5~9	4~8	1	单捻		1-6	10~40
			6×K19S									1-9-9	12~40
15		6×K19	6×K19W	6	6	1	15~26	7~12	2~3	平行捻		1-6-6+6	13~36
			6×K25F									1-6-6F-12	14~46
			6×K26WS									1-5-5+5-10	14~46
			6×K29F									1-7-7F-14	14~46
16		6×K36	6×K31WS	6	6	1	29~57	12~18	3~4	平行捻		1-6-6+6-12	16~46
			6×K36WS									1-7-7+7-14	18~70
			6×K41WS									1-8-8+8-16	22~70
17		18×K7	18×K7	17~18	10~12	2	5~9	4~8	1	单捻		1-6	14~50
18		18×K19	18×K19S	17~18	10~12	2	15~26	7~12	2~3	平行捻		1-9-9	20~60
			18×K19W									1-6-6+6	20~60
19		23×K7	15×K7	21~27	15~18	2	5~9	4~8	1	单捻		1-6	20~60
			16×K7										20~60
20		35（W）×K7	35（W）×K7	27~40	17~18	3	5~9	4~8	1	单捻		1-6	14~60
			40（W）×K7										20~60

注: 1. 对于圆股钢丝绳，股中心钢丝直径大于4.0mm时，可采用1~6结构股芯代替该中心钢丝，该中心股芯记作一根钢丝。

2. 对于异形股钢丝绳中的三角股钢丝绳，不同结构的捻制股芯可相互替换，且该中心股芯记作一根钢丝。

30.2 钢丝绳的结构选型

矿井提升用钢丝绳的结构选型见表 30-2。

表 30-2 矿井提升用钢丝绳的结构选型（GB/T 33955-2017）

主要用途	钢丝绳类型	钢丝绳典型结构
竖井提升	圆股钢丝绳	6×19S，6×19W，6×25F，6×26WS，6×29F，6×31WS，6×36WS，6×41WS，17×7，18×7，24（W）×7，35（W）×7，40（W）×7
	异形股钢丝绳	6×12FC，6×V24FC，6×V30，6×V25B，6×V28B，6×V34B，6×Q19，6×V21FC，6×Q33，6×V21FC
	压实股钢丝绳	6×K19S，6×K25F，6×K26WS，6×K29F，6×K31WS，6×K36WS，6×K41WS，18×K7，18×K19S，35（W）×K7
开凿竖井提升（建井用）	圆股钢丝绳	17×7，18×7，24（W）×7，34（M）×7，36（M）×7，35（W）×7，40（W）×7
	异形股钢丝绳	4×V39FC，4×V48FC，6×Q19，6×V21FC，6×Q33，6×V21FC
	压实股钢丝绳	18×K7，18×K19S，15×K7，16×K7，35（W）×K7
立井平衡绳	圆股钢丝绳	6×37SN，6×36WS，17×7，18×7，24（W）×7，34（M）×7，36（M）×7，35（W）×7，40（W）×7
	异形股钢丝绳	4×V39FC，4×V48FC
	压实股钢丝绳	6×K36WS，18×K7，18×K19S，35（W）×K7
	扁钢丝绳	PD6×4×7，PD8×4×7，PD8×4×9，PD8×4×14，PD8×4×19
斜井提升（绞车）	圆股钢丝绳	6×7，6×19S
	异形股钢丝绳	6×V10B
	压实股钢丝绳	6×K7，6×K19S
立井罐道	圆股钢丝绳	17×7，18×7
	异形股钢丝绳	6×V10B
	压实股钢丝绳	18×K7，18×K19S
露天斜坡卷扬	圆股钢丝绳	6×36WS，6×37S，6×41WS，6×49SWS，6×55SWS
	异形股钢丝绳	6×V25B，6×V28B，6×V30，6×V34B
	压实股钢丝绳	6×K36WS，6×K41WS
钢丝绳牵引胶带运输机、倾斜架空货运索道装置	圆股钢丝绳	6×7，6×19S，6×25F，6×26WS，6×29F，6×31WS，6×36WS，6×41WS
	压实股钢丝绳	6×K19S，6×K25F，6×K26WS，6×K29F，6×K31WS，6×K36WS，6×K41WS

（续）

主要用途	钢丝绳类型	钢丝绳典型结构
提升配套用	圆股钢丝绳	6×19S，6×19W，6×25F，6×26WS，6×29F，6×31WS，6×36WS，6×49SWS，6×55SWS，24（W）×7，35（W）×7，40（W）×7
	异形股钢丝绳	6×V25B，6×V28B，6×V30，6×V34B
	压实股钢丝绳	6×K19S，6×K19W，6×K25F，6×K26WS，6×K29F，6×K31WS，6×K36WS，6×K41WS，35（W）×K7，40（W）×7

随着矿山的技术发展，开发深度越来越深，提升量越来越大，钢丝绳直径也越来越粗，目前有些矿山已经开始选用6×52TS、DYFORM 34LR、35W×7、24W×7及内层注塑等结构钢丝绳，且使用效果较好。

30.3　钢丝绳的存储和搬运

1）钢丝绳需要选择一个干净、通风、干燥和有遮盖物的地方。如果不是室内的仓库，那么要用防水的材料覆盖好。

2）长期储存钢丝绳要定期旋转（建议经过一个夏天翻转一次，翻转时间建议在6个月左右，具体情况需要根据实际情况进行调整），尤其是在温暖的环境中，以防止润滑油流动聚积（不要把钢丝绳储存在不断升温的地方，因为这样可能影响它将来的使用。严重时会大大降低钢丝绳原有的强度，使之不适合安全使用）。

3）确保钢丝绳不直接与地面接触且卷轴下面的空气流通。

4）定期检查钢丝绳，需要时涂上与生产时使用的润滑油相容的油脂。联系钢丝绳供应商或查阅生产厂家说明，获得现有的润滑油类型，以确保不同类型和不同用途的钢丝绳的涂油方法和涂油工具等信息。

5）正确的正确存储方式如图30-2所示。

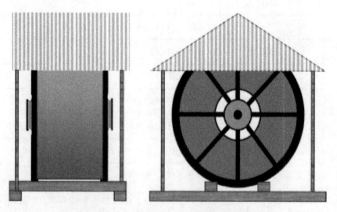

图 30-2　钢丝绳的正确存储方式

6）钢丝绳正确的搬运与使用如图30-3所示。

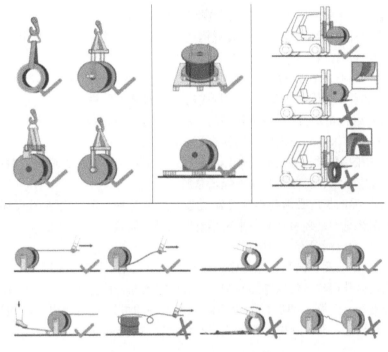

图 30-3　钢丝绳正确的搬运与使用

30.4　钢丝绳的检查、使用和维护

1. 新钢丝绳的使用与管理，必须遵守下列规定（源于《煤矿安全规程》）：

1）钢丝绳到货后，应当进行性能检验。合格后应当妥善保管备用，防止损坏或者锈蚀。

2）每根钢丝绳的出厂合格证、验收检验报告等原始资料应当保存完整。

3）存放时间超过 1 年的钢丝绳，在悬挂前必须再进行性能检测，合格后方可使用。

4）钢丝绳悬挂前，必须对每根钢丝做拉断、弯曲和扭转 3 种试验，以公称直径为准对试验结果进行计算和判定：

① 不合格钢丝的断面面积与钢丝总断面面积之比达到 6%时，不得用作升降人员；达到 10%时，不得用作升降物料；

② 钢丝绳的安全系数小于煤矿安全规程的规定时，该钢丝绳不得使用。

2. 在用钢丝绳的检验、检查与维护，应当遵守下列规定（源于《煤矿安全规程》，1）和 2）为新增）：

1）升降人员或者升降人员和物料用的缠绕式提升钢丝绳，自悬挂使用后每 6 个月进行 1 次性能检验，悬挂吊盘的钢丝绳，每 12 个月检验 1 次。

2）升降物料用的缠绕式提升钢丝绳，悬挂使用 12 个月内必须进行第一次性能检验，以后每 6 个月检验 1 次。

3）缠绕式提升钢丝绳的定期检验，可以只做每根钢丝的拉断和弯曲两种试验。试验结果，以公称直径为准进行计算和判定。出现下列情况的钢丝绳，必须停止使用：

① 不合格钢丝的断面面积与钢丝总断面面积之比达到 25% 时；

② 钢丝绳的安全系数小于《煤矿安全规程》的规定时。

4）摩擦式提升钢丝绳、架空乘人装置钢丝绳、平衡钢丝绳，以及专用于斜井提升物料且直径不大于 18mm 的钢丝绳，不受 1）和 2）限制。

5）提升钢丝绳必须每天检查 1 次，平衡钢丝绳、罐道绳、防坠器制动绳（包括缓冲绳）、架空乘人装置钢丝绳、钢丝绳牵引带式输送机钢丝绳和井筒悬吊钢丝绳必须每周至少检查 1 次。对易损坏和断丝或者锈蚀较多的一段应当停车详细检查。断丝的突出部分应当在检查时剪下。检查结果应当记入钢丝绳检查记录簿。

6）对使用中的钢丝绳，应当根据井巷条件及锈蚀情况采取防腐措施。摩擦式提升钢丝绳的摩擦传动段应当涂、浸专用的钢丝绳增摩脂。

7）平衡钢丝绳的长度必须与提升容器过卷高度相适应，防止过卷时损坏平衡钢丝绳。使用圆形平衡钢丝绳时，必须有避免平衡钢丝绳扭结的装置。

8）严禁平衡钢丝绳浸泡在水中。

9）多绳提升的任意一根钢丝绳的张力与平均张力之差不得超过 ±10%。

10）摩擦式提升钢丝绳建议摩擦轮绳槽直径=钢丝绳公称直径×（1.075~1.2）。

11）提升钢丝绳建议定期进行无损检测，有条件的可以采用全程无损检测设备，根据无损检测的结果制定合理的维护保养措施，有助于提高钢丝绳的使用寿命。

30.5　钢丝绳的报废和更换

应当遵守下列规定（源于《煤矿安全规程》）：

1）钢丝绳的报废类型、内容及标准应当符合表 30-3 的要求。达到其中一项的，必须报废。

表 30-3　钢丝绳的报废类型、内容及标准

项目	钢丝绳类别		报废标准	说明
使用期限	摩擦式提升机	提升钢丝绳	2 年	如果钢丝绳的断丝、直径缩小和锈蚀程度不超过本表断丝、直径缩小、锈蚀类型的规定，可继续使用 1 年
		平衡钢丝绳	4 年	
	井筒中悬挂水泵、抓岩机的钢丝绳		1 年	到期后经检查鉴定，锈蚀程度不超过本表锈蚀类型的规定，可以继续使用
	悬挂风管、输料管、安全梯和电缆的钢丝绳		2 年	
断丝	升降人员或者升降人员和物料用钢丝绳		5%	各种股捻钢丝绳在 1 个捻距内断丝断面面积与钢丝总断面面积之比
	专为升降物料用的钢丝绳、平衡钢丝绳、防坠器的制动钢丝绳（包括缓冲绳）、兼作运人的钢丝绳牵引带式输送机的钢丝绳和架空乘人装置的钢丝绳		10%	
	罐道钢丝绳		15%	
	无极绳运输和专为运物料的钢丝绳牵引带式输送机用的钢丝绳		25%	

（续）

项目	钢丝绳类别	报废标准	说明
直径缩小	提升钢丝绳、架空乘人装置或者制动钢丝绳	10%	1）以钢丝绳公称直径为准计算的直径减小量 2）使用密封式钢丝绳时，外层钢丝厚度磨损量达到 50%时，应当更换
	罐道钢丝绳	15%	
锈蚀	各类钢丝绳		1）钢丝出现变黑、锈皮、点蚀麻坑等损伤时，不得再用作升降人员 2）钢丝绳锈蚀严重或者点蚀麻坑形成沟纹或者外层钢丝松动时，不论断丝数多少或者绳径是否变化，应当立即更换

在钢丝绳使用期间，断丝数突然增加或者伸长突然加快，必须立即更换。

2）更换摩擦式提升机钢丝绳时，必须同时更换全部钢丝绳。

3）钢丝绳在运行中遭受到卡罐、突然停车等猛烈拉力时，必须立即停车检查，发现下列情况之一者，必须将受损段剁掉或者更换全绳：

① 钢丝绳产生严重扭曲或者变形；

② 断丝超过表 30-3 的规定；

③ 直径减小量超过表 30-3 的规定；

④ 遭受猛烈拉力的一段的长度伸长 0.5%以上。

第31章 跑车防护装置

31.1 概述

在矿井生产中，运输伤亡事故较多，而斜巷跑车又是矿井运输事故中最为严重的事故之一。斜巷防跑车和跑车防护装置是保证矿井倾斜巷提升运输安全的重要技术措施，为此国家有关部门曾先后发布了一系列的相关通知和规定。《煤矿安全规程》（2016版）第387条明确规定：在倾斜井巷内安设能够将运行中断绳、脱钩的车辆阻止住的跑车防护装置，并且上述挡车装置必须经常关闭，放车时方能打开。

之前，国内斜巷跑车防护装置的类型较多、结构形式各异，性能差别较大；同时跑车防护装置中的主要名词术语使用也比较混乱。为加强斜巷跑车防护装置的管理与发展，国家有关部门制定并颁发了《跑车防护装置技术条件》（MT 933—2005），对跑车防护装置的名词术语、功能、构成等进行了规范，并将跑车防护装置的型号统一规范成常闭式 ZDC 型。

跑车防护装置的作用是：矿车正常运行时，跑车防护装置可使矿车顺利通过；一旦发生断绳、连接装置脱钩或断裂、阻车器失灵、上车场把钩工操作失误等事故时，防护装置的车挡应能够有效地阻拦住车辆，防止车辆继续下滑。

31.2 分类与组成

31.2.1 型号含义

31.2.2 跑车防护装置的组成

跑车防护装置一般由驱动机构、挡车装置、控制系统三部分组成（见图 31-1）。

1. 驱动机构

驱动机构常采用电动机驱动或液压驱动；在常闭式防护装置中，驱动机构接收到控制系统的指令后，应能及时准确地将挡车栏提升到规定高度，保证矿车顺畅通过，随后又能将挡车栏及时下落到关闭位置，处于挡车状态。

2. 挡车装置

挡车装置的作用是拦截跑车事故状态中的车辆，由挡车栏和缓冲器构成，挡车栏应能有

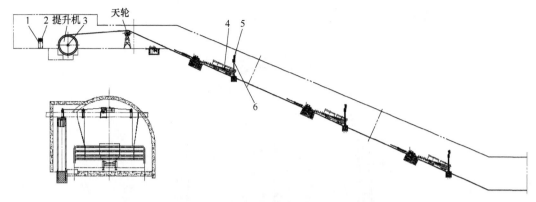

图 31-1　ZDC 型跑车防护装置系统的布置简图
1—电控箱　2—监控箱　3—编码器　4—收放绞车　5—传感器　6—挡车栏

效拦截事故状态的车辆，缓冲器应能有效吸收事故车辆的冲击。挡车栏有柔性和刚性两种形式，分别采用钢丝绳或型钢制作。缓冲器有钢丝绳变形能缓冲、钢带变形能缓冲、摩擦盘缓冲等多种形式，但钢丝绳变形能缓冲应用较多。

3. 控制系统

控制系统是跑车防护装置的核心，由电控箱、监控箱、传感器等组成。电控箱采用可编程控制器 PLC，通过获取绞车的运行信息，对斜巷中若干道常闭式挡车栏进行逻辑控制。监控箱一般采用数码及 LED（发光二极管）显示，可对提升速度、车辆运行状态、挡车栏状况进行显示，可实现提人、提物的功能转换并显示，具有故障报警显示功能，系统中出现故障时发出声光报警并显示故障代码。传感器安装在绞车、驱动装置和巷道内，可为电控箱提供位置、速度、距离等信号。

ZDC 型常闭式斜巷跑车防护装置的工作原理：在绞车起动并按规定的速度运行时，传感器将提升钢丝绳运行长度信号传递给 PLC，当串车到达拦网的受控区域，PLC 发出指令，驱动装置将拦网打开；当串车通过后，驱动装置立即将拦网关闭；串车上行或下行，拦网的动作过程相同。一旦发生跑车事故（断绳或脱钩），矿车撞击常闭式挡车栏，挡车栏受力向前运动并带动缓冲器工作，从而将矿车拦住。当人员通行时，绞车司机转换开关，将工作状态转换到提人闭锁，驱动装置将所有拦网打开并锁住，可使人员顺利通过。

挡车装置根据巷道长度、巷道倾角、串车数量等参数进行布置，保证将事故车辆有效拦截。图 31-2 所示为挡车装置布置形式的一种。

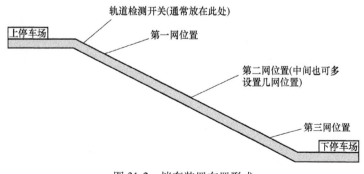

图 31-2　挡车装置布置形式

挡车装置的安装示意图如图 31-3 所示。

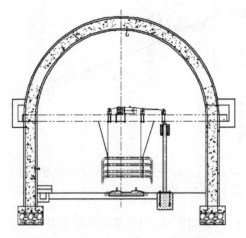

图 31-3　挡车装置的安装示意图

31.3　主要技术参数

斜巷防跑车装置的主要技术参数包括挡车装置抗冲击能量和适用巷道倾角等。

以 ZDC 30-2.5 型斜巷防跑车装置为例，其主要技术参数如下：

1）最大抗冲击能量为 2.5×10^6 J。

2）适应斜巷倾角 ≤30°。

3）通过高度 ≥1.9m。

4）提升方式为单钩、双钩。

5）斜巷长度 ≤1000m。

第 32 章　机械部分的新结构和新技术

32.1　H 系列提升机（见图 32-1）

32.1.1　H 系列提升机的组成

　　H 系列提升机由动力系统、传动系统、工作系统、制动系统、控制操纵系统、指示保护系统及其附属部分组成。它是以电动机为动力源，由弹性棒销联轴器、悬挂式行星齿轮减速器和主轴装置构成其高效的传动系统和工作系统；由液压站、盘形制动器装置构成其可靠的制动系统；由操作台、电气控制设备构成其完备的控制操纵系统；由深度指示器、测速发电机等构成其完善的指示、保护系统。

图 32-1　H 系列提升机

　　上述所有系统的共同作用使缠绕在主轴卷筒上的钢丝绳进行收放，以实现提升容器在井筒中升降的目的。

32.1.2　H 系列提升机的典型特点

　　1）采用悬挂装配式行星减速器（直接安装在轴承座端面）。

　　2）盘形制动器装置为浮动单液压缸双作用结构，与轴承梁一体化设计，没有单独制动器地基。

　　3）采用新型恒力矩比例控制液压站，井中一级制动油压，提升和下放工况分别可调。

　　4）主机质量小，设备成本低，可提高市场竞争力。

　　5）设备外形小，可减少硐室建设成本。

　　H 系列提升机和常规结构提升机的质量及外形尺寸对比结果，见表 32-1。

表 32-1　H 系列提升机和常规结构提升机的质量及外形尺寸对比

提升机类别	常规结构（不含电动机）		H 系列（不含电动机）		对比结果	
	质量/kg	外形尺寸/（mm×mm）	质量/kg	外形尺寸/（mm×mm）	质量/kg	外形尺寸/（mm×mm）
JT-1.6×1.2	11500	2×4.3	10436	1.7×3.6	−1064	−0.3×0.7
JT-1.6×1.5	12100	2×4.62	11036	1.7×3.92	−1064	−0.3×0.7
JK-2×1.5	23358	2.6×7.2	17137	2.3×3.7	−6221	−0.3×3.5
JK-2×1.8	24058	2.6×7.52	17837	2.3×4.02	−6221	−0.3×3.5

（续）

提升机类别	常规结构（不含电动机）		H 系列（不含电动机）		对比结果	
	质量/kg	外形尺寸/（mm×mm）	质量/kg	外形尺寸/（mm×mm）	质量/kg	外形尺寸/（mm×mm）
JK-2.5×2	37841	2.9×8.3	26611	2.8×4.2	-11230	-0.1×4.1
JK-2.5×2.3	38641	2.9×8.62	27411	2.8×4.52	-11230	-0.1×4.1
JK-3×2.2	56200	3.4×9.6	42716	3.3×4.5	-13484	-0.1×5.1
JK-3×2.5	57100	3.4×9.92	43616	3.3×4.82	-13484	-0.1×5.1
2JT-1.6×0.9	14770	2×6.3	11536	1.7×4.1	-3234	-0.3×2.2
2JT-1.6×1.2	15770	2×6.9	12536	1.7×4.7	-3234	-0.3×2.2
2JK-2×1	30230	2.6×8.2	23560	2.3×4.8	-6670	-0.3×3.4
2JK-2×1.25	31430	2.6×8.8	24960	2.3×5.4	-6670	-0.3×3.4
2JK-2.5×1.2	40447	3×9.2	29320	2.8×5	-11127	-0.2×4.2
2JK-2.5×1.5	41947	3×9.8	30820	2.8×5.6	-11127	-0.2×4.2
2JK-3×1.5	57086	3.6×9.5	43978	3.3×6	-10108	-0.3×3.5
2JK-3×1.8	58886	3.6×10.1	45778	3.3×6.6	-10108	-0.3×3.5

32.2　多绳天轮装置的改进

天轮装置是多绳摩擦式提升机中的重要部件，主要对提升机主轴装置到提升容器间钢丝绳起支托和导向作用。天轮装置由于安装在井架上，没有防雨、雪设施，使用条件比较恶劣，同时天轮承受的载荷也很大，天轮承受的外力接近塔式提升机的主轴装置，即承受的最大静载荷介于钢丝绳最大静张力的 1.4~2 倍之间。天轮异响、轴瓦磨损及螺栓剪断等问题是长期困扰国内外多绳摩擦式提升机生产厂家和用户的难题。

天轮装置一旦发生问题，轻则停产，重则造成安全事故。因此，对天轮结构进行优化或选用新型材料来减少天轮出现故障非常重要。同时，由于天轮位于高高的井架上面，检查、维护、更换极不方便。

因此，对天轮装置进行结构优化、改进天轮润滑方式、采用新型轴瓦材料等对生产厂家和用户都有重要意义。

32.2.1　天轮装置结构的优化

经过对天轮故障发生的机理进行详细分析，可以发现天轮装置轴瓦润滑不良是导致天轮异响及轴瓦连接螺栓被剪断的主要原因，据此，中信重工对轴瓦进行了改进，同时结合现场使用的情况，对游动轮毂、轮辐、卡箍等零部件也做了结构改进，以下仅从几个重要的改进措施方面进行介绍。

天轮装置结构的优化如下（左、右图片分别为改前和改后的效果图）。

1. 增大轴瓦螺钉规格或增加轴瓦螺钉数量（见图 32-2）

优化后增加了轴瓦螺钉的强度，螺钉强度由原来为 8.8 级升级为 12.9 级，配合其他改

图 32-2　天轮装置结构的优化（1）

进措施，大大减小了螺钉的受力，可有效避免螺钉剪断。

2. 改进轴瓦润滑油槽结构及增加油槽深度，以改善润滑情况（见图 32-3）

改进前，原轴瓦油槽结构为螺旋油槽，有效长度小、油槽深度较浅、轴瓦储油量小、润滑效果不好。改进后，采用横、纵向油槽相结合的结构，每个油槽深 4mm，储油量增加 5 倍以上。加大了轴瓦油槽的有效长度，改善了润滑效果。

图 32-3　天轮装置结构的优化（2）

3. 加大辐条规格或增加数量（见图 32-4）

将辐条规格加大或数量适当增加，通过优化其他部位的结构，保证整体质量不增加。

4. 取消两半轴瓦之间的缝隙（见图 32-5）

在设计上取消该间隙，限制了半瓦圆周转动的可能性，避免对固定螺钉造成过大的剪切力。再加上螺钉强度的加强，大大减小了螺钉剪断的可能性。

5. 改进轴瓦加工工艺（见图 32-6）

每个游动轮上安装左、右各一对轴瓦，即每个游动轮有四个半轴瓦。常规情况下，左、右轴瓦分别加工，然后装在

图 32-4　天轮装置结构的优化（3）

一个游动轮上。由于左右轴瓦内孔、外圆非一刀加工而成，则存在尺寸偏差，若安装在一个游动轮上，会出现左右半边受力不均衡的情况。改进后要求四个半轴瓦先加工剖分面，然后再组合，一次装夹加工外圆和内孔，并要求四个半轴瓦打好标记，安装在同一个游动轮上。

图 32-5　天轮装置结构的优化（4）

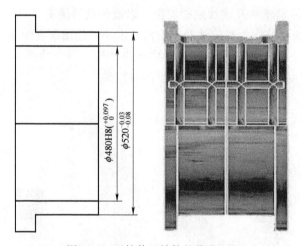

图 32-6　天轮装置结构的优化（5）

采用这种工艺的优点：①一个游动轮的轴瓦内孔和外径尺寸一致，受力均衡；②避免加工完毕再切开造成剖分处变形。

目前这种改进后的天轮装置已经广泛用于用户现场，反馈效果良好。

32.2.2　采用滚动轴承支撑游动轮结构的天轮装置

1. 应用意义

据现场调研发现，每次当用户更换天轮时，两端的轴承均处于完好状态，这说明天轮承担的负载，滚动轴承是完全可以胜任的；而由于轴瓦与轴是边界摩擦，其磨损较滚动轴承要快得多，滚动轴承每半年更换一次油脂就可以长期正常使用，但轴瓦的维护量却与日俱增，随着时间的推移，加油的频率逐渐升高，并且轴瓦寿命较短。

经过技术分析和结构设计，根据滑动轴瓦和滚动轴承各自的特点，并结合天轮装置工作的实际情况，在天轮装置上采用滚动轴承的结构有显著优点。滚动轴承具有承载能力强、摩擦力小、润滑方便、寿命长等特点，采用滚动轴承支撑结构非常有利于彻底解决轴瓦磨损、联接螺栓剪断等故障。

2. 解决方案

在原来天轮装置结构的基础上，综合考虑结构强度、加工工艺及装配工艺后，中信重工设计出了游动轮滚动轴承支撑结构的天轮装置，选用圆柱滚子轴承代替游动轮毂与天轮轴之间的两半轴瓦，游动轮与天轮轴也进行了相应的设计修改。轴承与轮毂及轴承与天轮轴的配合设计是难点，既要考虑装配性又要保证好的工作性能，最终经过技术攻关，终于很好地解决了这个问题，其他结构保持不变。采用滚动轴承方式支撑游动轮的天轮装置如图 32-7 所示。

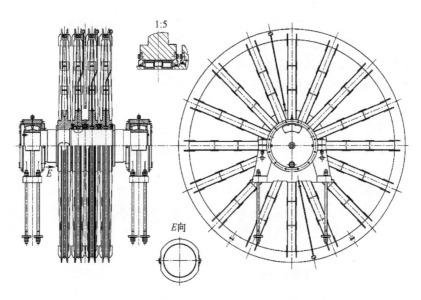

图 32-7　采用滚动轴承方式支撑游动轮的天轮装置

3. 项目应用情况

目前此项技术已在多个用户现场使用，用户反馈使用效果良好，采用滚动轴承支撑游动轮结构的天轮装置的应用情况见表 32-2。

表 32-2　采用滚动轴承支撑游动轮结构的天轮装置的应用情况

序号	用户	天轮规格/（mm×绳数）	游动轮滚动轴承	滚动轴承数量
1	淮南矿业（集团）有限责任公司潘三矿	φ4000×4	NU19/560ECMA，560×750×85	6 个，每个游动轮 2 个
2	淮南矿业（集团）有限责任公司潘三矿	φ5500×4	NU18/800ECMA，800×980×82	6 个，每个游动轮 2 个
3	淮南矿业（集团）有限责任公司顾桥煤矿	φ4000×4	NU19/560ECMA，560×750×85	6 个，每个游动轮 2 个
4	淮南矿业（集团）有限责任公司顾桥煤矿	φ5500×4	NU18/800ECMA，800×980×82	6 个，每个游动轮 2 个
5	淮南矿业（集团）有限责任公司张集煤矿副井（小参数）	φ4000×4	NUP29/530，530×710×106	6 个，每个游动轮 2 个

32.2.3　天轮装置自动加油润滑系统

1. 应用意义

润滑不良常常导致天轮装置的天轮轴与轴瓦发生干摩擦，一旦产生金属碎屑会进而导致润滑接触面状况更加恶劣。所以为保证润滑，不得不对天轮轴瓦的加油润滑频率提出苛刻要求，说明书曾要求每天对轴瓦加一次油，后参照进口产品，更改为每周一次。但由于天轮在井架上，进行人工加油很不方便。有的用户不注意按时加油，使得天轮装置异响以及轴瓦连接螺栓被剪断等故障时有发生。

据此，中信重工设计了一种多绳摩擦式提升机天轮装置电动泵加油润滑系统，提高了天轮润滑的可操作性，优化了天轮的润滑状况进而减少了天轮故障的发生。

2. 天轮装置自动加油润滑系统的原理

天轮装置自动加油润滑系统如图 32-8 所示。在天轮轴上开轴向孔和径向孔作为润滑油脂的通道。轴向孔深入到最远端游动轮位置，径向孔对准每个游动轮。在轴承端盖上安装用于连接外部润滑管路的接头，在天轮轴与接头之间设计了旋转密封头，采用密封圈、环、轴套等零件，安装在天轮轴端密封槽内，旋转密封头既可与天轮轴相对旋转，又可进行密封。

天轮装置通过接头与外部润滑管路连接到电动泵加油润滑装置。该装置安装在井架下天轮装置旁边，由电动润滑泵站、电控箱、干油过滤器、分配器、供油管路、储油桶及其附件等组成。电动泵通过过滤器、分配器，由管路连接到上下天轮装置，同时为上下天轮装置提供润滑油脂。

电控箱安装在地面的主机操作室，控制电缆从地面的主机操作室连接到井架上的电动泵，操作人员可在操作室通过电控箱的起停控制按钮，操控电动泵工作，润滑油脂经分配器、管路、天轮轴轴向孔和径向孔到达工作位置进行润滑，注油完成后，通过起停控制按钮操控电动泵停止工作即完成润滑油脂的加注。该装置还具有液位报警功能，当润滑油脂不足时，电控箱将发出提示信号，提醒补充润滑油脂。天轮装置自动加油润滑系统如图 32-8 所示。

3. 天轮装置自动加油润滑系统的特点

1) 可实现远程控制加油。

2) 具有油位过低保护。

3) 使用时需根据环境温度情况选用不同的润滑油脂，避免低温时油路堵塞。

本系统结构简单、操作灵活、便于维护、省时省力，操作人员不必经常到井架上加注油脂，只需根据系统提示及时给储油桶补充油脂即可。对于维护天轮装置的良好运行、防止故障发生起到了非常重要的作用。

4. 项目应用情况

目前，该电动泵加油润滑装置已在安徽恒源煤电股份有限公司刘二矿副井（进风井）的 JKMD-4×4ZⅢ提升机上使用，天轮装置的规格为 $\phi4000\text{mm}×4$ 绳。

32.2.4　新型复合材料轴瓦的使用

天轮装置轴瓦所受载荷大，磨损严重。目前天轮装置轴瓦的材料一般采用黄铜合金，黄

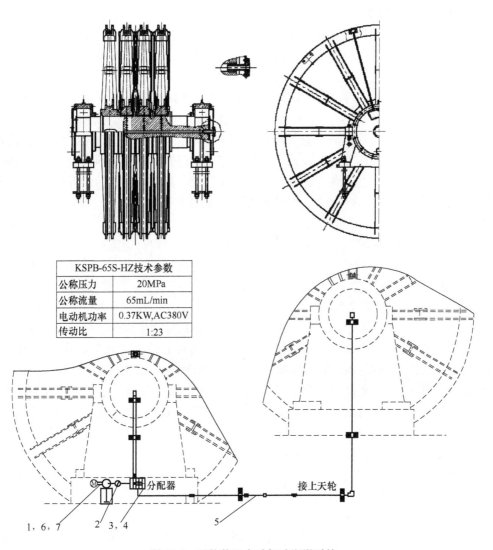

KSPB-65S-HZ技术参数	
公称压力	20MPa
公称流量	65mL/min
电动机功率	0.37KW,AC380V
传动比	1:23

图 32-8 天轮装置自动加油润滑系统
1—手摇升降架式电动润滑泵（含防护箱） 2—干油过滤器 3—分配器 4—分配器支架
5—管路及接头 6—电控箱 7—电缆

铜合金具有较强的耐磨性，塑性强、强度高、硬度高、耐蚀性强。该材料可用于一般用途的结构件，船舶、仪表等使用的外形简单铸件，如套筒、衬套、轴瓦、滑块等。铜的质量分数为 62%~68% 的黄铜，由于其塑性强可制造耐压设备等。当锌的质量分数小于 39% 时，锌能溶于铜内形成单相 a，称单相黄铜，其塑性好，适于冷热加压加工；锰在固态黄铜中有较大的溶解度，黄铜中加入质量分数为 1%~4% 的锰，可显著提高合金的强度和耐蚀性，而不降低其塑性；铅能改善黄铜的加工性能，使其更易于机械加工。

虽然天轮装置铜瓦性能优良，但在天轮装置恶劣的工作条件及超重的负载下，铜瓦磨损严重、变形甚至撕裂等问题依旧发生。所以，我们考虑是否可以用另外一种材料来代替黄铜合金制造天轮轴瓦。

1. 锌基合金轴瓦的使用

铸造锌铝合金的生产历史较长，主要适用于压力铸造或重力铸造，用来浇注汽车、拖拉机等机电部门的各种仪表壳体类铸件或浇注各种起重设备、机床、水泵等的轴承。近些年来又发展了高强度、高耐磨性的铸造锌合金。

铸造锌铝合金可用作压铸合金和耐磨合金，应用于机电产品（包括汽车、精密机械、仪表、风机、家电及通用电器等），还可作为功能性结构材料应用（如减振器、消声器），目前这种合金仍在扩大应用领域。它具有良好的力学性能、耐磨性和耐蚀性，其密度较低、热导率和电导率适中、极限抗拉强度高、承载性好、无磁性、碰撞时不产生火花、减振降噪性能好并且成本较低，正越来越广泛地应用于各个领域，并带来显著的经济效益。

（1）铸造锌基合金的材料特性　铸造锌铝合金的主要特点有：

1）良好的轴承性能。

用 ZA-12 合金及 ZA-27 合金与轴瓦铜合金比较表明，锌铝合金具有较低的摩擦系数、较高的承载能力、较高的耐磨性。由于单位体积锌合金的成本要比铜合金低得多，因此这种材料的轴瓦具有良好的经济性。

2）制造成本低、能量消耗少、污染小。

由矿石提炼锌的过程能耗较小而在制成铸件时熔化的能耗也较低。另外，在铸造生产中不会产生任何有毒的合金污染物或废料。生产每吨锌铸件的耗电约为 130kW·h，生产每吨铜铸件的耗电约为 320kW·h，生产每吨铝铸件的耗电约为 400kW·h，生产每吨铸钢件的耗电约为 500kW·h，可见生产锌铸件的耗电最低。另外其工装成本也较低，在压铸时铸造锌合金的金属模具置换及维修成本可以忽略不计。因此，铸造锌铝合金的生产成本仅为铸造铜合金的 1/3。

3）机械加工性能及表面加工质量好。

可以进行粗、精车，精车零件的表面粗糙度度值低，呈光亮的银白色，也可以进行研磨加工，而且锌合金可以经受各种防腐装饰表面处理。

4）良好的耐蚀性和铸造成形性能。

在普通大气中锌具有良好的耐蚀性，而且锌的耐蚀性可以通过各种表面处理加以改善。锌合金优越的铸造性能可以使其铸造较薄的铸件，例如铸件最小壁厚为 2mm，最小铸出孔为 1mm。而且这种合金适用于多种造型材料，如砂型、硅橡胶型、金属型及石膏型。

5）生产加工周期短。

锌金属熔化潜热比铜低，传导到模具上的热量较少，因而铸造周期短。

此外，锌铝合金还具有较高的导电导热性，非磁性及非火花性，良好的电磁性及无线电屏蔽性。

锌铝合金以其低能耗，无污染，原材料丰富，良好的力学性能、工艺性能和机械加工性能等一系列优点，已经成为广泛应用的合金材料。

（2）黄铜合金轴瓦与锌铝合金轴瓦的特性对比

1）物理特性对比（见表 32-3）。

从表 32-3 中可以看出，锌铝合金的强度、硬度比黄铜合金要高一些，能够满足轴瓦作为耐磨零件的使用需求。而且锌铝合金对润滑油的亲和力比较强，自润滑性能更好，加上其冶金特性（熔点低，不易与钢轴发生冶金结合），因此使用过程中抗黏着性强，减摩耐磨性能突出。同时,锌铝合金的摩擦系数低、磨损小,因而使用寿命更长,在同等使用条件下,一般是铜瓦的 2 倍以上,从而降低了备件的采购成本。最后,锌铝合金还具有较高的阻尼特性,减振抗噪性能更强。

表 32-3　物理特性对比

合金材料	密度/(g/cm^3)	抗拉强度/MPa	延伸率(%)	布氏硬度 HBW
黄铜合金	8.5	245~345	10~18	70~80
锌铝合金	5	320~400	6~20	70~100

2)机械加工特性对比。

锌铝合金在机械加工的过程中可以通过胶粘在一起,在机械加工完成后可以根据实际需要通过高频振动的方式将其拆开,这就避免了铸造应力的释放所造成的切口外扩而导致的产品报废。因此,锌铝合金制成的两对轴瓦可以一次加工成形,这就保证了其尺寸的一致性,为通过提高配合尺寸的精度等级提供了可能,因为这并不会为轴瓦的装配过程带来太多的麻烦,但是却可以使轴瓦与轴和轮毂能够更加良好地接触,为天轮装置的良好运行提供了保证。

3)两种材料的经济成本对比。

由于密度差别比较大,锌铝合金的密度仅为铜合金的 59%,在同等体积下,质量相差也比较大。因此,即便是采购价格相同(吨价相同),也可大量节约采购成本。

因此锌铝合金轴瓦适合于天轮装置的使用工况。

(3)项目应用情况　目前已有多个项目现场使用锌基合金天轮轴瓦,经现场反馈,使用效果良好(见表 32-4)。

表 32-4　锌基合金天轮轴瓦的应用案例

序号	用户	天轮/导向轮	天轮规格/(mm×绳数)
1	山西晋煤集团沁秀龙湾能源有限公司龙湾煤矿	天轮装置	φ4500×4
2	山西垚志达煤业股份有限公司	天轮装置	φ4500×4
3	平顶山天安煤业股份有限公司八矿	天轮装置	φ4000×4
4	淮北矿业(集团)有限责任公司邹庄煤矿	天轮装置	φ4000×4
5	郑煤集团(河南)白坪煤业有限公司副井	天轮装置	φ3500×4
6	湖南煤业集团兴源矿业有限公司	天轮装置	φ3250×4
7	内蒙古玉龙矿业股份有限公司	天轮装置	φ3250×4
8	内蒙古玉龙矿业股份有限公司	天轮装置	φ2800×4
9	徐州矿务集团张双楼煤矿	导向轮装置	φ3000×4
10	本溪市大北山铁矿有限公司	导向轮装置	φ2800×4

2. 磷青铜镶嵌石墨轴瓦的使用

(1)技术原理　磷青铜镶嵌石墨轴瓦属于镶嵌式自润滑轴承(见图 32-9),镶嵌式自润滑轴承采用的复合材料是一种新型的抗极压固体润滑材料，由金属底材与嵌入底材的孔或槽中的固体润滑剂膏体构成。在摩擦过程中金属底材承担了绝大部分负载。经摩擦，孔或槽中的固体润滑剂向摩擦面转移或反转移，在摩擦面上形成润滑良好、牢固附着并均匀覆盖的固体转移膜，大幅度降低了摩擦磨损。随着摩擦的进行，嵌入的固体润滑剂不断提供于摩擦面，保证了长期运行时对摩擦副的良好润滑。

图 32-9　磷青铜镶嵌石墨轴瓦

磷青铜镶嵌石墨材料的轴瓦，具有自润滑功能，在短时缺油的情况下，保护天轮轴与轴瓦，避免干磨对其造成损伤。它是以磷青铜为主要基体材料，用一定的工艺方法将固体润滑材料石墨柱镶嵌在铜套孔里制作而成，磷青铜基体承受负载，石墨柱固体润滑材料起润滑作用。

（2）磷青铜材料的特性　磷青铜是以锡和磷作为主要合金元素的青铜。锡的质量分数为 2%~8%，磷的质量分数为 0.1%~0.4%，其余为铜。在工业上主要用作耐磨零件和弹性元件。板和条用于电子、电气装置用弹簧、开关、引线框架、连接器、振动片、膜盒、熔体丝夹、衬套等，特别是用于要求高性能弹性的弹簧。铸件用于齿轮、蜗轮、轴承、轴衬、套筒、叶片，以及其他一般机械部件。

磷青铜有更高的耐蚀性和耐磨性，冲击时不产生火花。用于中速、重载荷轴承，工作最高温度为 250℃。具有自动调心、对偏斜不敏感、轴承受力均匀、承载力高、可同时受径向载荷及自润滑无须维护等特性。锡磷青铜是一种合金铜，具有良好的导电性、不易发热，在确保安全的同时具备很强的抗疲劳性。

磷青铜镶嵌石墨轴瓦的应用特点和优势：

1）无油润滑或少油润滑，适用于无法加油或很难加油的场所，可在使用时不保养或少保养。

2）耐磨性好，摩擦系数小，使用寿命长。

3）有适量的弹塑性，能将应力分布在较宽的接触面上，提高轴瓦的承载能力。

4）静、动摩擦系数相近，能消除低速下的爬行，从而保证机械的工作精度。

5）能使机械减少振动、降低噪声、防止污染，改善劳动条件。

6）在运转过程中能形成转移膜，起到保护磨轴的作用，无咬轴现象。

7）对于磨轴的硬度要求低，未经调质处理的轴都可使用，从而降低了相关零件的加工难度。

8）薄壁结构、质量小，可减小机械零件的体积。

（3）项目应用情况　目前国内外提升机厂家都有使用磷青铜镶嵌石墨轴瓦的案例（见表 32-5）。

表 32-5　磷青铜镶嵌石墨轴瓦应用案例

序号	用户	天轮/导向轮	规格/(mm×绳数)
1	山东黄金集团有限公司三山岛金矿副井	天轮	φ2800×4
2	山东黄金集团有限公司三山岛金矿主井	导向轮	φ4000×6

32.3　剖分滚动轴承的应用

32.3.1　应用需求

多绳摩擦式提升机自问世 60 多年来已获得越来越广泛的应用，结构和性能也更加完备。随着科学技术的飞速发展，提升机的控制和调节系统日趋完善，它的技术进步、广泛应用和逐渐大型化、高效化要求我们设计制造的产品必需安全、可靠、经济、耐用。

近两年随着市场经济的不断发展和技术的进步，我国对矿产资源的需求量大幅度增长，提升机产品的订货进一步向大型化发展。而大型多绳摩擦式提升机的结构基本上是采用直联方式，即电动机（低速直流电动机或交流同步电动机）为动力源，电动机转子直接安装在主轴装置的主轴上，主轴与电动机转子采用锥孔过盈连接，电动机直接带动提升机工作。直联提升机的结构如图 32-10 所示，此结构在使用中反映出以下 4 个问题：

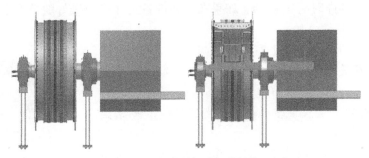

图 32-10　直联提升机的结构

1）目前提升机一般采用整体轴承，整体轴承拆装工艺要求比较高，安装时要采用热装法，更换拆除时要采用油压法，并辅助专用拉拔器等工具才可以进行。大型提升机选用的轴承型号较大，在安装与更换拆除时的难度相应更大、耗时更长。

2）现有主轴装置驱动侧采用整体调心滚子轴承，出现过轴承温升过高、寿命低的问题。当出现问题需要更换轴承时，操作起来比较麻烦。首先得拆下电动机，再拆下轴承，然后换上新轴承，再装上电动机，并且在拆卸轴承和电动机时很有可能会造成轴的损伤或电动机的损伤。

3）另外，传动端轴承由于必须通过锥面装在主轴上，所以在锥面尺寸较大的情况下，轴承型号也被迫加大，此时不是根据轴承承载力选用轴承，而是根据结构需要选用轴承，结果是大端轴承计算寿命过长造成浪费。

4）现有天轮装置采用整体调心滚子轴承，安装拆卸轴承时还要有一定的起吊设备将天轮装置悬吊起来，尤其是拆卸轴承时，如果操作稍有不当，就会损伤天轮轴或轴承。由于天轮装置安装在几十米高的井架上使操作空间受限、起吊设备受限，对操作环境及工人技术要求较高，使得天轮拆装轴承的工作难度加大。所以一般天轮轴承更换需先将天轮从井架上拆下，在地面上进行更换，更换完后，再将天轮装置安装在井架上。

基于以上原因，大型多绳摩擦式提升机的整体轴承更换困难、拆装周期较长，影响正常的矿井生产，降低了提升机的工作效率。而剖分轴承的特性及安装工艺却能很好地解决以上问题，所以中信重工对剖分轴承应用技术进行研究，开发设计了剖分轴承式多绳摩擦式提升机。

此项技术可方便维护提升机轴承，可以有效降低驱动侧轴承的规格，对提升机的使用性能、技术发展及市场竞争力都有重大意义。

32.3.2 剖分轴承的特点及组成

1. 剖分轴承主要有以下特点

（1）剖分　轴承的所有组件均为剖分形式。

这个特点为轴承的安装和维修工作带来了极大的便利，主要体现在避免拆装电动机、避免使用大型起吊设备、避免拆装过程对轴及电动机的损伤，使得设备工作时间大大延长，降低了停机时间，为用户带来了可观的经济效益。

更换轴承的实例：铜陵有色金属集团股份有限公司冬瓜山铜矿主井 JKM-4.5×6PⅢ提升机大端轴承损坏，单纯用于更换轴承的时间为 3 天；五矿邯邢矿业有限公司北洛河铁矿主井提升机 JKM-3.5×6Ⅲ提升机轴承损坏，需要更换，计划更换轴承的时间为 5 天。

采用剖分轴承，无须拆卸电动机转子，可节省一半更换轴承所需的时间。据轴承厂家介绍，更换剖分轴承的净时间只需 8h，如果在一些准备工作提前做好的情况下，更换所需的时间更短。

（2）调心　能在任意方向上实现 2.5°调心。

这个特点给相关零部件的安装带来了便利，同时也能保护轴承。

（3）动态密封　实现了轴、轴承、密封件的动态密封效果。

这个特点保证了轴承内部空间的洁净，大大提高了轴承的寿命。

2. 剖分轴承的组成

剖分轴承主要由以下几部分组成：轴承内圈、滚动体及连接件、轴承外圈、轴承箱、轴承盖、轴承座、轴承端盖。剖分轴承的结构如图 32-11 所示。

图 32-11　剖分轴承的结构

3. 结构形式

按内部滚动体的连接件形式可分为两种：保持架式剖分轴承（见图 32-12）、链式剖分轴承（见图 32-13）。

图 32-12　保持架式剖分轴承

图 32-13　链式剖分轴承

　　按使用要求可分为：GR 固定型剖分轴承（见图 32-14）、EX 活动型剖分轴承（见图 32-15）。

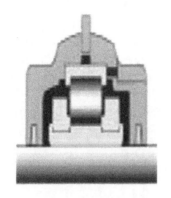

图 32-14　GR 固定型剖分轴承

图 32-15　EX 活动型剖分轴承

4. 剖分轴承与整体轴承的性能对比（见表 32-6）

表 32-6　剖分轴承与整体轴承的性能对比

安装位置	主轴轴承		天轮轴承	
轴承类型	剖分轴承	整体轴承	剖分轴承	整体轴承
型号	02BCPN950MM GR	239/950CAK/W33	03BCPN670MM GR/EX	241/670ECA/W33
轴径尺寸/mm	950	950×1250×224	670	670×1090×412
额定静载/kN	13770	19600	21539	29000
额定动载/kN	6850	7250	12670	13800
调心角度/(°)	±2.5	1.5	±2.5	3.5
能否轴向负载	能	能	能	能
最大转速/(r/min)	180	220/430	160	200/400
润滑油脂	带 EP2、EP3 添加剂的极压润滑油，黏度等级为 ISO-VG1500	一般的锂基油脂	带 EP2、EP3 添加剂的极压润滑油，黏度等级为 ISO-VG1500	一般的锂基油脂
安装方法	拧紧螺栓	热装法	拧紧螺栓	热装法
拆卸方法	松动螺栓	油压法	松动螺栓	油压法
操作空间要求	小	大	小	大
更换时间	8h 以内	3~5 天	8h 以内	3~5 天
电动机拆装时间/天	0	2~3	0	2~3
润滑方式	油脂润滑	油脂润滑	油脂润滑	油脂润滑
轴承测温元件	Pt100	Pt100	Pt100	Pt100

（续）

安装位置	主轴轴承		天轮轴承	
清洗方法	加新油时在轴承旋转过程中将旧油从泄油孔和密封处挤出	将清洗剂从轴承端盖上的注油孔注入，转动轴承，旧油从泄油口放出，再拆下端盖，将润滑脂涂上	加新油时，在轴承旋转过程中将旧油从泄油孔和密封处挤出	将清洗剂从轴承端盖上的注油孔注入，转动轴承，旧油从泄油口放出，再拆下端盖，将润滑脂涂上

通过将剖分轴承与整体轴承进行综合对比，可以发现除了在承载能力方面剖分轴承要小于整体轴承外，剖分轴承对润滑脂的要求也较高，其他各方面性能都优于或相当于整体轴承。

32.3.3　剖分轴承式多绳摩擦式提升机

剖分轴承与整体轴承相比，易于安装，预置间隙后无须专业安装工具，常常能更好地适应其被要求的工作环境，在受限位置更易于安装；在轴承进行安装更换时，与轴承两边相邻的设备和轴上的其他设备都不需要移开。如果要降低安装轴承的总体时间和工作要求，并减少甚至无须使用重型提升设备去移开相邻设备，剖分轴承是最好的解决方式。

由于提升机的特殊属性，用户无法承受太长时间的停机，剖分轴承能降低生产停机时间，并在许多情况下能降低更换轴承的整体难度，同时它也可以降低能量损耗，因此无论是在设备检修维护时，还是在发生故障时，剖分轴承都可以降低生产损失和机器的总体管理费用，能很好地实现提高效率的目标。

1）剖分轴承式多绳摩擦式提升机的主轴装置，可以选用主轴装置驱动侧采用剖分轴承的形式，也可以选用驱动侧、非驱动侧都采用剖分轴承的形式，其中驱动侧采用 GR 固定型剖分轴承、非驱动侧采用 EX 活动型剖分轴承（见图 32-16 和图 32-17）。

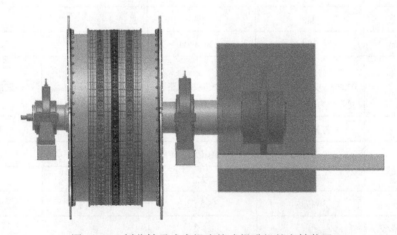

图 32-16　剖分轴承式多绳摩擦式提升机的主轴装置

2）剖分轴承式多绳摩擦式提升机的天轮装置，天轮装置两侧都采用剖分轴承，其中固定轮侧采用 GR 固定型剖分轴承、游动轮侧采用 EX 活动型剖分轴承，如图 32-18、图 32-19所示。

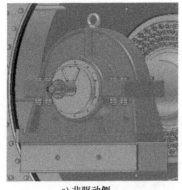

a) 非驱动侧　　　　　　　　　　　　　b) 驱动侧

图 32-17　多绳摩擦式提升机的主轴装置的轴承座

图 32-18　剖分轴承式多绳摩擦式提升机的天轮装置

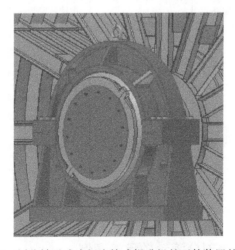

图 32-19　剖分轴承式多绳摩擦式提升机的天轮装置的轴承座

　　剖分轴承的应用，可在更换或维护轴承时，无须拆、装电动机，避免了在拆除轴承时可能造成对轴及轴承的损坏，提高了维修效率。

　　采用剖分轴承形式，采购成本比整体轴承要高，但是从后期维护、停机检修时间、生产损失的方面看，有其优越性，越大型的提升机其经济效益越大。

32.3.4　项目应用情况

　　剖分轴承不仅可以应用在新产品上，还可以应用在老产品改造上。

　　如果为改造项目可以将整体滚动轴承更换为安装尺寸完全相同的剖分滚动轴承，并且利用原设备的轴承座、轴承盖、轴承端盖等，最大限度地减少投资。

　　目前采用剖分轴承的多绳摩擦式提升机的典型案例见表 32-7。

表 32-7　采用剖分轴承的多绳摩擦式提升机的典型案例

序号	用户	提升机规格	剖分轴承使用位置	数量	轴承品牌
1	内蒙古黄陶勒盖煤炭有限责任公司巴彦高勒矿副井	JKMD-5.5×4P Ⅲ	主轴装置驱动侧	1	英国库珀
			天轮装置	4	英国库珀
2	内蒙古黄陶勒盖煤炭有限责任公司巴彦高勒矿 1 号主井	JKMD-5.5×4P Ⅲ	主轴装置驱动侧	1	英国库珀
			天轮装置	4	英国库珀
3	内蒙古黄陶勒盖煤炭有限责任公司巴彦高勒矿 2 号主井	JKMD-5.5×4P Ⅲ	主轴装置驱动侧	1	英国库珀
			天轮装置	4	英国库珀
4	陕西正通煤业有限责任公司高家堡矿副井	JKMD-5.5×4P Ⅲ	主轴装置驱动侧	1	英国库珀
			天轮装置	4	英国库珀
5	陕西陕煤彬长矿业有限公司小庄矿副井	JKMD-2.8×4Z Ⅲ	主轴装置驱动侧	1	英国库珀
			天轮装置	4	英国库珀
6	华能甘肃能源开发有限公司邵寨矿副井	JKMD-5×4Z Ⅲ	主轴装置非驱动侧	1	英国库珀
			主轴装置驱动侧	1	英国库珀
7	华能甘肃能源开发有限公司邵寨矿主井	JKMD-4×4P Ⅲ	主轴装置非驱动侧	1	英国库珀
			主轴装置驱动侧	1	英国库珀
8	甘肃平凉五举煤矿主井	JKMD-4.5×4 Ⅲ	主轴装置非驱动侧	1	瑞典斯凯孚
			主轴装置驱动侧	1	瑞典斯凯孚
9	甘肃平凉五举煤矿副井	JKMD-5×4 Ⅲ	主轴装置非驱动侧	1	瑞典斯凯孚
			主轴装置驱动侧	1	瑞典斯凯孚
10	福建马坑矿业股份有限公司（铁矿）	JKM-4.5×6P Ⅲ	主轴装置驱动侧	1	英国库珀
11	五矿邯邢矿业有限公司北洺河铁矿主井（改造）	JKM-3.5×6Z Ⅲ	主轴装置驱动侧	1	南京鼎阳科技有限公司的 ZPTT

32.3.5　在用设备改造为剖分滚动轴承的案例

　　五矿邯邢矿业有限公司北洺河铁矿主井 JKM-3.5×6Z Ⅲ 多绳摩擦式提升机，其主轴装置驱动侧采用整体滚动轴承，配低速直联电动机，是目前大型多绳摩擦式提升机的典型结构。该提升机 2002 年 4 月 8 日投产，驱动侧轴承为 23296CA／W33，驱动侧轴承为 240/850CA／W33。2012 年 4 月 19 日发现驱动侧轴承外圈靠近摩擦轮侧下部有疲劳点蚀现象，轴承外圈与滚子接触面局部有脱离、点蚀坑。2012 年 5 月 25 日检修时，对驱动侧轴承外圈转动约180°，将轴承外圈点蚀受损处从下部转动至上部，从而使其避开承载区域。之后发现轴承内、外圈及滚动体磨损有加剧趋势，2015 年初决定更换驱动侧轴承。

　　大型低速直联电动机驱动的多绳摩擦式提升机，如果驱动侧轴承损坏需更换，操作过程为：拆除电动机定子→拆除电动机转子→拆除旧轴承→加热新轴承→安装新轴承→安装电动机转子→安装电动机定子→调整电动机气隙。整个过程工作量大、停产时间长，并且容易造成主轴锥面或电动机内孔意外损伤等，具有很大风险。如果驱动侧轴承采用剖分式轴承，需要更换时，整个工作仅限于轴承部位，没有拆装电动机的工作量，停产时间大大降低。而且如果剖分轴承再次更换，操作过程也十分简单。

　　本次更换轴承工作将驱动侧的整体式滚动轴承更换为剖分式滚动轴承。剖分式滚动轴承可以做到与整体式滚动轴承安装尺寸相同以实现互换，但由于剖分式滚动轴承为两半结构，和整体轴承相比额定承载力稍有下降。低速直联结构的多绳摩擦式提升机如图 32-20所示。

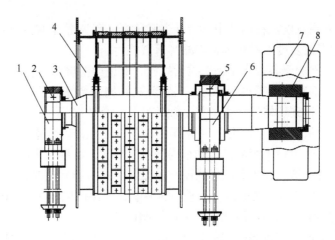

图 32-20 低速直联结构的多绳摩擦式提升机
1—非驱动侧轴承座 2—非驱动侧轴承 3—主轴 4—摩擦轮 5—驱动侧轴承
6—驱动侧轴承座 7—电动机定子 8—电动机转子

1. 剖分滚动轴承的选型

下面针对本项目条件下市场可供货的几种剖分轴承进行对比。

（1）英国库珀剖分轴承 单列滚子结构，承载力偏小，并且轴承的调心功能需通过轴承座的球面结构完成，轴承和轴承座必须一体化供货，价格昂贵，且轴承座安装尺寸不同，无法与原设备互换（见图 32-21）。

（2）瑞典斯凯孚剖分轴承 采用内圈宽、外圈窄的"凸"字形结构，内圈两侧的卡紧环要占用有效宽度，使承载力偏小无法使用（见图 32-22）。

（3）南京鼎阳科技有限公司的 ZPTT 剖分轴承 采用进口专利技术，由国内大型轴承厂家制造，为双列滚子结构，和整体轴承相比，承载力稍有下降，但仍满足寿命要求。该剖分轴承的结构特点如下：

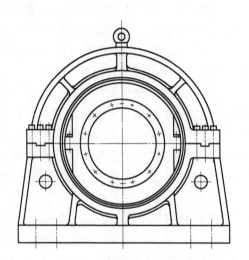

图 32-21　英国库珀剖分轴承的结构

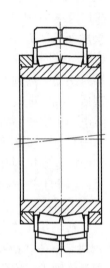

图 32-22　瑞典斯凯孚剖分
轴承的结构

1）保证内、外圈宽度。在内圈中部设计夹紧装置，而不是常规的在内圈两侧设计夹紧装置，不占用轴承有效宽度以避免大幅削减其承载能力。

2）内圈切口断面两侧各设计了一个拉紧螺栓，保证内圈缝隙沿轴线方向均匀一致。

3）通过内圈中部夹紧环螺栓的拉力，夹紧环在圆周上紧紧地将内圈包裹在轴上，模拟运算显示，基本上可达到整体轴承内圈与主轴的过盈配合效果。

4）内圈所受圆周方向的摩擦力，一是与滚动体之间的滚动摩擦力，二是与轴之间的滑动摩擦力，正常时两个力是平衡的。当轴承内部产生异常，特别是卡阻时，内圈与滚动体之间的圆周摩擦力会急剧增大，当其超过内圈与轴之间的最大静摩擦时，内圈与轴将产生相对运动，即"跑内圈"。该剖分轴承通过夹紧环的夹紧，确保内圈与轴之间的静摩擦力大于内圈与滚动体之间的滚动摩擦力，因此不会出现"跑内圈"。

最终选用南京鼎阳科技有限公司的 ZPTT 轴承。为减少滚动体与内圈之间的滚动摩擦力以及温升，原轴承为标准游隙，本轴承采用稍大一些的 C3 游隙。ZPTT 剖分轴承的结构如图 32-23 所示。

2. 采用剖分轴承的寿命核算

（1）已知条件

钢丝绳最大静张力 $T_{绳}$：686kN；

钢丝绳最大静张力差：176.4kN；

电动机型号：ZKTD285/50-P；

电压：900V；

功率：2000kW；

转速：60r/min；

电动机转子自重 $G_{电动机}$：187kN；

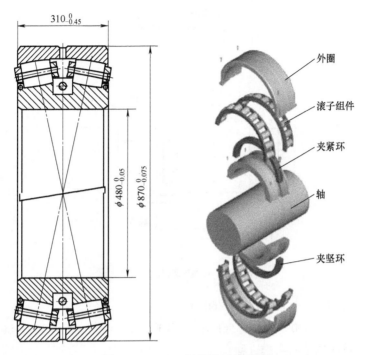

图 32-23　ZPTT 剖分轴承的结构

电动机偏心磁拉力 $N_{电动机}$：46kN；

电动机端主轴轴径：850mm；

主轴自重 $G_{轴}$：189.6kN；

主轴自重负载中心与摩擦轮中心的距离：1296mm；

主轴两个轴承的中心距：3210mm；

左轴承中心到摩擦轮中心的距离：1480mm；

右轴承中心到摩擦轮中心的距离：1730mm；

电动机转子自重负载中心与驱动侧轴承中心线的距离：1740mm；

摩擦轮及附着物自重（负载中心为摩擦轮中心线）$G_{摩}$：212.67kN。

（2）驱动侧轴承受力计算（见图 32-24）

$$F_{r1} \times 3210\text{mm} = F \times 1480\text{mm} + G_{轴} \times (1480\text{mm} + 1296\text{mm}) + (G_{电动机} + N_{电动机}) \times (3210\text{mm} + 1740\text{mm})$$

$$F_{r1} \times 3210\text{mm} = 1408.27\text{kN} \times 1480\text{mm} + 189.6\text{kN} \times 2776\text{mm} + 233\text{kN} \times 4950\text{mm}$$

$$F_{r1} \times 3210\text{mm} = 3763919.2\text{kN} \cdot \text{mm}$$

$$F_{r1} = 1172.56\text{kN}$$

（3）驱动侧的 ZPTT 剖分轴承参数及寿命验算

原型号为 240/850，额定动负载 $Cr = 12700\text{kN}$，额定静负载 $Co = 31500\text{kN}$，主要尺寸为 $\phi850\text{mm} \times \phi1220\text{mm} \times 365\text{mm}$；

选用 ZPTT 剖分轴承型号为 240/850SPL，$Cr = 11400\text{kN}$，$Co = 28200\text{kN}$，主要尺寸为 $\phi850\text{mm} \times \phi1220\text{mm} \times 365\text{mm}$，自重为 1450kg。

理论寿命为

$$F = T_{绳} + T_{绳} - 176.4\text{kN} + G_{摩}$$
$$= 686\text{kN} + 686\text{kN} - 176.4\text{kN} + 212.67\text{kN}$$
$$= 1408.27\text{kN}$$

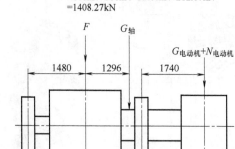

图 32-24　电动机端轴承受力计算

$$L_{10} = (Cr/F_{r1})^{3.33} \times (10^6 r/60n)$$
$$= (11400\text{kN}/1172.56\text{kN})^{3.33} \times 10^6 r/(60 \times 60r/\text{min}) = 540718\text{h}$$

3. 若更换为整体轴承的实施过程

1）固定箕斗及钢丝绳。

2）拆除盘形制动器装置。

3）利用专用工具拆卸电动机定子、转子。

4）拆卸轴承端盖、上盖、编码器等附件。

5）将主轴装置吊起上升约 500mm，吊起后加支撑固定。

6）拆卸轴承挡环、轴承外圈、滚柱、保持架，仅留内圈。

7）用两把气割枪加热内圈，使之膨胀取下，必要时进行破坏性气割。

8）检查主轴外观，用磁感应轴承加热器加热轴承，用红外线温度测试仪测温，加热至 120℃，将胀开后的轴承装配到位。

9）待轴承冷却后，将主轴装置按原位安装。

10）安装电动机转子、定子。

11）按与拆卸相反的顺序依次将各部件安装到位。

12）调整电动机气隙。

整个工程大致需要 10 天。

4. 本案例更换为剖分轴承的实际实施过程

第 1 天 08:00~12:00 固定容器，松首绳，拆除电动机护罩、摩擦轮护罩、轴承端盖等，调整盘形制动器装置为全松闸状态，并向后拉至极限位置。

第 1 天 12:00~18:00 清洗原轴承，同时拆除电动机上下定子的连接，水平起吊电动机上半定子上移 50mm，缝隙用木板垫好。在电动机与驱动侧轴承之间的轴段 A 处下方设置 100t 千斤顶顶升，同时在非传动侧轴承与摩擦轮之间的轴段 B 处放置钢丝绳利用天车起吊（此处是否采用天车起吊需要根据具体情况确定，如果电动机转子质量大于摩擦轮质量，则存在电动机转子侧下坠情况，此时 B 处不能采用天车起吊，还需用倒链将轴向下拉，防止主轴的电动机转子侧向下坠），使主轴整体水平上抬约 30mm，保证轴承外圈可自由转动，在非传动侧轴承外圈与轴承座之间垫上木板。主轴装置及电动机上半定子起吊的示意图如图 32-25 所示。

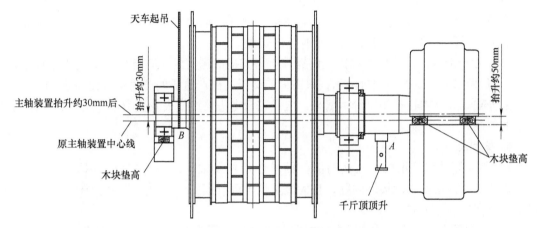

图 32-25　主轴装置及电动机上半定子起吊的示意图

第 1 天 18:00~24:00：拆除轴承轴向定位环，气割轴承外圈。拆除轴承外圈、保持架、滚子，开始割轴承内圈。

第 2 天 00:00~08:00：完成气割轴承内圈并拆除。

第 2 天 08:00~12:00：清洗主轴，同时新轴承拆箱、解体、找对位标记等。等待主轴冷却。

第 2 天 12:00~18:00：安装新轴承内圈，按照说明书要求将螺栓拧到要求的力矩。安装定位环、外圈下半圈，使主轴复位，安装滚子，添加润滑油脂，安装轴承外圈上半圈。

第 2 天 18:00~24:00：制作轴承端盖的密封垫，安装轴承端盖等。完成电动机除尘、上半定子回位、气隙测量、编码器回位安装等。

第 3 天逐步加载、提速，轴承运行正常，无异常振动和声音，轴承温度为 27℃。随后恢复生产。

整个工程大致需要 3 天。其中设备拆装 2 天，调试试运行 1 天。

5. 更换为整体轴承和剖分轴承的对比分析

（1）技术可靠性对比　整体滚动轴承的应用十分成熟，在此不再赘述。

改造后采用南京鼎阳科技有限公司的 ZPTT 剖分轴承，为双列滚子结构，采用了进口专利技术，由国内大型轴承厂家制造。为了最大化地降低成本，仍采用原有轴承座，仅对轴承进行更换。在轴承设计中，选取优质轴承钢，合理布置剖分轴承连接螺栓的位置，并进行有限元辅助计算，确保结构合理及技术性能可靠。

（2）安装操作性对比　若采用整体轴承，则需要专用工具拆装电动机转子，工作量大、操作不易。此外，还需要磁感应轴承加热器、红外线测温仪等设备，以实现加热法安装。采用剖分轴承则无须拆装电动机，只需对轴承操作，按照力矩要求拧紧连接螺栓，方便易行，无须特殊工具。

（3）施工时间对比　采用整体轴承，需要的拆装时间至少 10 天；本案例采用剖分轴承仅需 3 天。

（4）风险性对比　采用整体轴承，必须先拆装电动机，易造成主轴锥面或电动机转子内孔面意外损伤；采用剖分轴承无此风险。

（5）维护便利性对比　采用整体轴承，难以对轴承进行彻底检查；采用剖分轴承，可检查轴承的每一个零件，维护保养更方便。

采用整体轴承，再次更换还需拆装电动机；剖分轴承的完全可分离性，决定了在安装、拆卸轴承时无须移除周边设备，再次更换十分方便。

（6）停产造成的产值损失对比　该提升机每天提矿产值约 180 万元。更换为整体轴承，需停产 10 天以上；更换为剖分轴承，只需停产 2 天。停产造成的产值损失比为 5∶1。

剖分轴承和整体轴承相比价格偏高，但是综合考虑停产损失及人力成本费用，采用剖分轴承的费用将大大降低。

6. 案例总结

1）驱动侧轴承可用尺寸互换的剖分轴承替代整体轴承，并可充分利用原轴承座和端盖，以较少投入解决轴承损坏问题，且大大降低了停产损失，方便后期轴承维护，是一种经济效益较高的改造方式。

2）本案例电动机定子为上下分体式。若电动机定子为整体式，则必须将电动机定子拆除，工作量稍大一些，但电动机转子仍无须拆除。

本案例是首次将提升机驱动侧的整体滚动轴承改造为剖分滚动轴承，本项技术可在类似产品上大力推广应用。

32.4　摩擦衬垫的发展

32.4.1　摩擦衬垫的作用与性能概述

摩擦衬垫是多绳摩擦式提升机的关键元件，它的使用性能直接影响提升机的性能参数、提升能力及安全可靠性。

1）摩擦衬垫的主要作用有 3 个：

① 保证衬垫与钢丝绳之间有适当的摩擦系数，以保证传递一定的动力；

② 有效降低钢丝绳张力分配不均的情况；

③ 保护钢丝绳，提高钢丝绳寿命。

2）要求摩擦衬垫具有下列性能：

① 与钢丝绳对偶摩擦时有较高的摩擦系数，且摩擦系数受水、油等影响较小；

② 具有较高的比压和抗疲劳性能；

③ 具有较好的耐磨性能，磨损时粉尘对人和设备无害；

④ 在正常温度变化范围内能保持其原有性能；

⑤ 应具有一定的弹性，能起到调整一定张力偏差的作用，并减少钢丝绳之间的蠕动量。

3）摩擦衬垫轴向截面呈直角梯形，在多绳摩擦式提升机一周摩擦衬垫上车削一个或两个绳槽（见图 32-26）。摩擦衬垫用固定块和压块通过螺栓固定在摩擦轮上。固定块和压块采用非金属材料酚醛压铸而成，无须再进行机械加工，其强度和尺寸不受浸水影响，适合于矿山环境使用。

图 32-26　摩擦衬垫

32.4.2　国内摩擦衬垫的发展历程

为了研制国产摩擦衬垫，洛阳矿山机械工程设计研究院有限责任公司早在 20 世纪 70 年代就已经开始致力于摩擦衬垫的研究，并为此投入了大量的人力、物力。

由于国内技术水平落后，20 世纪 70~90 年代，国产摩擦衬垫的摩擦系数一直徘徊在 0.20 左右，而国外早在 20 世纪 60 年代就已经达到 0.25 以上，我国应用于国产多绳摩擦式提升机的摩擦衬垫主要有聚氯乙烯（PVC）衬垫和浇注型聚氨酯弹性体（CPUR）衬垫两种，聚氯乙烯的摩擦系数低（0.20），耐磨性较差，聚氨酯衬垫在耐磨性上有所提高，但摩擦系数仍然在 0.2~0.23 之间，且因其加工性能差，车削绳槽困难，由于工艺因素，其质量也不稳定，使用中还会出现熔融现象，因此，聚氨酯衬垫也只能在摩擦系数为 0.22 左右使用。

为了改变这种落后局面，促进国内摩擦衬垫技术水平的提高。1997 年，洛阳矿山机械工程设计研究院有限责任公司设立课题研究高性能摩擦衬垫，于 2001 年最终研制出了摩擦系数达到 0.25 以上的摩擦衬垫，并通过省部级技术鉴定。

经过多年的技术发展，市场上相继出现多种材料的高性能摩擦衬垫，以供不同需求的用户选择，主要有三类：一类是完全进口的高性能摩擦衬垫，一类是国产的高性能摩擦衬垫，还有一类是进口原材料国内压制加工的高性能摩擦衬垫。

目前多绳摩擦式提升机系列产品一般采用高性能的摩擦衬垫，在使用环境温度为 5~40℃，比压为 2MPa，衬垫在有水或有专用摩擦脂的情况下，摩擦系数不小于 0.25。

国内多绳摩擦式提升机摩擦衬垫主要采用的材料为 K25、K25SC、LUWIPLASTGELB848、GDM326 和 GM-3 等，其摩擦系数都不小于 0.25。

摩擦衬垫的类型见表 32-8。

表 32-8　摩擦衬垫的类型

分类依据	类型	材料示例	用途
绳槽数量	双绳槽摩擦衬垫	—	落地式摩擦提升机
	单绳槽摩擦衬垫	—	井塔式摩擦提升机

（续）

分类依据	类型	材料示例	用途
产地	进口摩擦衬垫	K25、LUWIPLASTGELB848	摩擦系数为 0.25 以上
	进口原材料国内压制	K25SC、GDM326	摩擦系数为 0.25 以上
	国产摩擦衬垫	G30、GM-3	摩擦系数为 0.25 以上
		聚氯乙烯（PVC）、聚氨酯（CPUR）	摩擦系数为 0.2 以上（已经基本淘汰）
摩擦系数	高摩摩擦衬垫	K25、K25SC、LUWIPLASTGELB848、GDM326、GM-3、G30	摩擦系数为 0.25 以上
	普通摩擦衬垫	聚氯乙烯（PVC）、聚氨酯（CPUR）	摩擦系数为 0.2 以上（已经基本淘汰）

国际上摩擦衬垫的材料一般为热固性材料，该类型的衬垫组织均匀致密，性能长期稳定，特别是在关键性能参数摩擦系数的稳定性方面表现突出。而以前国产衬垫的材料一般主要为热塑性材料，由于分子结构和组织方面的缺陷，不利于材料组织的改进和使用性能的长期稳定。

但是，近年来随着国家自主创新理念的不断深入，国内各摩擦衬垫生产厂家对于摩擦衬垫技术的研究也在向前推进。目前国内市场上出现的国产高摩衬垫，不仅采用主流的热固性材料，还在材料上做了更为细致的分析和研究，使得产品的磨损率下降，耐磨性也有了十分显著的提高。另外，借鉴了国外摩擦衬垫的生产技术和生产工艺，使得产品的各项性能指标更加趋近于国际高端产品。

32.4.3 摩擦衬垫的特性分析、失效形式及其材料性能特点

1. 摩擦衬垫的特性分析

摩擦衬垫的特性主要从摩擦系数、硬度、抗压强度、抗老化性和环境 5 个方面来进行分析。

（1）摩擦系数　摩擦系数是摩擦衬垫最重要的参数，它的大小决定着提升机的提升能力和运行安全性、稳定性。不同的材料、不同的对偶摩擦副，以及之间介质的不同，反映的摩擦系数也不同。摩擦衬垫的工作原理是通过钢丝绳与衬垫之间的摩擦力来完成工作的，期望摩擦衬垫与钢丝绳之间能产生最大摩擦力。从摩擦学原理来讲，一般认为摩擦力主要来源于摩擦的犁切分量和黏着分量，犁切分量主要和表面粗糙度及材料的物理性能和力学性能有关，黏着分量主要和配对副材料的物理性能和化学性能有关。所以摩擦系数的大小不仅取决于摩擦衬垫材料，还和摩擦副及介质有关。因此，我们这里所说的摩擦系数是指在对偶摩擦副是钢丝绳，介质是钢丝绳专用脂的条件下，测量衬垫所取得的值，也就是衬垫在专用油脂状态下的摩擦系数。

衬垫的摩擦系数是包括黏着效应、犁沟效应和分子吸引等多种因素综合作用的结果。在一定条件下，各因素作用的程度是不同的，条件变化，程度也在变化，这一点是符合现代摩擦理论的。影响衬垫摩擦系数的因素有很多，如载荷压力、滑动速度、环境温度、表面状态等，同样的衬垫，所处条件不同，这些因素的影响程度也不同。

（2）硬度　硬度反映了材料抵抗变形的能力，非金属材料的硬度远远低于钢材，当钢丝绳与衬垫接触时，发生变形的只能是衬垫。衬垫发生变形能吸收钢丝绳振动、抖动和扭转

时产生的动能，减轻设备的振动。同时，衬垫变形也可以增加衬垫与钢丝绳的接触面积，来保证摩擦力，经试验检测，国内衬垫的硬度一般为 45~70HD。

（3）抗压强度　摩擦衬垫的工作状态要求衬垫应具有一定的抗压强度。提升机正常工作状态下，要求衬垫承受的最大工作压强不小于 2MPa。

（4）抗老化性　橡塑材料存在一个致命的弱点，即老化，材料一旦发生老化，力学性能急剧下降，如果不及时更换，那么设备会存在重大事故隐患。

（5）环境　如温度、水、雪、冰、灰尘等，不仅影响衬垫性能，还影响钢丝绳和油脂的使用状态，对摩擦系数影响很大。

2. 摩擦衬垫的失效形式

摩擦衬垫的失效形式主要有 3 种，分别是磨损、点蚀剥落和掉块。

（1）磨损　摩擦衬垫的磨损主要有两种形式：一种是滑动磨损，即衬垫与钢丝绳发生相对位移，表面粗糙的钢丝绳会将衬垫表面拉出沟痕，发生滑动磨损。相对位移的距离越长，滑动磨损就越严重。另一种是黏着磨损，衬垫与钢丝绳频繁接触，在交变压力的作用下，高强度的钢丝绳表面会黏着微小的衬垫材料，这样就产生了黏着磨损。这个特性主要体现在磨耗上，如果磨耗较大的话，不仅影响衬垫摩擦系数，而且影响使用寿命。滑动磨损和黏着磨损都属于正常磨损，还有一种属非正常磨损，即由某一根或者某一段钢丝绳异常引起的绳槽磨损不一致或绳槽磨偏导致的磨损。

（2）点蚀剥落　衬垫和钢丝绳之间存在油脂介质，介质中混有煤灰等其他硬质点，这些硬质点在一定的条件下嵌入衬垫，在衬垫表面形成凹坑，在硬质点的多次作用下凹坑不断扩大，随后油脂进入凹坑，当钢丝绳再次运转到此位置时，会封闭凹坑，此时凹坑中的油脂会产生很大的压强，当压强大于材料的承受能力时，就会在材料的薄弱处，即凹坑的边缘产生裂纹，多次作用，裂纹扩大，最后导致剥落，也就是凹坑变大、变深，最终连成一片，同时下一个循环开始进行，并且剥落的速度加快、时间缩短。点蚀剥落对衬垫的损害很大，应尽早去除钢丝绳与衬垫表面之间的多余油脂和杂质。

（3）掉块　衬垫掉块通常发生在绳槽边缘，产生的原因主要有两种，一种是材料发生老化引起的，应及时更换衬垫；另一种是材料受到较大的交变应力，可能是由于绳槽直径和钢丝绳直径不匹配造成的。

3. 摩擦衬垫的材料性能特点

高摩擦性能的摩擦材料，其摩擦系数都可以达到 0. 25 以上，都为高分子材料，其主要化学成分为橡胶类聚合物，并在其中添加一些能够提高机械强度的增强剂、增黏剂和固化剂，能够缓解老化的抗氧化剂，提高工艺性能的增塑剂等。

高性能摩擦衬垫大多具备以下性能特点：

1）摩擦系数高，在各种工况下的摩擦系数均大于 0. 25，耐磨性好。

2）温度特性好，摩擦性能受温度影响小，尤其是受热不熔化，为意外情况下衬垫的可靠性提供了保证。

3）综合力学性能优异，加工性能良好，易于现场加工绳槽，且不含损伤钢丝绳的物质。

4）对摩擦脂兼容性好，既适用于进口摩擦脂，也适用于国产摩擦脂。

5）耐各种油和侵蚀性液体的腐蚀。

6）在一定程度上能吸收钢丝绳振动能，防止钢丝绳扭转。

32.4.4　摩擦系数的影响因素和测试方法

1. 影响摩擦衬垫摩擦系数的主要因素

（1）表面状态　摩擦衬垫工作时，由于受使用现场的诸多因素影响，其绳槽表面会有不同的状态，如干燥、淋水或有油脂，但往往不是单纯一种，而是几种状态糅合在一起，如油脂加淋水，而且还会受到矿粉的污染，尤其是油脂状态，矿粉被油脂粘住而附在钢丝绳上，并参与摩擦面工作。

（2）载荷压力　摩擦衬垫工作时受到来自钢丝绳的压力，此压力会因摩擦衬垫所处位置的不同而有较大差别，通常所说的压力指平均压力，是按照绳槽的投影面积计算而来的。

（3）钢丝绳的蠕动速度　正常工作时，摩擦衬垫与钢丝绳间是不容许有相对滑动的，如果出现滑动，则被认为是摩擦副失效，容易带来事故隐患。

（4）环境温度　摩擦衬垫的工作环境一般是在室内，与之密切相关的钢丝绳则不同。钢丝绳的工作环境要恶劣得多，但因摩擦衬垫与钢丝绳接触，其摩擦性能在一定程度上会受到钢丝绳温度的影响。

2. 摩擦衬垫摩擦系数的测试方法

摩擦衬垫摩擦系数的测试方法按原理可分为两大类：现场测试和实验室测试。

现场测试是利用提升机或者模拟提升机，在一定负载条件下，人为制造滑动，通过检测钢丝绳与衬垫发生相对滑动的临界状态时两侧的钢丝绳张力，用欧拉公式来计算摩擦系数；实验室测试是使用特制的试验设备或试验台（见图32-27），在规定的试验条件下进行测试，人为地造成钢丝绳与衬垫的相对滑动，分别测量衬垫所受到的正压力以及滑动时产生的摩擦力，用经典的摩擦学公式来计算摩擦系数。

图 32-27　摩擦衬垫模拟试验机

两类方法相比，前一类费时费力、难度大、测试费用高，但测试结果真实可靠。而后一类则简便易行、难度小、测试费用低，但由于测试方法有一定的近似性，其测试结果不能直接应用，需要做进一步的分析和计算，但是后一类方法因其具有许多优点而被国内外广泛采用。

32.4.5　摩擦衬垫的前景展望

随着市场经济的不断发展和技术进步，我国对矿产资源的需求量大幅度增长，提升机产品进一步向大型化发展，井深也在进一步加大。目前，国内有些已经实施的项目井深已经达到1500m，有些储备项目初步设计井深甚至已经达到2000m左右。针对超深竖井，钢丝绳自重增加导致衬垫比压加大。由于摩擦衬垫比压的工程应用限定为2MPa，要满足此要求，不得不加大摩擦轮直径、钢丝绳直径或钢丝绳绳数，导致设备过于庞大。

近年来，国内多绳摩擦式提升机的衬垫性能取得了显著的提高，目前有科研项目正在研究开发一种新型的高比压、高摩擦系数衬垫，并且开展现场工业试验研究，掌握摩擦衬垫在比压为 2.5MPa、摩擦系数为 0.28 下的工程应用技术，为提高比压和摩擦系数工程应用值提供理论和实践支持。

提高摩擦衬垫比压可降低设备选型规格：以 GB/T 10599—2010《多绳摩擦式提升机》中 JKM-4×6 提升机为例，最大静张力为 1200kN，最大静张力差为 340kN，钢丝绳最大直径为 44mm，比压计算值为 1.95MPa。如果将比压许用值从 2MPa 提高至 2.5MPa，在采用更高强度钢丝绳保证不降低钢丝绳安全系数及绳径比的前提下，可以采用更小规格的 JKM-3.5×4 提升机，计算比压可以到 2.23MPa。

提高摩擦衬垫的摩擦系数，可适当降低钢丝绳围包角，可加大导向轮与摩擦轮竖直方向距离，从而使高速运行的钢丝绳充分释放弯曲应力以延长钢丝绳寿命。

提高摩擦衬垫摩擦系数可提高一次有效提升量：以 GB/T 10599—2010《多绳摩擦式提升机》中 JKM-4.5×4 提升机为例，最大静张力为 980kN，最大静张力差为 340kN，假定钢丝绳围包角为 185°，在其他条件不变的情况下，摩擦系数由 0.25 提高至 0.28，则最大静张力差可以提高约 17%，可显著提高设备一次提升量，从而提高产量。

32.5　轴承寿命新的计算方法

随着轴承加工制造技术的不断发展，轴承选型计算方法也在不断进步，尤其是对于轴承寿命的计算。基本上有三种计算方法，即基本额定寿命计算、修正额定寿命计算和扩展的修订额定寿命计算，得到了大家的广泛认可。

1. 轴承额定寿命的计算方法

基本额定寿命 L_{10} 和 L_{10h} 的计算方法——以前的经典计算方法，ISO 281：1977；

修正额定寿命 L_{na} 的计算方法——过渡期的计算方法，DIN ISO 281：1990；

扩展的修订额定寿命 L_{nm} 的计算方法——目前广泛采用的计算方法，ISO 281：2007。

（1）基本额定寿命 L_{10} 和 L_{10h} 的计算方法

$$L_{10} = (C/P)^{\varepsilon} \quad 或 \quad L_{10h} = (16666/n)(C/P)^{\varepsilon}$$

式中　L_{10}——一大批相同的轴承 90% 首次出现疲劳前达到或超过的寿命，单位为 10^7r；

L_{10h}——一批轴承 90% 首次出现疲劳前达到或超过的寿命，单位为 h；

n——转速，单位为 r/min；

P——当量动载荷，单位为 N；

C——基本额定动载荷，单位为 N；

ε——寿命指数，为 10/3。

这种计算方法是经典的计算方法。中信重工以前按此公式，确保轴承的基本额定寿命超过 130000h，按年工作 330 天、每天工作 16h 算，大约为 25 年，与提升机国家标准中主轴装置设计寿命（25 年）相当。

（2）修正额定寿命 L_{na} 的计算方法　除与载荷、转速有关外，还与特殊材料性能、润滑有关，或要求的可靠性不是 90%。

$$L_{na} = a_1 a_2 a_3 L_{10}$$

式中 a_1——寿命修正系数，和可靠性要求有关；

a_2——特殊材料性能的寿命修正系数，标准的滚动轴承钢 $a_2 = 1$；

a_3——特殊运转工况下的寿命修正系数，和特定润滑条件有关。

寿命修正系数 a_3 如图 32-28 所示。其中黏度比 κ 是形成润滑油膜质量的指标。

κ = 润滑剂在工作温度下的运动黏度/润滑剂在工作温度下的参考黏度

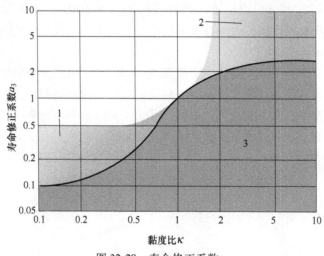

图 32-28　寿命修正系数 a_3

1—清洁度良好和合适的添加剂　2—极高的清洁度和低载荷　3—润滑剂中有污染

这种计算方法曾经被采用，但是目前已被下面方法替代。

（3）扩展的修订额定寿命 L_{nm} 的计算方法　扩展的修正额定寿命 L_{nm} 的计算在 DIN ISO 281 1990 附录 1 中已被标准化。自 2007 年以来，此方法已纳入 ISO 281：2007（对应 GB/T 6391—2010）。对应于 DIN ISO 281：1990 附录 4 的计算机辅助计算，自 2008 年以来在 ISO/TS 16281：2008 中已有详细说明。

$$L_{nm} = a_1 a_{ISO} L_{10}$$

式中 a_1——寿命修正系数，和可靠性要求有关；

a_{ISO}——考虑工况的寿命修正系数；

L_{10}——基本额定寿命，单位为 10^7r；

考虑工况的寿命修正系数 a_{ISO} 的标准方法中考虑了下列影响因素：轴承载荷、润滑条件（润滑剂的类型和黏度、转速、轴承尺寸、添加剂）、材料疲劳极限、轴承类型、材料的残余应力、环境条件和润滑剂中的污染状况。

$$a_{ISO} = f\left[\frac{e_c C_u}{P}, \kappa\right]$$

式中 a_{ISO}——考虑工况的寿命修正系数；

e_c——考虑污染的寿命修正系数；

C_u——疲劳极限载荷，单位为 N；

P——轴承当量动载荷，单位为 N；

κ——黏度比。

如果 $\kappa > 4$，则能进行计算，用 $\kappa = 4$；

如果 $\kappa < 0.1$，则这种计算方法不能使用。

最终按照 $L_{nm} = a_1 a_{ISO} L_{10}$ 计算扩展的修订额定寿命 L_{nm}。

举例如下：

某提升机项目选 FAG249/750-B-MB 轴承，基本额定动载荷 $C = 7200kN$；基本额定静载荷 $C_0 = 19000kN$；疲劳极限载荷 $C_u = 1180kN$；当量动载荷 $P = 1285.2kN$；转速为 43r/min；

如果按照基本额定寿命计算

$$L_{10h} = (16666/n)(C/P)^\varepsilon = 121032h < 300000h$$

若选用 FAG Arcanol LOAD400 润滑脂，考虑污染的寿命修正系数 $e_c = 0.6$（标准清洁度），按照扩展的修订额定寿命计算

$$L_{nm} = 378641h > 300000h$$

目前轴承厂家广泛采用扩展的修订额定寿命计算方法。

2. 目前中信重工针对轴承的计算

按照基本额定寿命 L_{10h} 的计算方法，保证满足 130000h，按年工作 330 天，每天工作 16h 算，相当于 25 年基本额定寿命；按照扩展的修订额定寿命 L_{nm} 的计算方法校验，确保满足标书 300000h 的要求。

扩展的修订额定寿命的计算可委托轴承厂家（斯凯孚或 FAG）计算并给出计算报告，也可以根据 FAG 授权提供的计算软件自行计算。

一般情况下，按照基本额定寿命的计算值达到 130000h 时，扩展的修订额定寿命的计算值可达到 300000h。

32.6　井下电器防爆提升机的技术参数合理化

依据井下提升机绳径比为 60 的特殊规定，将电器防爆单绳缠绕式提升机和提升绞车单独列为一类产品，执行特殊的参数系列，有充足的理论依据和实践验证。

对基本参数进行优化变更，将使同等规格的防爆型提升机或绞车载荷加大，可以更充分发挥设备能力，提高提升机能效和生产率，适应煤矿重载、高产的发展趋势（见表 32-9 ~ 表 32-12）。

表 32-9　井下电器防爆单绳缠绕式提升绞车（单筒）

序号	型号	卷筒			钢丝绳最大静张力/kN	钢丝绳最大直径/mm	最大提升高度或斜长			最大提升速度/(m/s)	电动机转速（不大于）/(r/min)
		个数	直径/m	宽度/m			一层缠绕/m	二层缠绕/m	三层缠绕/m		
1	JTPB-1.2×1	1	1.2	1.00	30	20	134	297	472	2.6	1000
2	JTPB-1.2×1.2			1.20			168	371	582		
3	JTPB-1.6×1.2		1.6	1.20	45	26	172	382	601	4.1	
4	JTPB-1.6×1.5			1.50			226	491	767		

注：1. 最大提升高度或斜长是按照钢丝绳最大直径计算的参考值。

　　2. 最大提升速度是按一层缠绕计算时的提升速度。

表 32-10　井下电器防爆单绳缠绕式提升绞车（双筒）

序号	型号	卷筒			钢丝绳最大静张力/kN	钢丝绳最大静张力差/kN	钢丝绳最大直径/mm	最大提升高度或斜长			最大提升速度/(m/s)	电动机转速（不大于）/(r/min)
		个数	直径/m	宽度/m				一层缠绕/m	二层缠绕/m	三层缠绕/m		
1	2JTPB-1.2×0.8	2	1.2	0.8	30	20	20	99	232	370	2.6	1000
2	2JTPB-1.2×1.0			1.0				134	297	472		
3	2JTPB-1.6×0.9		1.6	0.9	45	30	26	118	272	434	4.1	
4	2JTPB-1.6×1.2			1.2				172	382	601		

注：1. 最大提升高度或斜长是按照钢丝绳最大直径计算的参考值。

　　2. 最大提升速度是按一层缠绕计算时的提升速度。

表 32-11　井下电器防爆单绳缠绕式提升机（单筒）

序号	型号	卷筒			钢丝绳最大静张力/kN	钢丝绳最大直径/mm	最大提升高度或斜长			最大提升速度/(m/s)	电动机转速（不大于）/(r/min)
		个数	直径/m	宽度/m			一层缠绕/m	二层缠绕/m	三层缠绕/m		
1	JKB-2×1.5	1	2.0	1.50	90	33	193	430	700	5.2	1000
2	JKB-2×1.8			1.80			245	536	861		
3	JKB-2.5×2		2.5	2.00	130	41	277	600	964	4.9	
4	JKB-2.5×2.3			2.30			330	708	1127		
5	JKB-3×2.2		3.0	2.20	170	50	301	648	1044	5.9	750
6	JKB-3×2.5			2.50			354	754	1205		
7	JKB-3.5×2.5		3.5	2.50	245	58	350	747	1199	6.9	
8	JKB-3.5×2.8			2.80			403	854	1362		
9	JKB-4×2.7		4.0	2.70	300	66	381	809	1300	6.3	600
10	JKB-4.5×3		4.5	3.00	350	75	423	893	1434	7.0	

注：1. 最大提升高度或斜长是按照钢丝绳最大直径计算的参考值。

　　2. 最大提升速度是按一层缠绕计算时的提升速度。

表 32-12　井下电器防爆单绳缠绕式提升机（双筒）

序号	型号	卷筒				钢丝绳最大静张力/kN	钢丝绳最大静张力差/kN	钢丝绳最大直径/mm	最大提升高度或斜长			最大提升速度/(m/s)	电动机转速（不大于）/(r/min)
		个数	直径/m	宽度/m	两卷筒中心距/mm				一层缠绕/m	二层缠绕/m	三层缠绕/m		
1	2JKB-2×1	2	2.0	1.00	1090	90	55	33	106	253	431	7.0	750
2	2JKB-2×1.25			1.25	1340				149	342	565		
3	2JKB-2.5×1.2		2.5	1.20	1290	130	80	41	136	314	529	8.8	
4	2JKB-2.5×1.5			1.50	1590			40	189	421	692		

（续）

序号	型号	卷筒				钢丝绳最大静张力/kN	钢丝绳最大静张力差/kN	钢丝绳最大直径/mm	最大提升高度或斜长			最大提升速度/(m/s)	电动机转速（不大于）/(r/min)
		个数	直径/m	宽度/m	两卷筒中心距/mm				一层缠绕/m	二层缠绕/m	三层缠绕/m		
5	2JKB-3×1.5	2	3.0	1.50	1590	170	115	50	179	401	667	10.5	750
6	2JKB-3×1.8			1.80	1890				231	507	828		
7	2JKB-3.5×1.7		3.5	1.70	1790	245	165	58	209	461	765	12.6	
8	2JKB-3.5×2.1			2.10	2190				280	604	982		
9	2JKB-4×2.1		4.0			300	195	66	275	594	972	11.2	600
10	2JKB-4.5×2.2		4.5	2.20	2290	350	230	75	283	608	1001	12.6	
11	2JKB-5×2.3		5.0	2.30	2390	450	285	83	295	633	1045	14.0	

注：1. 最大提升高度或斜长是按照钢丝绳最大直径计算的参考值。

　　2. 最大提升速度是按一层缠绕计算时的提升速度。

第 33 章　新开发的辅机产品

近年来，随着国内矿山开采大型化、成套化的发展趋势加强，对提升机设备的需求也日益增多、增强，提升设备的运行安全性与对提升设备运行的保护也变得越来越重要。目前，出于对矿井提升安全保护性措施的重视，国内外一些矿井配套了辅助传动和重力提升系统。我国国家安全生产监督管理总局等要求，矿山企业要非常重视事故应急设备的配备以及应急预案的设计。

提升机制造商 ABB 在我国的一些矿井已经配套了辅助传动和重力提升系统，如淮南矿业（集团）有限责任公司（简称淮南矿业）的矿井。国内矿井提升机的主要制造商中信重工，也相继开发出适用于多绳摩擦式提升机的国产辅助提升和重力下放系统。

多绳摩擦式提升机的辅助提升和重力下放系统的主要功能为：设备发生故障（如：电动机损坏）时，可以用小电动机的动力实现慢速运行，将采矿人员从井底（限重 1000kg）救援上来，该过程需与液压站结合使用；全矿停电时，可利用电池供电的液压泵保证松闸，利用提升机两侧不平衡力，重侧下放，人员可以安全放置井底，该过程同时进行速度监测。

33.1　适用于多绳摩擦式提升机的辅助提升和重力下放系统

多绳摩擦式提升机的辅助提升和重力下放系统是在提升设备发生故障或全矿突然断电等极端工况后的一种安全保护措施。它们是在原有主设备的基础上，增加机械传动部分、控制部分及相应的液压元件等来实现的。

33.1.1　辅助提升系统

辅助提升系统是在主机上加装电控系统、电动机、齿圈、小齿轮及传动箱等装置（见图 33-1），在提升机发生供电故障或主系统故障的情况下用于救援提升困在罐笼中的人员。

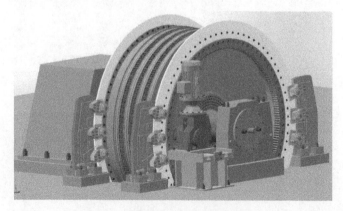

图 33-1　辅助提升系统的总装配图

系统设定最大提升速度为 1m/s，加速度设定为 0.1m/s^2；辅助提升的最大有效载荷为 10kN，允许向上下两个方向移动。

辅助提升系统由电动机、减速器、小齿轮、大齿圈、底座、螺栓和电控系统组成（见图 33-2）。

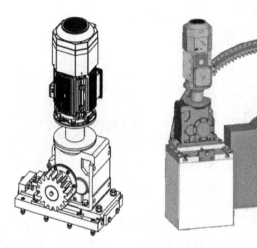

图 33-2　辅助提升系统的组成

辅助提升系统的原理：辅助提升系统仅用于紧急情况下的提升，主要在供电故障或主系统故障的情况下救援提升困在罐笼或井底的人员，所以机械传动、控制系统设计尽可能简单。由于存在供电故障可能，辅助提升系统需配备一个外部紧急电源，其机械传动部分的原理如图 33-3 所示。

图 33-3 中，大齿圈通过高强度螺栓连接到主轴装置制动盘的连接板上；交流变频电动机通过联轴器与变速箱联接或直接在变速箱上预装交流变频电动机；变速箱安装在基础底座上，并且能够在底座上沿轴向移动；变速箱输出端与小齿轮轴连接或者直接在变速箱输出轴上加工配合齿轮。正常工作时，齿轮轴与大齿圈通过在底座上的滑动使其脱开；当出现紧急工况时，将变速箱沿底座轴向移动，使齿轮轴与大齿圈良好啮合，通过变频电动机驱动，使主机按设计的提升参数运行。

辅助提升系统的功能：辅助提升系统对安装空间要求较小，一般摩擦轮直径为 φ3.5m 及其以上规格的摩擦式提升机在现有基础上即可加装；也可在订货时直接配套安装，减小改造

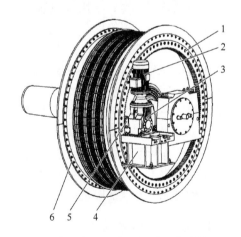

图 33-3　辅助提升系统机械传动部分的原理
1—大齿圈　2—变频电动机　3—变速箱
4—基础底座　5—小齿轮轴　6—主轴装置

时安装的难度。由于正常工作时，小齿轮与大齿圈处于脱开状态，辅助提升系统的机械传动部分（辅助传动系统）不参与正常提升运行工况，故对正常运行安全无影响。目前该系统

在淮南矿业已经有应用实例（见图 33-4）。

图 33-4　辅助提升系统的应用现场

　　提升系统正常工作时，常规电源给整个电控系统供电，控制主传动驱动提升机正常运转。若全矿突然出现供电故障或主传动系统损坏等导致提升机停止运行的事故时，提升系统安全制动，提升机停止运行。此时提升容器存在被卡在井筒中间的可能，倘若为提人的罐笼，则相当危险。在这种情况下，可以借助辅助提升系统按照设定的参数运行，将困在井筒中罐笼内的人员提升到井口。同时，如果供电系统故障或者短期内无法排除故障，该系统还能往复运行，那么也可将被困井底的人员缓慢提升至井口。

　　辅助提升系统的运行步骤如下：当矿井出现故障时，启动备用电源，待其正常工作后，将供电切换到备用电源；备用电源通过低压配电柜给部分系统如计算机柜、操作台、液压站、位置开关、编码器等供电，主传动柜、润滑站等则不予供电；通过操作台进行应急开车操作，使提升机处于应急工作方式；起动液压站，选择方向，推制动手柄和速度控制手柄，应急变频器驱动变频电动机，带动卷筒按照系统设定的参数（最大提升速度控制在 ≤1m/s，最大提升加减速度 ≤0.1m/s^2）安全运行。

　　辅助提升系统的电气控制原理如图 33-5 所示。

　　辅助提升系统在提高提升系统运行安全与完善后备保护功能方面有着重要意义。该装置结构简单、工作可靠。提升系统正常工作时，辅助提升系统与主传动脱开，并且不参与主控系统。当发生供电、电动机或主传动故障时，能够迅速切换到辅助提升保护模式，为矿井人员提供一种可靠、有效的救援方式。

33.1.2　重力下放系统

　　重力下放系统的设计目的：当出现全矿停电、电动机故障等事故时，人员被困在罐笼中，很难得到及时有效的救援，存在非常大的安全隐患。重力下放装置可以及时将被困在罐笼内的人员和重物移动到安全区域或工作水平面，避免发生恶性事故，实现对人员和设备的保护。

　　重力下放系统是利用多绳摩擦式提升机的不平衡力移动罐笼。当提升设备出现故障，制动器抱闸停机时，制动闸依靠备用电池供电的液压泵来松闸，液压泵提供松闸的压力。由于系统没有施加外力，较轻的罐笼将上升，而较重的罐笼将下降。闸控杆用来操作松闸，提升

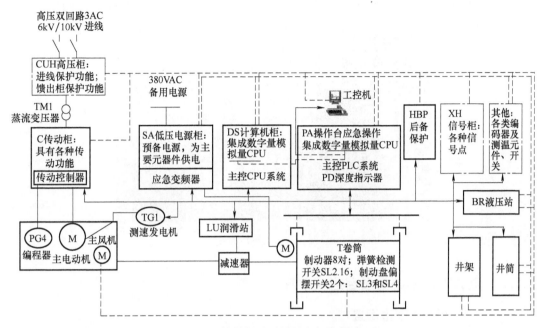

图 33-5　辅助提升系统的电气控制原理

速度由测速发动机来检测，并将速度限制在 1m/s 内。由于整个重力下放系统由电池来供电，因此重力下放系统可以在全矿断电的情况下运行。

重力下放系统主要利用两侧容器的重力差，通过调整制动器的开闸压力实现将较重一侧的提升容器匀速下放（见图 33-6）。到达设定位置后，自动平稳停车。

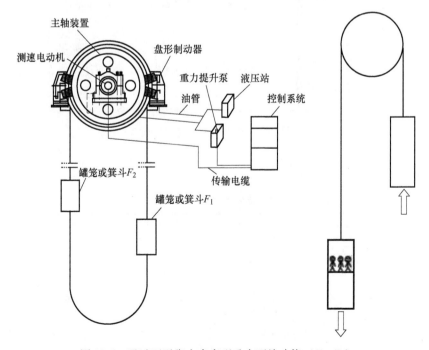

图 33-6　通过不平衡力来实现重力下放功能（$F_1 > F_2$）

重力下放系统主要由液压站、备用电源、操作台和测速元件组成（见图33-7）。

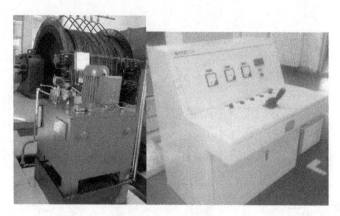

图 33-7　重力下放系统

33.1.3　重力下放系统的项目应用情况

1. 重力下放系统的参数配置

重力下放系统的界面如图 33-8 所示。

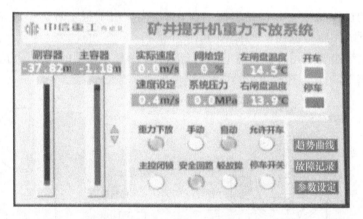

图 33-8　重力下放系统的界面

重力下放系统的参数配置见表 33-1。

表 33-1　重力下放系统的参数配置

参数名称	参数值及单位
公称压力	14MPa
公称流量	2.3L/min
电动机功率	0.75kW，220V 单相
比例阀控制电压	0~10VDC
闸温度检测	具备

（续）

参数名称	参数值及单位
电控柜型号	DE173-A2
控制器型号	S7-300
速度检测	具备
闭环控制	具备
电池容量	16×12V×65A·h
可持续放电时间	2h
故障检测	具备

2. 项目应用情况（见表 33-2）

表 33-2　重力下放系统的项目应用情况

序号	用户	提升机规格
1	桐柏兴源矿业有限公司	JKMD-4×4Z Ⅲ
2	中色印度 SK 项目	JKMD-5.5×4P Ⅲ
3	永煤集团新桥煤矿	设备改造
4	首钢滦南马城矿业	JKM-2.8×6P Ⅲ
5	山西长平煤业	JKM-2.8×4Z Ⅰ
6	鲁中矿业	JKM-2.8×6 Ⅲ
7	许昌新龙矿业	闸控改造
8	山西潞安环保能源	JKMD-3.5×4P Ⅲ
9	山西潞安环保能源	JKMD-5.7×4P Ⅲ
10	晋城蓝焰煤业	设备改造

33.2 数控车槽装置

对于落地式多绳摩擦式提升机，初次安装衬垫、更换新的衬垫或因磨损不均匀修正衬垫时，就需要用车槽装置对摩擦衬垫进行绳槽车削，以增加钢丝绳与衬垫间的接触面积，调节各钢丝绳间的拉力，进而延长钢丝绳和摩擦衬垫的使用寿命。

目前矿井提升机无论是进口的还是国产的，大多配置的是传统的车槽装置（见图 33-9），是以车刀车削的原理进行绳槽的加工修正，相对来说有以下几个问题：

1）每次车削绳槽之前都需人工测量各绳槽的尺寸情况。

2）每次车削绳槽之前都需要进行对刀。

3）对一个绳槽车削完后需记录总进刀量，作为下一个绳槽车削的参考值。

4）车削一次进给量少，车削速度慢，过程耗时长，工作效率较低。

5）加工表面较粗糙、圆整度较差。

6）车削操作时容易出现啃刀、振刀现象。

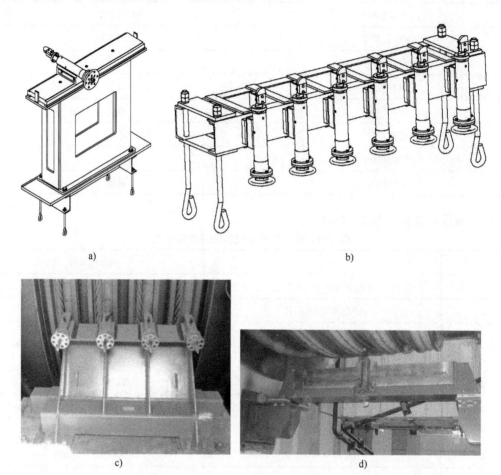

a)   b)

c)   d)

图 33-9　传统的车槽装置

a）落地式传统车槽装置　b）井塔式传统车槽装置　c）落地式传统车槽装置　d）井塔式传统车槽装置

　　基于以上原因，应市场需求就出现了数控车槽装置，这是一种新型的绳槽加工设备，数控车槽装置采用铣刀铣削的原理进行绳槽加工，并通过数控系统自动控制铣刀的进给和运动精度、自动检测绳槽加工质量并反馈到操作界面。

33. 2. 1　数控车槽装置的组成及特点

1. 数控车槽装置的组成

数控车槽装置由主运动台、进给台、刀具、底座、高速电动机、伺服电动机和电控柜组成（见图 33-10）。

2. 数控车槽装置的优点

数控车槽装置可以快速高效地完成绳槽加工工作，其有以下优点：

1）多种控制方式，手动或自动模式可选，具有全程位置控制监控功能。

2）切削精度高，安装有高精度激光位移传感器，能对每个绳槽进行自动快速定位及自动识别绳槽磨损情况并在线显示；可以精确控制进刀量，绳槽加工的准确性和一致性较高；

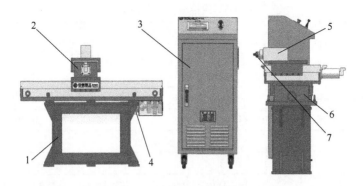

图 33-10　数控车槽装置

1—底座　2—进给台　3—电控柜　4—伺服电动机　5—高速电动机　6—主运动台　7—刀具

可根据具体的绳槽情况，进行差别化切削，并对加工过程随时进行监控和控制。

3）切削效率高，比传统的车槽装置节省了大量的工作时间，并且在提升机生产检修时就可以进行绳槽的加工修正；铣刀高速旋转，进行主动切削，不受卷筒运转方向的限制，正转和反转都可以进行工作。

4）不啃刀、不振刀，避免绳槽加工时损坏刀具或摩擦衬垫。

5）操作简单、稳定可靠。全数字参数设置，全数字操作，劳动强度小，安全系数高。所有动作都是通过电控系统进行控制，每个轴向进给都可以通过操作界面进行设置，无须手动操作，安全系数较高。

6）铣刀工作通过高速电动机驱动，切削速度高，加工表面粗糙度值低、圆整度较高。

7）安装方便快捷，可以使用原有的传统车槽装置的安装基础，所以无论是新建现场还是改造现场同样适用。

3. 落地式和井塔式提升机数控车槽装置（见图 33-11）

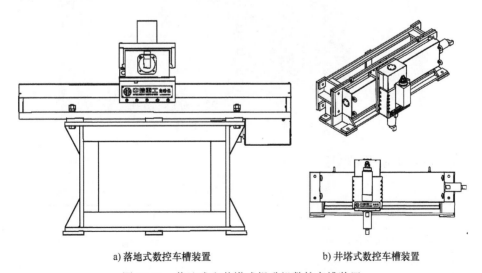

a) 落地式数控车槽装置　　　　　　b) 井塔式数控车槽装置

图 33-11　落地式和井塔式提升机数控车槽装置

数控车槽装置的型号见表 33-3。

表 33-3　数控车槽装置的型号

落地式数控车槽装置		
序号	型号	适用的提升机规格
1	ZSC（D）01-4C	JKMD-1.6×4、JKMD-1.85×4、JKMD-2×4、JKMD-2.25×4
2	ZSC（D）01-4D	JKMD-2.8×4、JKMD-3×4、JKMD-3.25×4、JKMD-3.5×4
3	ZSC（D）01-4E	JKMD-4×4、JKMD-4.5×4、JKMD-5×4、JKMD-5.5×4、JKMD-5.7×4、JKMD-6×4
井塔式数控车槽装置		
序号	型号	适用的提升机规格
1	ZSC（T）01-4B	JKM-1.3×4、JKM-1.6×4、JKM-1.85×4、JKM-2×4、JKM-2.25×4
2	ZSC（T）01-4C	JKM-2.8×4
3	ZSC（T）01-4D	JKM-3×4、JKM-3.25×4、JKM-3.5×4、JKM-4×4、JKM-4.5×4、JKM-5×4
4	ZSC（T）01-4E	JKM-5.5×4
5	ZSC（T）01-6C	JKM-2.8×6
6	ZSC（T）01-6D	JKM-3×6、JKM-3.5×6、JKM-4×6、JKM-4.5×6、JKM-5×6
7	ZSC（T）01-6E	JKM-5.5×6

33.2.2　项目应用情况

数控车槽装置加工绳槽的现场如图 33-12 所示。

图 33-12　数控车槽装置加工绳槽的现场

数控车槽装置的应用案例见表 33-4。

表 33-4　数控车槽装置的应用案例

序号	用户	提升机型号	数控车槽装置型号
1	鄂托克旗建元煤焦化有限责任公司	JKM-4.5×4PⅢ	ZSC（T）03-4D
2	鄂托克旗建元煤焦化有限责任公司	JKM-2.4×2PⅠ	ZSC（T）02-2D
3	山西三元煤业股份有限公司	JKMD-3.25×4PⅢ	ZSC（D）02-4D
4	山西柳林金家庄煤业有限公司	JKMD-2.25×4PⅠ	ZSC（D）04-4C

（续）

序号	用户	提升机型号	数控车槽装置型号
5	山西潞安环保能源开发股份有限公司	JKMD-5.7×4PⅢ	ZSC（D）02-4E
6	山西潞安环保能源开发股份有限公司	JKMD-3.5×4PⅢ	ZSC（D）03-4D
7	山东五彩龙投资有限公司	JKMD-3.25×4PⅢ	1804-432A1-ZSC

33.3　钢丝绳载荷检测系统

提升机钢丝绳载荷在线检测系统通过实时监测各提升钢丝绳的载荷变化情况，可准确换算为提升容器承载值，杜绝提升容器超载事故发生；还可以掌握自动平衡悬挂装置的工作状态，避免提升钢丝绳受力不均引起个别钢丝绳的过载（失衡）破坏，及时发现提升钢丝绳的失衡故障和松绳故障，提高矿井提升工作的可靠性和安全性。

钢丝绳载荷检测原理有间接测量和直接测量两种，间接测量采用在悬挂装置液压缸安装油压传感器等方式；直接测量则采用在每根钢丝绳悬挂装置处安装张力传感器直接检测，能够检测每根钢丝绳的受力情况。直接测量的检测精度更高，并且能够检测各钢丝绳受力是否平衡，是主要的发展方向。钢丝绳载荷检测系统的原理如图 33-13 所示。

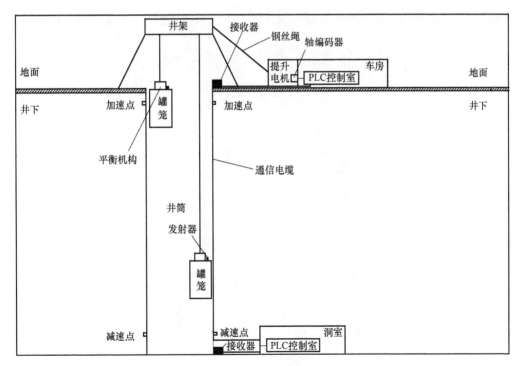

图 33-13　钢丝绳载荷检测系统的原理

直接测量型钢丝绳载荷检测系统的主要配置参数如下：

1）无线通信距离：1500m。

2）传感器量程：300~800kN。

3）张力检测精度：0.3%。

4）蓄电池一次充电有效供电时间大于500h。

钢丝绳载荷检测监控画面能够显示提升容器的实际载荷、提升机静张力差、每根钢丝绳的实际张力等信息，如图33-14所示。

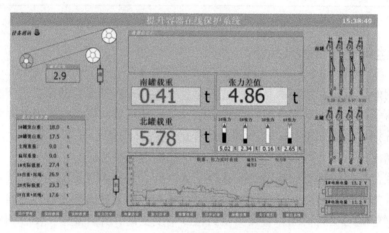

图33-14　钢丝绳载荷检测监控画面

钢丝绳张力传感器安装于提升容器与钢丝绳连接的悬挂装置上，位置如图33-15所示。

图33-15　钢丝绳张力传感器的安装位置

第34章 闸控系统的新技术

闸控系统是矿井提升机重要的安全控制部件。它由液压站、盘形制动器及电控系统共同组成。

其主要功能除了在提升系统运转的时候提供全方位的保护外，还有在提升机出现紧急停车的工况下进行减速制动及工作制动后的完全抱闸。

随着技术的不断发展，闸控系统也在不断进步，中信重工作为重要的提升机生产厂家，它的闸控系统技术主要经历了以下几个重要阶段：老系列恒力矩液压制动系统→新系列恒力矩液压制动系统→可控力矩电液制动系统→恒减速电液制动系统→智能恒减速闸控系统→多通道智能恒减速闸控系统（见图34-1）。

a) 老系列恒力矩液压制动系统

b) 新系列恒力矩液压制动系统

c) 可控力矩电液制动系统

d) 恒减速电液制动系统

e) 智能恒减速闸控系统

f) 多通道智能恒减速闸控系统

图 34-1　中信重工的闸控系统技术阶段

34.1　可控力矩闸控系统

传统的液压制动系统普遍采用恒力矩制动方式，无法适用于所有的工况，一般按照重物下放的工况所需制动力矩进行油压整定。

图 34-2 所示为恒力矩制动过程，安全制动时，油压（上边曲线）下降到二级制动油压，产生恒定的制动力矩，提升机开始制动，从下边的速度曲线来看，速度波动较大，制动不平稳。恒力矩二级制动液压站在使用时，二级制动油压值固定，产生的制动力矩不变，但对提升机主机来说，为保证制动平稳，提升和下放所需要的制动力是不同的。

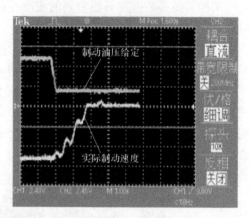

图 34-2　恒力矩制动过程

因此，在不同工况下（如提升和下放、重载和轻载等工况）制动减速度变化大，制动过程不平稳，安全制动过程中容易产生钢丝绳打滑现象，降低了设备的安全性和使用寿命。

特别是斜井（见图 34-3）会出现松绳现象，造成断绳或者脱轨的事故。松绳的危害很大，松绳量越大，钢丝绳冲击力越大，即使在松绳开始时（钢丝绳拉力和松绳量为 0）发生冲击，冲击力也等于实际静张力的 2 倍。因此，在斜井提升中，必须保证上提重载时不产生松绳现象。

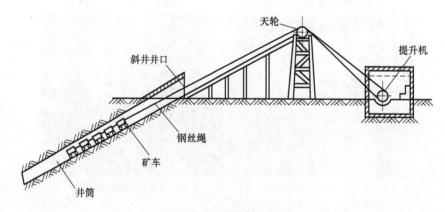

图 34-3　斜井提升示意图

《煤矿安全规程》对斜井提升的制动要求如下：

1）提升重载时的减速度不得大于自然减速度 a_c，即满足重载上提时制动不松绳的条件。

$$a_c = g(\sin\theta + f\cos\theta)$$

2）下放重载时制动减速度必须满足以下条件

$$0.75 \leq a \leq a_c (\theta \leq 30°)$$

$$1.5 \leq a \leq 5 (\theta < 30°)$$

3）制动力矩与实际提升最大静载荷重旋转力矩之比 k，不得大于 3。

为了满足《煤矿安全规程》所要求的 3 个条件，较好的解决方法是将提升、下放的制动力矩分别调定。

传统的恒力矩制动液压站只能设定一个二级制动力。

针对这种状况，中信重工开发了采用专利"一种矿井提升机双设定值恒力矩二级制动控制系统"技术的新型液压站（见图 34-4），在井中紧急制动时，提升和下放的制动力可以分别调定，更加适应斜井运行工况，提高了设备安全性。

可控力矩液压站的类型包括隔爆型液压站和非隔爆型液压站。

可控力矩液压站的力矩调整原理如图 34-5 所示。

图 34-4　可控力矩液压站

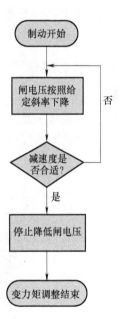

图 34-5　可控力矩液压站的力矩调整原理

34.2　新型智能化闸控系统（见图 34-6）

图 34-6　新型智能化闸控系统

34.2.1　恒减速技术的发展历程

中信重工从 20 世纪 90 年代开始设计制造采用恒减速技术的液压站，经过近 30 年的发展进步，恒减速技术也日益发展，主要经历了以下几个重要的发展阶段：

1991 年开发出恒减速液压站 TE125 及其恒减速电控系统；

1994 年开发出恒减速液压站 TE127 及其恒减速电控系统；

1997 年开发出恒减速液压站 TE128、TE128A 及其恒减速电控系统；

2000 年开发出恒减速液压站 E141 及其恒减速电控系统；

2003 年恒减速液压站 E141A、E141E 及其电控系统定型并大力推广；

2009 年开发出矿井提升智能闸控系统 E143 及其电控系统；

2012 年开发出多通道智能闸控系统 E143A 其电控系统。

34.2.2　恒减速制动的原理及特点

图 34-7 展示了典型的恒减速制动系统的制动过程。在制动过程开始阶段，油压迅速下降以快速达到给定减速度，此时速度会有略微超调，会控制在 15% 以内，之后，油压进入微调阶段，以保证制动减速度良好的跟随给定值。整个制动过程只与速度、油压有关，不受工况和负载的影响，在电液闭环控制调节下，能够确保系统在任何情况下均按照设定的减速度进行制动。

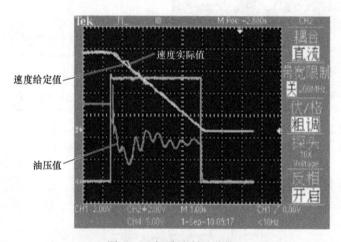

图 34-7　恒减速制动曲线

整个制动过程中，系统油压可以连续并双向调节，保证了恒减速制动的效果。

1. 恒减速制动系统的特点

1）控制精度高、响应速度快、动态性能好、纠偏能力强等。

2）制动过程以减速度为控制对象，能提高系统的防滑极限。

3）采用恒值闭环技术控制系统制动力，真正做到设备无关性。

4）油压可以进行双向调节，制动效果优良，可以提高制动平稳性和安全可靠性。

5）在制动之初有较大的超调量。

安全制动减速度恒值闭环控制技术，能够实现提升系统平稳制动的最佳效果。通过测速传感器和压力传感器形成的双闭环控制回路，经过特殊的信号处理过程，由制动器控制卷筒的运动状况，从而达到可靠、平稳的制动效果，真正实现了制动的载荷无关性功能（见图 34-8）。

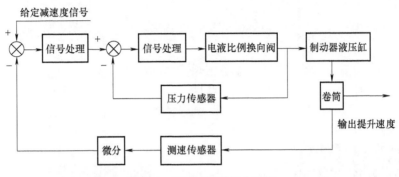

图 34-8　恒减速制动控制系统

2. 恒值闭环恒减速制动原理的特点

1）可满足各种工况下安全制动的要求。
2）安全制动性能最优。
3）可以提高安全制动平稳性和可靠性。
4）提高了钢丝绳的防滑极限。
5）对提高生产率具有重要意义。

本系统除具备恒减速制动功能外，还设置备用的恒力矩二级制动功能。在安全制动过程中，当恒减速制动方式失效时（系统任一时刻实测速度与该时刻给定速度之间的差值超过 15%，即认为恒减速制动方式失效），会立即自动转为实施备用的恒力矩二级制动方式（见图 34-9）。本系统的备用二级制动回路采用独立的两条回路构成，可将提升机的提升和下放工况减速度分开设定，最大限度地保证了提升机安全制动的可靠性。

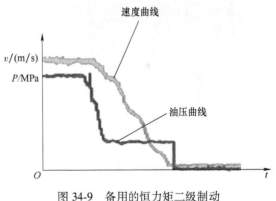

图 34-9　备用的恒力矩二级制动

34. 2. 3　智能恒减速电液制动系统的组成

智能恒减速电液制动系统（闸控系统）主要由高性能盘形制动器装置、恒减速液压站、恒减速电控柜、测速装置、智能闸检测系统和动态仿真软件组成。

（1）高性能盘形制动器装置（见图 34-10 和图 34-11）　实施制动功能，配置的制动器为液压缸后置式盘形制动器，便于维修。碟簧为进口碟簧，寿命更高，达 2×10^6 次。密封元件也为进口密封元件，密封效果好。有多种制动器规格，适用范围更广。

（2）恒减速液压站（见图 34-12）　进行恒减速控制，备用可分开设定提升机的提升和下放工况减速度的二级制动功能。

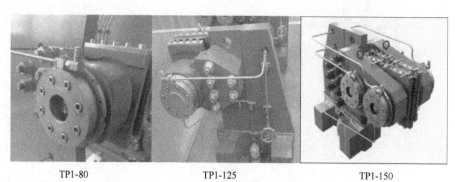

TP1-80　　　　　　　　TP1-125　　　　　　　　TP1-150

图 34-10　盘形制动器

图 34-11　盘形制动器装置

图 34-12　恒减速液压站

（3）恒减速电控柜（见图 34-13）　由闸控控制柜、传感器、闸控软件等组成，实施电气控制功能。闸控控制柜内置 PLC 系统、闸控软件、恒减速控制板、锂电池等。

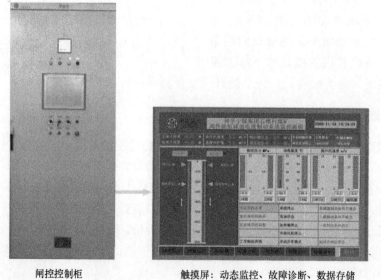

闸控控制柜　　　　　　触摸屏：动态监控、故障诊断、数据存储

图 34-13　恒减速电控柜

（4）测速装置（见图 34-14）　对卷筒旋转速度进行实时监控。

图 34-14　测速装置

（5）智能闸检测系统（见图 34-15）　对制动瓦间隙和弹簧疲劳情况实时监控，并对制动盘温度进行监控等，通过上位机对所采集数据进行显示分析。

图 34-15　智能闸检测系统

（6）动态仿真软件　本文不做详细介绍。

34.2.4　项目应用情况

（1）神华宁夏煤业集团有限责任公司石槽村煤矿　提升机参数见表 34-1，现场安装及其恒减速调试图如图 34-16 所示。

表 34-1　提升机参数

序号	名称	参数值
1	提升机规格	JKMD-5×4Ⅲ
2	最大静张力	1200kN
3	最大静张力差	270kN
4	最大提升速度	8.38m/s
5	提升高度	515m
6	闸控系统	ZK143D

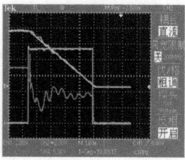

图 34-16　现场安装及其恒减速调试图

（2）焦作煤业（集团）有限责任公司古汉山矿副井　提升机参数见表 34-2，现场安装及其恒减速调试图如图 34-17 所示。

表 34-2　提升机参数

序号	名称	参数值
1	提升机规格	JKMD-3.5×4 I
2	最大静张力	120kN
3	最大静张力差	90kN
4	最大提升速度	7m/s
5	提升高度	550m
6	闸控系统	ZK143D

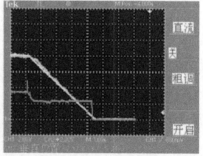

图 34-17　现场安装及其恒减速调试图

（3）闸控系统的应用案例　见表 34-3。

表 34-3　闸控系统的应用案例

序号	使用单位	设备数量/台	配置制动单元/对	提升机规格
1	神华宁夏煤业集团有限责任公司（石槽村煤矿）	1	12	JKMD-5×4Ⅲ
2	神华宁夏煤业集团有限责任公司（麦垛山煤矿）	1	12	JKMD-5.5×4Ⅲ

（续）

序号	使用单位	设备数量/台	配置制动单元/对	提升机规格
3	中国平煤神马能源化工集团有限责任公司（平煤朝川矿）	1	12	JKMD-4×4Ⅲ
4	神华宁夏煤业集团有限责任公司（金家渠煤矿）	1	16	JKMD-5×4Ⅲ
5	铁法煤业（集团）有限责任公司	1	10	JKM-4.5×4Ⅲ
6	铁法煤业（集团）有限责任公司	1	12	JKM-4.7×4Ⅲ
7	冀中能源邢台矿业集团有限责任公司（城梁煤矿）	1	8	JKM-4.5×6Ⅲ
8	神华宁夏煤业集团金能煤业分公司	1	10	JKMD-4.5×4Ⅲ
9	内蒙古国电能源投资有限公司	1	12	JKMD-5×4Ⅲ
10	神华宁夏煤业集团有限责任公司	1	14	JKMD-4.5×4Ⅲ
11	新汶矿业集团物资供销有限责任公司	1	12	JKMD-5×4Ⅲ
12	新汶矿业集团物资供销有限责任公司（横山堡矿）	1	16	JKMD-4.5×4Ⅲ
13	内蒙古白音华煤矿东风井	1	8	JKMD-4.5×4Ⅲ
14	郑州华辕煤业有限公司主井	1	10	JKMD-4.5×4Ⅲ
15	神华宁夏煤业集团有限责任公司（乌兰矿）	1	8	JKMD-5×4Ⅲ
16	新汶矿业集团有限责任公司（协庄煤矿）	3	8	JKM-4.5×4Ⅲ

34.3　多通道恒减速智能闸控系统

采用恒减速制动（含可控恒力矩制动方式）控制技术并有成功产品的主要大型提升机生产厂家，国外有德国 GHH、SIEMAG、DEMAG 公司（液压系统由博世力士乐公司配套，制动电控系统由西门子公司配套），以及瑞典 ABB 公司四家，近年来，主要只有德国 SIEMAG 公司和瑞典 ABB 公司两家。国内据了解只有中信重工，近期有的厂家自称有同类产品，但未见有成功产品应用和实测。

针对当前大型、高速、重载提升机的发展需要，结合单通道恒减速制动技术的优势，中信重工开发出了智能多通道自愈式恒减速电液制动系统，使多个通道的恒减速制动功能均起作用，能够协同工作。当一个通道发生故障时，另外两条通道主动承担工作，保证制动效果不变，从而提高制动系统的安全性和可靠性，满足特大型提升机制动系统的发展需要。

中信重工的多通道恒减速电液制动技术，有别于其他厂家的产品，采用热备的形式完成恒减速的制动，保证在任何情况下设备运转的安全。无论在国内还是国外都没有此类产品，在行业内尚属首创。

矿井提升机多通道智能闸控系统由多通道恒减速电液制动系统、盘形制动器装置及电控系统共同组成。主要应用于各类金属矿、煤矿及其他非金属矿的矿井提升系统，尤其是大型高速重载提升系统。其主要功能除了在提升系统运转的时候提供全方位的保护外，在提升机出现紧急停车的工况下能进行减速和制动，在工作制动后能完全抱闸。它的功能特点是在紧急制动工况下，通过多通道电液恒减速控制系统实现提升系统的安全、平稳制动，保护设备运行安全可靠。

34.3.1　多通道恒减速的特点

1. 多通道恒减速制动的必要性

恒减速制动方式可保证提升装备良好的防滑能力。当提升系统的滑动极限减速度较小时，必须使用恒减速制动，且仅有恒减速制动可保证提升系统的防滑能力。而多通道恒减速制动则保证了制动系统在任何情况下均能够实现该制动方式，提高了制动系统的可靠性，从而保证了提升系统的安全。恒减速制动系统的工作点范围图如图 34-18 所示。

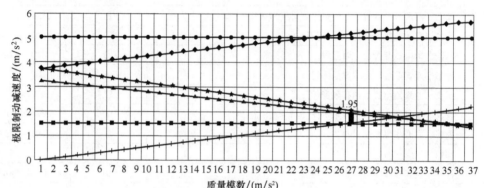

图 34-18　恒减速制动系统的工作点范围图

2. 多通道恒减速制动的控制原理（见图 34-19 和图 34-20）

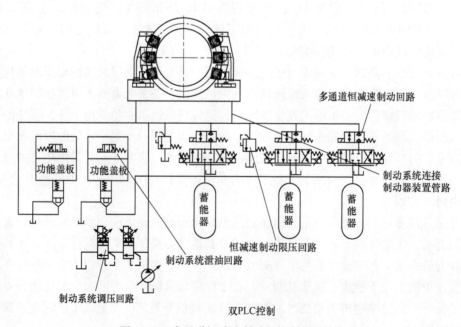

图 34-19　多通道恒减速制动的控制原理简图

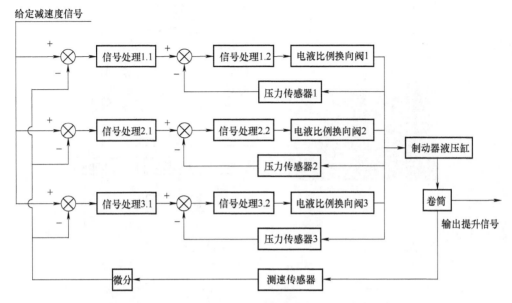

图 34-20　同步共输出点多通道恒减速制动系统的控制框图

3. 中信重工多通道恒减速智能闸控系统的特点

1) 中信重工采用多通道高性能电液比例换向阀控制的恒闭环制动减速度控制方式的电液制动系统，其控制精度较高、响应速度快、动态性能好、双向调节，反映在制动过程速度曲线上，表现为对超调量的衰减速度快，即纠偏能力强、安全制动效果好。并且最大限度地保证了恒减速制动的可实施性。

2) 设备整体采用模块化设计理念，按功能模块和相互关系合理布局。整套多通道闸控系统共分三大主要部分：三联闸控柜、多通道恒减速液压站和制动器装置。三联闸控柜由两个控制柜和一个电源切换柜组成，功能布局清晰又形成一个整体；多通道恒减速液压站由油泵装置、过滤冷却装置、蓄能装置、主控制阀组、出口阀组和电气接线箱六大功能模块组成，左侧为电气进出连接位置，右侧为压力油路进出连接位置，前面为仪表及人员操作位置，其结构紧凑，布局合理，外形大气、美观；采用制动器装置集中控制的方式，即通过液压制动系统控制所有的制动器进行恒减速制动，避免出现部分制动器不工作，影响恒减速的制动效果。

3) 采用同步共点多通道恒减速的控制方式，设定的三条通道完全独立，能同时进行工作（见图 34-21），共同实现恒减速的制动方式，通过对压力、阀芯位移等检测来判断各个通道的工作状况，并可实时进行判断，以提高恒减速制动的可靠性。三条通道相互之间具备100%的修复能力，系统故障率降低到百万分之一，保证了全寿命的安全制动。也可以说无论任何工况都能保证安全制动，这是目前提升装备制动的最高水平。

4) 实现恒减速制动的多通道回路相互独立，包括蓄能器（应急油源）、高性能比例方向阀、精过滤器（10μm）和压力传感器等，可保证回路的可靠运行。

5) 采用了故障诊断和隔离系统。系统通过检测回路和设定逻辑判断出某一回路出现故障时，通过隔断阀将该回路进行隔离，保护闸控系统能不受该故障回路影响。

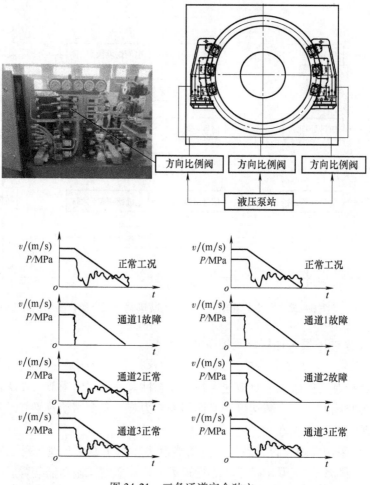

图 34-21　三条通道完全独立

6）系统采用双测速机及主从 PLC，互为监控和保护运行的机能，提高了系统的抗故障能力。

7）采用一种新型双比例溢流阀串联工作方式，提高系统的运行稳定性，减少意外急停事故。

4. 中信重工多通道恒减速智能闸控系统的主要功能及组成

主要功能包括工作制动、井中恒减速安全制动、井口一级制动、监控功能、系统自诊断功能和远程诊断功能。多通道智能闸控系统的组成如图 34-22 所示。

34.3.2　多通道恒减速液压站（见图 34-23）

多通道恒减速液压站的特点如下：

1）采用恒减速控制方式。

2）可配备大规格制动器。

3）三通道独立并行，三通道都有独立的活塞式蓄能器（见图 34-24），并且均有独立的油压、气压传感器。

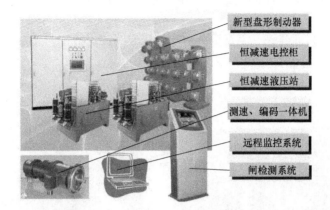

图 34-22　多通道智能闸控系统的组成

图 34-23　多通道恒减速液压站

4）配置油液污染检测仪，可在线进行油液污染度检测（见图 34-25）。

图 34-24　液压站蓄能器

图 34-25　油液污染度检测仪

5）液压站串联比例溢流阀确保在控制信号出现故障的时候不会出现压力失控的现象（见图 34-26）。

6）独立冷却及过滤装置，主泵为恒压变量柱塞泵，更适用于大型提升机系统；辅助泵用于系统独立冷却、过滤（见图 34-27）。

图 34-26　液压站串联比例溢流阀　　　　　　图 34-27　液压站主泵辅助泵

7）两台液压站，一台工作用一台备用。

34.3.3　多通道恒减速电控系统

多通道恒减速电控系统采用完全独立的两套控制回路，冗余度和可靠性更高。其元件配置情况见表 34-4。

表 34-4　多通道恒减速电控系统元件配置情况

序号	名称	配置
1	电控柜数量	1 套（三联并柜）
2	PLC	西门子 S_7-1500 系列
3	PLC 数量	2 套
4	恒减速控制板	2 块
5	后备电池	2 套独立
6	测速机	2 套独立
7	编码器	2 套独立
8	触摸屏	具备
9	闸控手柄	具备
10	信息记录	具备
11	远程监控	具备

1. 电控柜（见图 34-28）

图 34-28　电控柜

2. 触摸屏

通过触摸屏实现整个系统的监控，具有良好的人机界面（见图 34-29），有以下 4 个显示功能：

1）显示液压站各个元器件的工作状态。
2）显示主要电气控制元件的工作状态。
3）显示制动器的工作状态。
4）可实现故障信息记录、保存，以便在出现事故后分析原因。

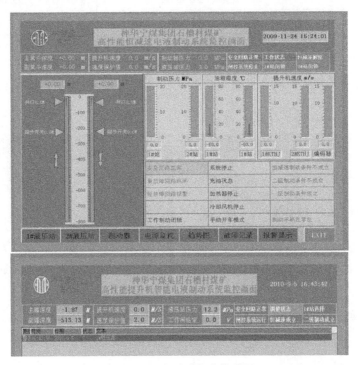

图 34-29　实时动态监控画面

3. 测速装置

测速装置的作用如下:

1) 通过系统自带的多路测速装置, 对主电控系统的减速过程进行实时监控, 确保接近井口减速过程安全制动的制动性能和安全可靠性。

2) 用于恒减速制动的测速机亦采用多路反馈信号, 并行输入, 进行比较后择优参与控制, 避免恒减速制动过程中出现测速反馈信号丢失的问题。测速机如图 34-30 所示。

图 34-30　测速机

34.3.4　项目应用情况

1) 平顶山天安煤业股份有限公司八矿 (简称平煤八矿) 提升机闸控系统改造项目。

平煤八矿提升机的参数见表 34-5。

表 34-5　平煤八矿提升机的参数

序号	名称	参数值
1	提升机规格	JKM-4×4Ⅲ (GHH)
2	制动器对数	8 对
3	最大静张力差	145kN
4	最大提升速度	9.6m/s
5	提升高度	575m
6	闸控系统	ZK143A (D)

平煤八矿主井多通道恒减速智能闸控系统的现场如图 34-31 所示, 其调试图如图 34-32 所示。

图 34-31　平煤八矿主井多通道恒减速智能闸控系统的现场

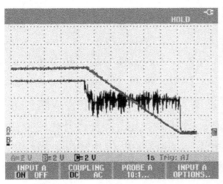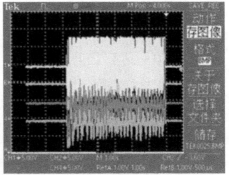

图 34-32　平煤八矿主井多通道恒减速智能闸控系统的调试图

2）多通道恒减速智能闸控系统的应用案例见表 34-6。

表 34-6　多通道恒减速智能闸控系统的应用案例

序号	用户	数量	提升机规格	闸控系统
1	郑州华辕煤业有限公司主井	1	JKMD-4.5×4PⅢ	多通道
2	中国平煤神马集团夏店矿	1	JKMD-3.5×4PⅢ	多通道
3	云南滇东雨汪能源有限公司	1	JKMD-3.5×4ZⅢ	多通道
4	陕西麟北煤业开发有限责任公司园子沟煤矿	1	JKMD-5.5×4ZⅢ	多通道
5	中煤黑龙江煤炭化工集团有限公司依兰煤矿	1	JKM-4.5×4PⅢ	多通道
6	江西铜业股份有限公司	1	JKM-4.5×4Ⅲ	多通道
7	江西铜业股份有限公司	1	JKM-3.5×4PⅠ	多通道
8	中煤新集刘庄矿业有限公司	1	JKMD-4×4Ⅲ	多通道
9	国家重点实验台	1	JKMD-6.5×4PⅣ	多通道
10	印度 SK 项目	1	JKMD-5.5×4PⅢ	多通道
11	印度 SK 项目	1	JKMD-4×4ZⅢ	多通道
12	平煤八矿	1	JKM-4×4Ⅲ（GHH）	多通道

34.4　大吨位制动器的开发

提升机在矿山行业中的地位十分重要，被称为联系井上和井下的"咽喉"设备，而其中的制动器又是提升机设备中最为重要的部件。制动器性能的优良直接决定了提升机的安全可靠性，目前提升机所发生的安全事故中有相当一部分是和制动器有直接关系的，所以《煤矿安全规程》中大量篇幅对制动器的功能、使用和维护做出了规定。

中信重工提升机产品经过几十年的发展，目前配套的制动器定型为盘形制动器，并已形成正压力为 25kN、40kN、63kN、80kN、100kN、125kN、150kN 的产品系列，可以适应不同规格提升机的需求，具有体积小、质量小、惯性小、动作快、可调性好、可靠性高、通用性高、基础简单、维修调整方便等诸多优点，并且制动力完全满足使用要求，经过长期的应用实践表明，该类型盘形制动器是目前提升机配套的安全可靠的制动器，并且在国内同行业中质量处于领先水平。

近几年来，随着矿山生产规模的不断扩大和设备技术的迅速发展，矿井提升机设备越来越向大型化和智能化发展。为保证矿井提升机在向高速、重载、大型化发展的同时具有可靠的安全性能，国家在"十二五"规划中提出了发展安全高效矿山的重要战略任务。高性能提升机智能闸控系统是矿井提升机的高端产品，长期以来一直由国外提升机专业生产厂家垄断，每套售价高达近千万元人民币。为此中信重工在 2009 年成功开发出了高性能提升机智能闸控系统，主要用于对制动性能和制动安全性要求较高的矿井提升机，特别适用于大型、特大型多绳摩擦式提升机。

新型智能闸控系统的成功研制打破了长期以来高性能提升机智能闸控系统主要依赖进口的局面，技术水平达到国际先进水平，完全可以媲美瑞典 ABB 公司和德国西玛格公司的产品。高性能盘形制动器作为矿井提升机智能闸控系统中重要的执行元件，在整个系统中占有重要地位。之前中信重工生产的提升机新型智能闸控系统中的盘形制动器主要配置正压力为 80kN 的盘形制动器，产品种类比较单一，特别是当应用于超大载荷的大型提升机时，盘形制动器装置的布置显得过于庞大，结构复杂且日常维护工作量大。

针对当前大型、重载、高速矿井提升设备日益增多的趋势，采用新型智能闸控系统盘形制动器技术，中信重工相继开发制造了制动力为 125kN 的盘形制动器和 150kN 的双头盘形制动器，以满足如 JKM-6×6PⅢ超大型多绳摩擦式提升机及其他大型提升设备的配套使用。

34. 4. 1　盘形制动器的规格（见表 34-7 和表 34-8）

表 34-7　常用盘形制动器的规格

项目	基本参数
单个盘形制动器的最大正压力/kN	25、40、50、63、80、100
盘形制动器的设计摩擦系数	0.4
盘形制动器的设计制动瓦比压/MPa	≤1.4
液压系统的设计最大工作油压/MPa	6.3、10、14

表 34-8　大吨位盘形制动器的规格

项目	基本参数
单个盘形制动器的最大正压力/kN	125、150
盘形制动器的设计摩擦系数	0.4
盘形制动器的设计制动瓦比压/MPa	≤1.4
液压系统的设计最大工作油压/MPa	14

大吨位盘形制动器的试验装置如图 34-33 所示。

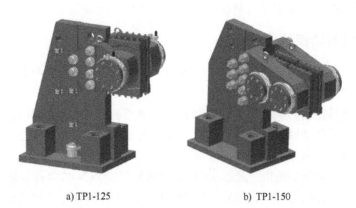

a) TP1-125　　　　　　　b) TP1-150

图 34-33　大吨位盘形制动器的试验装置

34.4.2　大吨位制动器的主要特点

1）制动器体为铸钢件，为控制盘形制动器的外观质量，铸件毛坯全部采用精密铸造技术，非加工表面的外观质量得到显著改善；制动器体的加工全部封闭生产，提升了产品的加工精度。

2）在连接轴与碟形弹簧之间增加了弹性导套，有效保证制动器使用过程中碟形弹簧与连接轴的同心度，防止碟形弹簧发生卡阻现象。

3）在制动器液压缸与活塞之间，除了采用进口密封件达到可靠的密封效果外，还配置有进口复合材料的导向带，防止活塞与液压缸相对运动时发生倾斜及卡阻现象。

4）装配时，使用专用工装定心圆盘进行装配，以保证筒体与连接轴同心，然后再打骑缝销。

5）根据其工作载荷，选用与新闸控产品碟形弹簧相同的进口品牌碟形弹簧，保证碟形弹簧的使用寿命在 200 万次以上。

6）根据其压力值确定了合理的密封形式，密封件全部采用进口密封件，结构形式优先选用斯特封形式，有效地防止了因压力油漏损而降低制动器的制动效果。

7）制动瓦全部选用无石棉型（WSM-3），摩擦系数稳定达到 0.35 以上，保证理想的制动效果。

8）制动瓦作为盘形制动器中的易损件，在使用过程中需要经常更换，这两种新型盘形制动器制动瓦采用两半结构，安装时可以从制动器筒体上下两侧分别插入槽中，拆装方便并可减小拆装空间。

34.4.3　大吨位制动器装置的主要特点

1）制动器支架立板采用厚钢板，底板采用非连续厚墩结构，增强支架刚度。

2）盘形制动器装置的管路全部采用精密无缝钢管，接头全部采用卡套式管接头。

3）两种规格新型盘形制动器的所有螺栓连接件均采用表面镀锌钝化处理，提高了设备的外观质量。

4）TP1-150kN 双液压缸新型盘形制动器在制动器体与制动器支架之间设置了剪切销，

用来承担制动器工作时由摩擦力对制动器体产生的转矩，保证制动器连接螺栓不受剪切。

34.4.4　大吨位制动器的应用

随着矿井提升机的大型化发展，越来越多的大型单、多绳提升机项目开始执行，提升载荷与卷筒直径的加大都需要配置制动能力更大的盘形制动器。

基于矿井提升机多年的设计经验，单个盘形制动器装置中制动器对数不推荐超过 5 对，对数太多会造成盘形制动器装置结构庞大，不仅给安装调试带来诸多不便，用户在使用时日常维护工作量也很大，另外与主机放在一起会显得很不协调。

因此，中信重工开发制造的正压力分别为 125kN 和 150kN 的两种规格的新型盘形制动器，更适合于大型矿井提升机配套使用。以 JKMD-5.5×4 多绳摩擦式提升机为例，该规格提升机最大载荷为 450kN，若选用新闸控 TP1-80kN 盘形制动器，共需 24 对（48 个）80kN 盘形制动器，这样每个制动器支架上将装有 6 对（12 个）制动器头，制动器装置从结构上布置复杂。若采用这两种新型盘形制动器，125kN 制动器需要配置 16 对，150kN 制动器只需配置 12 对就可以满足制动力矩的要求。这样盘形制动器装置的整体配置比较合理，制动器支架中心高度和质量都可相应减小，节约钢材，能够产生显著的经济效益，同时还可减少日常工作中对制动器进行维护的工作量，节约人力。

目前大吨位制动器已经在国家安监局安全准入试验台项目上使用（见图 34-34），其提升机参数见表 34-9。

图 34-34　国家安监局安全准入试验台提升机现场

表 34-9　国家安监局安全准入试验台提升机参数

名称	参数
提升机规格	JKMD-6.5×6P Ⅳ
最大静张力	2000kN
最大静张力差	600kN
最大提升速度	20m/s
总装机功率	10000kW

第35章 电气新技术及前景展望

35.1 提升机电控系统的发展趋势——无人值守

35.1.1 无人值守的应用需求

中国大型煤企的平均劳动生产率远低于海外同行，中国的大型煤炭集团人均年产量约1730t，只相当于美国的 5.6%、印尼的 20.6%。中国煤炭行业的人均年产量更低，仅为 630t，而发达国家为一万吨。中国与美国煤炭行业劳动生产率的对比示意图如图 35-1 所示。

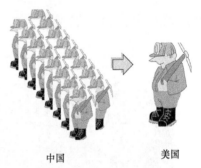

中国   美国

图 35-1 中国与美国煤炭行业劳动生产率的对比示意图

提升机全自动运行模式、装卸载全自动运行模式早就已经实现，通过完善现场设备检测内容和智能处理软件、增加视频监视，以及采用远程化的管理、监控和维护诊断平台，国内厂家（例如中信重工）已经可以为客户提供安全可靠、功能完善的无人值守电控系统。

中国煤炭企业需顶住煤炭行业低迷的压力，提高劳动生产率，减员增效。而无人值守的应用或改造具有投资少、见效快、投资回报率高的特点。运维模式的对比如图 35-2 所示。

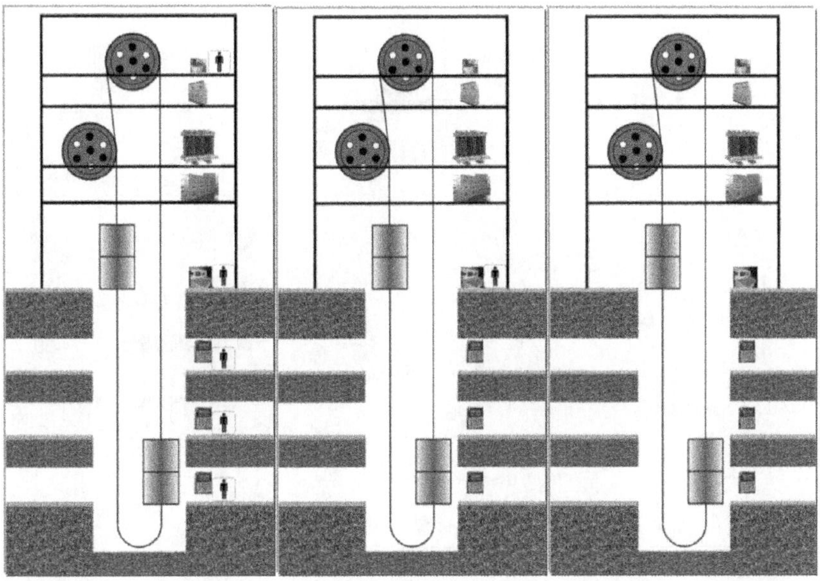

a) 模式一：传统模式 　　b) 模式二：专职信号工模式 　　c) 模式三：集控模式

图 35-2 运维模式的对比

以 1 个矿区 3 条竖井，每个竖井 7 水平（含井口）提升为例，图 35-2 所示运维模式的人员配置见表 35-1。

表 35-1　人员配置

地点	岗位	模式一人数	模式二人数	模式三人数
提升机房	司机	4×2×3＝24	0	0
各水平马头门	信号工	4×6×3＝72	4×3＝12	0
集控中心	集控员	0	0	8
人数总计		96	12	8
节省人员数量		0	84	88
投资回收期/天		0	21.73	20.74

35.1.2　无人值守的实现

五大技术结合是无人值守实现的保障（见图 35-3）。

a) 全数字PLC技术/传动技术

b) 传感检测技术

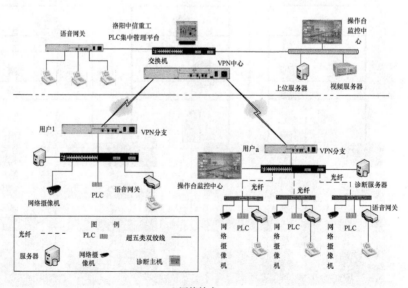

c) 网络技术

图 35-3　无人值守的实现

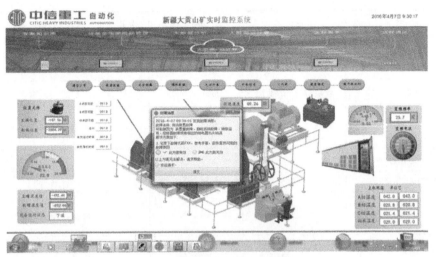

d) 智能化软件技术

e) 视频技术

图 35-3　无人值守的实现（续）

　　针对当前减员增效、提高自动化水平的要求，通过采用 5G 等网络技术、智能检测技术（音频、AI 图像识别等）、先进供电及充电技术、物联网大数据技术和控制及传动技术对电控系统进行升级，实现矿井提升的无人值守。无人值守的系统组成如图 35-4 所示。

35.1.3　项目应用情况（见表 35-2）

表 35-2　无人值守项目的应用情况

序号	项目名称	井筒设备	电动机参数	水平	电控系统配置
1	贵州路发实业有限公司	箕斗+双层罐笼	3500kW，3150V	5	机房无人值守、装卸载无人值守、井下信号操车无人值守
2	西部黄金伊犁有限责任公司	箕斗+配重	1600kW，6kV	2	自动装卸载系统，无人值守
3	安徽界沟矿业有限公司	双箕斗	1250kW，800V	2	自动装卸载系统，机房无人值守

（续）

序号	项目名称	井筒设备	电动机参数	水平	电控系统配置
4	灵宝金源矿业股份有限公司鑫灵分公司	双层罐笼+平衡锤	1150kW，750V	7	机房、井下信号操车无人值守
5	马城铁矿	双层罐笼+平衡锤	900kW，690V	13	电梯式无人值守
6	洛宁华泰矿业开发有限公司列沟矿	双层罐笼+平衡锤	630kW，6kV	11	机房、井下信号操车无人值守
7	洛宁华泰矿业开发有限公司长岭矿	双层罐笼+平衡锤	630kW，6kV	7	机房、井下信号操车无人值守
8	洛阳坤宇矿业有限公司	双层罐笼+平衡锤	625kW，550V	5	机房、井下信号操车无人值守
9	山西紫金矿业有限公司新井	双层双罐笼	530kW，550V	8	机房、井下信号操车无人值守
10	山西紫金矿业有限公司仪联矿	双层双罐笼	500kW，10kV	4	机房、井下信号操车无人值守
11	湖北大冶市鲤泥湖矿业有限公司	双层罐笼+平衡锤	450kW，660V	6	机房、井下信号操车无人值守
12	山西紫金矿业有限公司盲竖井	罐笼+配重	310kW，660V	9	机房、井下信号操车无人值守

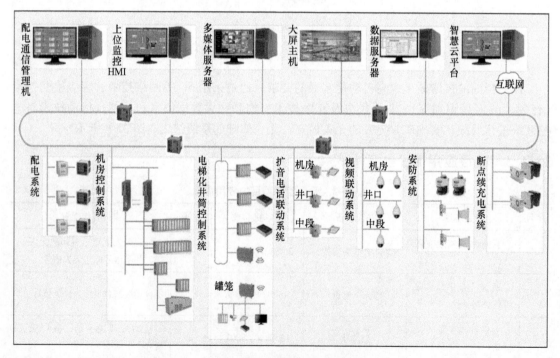

图 35-4　无人值守的系统组成

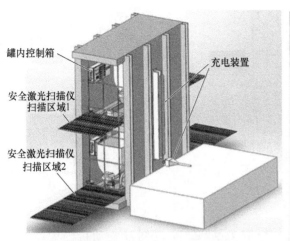

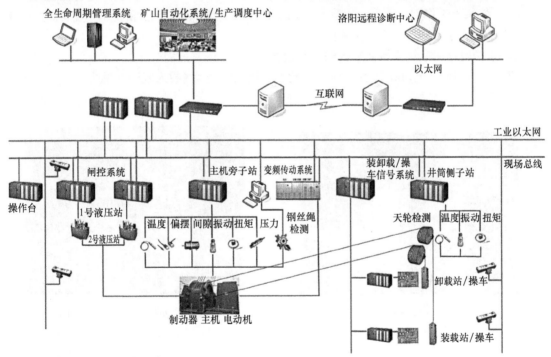

图 35-4　无人值守的系统组成（续）

35.2　提升机电气传动技术的发展趋势——永磁电动机在提升机上的应用

1. 永磁同步电动机与异步感应电动机的特性对比（见图 35-5）

稀土永磁同步电动机转子中安装有稀土永磁材料，建立了转子磁场，不再吸收电网能量来建立电动机磁场，具有效率高、功率因数高、电动机温升小、体积小、质量小、保养维护简单等优点。

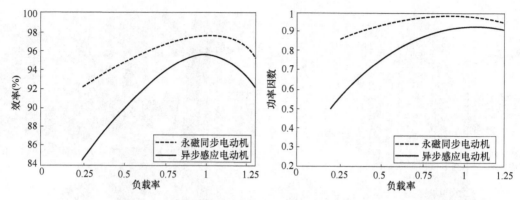

图 35-5　永磁同步电动机和异步感应电动机的特性对比

以 630kW 电动机为例,异步感应电动机的效率为 94%,永磁同步电动机的效率为 97.4%,按每天工作 18h 计算,年节电量>$10.5 \times 10^4 kW \cdot h$。从节能和技术角度来说,永磁电动机的变频传动在提升机上应用前景广阔。

2. 永磁电动机专用高压变频器的试验情况

提升机永磁同步电动机专用高压变频器已经在国内多个现场投入应用(见图 35-6~图 35-9),性能良好。

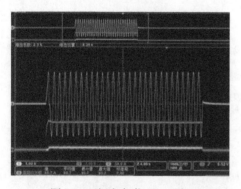

图 35-6　额定负载 1Hz 运行

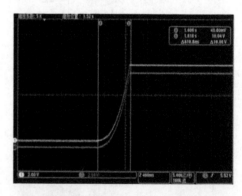

图 35-7　两倍电流限幅堵转试验

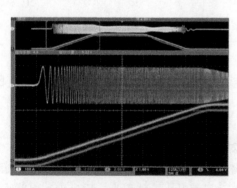

图 35-8　额定负载电动机加速试验

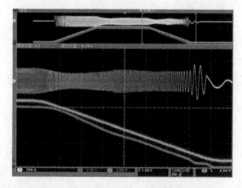

图 35-9　额定负载电动机减速试验

35.3　提升机智慧云管家平台

1. 网络构架（见图 35-10）

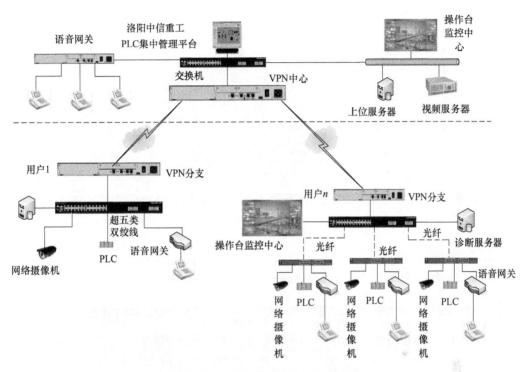

图 35-10　智慧云管家平台的网络构架

2. 远程监视

设备运行状态监视：客户通过平台可以随时随地查看设备的运行状态（见图 35-11 和图 35-12）。

图 35-11　设备运行状态监视（一）

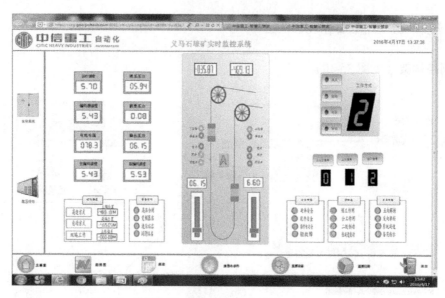

图 35-12　设备运行状态监视（二）

3. 远程视频及音频

设备运行监视：客户通过平台可以随时随地查看设备的视频及音频（见图 35-13）。

图 35-13　远程视频

4. 专家诊断系统

智能诊断：平台专家知识库为用户提供及时的故障、预警信息及解决方案（见图 35-14 和图 35-15）。

5. 远程管理平台

智慧云管家：基于大数据处理的专家知识学习系统（见图 35-16）。

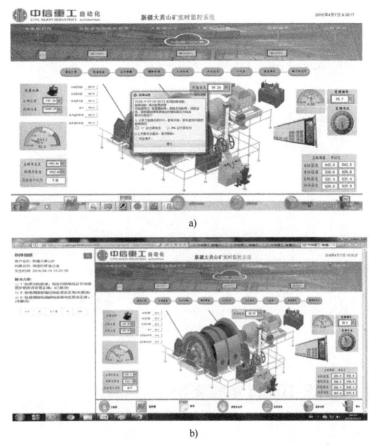

a)

b)

图 35-14　专家诊断系统

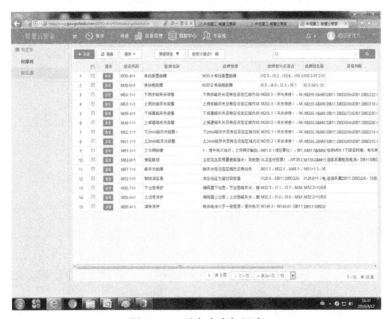

图 35-15　平台专家知识库

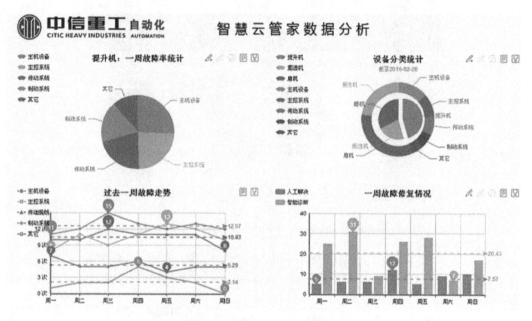

图 35-16　智慧云管家界面图

35.4　凿井提升机 E-House 电控系统

1. E-House 的定义

E-House 是 Electrical House 的缩写，是移动式电气房的简称。它是集成了高低压配电、马达驱动、控制系统、通信系统等各类电气设备的预制式集装箱，并有自己的照明、空调和辅助设施，具有独立配电房的功能（见图 35-17）。

2. E-House 的特点

1）集成度高，方便运输。

2）整体工厂制造，出厂前即完成内部接线和预调试，大大缩短了现场安装调试的时间。

3）适合于频繁移动的使用场合，避免重复投资。汽车运输 E-House 如图 35-18 所示。

图 35-17　E-House 实物图

图 35-18　汽车运输 E-House

4）防护等级高，露天放置，不需要建设固定式机房。

3. 凿井提升机 E-House 的结构（见图 35-19）

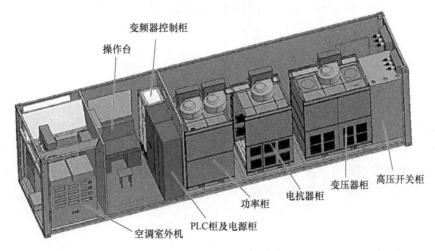

图 35-19　凿井提升机 E-House 的结构

第36章　超深井提升的研究

36.1　现有规程对超深井提升的影响因素

对于缠绕式提升机，影响深井提升机械发展的因素主要有：钢丝绳安全系数、钢丝绳公称抗拉强度、钢丝绳缠绕层数、容器系数等。

对于多绳摩擦式提升机，影响深井提升机械发展的因素主要有：钢丝绳安全系数、钢丝绳公称抗拉强度、应力幅、容器系数等。

36.1.1　钢丝绳安全系数

我国钢丝绳安全系数的规定见表36-1。

表36-1　钢丝绳安全系数的规定

用途分类			安全系数最低值
单绳缠绕式提升装置	专为升降人员		9
	升降人员和物料	升降人员时	9
		混合提升时	9
		升降物料时	7.5
	专为升降物料		6.5

国际上有些国家如加拿大的《Ontario Occupational Health and Safety Act》(《安大略省职业健康安全法》) 以及南非的 SANS 10294 对安全系数规定如下

$$n_0 \geqslant \frac{25000}{4000+H}$$

式中　H——提升高度，单位 m。

当 $H=1800$m 时，安全系数只有 4.31 (基于钢丝绳的最小破断力)。

同样的公称抗拉强度为 1770MPa 的 6Q×19+6V×21 的 40mm 钢丝绳，在深井提升方面，在我国钢丝绳安全系数规定下，其提升深度与提升载荷均远小于国外的安全规程。

图 36-1 中实线下方代表国外安全系数下的可行域，虚线下方代表国内安全系数下的可行域。

36.1.2　钢丝绳缠绕层数

缠绕层数的规定：

根据我国《煤矿安全规程》第四百一十八条：各种提升装置的卷筒上缠绕的钢丝绳层数必须符合下列要求：

1) 立井中升降人员或升降人员和物料的不超过 1 层；专为升降物料的不超过 2 层。

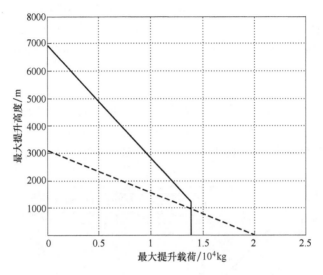

图 36-1　钢丝绳在国内外安全系数规定下的最大提升高度与最大提升载荷关系曲线

2）倾斜井巷中升降人员或升降人员和物料的不超过 2 层；升降物料的不超过 3 层。

3）建井期间升降人员和物料的不超过 2 层。

对于钢丝绳的缠绕层数，加拿大的《Ontario Occupational Health and Safety Act》第 217 条规定：

提升机不得：

1）在卷筒上有螺旋绳槽或者没有绳槽时，超过 3 层缠绕。

2）在卷筒上有半螺距平行折线绳槽时，超过 4 层缠绕。

3）卷筒上摩擦缠绕圈数小于 3 圈。

国际上提升机制造技术比较先进的公司如瑞典的 ABB、德国的西玛格等，在 19 世纪 70、80 年代就在缠绕式提升机上普遍采用了平行折线绳槽系统。

国外安全规程规定：在采用平行折线绳槽的时候可以进行 4 层缠绕，有些规程如南非安全规程 SANS 10294，还对绳槽的深度、直径、节距、圈间过渡的折线段长度以及形制等都进行了明确的要求，可以满足 3~4 层缠绕需要。根据对南非配备了平行折线绳槽的缠绕式提升机的考察，实际应用中，钢丝绳层间过渡和圈间过渡平稳可靠，并且过渡时没有异常声响。

36.1.3　钢丝绳的公称抗拉强度

目前国内提升系统采用的钢丝绳的公称抗拉强度多为 1770MPa，GB 8918—2006《重要用途钢丝绳》已将钢丝绳的抗拉强度分为 1570MPa、1670MPa、1770MPa、1870MPa、1960MPa 五个级别，在提升系统中如果选择更大的钢丝绳公称抗拉强度就可以有效地增加系统的极限提升高度与有效载荷。钢丝绳截面如图 36-2 所示。

图 36-2　钢丝绳截面

　　目前，国际上单次提升最高的提升机是南非的南深金矿采用的多绳缠绕式提升机，选用的直径为 49mm 的钢丝绳，破断拉力达到 1878kN。西玛格公司近期为加拿大基德河煤矿（Kidd Creek Mine）提供的提升高度达到 1818m 的 5.5m 单绳缠绕式双筒提升机，配备的 54mm 钢丝绳破断拉力达到 2260kN。

　　从钢丝绳标准推算，两种钢丝绳的公称抗拉强度均超过 1960MPa。

　　在采用 6.5 的安全系数时，公称抗拉强度为 1960MPa 的钢丝绳与公称抗拉强度为 1570MPa 的钢丝绳相比，前者的最大提升高度比后者大 25%（见图 36-3）。

　　在提升高度为 2000m 时，1960MPa 的钢丝绳有效载荷要比 1570MPa 的钢丝绳增加 80%。

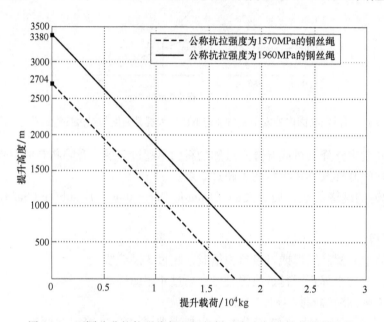

图 36-3　不同公称抗拉强度钢丝绳的提升高度与有效载荷的比较

36.1.4　容器系数

　　容器系数 S 被定义为容器的质量 Q_r（包括附加设备，例如绳附加装置、引导辊等）与有效载荷 Q 之比。即为

$$S = \frac{Q_r}{Q}$$

　　如果钢丝绳最大静张力不变，容器系数越低意味着有效载荷越大。例如容器质量为 20t、有效载荷为 20t、钢丝绳质量为 10t，最大静张力为 50t；如果容器系数低，容器质量只有 18t，则有效载荷可以加大至 22t。

　　如果有效载荷不变，容器系数越低意味着钢丝绳最大静张力越小，钢丝绳破断载荷越小，则钢丝绳规格越小。

　　容器系数与提升能力的关系为：容器系数降低 0.1 的话，提升能力将提高约 10%。

　　目前国内常用提升容器的容器系数为 1 左右；根据资料，现在国内在使用大容量全铝结构箕斗方面已经取得了一些成功，采用 LG15 型铝合金制造的箕斗可以将容器系数降低到

0.5 左右，而采用钛合金制造箕斗可以将容器系数降低到 0.6 左右，但是总体的花费很高，在深井提升中应用也很少。提升容器如图 36-4 所示。

目前世界上提升距离最大的南非南深金矿采用的多绳缠绕式提升机，单次提升高度已达3000m，其单根钢丝绳破断拉力为 1878kN，单位长度质量为 10.18kg/m，有效载荷为 31t，据此推算，其容器质量为 14t，其容器系数为 0.45。

开发和研制适合超千米深井的容器系数更小、更经济的提升容器对我国未来的超千米深井提升有着重要意义。

36.1.5　应力幅

多绳摩擦式提升机应用于超深井提升时的局限：多绳摩擦式提升机的原理决定了在钢丝绳的某个截面上，钢丝绳中的力发生变化，并且变化幅度与井深有关联。

多绳摩擦式提升机有首绳和尾绳，一般采用等重平衡提升系统，即单位长度的首绳质量和尾绳质量相同。多绳摩擦式提升机的工况示意图如图 36-5 所示。

图 36-4　提升容器

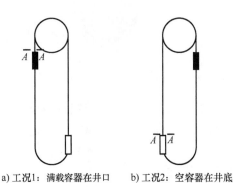

a) 工况1：满载容器在井口　　b) 工况2：空容器在井底

图 36-5　多绳摩擦式提升机的工况示意图

工况 1：满载容器在井口时

A—A 截面钢丝绳张力 T_1 = 容器载重+容器质量+尾绳质量 = 容器载重+容器质量+首绳质量

工况 2：空容器在井底时

$$A\text{—}A \text{ 截面钢丝绳张力 } T_2 = 容器质量$$

所以两种工况下，同一截面 A—A 钢丝绳张力的变动幅度为：

$$\Delta T = T_1 - T_2 = 容器载重+首绳质量$$

容器载重是一定值，而提升高度的首绳质量是变量。提升高度越大，钢丝绳张力变动幅度 ΔT 越大。应保证

$$\Delta T \leqslant 钢丝绳破断力的 11.5\%$$

如果超过上述值，钢丝绳会很快损坏，所以摩擦式提升机适用于超深井是有特定条件的。

36.2　超深井提升的设备选型

　　单绳缠绕式提升机：载荷由一根钢丝绳承担，载荷（容器质量、载重、钢丝绳质量）加大则钢丝绳加粗，所有的钢丝绳都要缠绕到卷筒上。受到缠绕层数限制，提升机规格必须加大。而直径太粗的钢丝绳、规格过大的提升机没有工程意义，所以单绳缠绕式提升机无法胜任超深井提升的需要。单绳缠绕式提升机如图 36-6 所示。

　　多绳摩擦式提升机：钢丝绳只是搭放在摩擦轮上，没有容绳量的限制，但是由于多绳摩擦式的原理，钢丝绳存在应力幅变化。超深井提升时，钢丝绳应力幅过大造成钢丝绳很快损坏。因此多绳摩擦式提升机有极限井深的概念，也不适合井深过深。多绳摩擦式提升机如图 36-7 所示。

图 36-6　单绳缠绕式提升机　　　　　　　图 36-7　多绳摩擦式提升机

　　多绳缠绕式提升机：载荷由多根钢丝绳承担，每根钢丝绳可以减细，设备规格不用太大，因此多绳缠绕式适合于超深井提升。但是目前已有的多绳缠绕式（布莱尔）仅是用于贵金属提升的小产量矿山，并不适合于中国需要同时满足超深井、大产量的矿山需求。多绳缠绕式提升机如图 36-8 所示。

图 36-8　多绳缠绕式提升机

结论：

1）在重载提升的超深主井，优先考虑多绳摩擦式提升方式。

2）在轻载提升的超深副井，可综合比较多绳摩擦式、多绳缠绕式提升方式。

3）结合具体项目制订具体的方案。

36.3 多绳摩擦式提升机应用于超深井提升的关注重点

1）钢丝绳选型：在 1870MPa、1960MPa 这两档选取钢丝绳，首绳选圆股交互捻，推荐 6×36WS-FC-ZS/SZ。尾绳选多层不旋转结构，推荐 34×7-FC。

2）绳径比选择：推荐 D/d 不小于 100，建议 D/d 大于 105。

3）速度和加速度的选择：主井不低于 12m/s，加、减速度为 0.75m/s^2；副井按规程和提升载荷确定，加、减速度可取 0.5~0.6m/s^2。

4）钢丝绳围包角的选择：井塔式围包角不大于 190°。

5）主导轮与导向轮距离的确定：建议按不小于 0.75 倍最大提升速度选取。

6）提升容器：主井双箕斗提升保证产量；副井最大限度减小电动机功率。

7）辅机应用：在副井应用稳罐锁罐装置。

8）摩擦衬垫：采用与圆股交互捻钢丝绳匹配的优质摩擦衬垫。

9）钢丝绳探伤：建议使用钢丝绳检测设备。

10）换绳方法：建议配套专用换绳装置。

第 37 章　单绳缠绕式提升机的技术改造

37.1　苏制、仿苏型提升机的技术改造

1. 苏制、仿苏型提升机使用中存在的问题

1）由于筒壳板较薄、材质较差，部分现场反映在使用中发生筒壳变形，甚至出现开裂现象。

2）制动器为单缸制动器系统，即两副制动器依靠一个制动液压缸来传递制动力，一旦制动传动装置中某个部位发生故障，使制动器失灵，则两副制动器均失去作用，以致有可能造成重大事故。

3）直径 3m 以上的仿苏型提升机的主要问题是卷筒的力学结构不合理，并且过于单薄，制动系统因杠杆多、惯性大而动作不灵敏。

2. 苏制、仿苏型提升机的改造方法及具体实施

由于上述原因，为提高安全性，此类提升机的主轴装置、制动系统就面临着改造的必然性。从实际情况和用户的经济实力出发，提升机改造可以是局部或大部，甚至全部进行。

（1）主轴装置、制动系统改造　以山西潞安矿务局王庄煤矿副斜井原仿苏 2JK-2.5 提升机主轴装置改造为例进行说明。

1）改造原则及范围。

利用原设备主轴装置的基础，即利用原来的轴承梁，并保持改造后的轴承座与原来的轴承座中心高一致，更换两个卷筒及新型齿块式调绳离合器，更换原滑动轴承轴瓦为滚动轴承，更换低速轴的齿轮联轴器，增加盘形制动器装置及液压站，根据用户需求，在主轴轴头增加编码器装置，其他部分（减速器、电动机）仍利用原有设备。改造后的主轴装置满足原设备的提升能力。

2）具体实施。

对原设备进行现场尺寸测绘，并与原始资料进行比对校核。为避免测量误差造成改造后的设备与原基础不吻合，轴承座的地脚螺栓孔可以制作成腰形孔或者比地脚螺栓大许多的圆孔，并配以大的垫圈；轴承座的中心高与原设备中心高保持一致，并采用负公差，方便安装调整。主轴承由原来的滑动轴承改为滚动轴承，由于滚动轴承外径变大，轴承座要比原来的大许多，同时，还要利用原来的轴承梁，所以轴承座要特殊设计，如图 37-1 所示，在保证轴承座强度的情况下，让出地脚螺栓及螺母的位置。

由于原设备的游动卷筒在传动侧，而改造后的游动

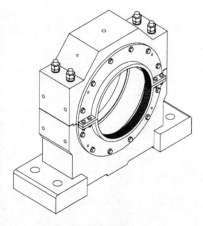

图 37-1　主轴装置的轴承座

卷筒在非传动侧，并且原设备两卷筒之间的距离和改造后设备两卷筒之间的距离也不相同，因此改造后两卷筒的相对位置会有改变，提升中心线也会发生变化，因此必须验算钢丝绳的偏角，不能超过安全规程的要求。同时，牌坊深度指示器装置的基础也需要重新制作。

新制作的主轴装置与原设备的减速器相配，采用齿轮联轴器连接，齿轮联轴器的两个内齿圈连接螺栓采用精制孔螺栓，如果精制孔对应不好，就很难将螺栓把上，因此减速器一侧的半联轴器也不再使用，制作一套完整的齿轮联轴器，主轴装置一侧将半个联轴器装好，而减速器一侧的内孔预留，待现场拆下设备后根据减速器的实测轴径尺寸将内孔加工到位，并与减速器安装连接。

改造前后主轴装置的对比图如图 37-2 所示。应保证改造前后图中相对应的尺寸 L 一致。

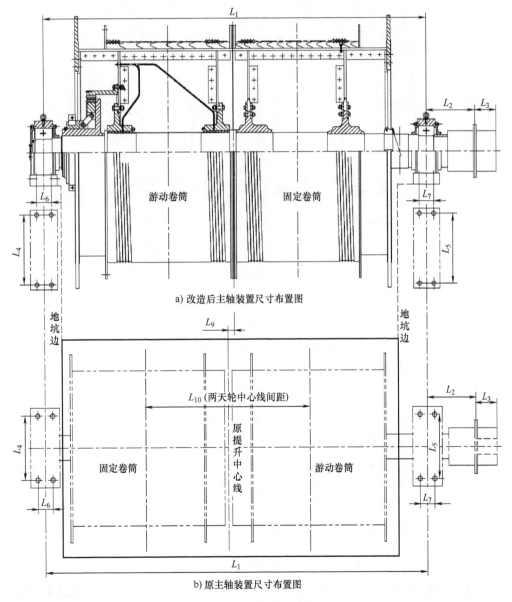

a) 改造后主轴装置尺寸布置图

b) 原主轴装置尺寸布置图

图 37-2　改造前后主轴装置的对比图

　　主轴装置改造后，采用盘形闸结构，其位置与结构均发生改变，所以制动器系统改造要与主轴装置改造同步进行，改造后的制动装置的基础需要参照改造基础图进行重新制作。

　　这种类型的改造基本是新系列提升机的成熟技术，用户反映良好。

　　苏制、仿苏型提升机改造后的主轴装置和制动系统布置图如图 37-3 所示。

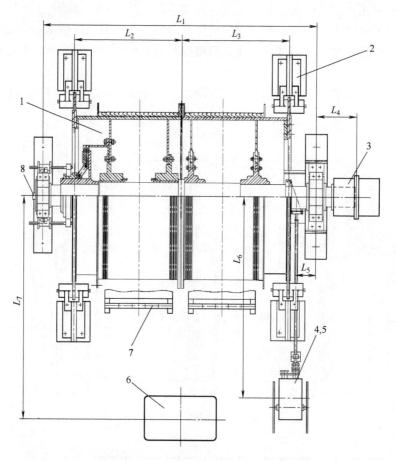

图 37-3　主轴装置和制动系统布置图

1—主轴装置　2—盘形制动器装置　3—齿轮联轴器　4—牌坊式深度指示器装置

5—牌坊式深度指示器装置传动装置　6—液压站　7—卷筒护板　8—编码器装置

　　（2）减速器改造　原来设备所配的减速器，由于年限久远，出现了漏油、噪声大、振动大、齿面磨损等问题，可以采用新型的硬齿面行星齿轮减速器。原有的减速器改为行星齿轮减速器，需要新增加减速器基础部分及配套使用的润滑站。由于行星减速器与原来的减速器在轴向尺寸、中心高上不一致，因此原基础可能要下挖，同时需通过一过渡底座与原基础螺栓进行连接。原有地脚螺栓能利用则利用，不能利用可把原螺栓取出更换新的地脚螺栓。轴向尺寸及中心高发生变化，导致电动机基础重新修改。低速轴齿轮联轴器和高速轴联轴器需同时更换。

　　（3）电动机改造　电动机改造主要由如下两种原因引起。

　　1）由于减速器的改造使得电动机的位置发生变化，电动机面临改造。减速器与电动机同时进行改造，减速器与电动机之间可安装电动机制动器，以减轻行星齿轮减速器中齿轮间的冲击，保护齿面。减速器、电动机制动器、电动机三者的底座在空间位置上如若有干涉，不好布置，可考虑把三者的底座结合起来，制作一个大的通底座。

2）为了提高效率，电动机进行扩容而面临改造。这类改造仅对电动机进行，可利用原电动机基础螺栓，制作新的底座来安装新的电动机。

（4）整体改造　用户根据自己的经济能力及设备的使用情况，可以对主轴装置、制动系统、减速器、电动机、液压站、牌坊深度指示器装置进行整体的更换，更换时尽量利用原设备的基础及地脚螺栓，确保各项改造后的指标符合安全规程，参照上述各项局部改造的实施办法进行整体改造。改造后整体布置图如图 37-4 所示。

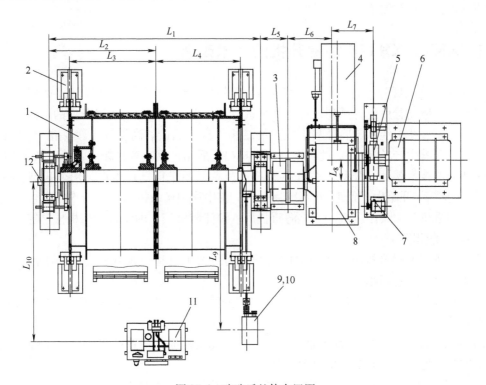

图 37-4　改造后整体布置图

1—主轴装置　2—盘形制动器装置　3—齿轮联轴器　4—润滑站　5—弹性棒销联轴器　6—电动机
7—测速传动装置　8—减速器　9—牌坊式深度指示器装置　10—牌坊式深度指示器装置传动装置
11—液压站　12—编码器装置

37.2　仿苏改进型提升机的技术改造

JKA 型提升机是仿苏型（KJ 型）提升机改进型的产品，从 1968 年开始生产至 1971 年，生产台数约 190 台。

1. 仿苏改进型提升机使用中存在的问题

1）卷筒筒壳钢板加厚后，卷筒开裂情况未能根本改善。

2）制动器由单缸制动结构改为独立传动的双缸制动结构，制动器的安全性有所改善，但两套制动器的动作有不同步的问题。

2. 仿苏改进型提升机的改造

仿苏改进型（JKA 型）与仿苏型（KJ 型）的各主要部件，内部结构有所改进，外部结构基本相似。

对于单筒主轴装置，仿苏改进型（JKA 型）与仿苏型（KJ 型）完全相同。对于双筒主轴装置，仿苏改进型（JKA 型）制动轮在两卷筒两侧，换置机构有一套电动蜗轮蜗杆机构实现游动卷筒与主轴的脱开与合上；仿苏型（KJ 型）制动轮在两卷筒之间，换置机构则需要人力进行。对于其余结构形式两者基本相同，所以局部改造、整体改造参见苏制、仿苏型改造方法及措施进行改造。

37.3　XKT、XKT-B 型提升机的技术改造

XKT 型缠绕式提升机是我国在 1969 年自行设计的新系列产品，在设计并试制的新产品样机基础上，应完善后进行系列设计，然后进行批量生产，但由于当时条件的限制，在系列设计时引入了一些未经试验验证和不成熟的结构，盲目地追求高设计参数。在 1971 年仅洛阳矿山机器厂就生产了 94 台，此类矿井提升机出厂后用户反映意见较多，所以从 1972 年开始做了相应的技术整顿，改型为 XKT-B 型提升机并开始进行批量生产。XKT-B 型提升机系列产品从 1973 年开始生产到 1976 年结束生产，其中洛阳矿山机器厂生产 530 余台，其他生产厂有广州重机厂、陕西重机厂、上海重机厂、镇江矿机厂、内蒙古新生机械厂等。

1. 存在的问题

XKT 系列矿井提升机由于服役时间较长，同时由于自身结构有一定的局限性，在用户使用过程中存在一些问题。

1）卷筒筒壳开裂。一般集中在两半卷筒剖分面连接板处、卷筒辐板人孔处以及卷筒圆周高点处开裂。

2）主轴与齿轮联轴器，减速器与齿轮联轴器相联接的切向键容易松动，主轴装置中采用切向键联接处的切向键易发生松动现象。

3）滑动轴承在卷筒缠绕运行中受钢丝绳与天轮间内、外偏角的影响，轴承与轴肩磨损加剧，贴合面间隙增大引起主轴轴向窜动。

4）固定卷筒滑动支轮内孔磨损，固定卷筒滑动支轮与主轴轴颈为滑动配合，由于受外载荷作用而产生微动磨损，间隙超限造成制动盘偏摆加大。

5）游动卷筒铜套紧固螺栓易剪断，主要是由于铜套与主轴配合轴颈处润滑不良造成的。游动卷筒铜瓦由于缺少润滑磨损严重，造成主轴中心歪斜。

6）调绳离合器离合困难，调绳液压缸或联锁阀漏油，并污染制动盘，严重影响制动的安全可靠性。

7）蛇形弹簧联轴器中蛇形弹簧寿命短，备件用户不易解决。

8）制动器液压缸漏油，从 20 世纪 80 年代中期出厂的产品已进行了改进。

9）减速器齿面磨损，箱体漏油。

10）牌坊深度指示器传动装置中，齿轮辐的齿侧间隙易发生变化，从而造成传动装置

断轴事故，严重影响提升机的安全运行。

2. 改造原则

随着矿井提升设备技术水平的不断提高和发展，XKT 系列提升机技术水平已显得相对落后，并且设备服役年限过长普遍存在一些技术问题，给安全生产带来很大隐患。国家安全监管总局、国家煤矿安监局于 2008 年下发了《禁止井工煤矿使用的设备及工艺目录（第二批）》的通知，明确规定 JKA 型矿井提升机、KJ 型矿井提升机、XKT 型矿井提升机自通知发布之日起一年后禁止使用。因此针对老设备，如何合理地进行改造，是一项十分重要的工作。

满足用户要求，为用户服务好是进行提升机技术改造工作的总的指导思想，其具体措施是：

1）在满足技术要求的前提下，尽量采用新技术、新成果、新结构，以提高设备的精度、节约能源、降低消耗、降低成本，改善设备的安全性、可靠性、维修性，达到提高设备技术水平的目的。

2）尽量缩短设备的停产时间，减少对矿井生产的影响。

① 尽量考虑利用原基础，不动或少动基础。例如，主轴装置的改造要保持原设备的轴承梁不动。

② 在设计时从结构上采取措施，尽量减少现场安装工作量。例如，主轴装置卷筒采用装配式，制动盘采用装配式，以省去现场焊接卷筒及车削制动盘的工序，使安装周期大大缩短。

③ 设计中加强与现场的协调，避免因原设备图纸与实物不符而造成安装时的麻烦。

④ 安装时加强现场服务，即时协助用户解决和商讨处理临时出现的技术问题。

3. XKT 型提升机的整体改造

整体改造是指将原设备全部拆除，在尽量利用原设备基础的前提下进行全套矿井提升机的更新，更新后的提升机设备为当前最先进的 JK/E 系列结构。这种情况改造的成功的案例较多，现以 2008 年中信中工为秦皇岛市老柳江矿业有限公司改造的 XKT 系列提升机为例来进行说明。

（1）原设备的基本情况　该设备是由原广州重型机器厂生产的，产品型号为 XKT2×3×1.5B 矿井提升机，主要技术参数为标准的 XKT 系列提升机参数，钢丝绳直径为 32mm，最大提升高度为 930m，减速器的减速比为 30，最大提升速度为 3.83m/s，电动机功率为 400kW。该提升机是典型的双筒 XKT 系列矿井提升机结构，主轴装置采用铸钢支轮和低合金高强度钢 Q345B 钢板焊接卷筒的结构，筒壳采用较厚钢板。调绳离合器采用轴向齿轮式液压调绳离合器，采用盘形制动器和圆盘式深度指示器。减速器为圆弧齿形人字齿轮减速器，轴承为滑动轴承。

（2）改造技术要求　保持提升中心线不变，利用原轴承梁安装新的主轴装置，新的主轴装置卷筒采用两瓣塑衬式结构，采用可拆卸的剖分装配式制动盘结构。调绳离合器采用新型的径向齿块式调绳离合器，主轴轴承选用滚动轴承，油脂润滑。

利用原制动器基础，安装改造后的盘形制动器装置，满足制动力矩要求，盘形制动器为液压缸后置式，并配套先进的比例阀二级制动液压站。

利用原减速器基础，安装改造后的行星齿轮减速器。

由于减速器由平行轴改为行星齿轮减速器，电动机基础需重新制作。

深度指示器由原来的圆盘式深度指示器改为牌坊式深度指示器，传动装置位于固定卷筒与右轴承座之间。

主轴与减速器采用齿轮联轴器进行连接，减速器与电动机采用弹性棒销联轴器进行连接，同时增加电动机制动器。

（3）具体实施方式　进行改造设计前首先要对原设备的基础尺寸进行复核，同时应尽可能多地收集原设备的技术资料。掌握原设备的技术资料后，开始对主轴装置进行改造设计，由于要利用原设备轴承梁，故新主轴装置轴承座的安装尺寸应与原设备一致。考虑到现场安装时可能进行微小调节，保证提升中心线不变，新主轴装置轴承座地脚孔通常设计为腰形孔。为保证调绳离合器位置与 JK/E 系列提升机位置一致，减少设计出图量，需要对游动卷筒左辐板位置进行调整，也可以改变游动卷筒左轮毂的结构形式，保证调绳离合器内齿圈安装面到左轴承中心的距离与标准 JK/E 系列提升机一致。在固定卷筒与右轴承之间增设两个半锥齿轮，作为牌坊式深度指示器的传动输出点。最终改造后的主轴装置与原主轴装置的提升中心线保持不变，两卷筒制动盘的中心距保持不变，左右轴承中心距保持不变。轴承座中心高可以保持不变也可以根据实际情况进行调整，一般情况下若为整体改造时，轴承座中心高要相应加高，因为滚动轴承外形尺寸要大于滑动轴承。

盘形制动器装置的改造设计要在原设备制动器基础不变的条件下进行，需要重新设计盘形制动器支架，盘形制动器的地脚螺栓孔通常也设计成腰形孔形式，方便现场安装时进行微量调整。地脚螺栓仍用原设备地脚螺栓，故制动器支架底板厚度应尽量与原设备相一致，若实在不能保证一致，可通过制作非标准垫圈进行过渡，保证制动器安装后螺栓露头尺寸与原设备一致。

减速器由原来的平行轴形式改为行星齿轮减速器，是整个改造过程中变化最大的部分，同等情况下行星齿轮减速器外形尺寸小于平行轴减速器，而中心高又大于平行轴减速器，故减速器的改造一般需设置一过渡底座。现场施工时将原减速器拆除，根据改造基础图对减速器基础部分进行改动。一般情况下原减速器基础需整体下挖，下挖的量由新减速器中心高及过渡底座的厚度决定。由于基础下挖原减速器地脚螺栓外露部分加长，有时需对减速器地脚螺栓进行加工。现场一般分两种情况，一种情况下原减速器地脚螺栓可以拆出，这时只需将原减速器地脚螺栓根据过渡底座的安装情况进行截短，然后重新在截短处加工螺纹；另一种情况是减速器地脚螺栓已与基础混凝土灌死，螺栓无法取出，此时需要对螺栓外露部分进行切除，现场根据所需高度焊接新的螺纹部分。减速器过渡底座的结构如图 37-5 所示。

在减速器过渡底座上还留有电动机制动器的安装位置，过渡底座与原基础地脚螺栓连接，行星齿轮减速器通过 T 形头螺栓安装在过渡底座上表面上。本例中过渡底座为减速器与电动机制动器共用，原设备的 6 根地脚螺栓全部利用。过渡底座也可以是另外一种形式，即行星齿轮减速器、电动机制动器、电动机三者共用，这样过渡底座的体积和质量将会增加很多，而且原设备的地脚螺栓由于结构的原因可能只能利用一部分或几个，必要时还需新增若干数量的地脚螺栓。

由于原设备减速器为平行轴形式，提升机主轴轴线与电动机轴线不在同一轴线上，而改造后采用行星齿轮减速器，主轴、减速器输出轴、减速器输入轴、电动机轴四者为同一轴线，故对于电动机部分的基础一般建议用户重新制作，电动机地脚螺栓一般采用预埋螺栓形

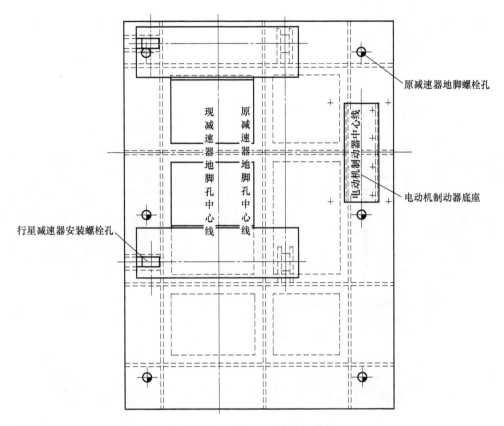

图 37-5 减速器过渡底座的结构

式，现场施工较方便。所以电动机底座一般不做过渡底座，若坚持用过渡底座的形式进行安装，则过渡底座尺寸和质量将会增加，原电动机地脚螺栓只能利用一部分，现场安装时还需新增加若干地脚螺栓。

改造后的牌坊式深度指示器从固定卷筒与右轴承座之间传出，深度指示器基础需重新制作，由于都是预埋螺栓所以现场施工量不大。另外，新结构的提升机右轴承梁上要留有锥齿轮护罩及牌坊式深度指示器传动装置一个轴承座的安装架子，而利用原设备的轴承梁没有安装架子，故需增加两个小架子，现场安装时按位置焊接到原设备右轴承梁上，用来安装锥齿轮护罩和深度指示器传动装置。

（4）总结 XKT 系列提升机整体改造是在原设备主要基础不动或尽量少动的前提下进行的，改造过程中全面采用新参数、新技术、新结构，使之达到先进的技术水平。通过改造的设备能在安全可靠、性能良好的状态下运行，并能节约原材料、降低能耗、降低成本、减少停产时间、减少事故，给安全生产创造良好条件。整体改造后 XKT 系列提升机的结构和布置如图 37-6 所示。

4. XKT 型提升机的局部改造

（1）主轴装置及制动系统的改造 XKT 系列提升机局部改造比较多的一种是主轴装置及制动系统改造，此类改造内容是在利用原设备主轴装置基础上更换两个卷筒及新型径向齿块式调绳离合器，更换原滑动轴承轴瓦和低速轴的齿轮联轴器，更换盘形制动器及液压站，

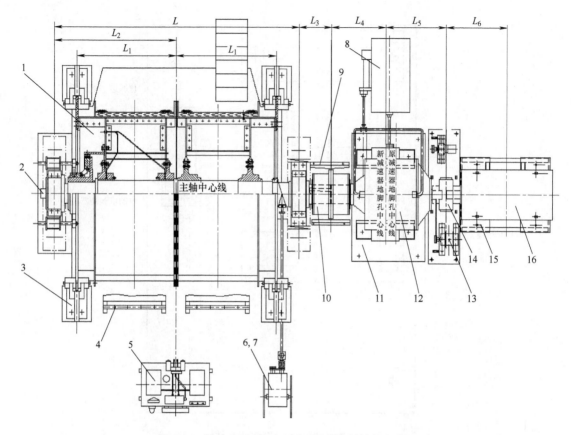

图 37-6 整体改造后 XKT 系列提升机的结构和布置

1—主轴装置 2—编码器装置 3—盘形制动器装置 4—卷筒护板 5—液压站 6—牌坊式深度指示器
7—牌坊式深度指示器传动装置 8—润滑站 9—齿轮联轴器护罩 10—齿轮联轴器 11—减速器过渡底座
12—行星齿轮减速器 13—测速传动装置 14—弹性棒销联轴器 15—电动机底座 16—电动机

保证改造部分与原设备基础相配，减速器及电动机仍利用原有设备。这种类型的改造基本是新系列提升机的成熟技术，用户反映良好。

由于新设备的主轴装置和原设备的减速器相配，采用齿轮联轴器连接，齿轮联轴器的两个内齿圈连接螺栓采用精制孔螺栓，如果精制孔对应不好，就很难将螺栓把上。因此，减速器一侧的半联轴器也不再使用，订货时订一套完整的齿轮联轴器，主轴装置一侧将半个联轴器装好，而减速器一侧的内孔预留，待现场拆下设备后根据减速器的实测轴径尺寸将内孔加工到位。

此类改造的原则是保证原设备主轴装置安装位置与新换的主轴装置保持一致，保证盘形制动器装置的基础尺寸与原设备一致，提升中心线不变，设计过程中应保证两轴承中心线、两卷筒制动盘中心线、轴承座与轴承梁连接螺栓孔、制动器支架与基础连接螺栓孔均与原设备一致。由于减速器仍用原有设备，因此主轴装置中心高应与原设备一致，设计中一般将轴承座中心高适当减小，一般减小 0.5mm，再配有若干数量的调整垫片，保证现场安装时与减速器输出轴轴线同轴。另外，所有与原设备基础连接处，螺栓孔一般都设计成腰形孔，方便现场安装时进行微量调整。主轴装置右轴承中心到主轴轴头的尺寸也应与原设备保持一致，保证齿轮联轴器安装后与原设备位置一致。

此类改造一般还有一项内容就是深度指示器的改造，深度指示器的位置设置一般有两种形式，一种是在固定卷筒与右轴承座之间通过主轴上两半锥齿轮传递运动，另一种形式是布置在主轴装置非传动侧，即左轴承端盖外，通过在主轴头连接一法兰轴来传递运动，两种方式深度指示器基础均需重新制作。

XKT 系列主轴装置及制动系统改造设备的布置如图 37-7 所示。

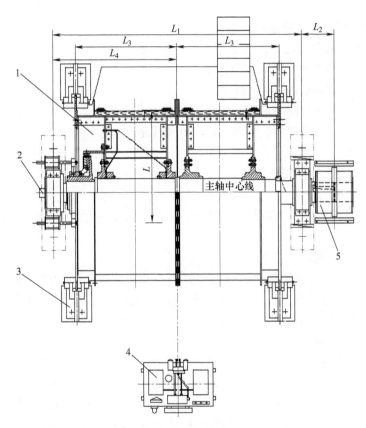

图 37-7　XKT 系列主轴装置及制动系统改造设备的布置
1—主轴装置　2—编码器装置　3—盘形制动器装置　4—液压站　5—齿轮联轴器

（2）减速器改造　XKT 系列提升机所配的减速器为平行轴减速器，由于使用年限长，减速器容易出现漏油、噪声大、振动大、齿面磨损等问题，所以减速器改造也是一类比较常见的改造形式。改造内容为将原设备平行轴减速器改为新型的硬齿面行星齿轮减速器，需要新增加减速器基础部分及配套使用的润滑站和相应的连接管路，由于两种形式减速器轴向尺寸变化较大，为尽量利用原减速器基础，行星齿轮减速器需通过一过渡底座与原基础相连，电动机基础要重新制作，过渡底座的形式及具体实施方式与前文相同。

另外，减速器低速轴齿轮联轴器需更换，由于齿轮联轴器的两个内齿圈连接螺栓采用精制孔螺栓连接，因此订货时一般有两种情况。一种情况是供减速器端半套齿轮联轴器，包括盖板、盖、外齿轴套、内齿圈等，减速器端内齿圈连接螺栓孔为预留孔，现场安装时与主轴端内齿圈进行配铰，现场存在一定的铰孔工作量。另一种情况是提供一整套内齿圈，现场安装时将主轴端内齿圈拆下，用新的内齿圈进行替换，内齿圈间的连接螺栓孔厂内已加工到位。

根据行星齿轮减速器所需的润滑油流量，重新选配合适的润滑站，并提供相应的管路进行连接。

37.4　JK 型提升机的技术改造

1. JK 型提升机使用中存在的问题

1）主轴装置中采用切向键联接处的切向键易发生松动。

2）制动盘有轴向窜动，影响制动的安全性。

3）调绳离合器有离合困难的故障。

4）调绳液压缸或联锁阀漏油，并污染制动盘，严重影响制动的安全性。

5）制动器液压缸漏油问题，从 20 世纪 80 年代中期出厂的产品已经进行了改进。

6）牌坊深度指示器传动装置中，齿轮副的齿侧间隙易发生变化，从而造成传动装置断轴事故，严重影响提升机的安全运行。

2. JK 型提升机的改造

（1）主轴装置的改造　以皖北煤电集团公司百善煤矿主井 2JK-3×1.5 主轴装置改造为例进行说明。

1）改造遵循的原则。

利用原基础螺栓，尽量保证改造后的提升中心线与原提升中心线一致，因原基础的限制，改造后与改造前的提升中心线允许有些许偏差，但须保证钢丝绳最大偏角在安全规程要求范围之内。改造后的设备应满足原提升能力。

2）改造方法及措施。

对原设备进行现场尺寸测绘，并与原始资料进行比对校核。为避免测量误差造成改造后的设备与原基础不吻合，轴承座的地脚螺栓孔可以制作成腰形孔或者比地脚螺栓大许多的圆孔，并配以大的垫圈。利用原轴承梁，由于减速器及电动机不动，因此轴承座中心高与原设备中心高保持不变，采用负公差，提供调整垫片，根据现场实际安装情况，利用调整垫片进行高度方面的调整，以保证主轴与减速器轴在同一条轴线上。改造后的主轴装置与减速器之间的联接采用齿轮联轴器，齿轮联轴器的两个内齿圈连接螺栓采用精制孔螺栓，如果精制孔对应不好，那么就很难将螺栓把上。因此提供一套完整的齿轮联轴器，主轴装置一侧将半个联轴器装好，而减速器一侧的内孔预留，待现场拆下设备后根据减速器的实测轴径尺寸将内孔加工到位。如果确定原减速器与主轴装置之间的联轴器的型号及制造厂家，可以只在主轴装置端安装一个外齿轴套，此外齿轴套按照原生产厂家的型号进行制作，到现场后与原内齿圈进行连接。

对于 JK 型提升机，固筒右支轮与轴采用键连接，固筒左支轮与卷筒是钢对钢配合，由于该处润滑不良，支轮和主轴产生磨损，主轴装置在运行较长时间后，配合处出现缝隙过大，造成卷筒下沉，制动盘偏摆严重，从而影响制动效果。对于此现象，可以对固定卷筒进行局部改造，对固筒左支轮采用替代法，即增加一套支轮，与主轴间使用铜瓦，改善润滑条件。具体实施：采用顶托机构将原支轮顶起，调整支轮与主轴之间的间隙达到均匀，即卷筒达到应有的位置，将新支轮及铜瓦放到位，把新支轮和原支轮焊接在一起。因为无法采用焊后退火处理，所以焊接时应严格保证质量。根据卷筒幅板上人孔的大小及卷筒内部空间，新制作的支轮及铜瓦可以制作成两瓣或三瓣结构（见图 37-8 和图 37-9）。该种类型的改造适用于老 JK 系列的产品，如河南大峪沟煤业集团有限公司的 2JK-2.5 提升机局部改造。此种方法要求技术过高，并且支撑点偏心，因此采用的不多。

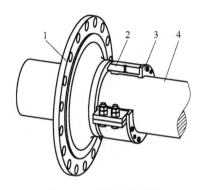
图 37-8　两瓣支轮结构
1—原支轮　2—新支轮　3—铜瓦　4—主轴

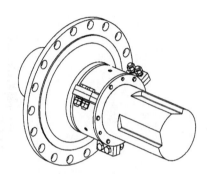
图 37-9　三瓣支轮结构

（2）制动装置的改造　JK 系列提升机采用的是盘形制动器，进行改造时，利用原制动器装置的地脚螺栓，安装新制作的制动装置，保证制动瓦与制动盘全面接触。有时，由于生产厂家的不同或新老产品的不同，导致挡绳板与制动盘间的间距不一样、制动盘工作面的大小不一样等现象的产生，为满足原有提升机的参数性能，制动器装置所配的制动器型号及个数就略有不同，改造后的制动器装置的制动器可以是非对称布置。为便于安装及位置调整，制动器支架的地脚螺栓孔可加工制作成腰形孔。

（3）减速器的改造　JK 型提升机、JK/A 型部分提升机采用的是平行轴减速器，与现在行星齿轮减速器相比体积更大。改造时，如果利用原基础的地脚螺栓，则需要制作一个大的过渡底架来安装新的行星齿轮减速器。由于改造后的减速器在轴向尺寸上发生变化，电动机基础需重新制作。

JK/A 型部分提升机、JK/E 型提升机采用的是行星齿轮减速器，这类减速器改造相对容易些，利用原基础及地脚螺栓安装新制作的行星齿轮减速器，电动机基础不动。

还有另一种情况，原来设备的平行轴减速器，一般采用的是二级传动形式，这时非传动轴还要带测速机或深度指示器传动装置等设备，比如 JK 系列的产品，带有深度指示器传动装置。更换为行星齿轮减速器之后，由于结构不同，没有多余的出轴可供利用，这时需要采取措施，保证原设备所带的测速机、深度指示器传动装置仍能使用。一种改造形式是在减速器低速轴上安装一两瓣结构的伞齿轮，与牌坊式深度指示器传动装置的伞齿轮啮合，从而保证牌坊式深度指示器正常使用（见图 37-10）。例如河北省永年县焦窑煤矿原重庆产的 GKT2×2×1.25 提升机减速器的改造。减速器进行了改造，减速器高速轴、低速轴的联轴器也要进行更换。

（4）电动机的改造

1）由于减速器的改造造成电动机轴轴心线与减速器高速轴轴心线不重合，电动机基础

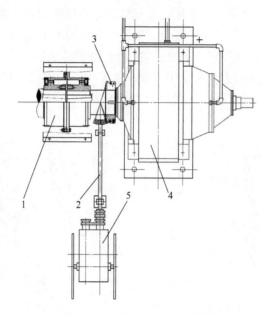

图 37-10　减速器改造的布置
1—联轴器　2—牌坊式深度指示器传动装置　3—伞齿轮　4—减速器　5—牌坊式深度指示器

需要重新制作，使两轴心线重合。

2）电动机需要扩容，从而更换了电动机，导致电动机地脚螺栓孔尺寸及中心高发生变化，此时需要制作新的电动机底座及基础，同时更换联轴器。

（5）整体改造　整体改造时，整个设备的中心高可统筹考虑。在尽量利用原有基础及地脚螺栓的前提下，各设备相对位置的轴向尺寸可根据实际情况进行布置。参见本节上述局部设备改造的实施办法及措施进行改造。

37.5　非防爆型提升机改造为防爆型提升机

目前，由于许多煤矿矿井开采深度不断加大，井下提升机需求量增多。近年来，因为安全防护措施不当，煤矿瓦斯爆炸的严重事故时有发生，造成重大人员伤亡，产生重大经济损失。原来的设备由于要求不严，许多井下有瓦斯的矿井采用非防爆型提升机，而现在对保证安全提出很高的要求，井下提升机许多要求整改，采用防爆型。如果设备本身能力足够，如何发挥旧设备的能力，做到既要改造、满足安全要求，又要考虑经济性、不多花冤枉钱。

生产防爆型提升机电控系统的厂家主要为唐山开诚电控设备集团有限公司（简称唐山开诚）。电器防爆型提升机与唐山开诚的产品配套最多，新型变频调速防爆型提升机采用的是隔爆四象限交-直-交变频器来实现电动机的起动、调速、制动，具有调速范围大、调速精度高、操作方便和高效节能的优点。新型变频调速防爆提升机可以采用电气延时二级制动液压站，延时时间由电控环节来调整，调整方便、安全可靠，价格比较高。

非防爆型提升机改为防爆型提升机，改造的重点在于电控系统，采用防爆型电控系统和防爆型电动机。在机械部分也要采取如下措施：

1）更换电动机后，采用过渡底座，将电动机和原基础合理连接。

2）采用防爆型液压站（电动机、电磁阀都为隔爆型），并受电控系统的控制。由于液压站结构的限制，只能整体更换液压站。

3）采用防爆型润滑站（电动机、电磁阀都为隔爆型），并受电控系统的控制。润滑站的结构有两种，带油箱和不带油箱。对于新型的润滑站，应采用带有油箱的结构，因为是整体结构，不好单独更换电动机和电磁阀。对于 JK 系列提升机配的润滑站可采用油箱的结构，电动机和泵都是管路安装，可以单独更换电动机，实现局部改造，可增设防爆温度、流量、压力控制器。

4）更换深度指示器上的开关（减速、停车、过卷开关），各种行程开关采取防爆措施，并增加防爆型深度指示器失效保护装置。

5）盘形制动器上的制动瓦间隙指示开关和碟簧疲劳指示开关更换为防爆型。

6）对于双筒提升机，要将调绳离合器的限位开关换为防爆型。

7）按照电控系统的需求，增设高速级和低速级编码器装置。

37.6　提升机部件的改造

（1）气动调绳离合器更换为液压调绳离合器　我国于 20 世纪 60 年代引进的一批捷克产 4m 双筒提升机以及当时我国仿制的 KJ 型双筒提升机，此类提升机的调绳机构采用的是气动控制的置换机构。该机构主要由游动卷筒左轮毂、齿套、盖、三套置换机构汽缸、齿轮、供气头和三套盘形弹簧等组成。原设备的置换机构如图 37-11 所示，三套气缸均布在盖上，三套盘形弹簧也均布在盖上。齿轮通过切向键与主轴连接，游动卷筒左轮毂通过球面轴瓦支承在主轴上并和游动卷筒辐板通过螺栓连接在一起，齿套与盖通过螺栓连接在一起。正常工作时，游动卷筒左轮毂、齿轮均与齿套啮合，置换机构为合上状态。当需要调绳时，来自气源的压缩空气通过供气头进入主轴中心气孔，然后经过气路分配器，分为三路通往气缸，在压缩空气作用下，盘形弹簧压缩，使盖带动齿套向左位移，当位移量大于游动卷筒左轮毂上齿轮宽度时，置换机构就脱开，此时和游动卷筒辐板连为一体的游动卷筒左轮毂保持静止，而主轴带动其他零件继续做旋转运动，使得游动卷筒与固定卷筒之间发生相对转动。调绳完成后，气压下降，盘形弹簧从压缩恢复至自由状态，推动盖和齿套一起向右位移，进而与游动卷筒左轮毂相啮合，置换机构合上。

随着煤矿安全生产对制动系统的要求不断提高，此类提升机已陆续进行了技术改造。将原有由气动控制的制动系统更换为由液压站控制的新式盘形制动系统，而原设备的调绳置换机构仍由气动控制，故而虽经改造仍不能摆脱原有的气压系统，设备并未简化。且原设备在调绳过程中，压缩空气的气压变化，通断状态靠一套专门的气阀来控制，设备环节复杂，故障点多，维护量大。因此设计了一种新的置换机构，将原置换机构的气压控制改进为液压控制，从而使盘形制动器和置换机构的控制源都统一为液压站，彻底甩开了原有的气压系统，利用液压站的功能，还可实现自动调绳，使得设备简化、操作简便、省时省力。改造后的置换机构如图 37-12 所示。

本机构的工作原理与原机构基本相同，来自液压站的压力油通过液压螺旋开关Ⅰ、液压螺旋开关Ⅱ和密封头进入主轴中心孔油路，再通过管路接头和分配器一分为三进入置换液压缸，靠油压推力和盘形弹簧变形力，完成置换机构的脱开和合上的动作。本机构是在原机构

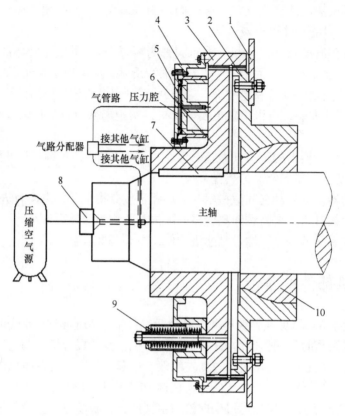

图 37-11　原设备的置换机构

1—游动卷筒辐板　2—游动卷筒左轮毂　3—齿套　4—盖　5—置换机构气缸　6—齿轮
7—切向键　8—供气头　9—盘形弹簧　10—球面轴瓦

的基础上，尽量保持原机构的结构形式、装配形式不发生改变，只在两个地方进行改进，一是将原有汽缸更换为置换液压缸，二是将原机构中供气头更换为密封头。

液压缸由液压缸、液压缸盖、活塞、管接头等组成，在液压缸的设计中做到其安装方式、外形尺寸及接口尺寸均与原汽缸保持一致，保证置换液压缸能够准确安装在原汽缸位置上。液压缸活塞的行程也与原汽缸活塞行程一致，保证置换机构在离合状态时各零件的位置均与原机构相同。作用在液压缸活塞上的推力基本不变，由于液压站提供的压力油压力大于原设备气源气压，因此需对液压缸直径进行重新核算，通过计算后确定置换液压缸的合理内径。另外还需选择合理的密封，更换为置换液压缸后，油压比气压大大增大，且为运动密封，所以考虑选用性能可靠的 YX 形密封圈，并且在液压缸盖和液压缸之间使用两道 O 形密封圈以保证置换液压缸的密封性。

密封头设计的关键在于其密封性能，密封头的内旋转体和主轴固定连接，外旋转体和液压螺旋开关Ⅱ及管路固定连接。正常工作时，内旋转体随主轴一起转动，和液压螺旋开关Ⅱ及管路连接的外旋转体保持静止，所以内外旋转体之间既有相对转动又要保证密封。利用原设备主轴上的中心孔和定位止口，将内旋转体尾部伸入到中心孔内部，且装设 2 道密封，保证良好的密封性能。密封头内、外旋转体间采用滚动轴承支承，以减小摩擦和磨损，并在

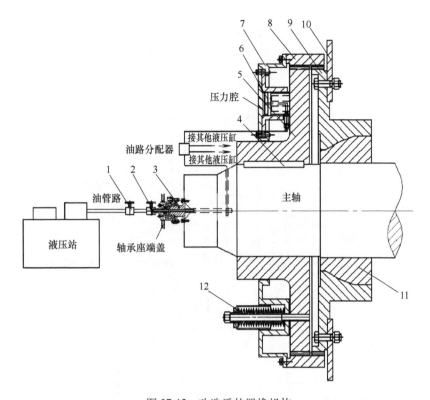

图 37-12　改造后的置换机构

1—液压螺旋开关Ⅰ　2—液压螺旋开关Ⅱ　3—密封头　4—切向键　5—齿轮　6—置换机构　7—盖
8—齿套　9—游动卷筒左轮毂　10—游动卷筒辐板　11—球面轴瓦　12—盘形弹簧

内、外旋转体相对旋转部位装设耐磨铜套，一旦磨损过量，可予以更换。另外，对滚动轴承加设润滑油杯保证润滑良好，并且在轴承端盖上留观察孔可随时观察密封头的情况，在密封头前端装设液压螺旋开关，可随时切断压力油源，便于维修。

通过进行以上所述的技术改造后，提升机调绳机构和制动器统一由液压站集中控制，使设备大为简化，整个系统结构紧凑。另外，改造周期短，只需加工三个置换液压缸、一套密封头和若干连接油管即可完成，适合煤矿高效率的生产进度。在油路中装设液压螺旋开关可随时切断油源，便于简修，并且可利用液压站功能实现自动调绳，操作简便。

（2）牌坊式深度指示器行程的调整　本类改造一般是由于需要更换提升水平，井筒向下延伸使得提升高度或提升斜长加大，牌坊式深度指示器行程不能满足现有的提升高度。此时需要对牌坊式深度指示器更换齿轮对进行调整，以达到牌坊式深度指示器能够正常工作的要求。

牌坊式深度指示器的工作原理如图 37-13 所示，提升机主轴的旋转运动由传动装置传给深度指示器，经过齿轮对传给丝杠，使两根垂直丝杠以互为相反的方向旋转。当丝杠旋转时，带有指针的两个梯形螺母也以互为相反的方向移动，即一个向上一个向下。丝杠的转数与主轴的转数成正比，因而也与容器在井筒中的位置相对应，因此螺母上指针在丝杠上的位置也与之相对应，通过指针便能准确地指出容器在井筒中的位置。

此类改造相对来说比较简单，当提升机要改变提升高度时，只需更换牌坊式深度指示器

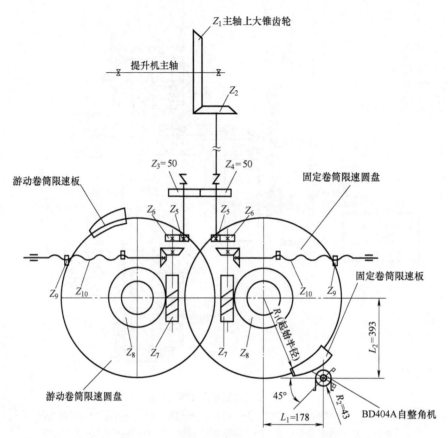

图 37-13 牌坊式深度指示器的工作原理

中的齿轮对，即图 37-13 中的 Z_5 和 Z_6 两对齿轮，按牌坊式深度指示器更换件表中对应的提升高度进行选取即可。同时应调整信号拉杆上的销子，重新设定减速极限开关和过卷极限开关的上下位置，使深度指示器在新的行程下能够保持正常工作。

（3）电动机扩容改造 矿井需要增加产量或者由于井深加大要增加提升速度时，需要更换矿井提升机电动机，也就是电动机扩容。一般情况下，新更换的电动机功率要比原来的有所增加，电动机中心高也要加大，改造时利用原电动机基础，通过一过渡电动机底座安装新电动机。由于电动机中心高的变化，原电动机基础要做相应的改动。

（4）制动系统的改造 制动系统的改造是提升机改造中比较常见的一种形式，改造内容一般为盘形制动器装置、液压站及管路系统。由于老设备的结构形式不同，制动系统改造的形式也是多种多样的，下面介绍几种典型的提升机制动系统改造方法。

1）径向抱闸改为盘形制动器。

本类型的改造适用于苏制、仿苏 KJ 型、仿苏改进 JKA 型提升机。KJ 型提升机的制动器为角移式单缸制动结构，即两副制动器依靠一个制动液压缸来传递制动力，单筒提升机的制动轮在卷筒两侧，双筒提升机的制动轮位于两卷筒中间。JKA 型提升机制动器由角移式改为综合式，由单缸制动结构改为独立传动的双缸制动结构。与 KJ 型双筒提升机不同之处在于 JKA 型双筒提升机两制动轮位于两卷筒的外侧。

这两种类型提升机的制动系统改造的一般方法是将角移式制动器改为盘形制动器，增加制动盘、制动器、液压站及管路等。由于原设备结构中没有制动盘，故改造的首要任务是在原设备上加装制动盘，俗称"戴草帽"结构。具体实施方式是利用原设备的制动轮作为安装制动盘的基面，制动盘焊接成特殊的 L 形结构装到原制动轮上，通过调整垫进行调整保证制动盘与主轴轴线相垂直，然后先将制动盘与卷筒进行点焊，现场利用钻床在制动盘与原制动轮配合处钻连接螺栓孔，孔的数量由提升机的规格大小决定，一般为一半数量的精制螺栓孔，一半数量的普通螺栓孔，精制螺栓孔还需要进行配铰。制动盘工作面的表面粗糙度在厂内加工到 $12.5\mu m$，并留有一定的加工余量，现场安装好后需要对制动盘进行精车。盘形制动器的基础可以重新制作，也可以利用原设备的地脚螺栓通过过渡支架进行连接。制动盘的安装示意图如图 37-14 所示。

　　2）径向抱闸改为液压径向推力平移式制动器。

　　角移式制动器有一套复杂的机械操纵系统，在长年使用的情况下，操纵系统及角移式制动器本身的各种销轴、销孔逐渐磨损，间隙增加使得传递运动的时间延长，动作灵敏性变差。此外，这种制动器所产生的制动力矩小，而且由于制动瓦表面的压力分布不够均匀，制动瓦上下磨损也不均匀。这对安全指标要求很高的矿井提升机设备来讲，是一种严重的技术问题，必须得到解决。

　　苏制、仿苏 KJ 型、仿苏改进 JKA 型提升机制动系统改造另一种方式是将径向角移式制动器改为液压径向推力式制动器。这种

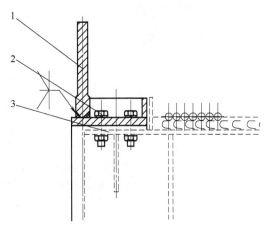

图 37-14　制动盘的安装示意图
1—制动盘　2—连接螺栓　3—原设备制动轮

制动器有安全可靠、动作灵敏、速度快、制动平稳、制动力调节范围广、效率高、尺寸小、质量小、基础简单等优点。此种改造是利用原径向角移式制动器闸轮的制动面配液压径向推力平移式制动器，这种制动器实际上是盘形制动器的一种派生产品，制动副的运动仍是直线运动，但是制动副的形状不是平的而是圆弧形。

　　该装置全部运动构件都集中在制动组件里，发生运动的构件行程较小，而碟形弹簧产生的弹簧力很大，动作时惯量小、灵敏度高，碟形弹簧受压变形能够实现无级变化。而其外部只有一个液压油源，可以实现无级调压，结构紧凑，制动力矩具有良好的可调性能。液压径向平移式抱闸装置由两组相同结构的制动组件共同置于同一基础上，它们之间的间距由制动轮直径所确定，通过制动组件上的安装孔将一对平行设置的连接杆固定其上，在各自的制动组件上配置有相同结构的制动块，制动块上镶嵌制动瓦，由此构成一个带有固定基座的框架结构，并且两组制动组件由并联的输出油管路经液压站统一控制。

　　这种改造不需要配套制动盘，仍利用原设备制动轮进行制动，原设备基础也可以不变，利用原地脚螺栓通过过渡支架与新制动器连接，布置较简单。其缺点是制动器内部结构环节多，制动效率低，安装调整工作量大，液压径向推力平移式制动器的布置方式如图 37-15 所示。

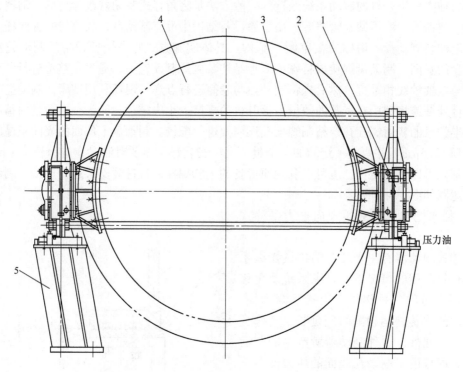

图 37-15　液压径向推力平移式制动器的布置方式

1—制动器装置　2—制动瓦　3—拉杆　4—原设备制动　5—过渡支架

第38章　多绳摩擦式提升机的技术改造

总结近年来多绳摩擦式提升机的改造案例，在改造过程中，必须遵循的基本原则如下：

1) 多绳摩擦式提升机改造后必须符合 AQ 1036—2007《煤矿用多绳摩擦式提升机　安全检验规范》中的相关规定。

2) 多绳摩擦式提升机改造后，应尽可能保持原提升机主参数（最大静张力、最大静张力差）不变。如果基本参数较旧设备参数有所提高，那么必须要求土建单位对井塔或天轮井架进行强度校核。

3) 多绳摩擦式提升机改造时，特别是井塔式提升机，为减少土建基础的变动量，应尽可能利用原主轴装置、减速器装置、天（导向）轮装置及盘形制动器装置的基础螺栓孔及基础梁。

38.1　主轴装置的改造

目前，多绳摩擦式提升机主轴装置的改造多集中在 127C、128C、130C 及 133C 系列，均为中信重工 20 世纪 70 年代末到 80 年代生产的提升机。由于当时提升机设计水平及制造水平的限制，有部分提升机在结构上存在不合理之处，普遍存在的现象是摩擦轮开裂，制动盘偏摆较大，摩擦衬垫摩擦系数较小，固定块和压块老化，减速器齿面点蚀严重，日常维护量较大等，近些年逐步进行了设备改造升级。下面对典型结构的改造进行分析说明。

1. JKM-2.25×4I多绳摩擦式提升机（127C）、**JKM-2.8×4I多绳摩擦式提升机**（128C）

结构特点：主轴装置与减速器之间是刚性连接（见图38-1），即减速器输出轴侧加工成法兰状，减速器与主轴通过精制螺栓连接来传递转矩。摩擦轮左右轮毂与主轴采用的是热装轮毂结构，固定块及压块采用的是铸铝材料，制动盘厚度较小，摩擦衬垫摩擦系数较小，在 0.2 左右。

该系列提升机在进行技术改造时，推荐将弹簧基础减速器与主轴装置同时改造（见图38-2 和图38-3）。主轴装置利用原基础螺栓孔设计新轴承梁、轴承座，摩擦轮与主轴非传动侧采用过盈连接，传动侧采用法兰高强度螺栓连接的 E 系列结构，同时也提高了制动盘厚度。配套高性能摩擦衬垫，摩擦系数在 0.25 以上。减速器选用行星齿轮减速器，减速器与主

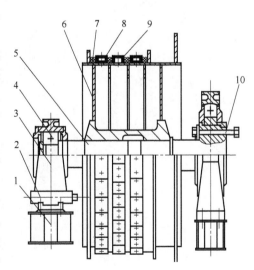

图 38-1　改造前的主轴装置

1—轴承梁　2—锁紧器　3—轴承座　4—轴承
5—主轴　6—摩擦轮　7—摩擦衬垫　8—铸铝压块
9—铸铝固定块　10—精制螺栓

轴装置之间采用齿轮联轴器联接，减小了设备运行时的维修量。

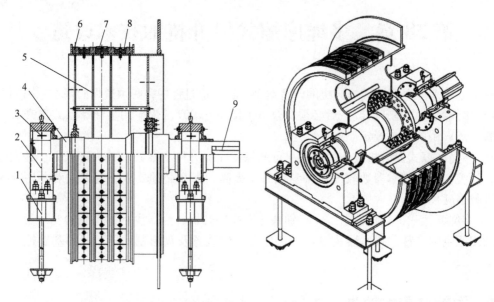

图 38-2　改造后的主轴装置

1—轴承梁　2—轴承座　3—轴承　4—主轴　5—摩擦轮　6—摩擦衬垫　7—酚醛固定块

8—酚醛压块　9—切向键

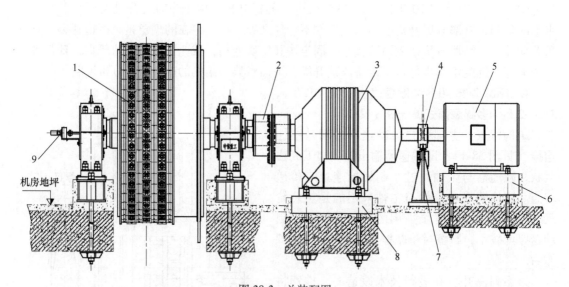

图 38-3　总装配图

1—主轴装置　2—齿轮联轴器　3—行星齿轮减速器　4—弹性棒销联轴器　5—电动机

6—电动机底座　7—电动机制动器　8—减速器底座　9—编码器装置

改造案例：

枣庄矿业（集团）有限责任公司田陈煤矿主井，改造时间为 2007 年。

中国有色集团抚顺红透山矿业有限公司，改造时间为 2008 年。

吉林省宇光能源股份有限公司九台营城矿业分公司，改造时间为 2012 年。

2. JKM-3.25×4Ⅱ多绳摩擦式提升机（130C）、**JKM-2.8×4Ⅱ多绳摩擦式提升机**（133C）

结构特点：主轴装置与减速器之间通过齿轮联轴器联接，减速器为双入轴平行轴减速器，配套两台电动机同时驱动（见图38-4）。摩擦轮左右轮毂与主轴采用的是热装轮毂结构，固定块及压块采用的是铸铝材料，制动盘厚度较小，摩擦衬垫摩擦系数较小，在0.2左右。

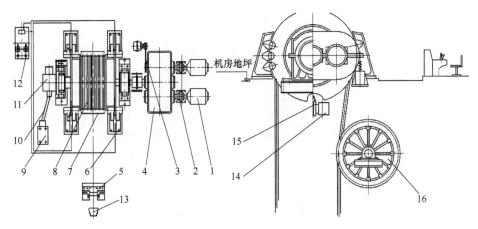

图38-4 改造前的布置图

1—电动机 2—弹簧联轴器 3—测速发电机 4—平行轴减速器 5—斜面操作台 6—盘形制动器装置
7—摩擦轮护板 8—主轴装置 9—深度指示器系统 10—万向联轴器 11—精针发送装置 12—液压站
13—司机椅子 14—车槽架 15—车槽装置 16—导向轮

该系列提升机在进行技术改造时，推荐将双入轴平行轴减速器改造为行星齿轮减速器，主轴装置中心线抬高200mm，利用原基础螺栓孔，将原铸铁轴承座改为铸钢轴承座，提高了设备的外观质量。主轴材料由原来的45钢改为45MnMo中碳合金钢。摩擦轮与主轴非传动侧采用过盈连接，传动侧采用法兰高强度螺栓联接的E系列结构，同时提高制动盘厚度，配套高性能摩擦衬垫，摩擦系数在0.25以上。减速器选用行星齿轮减速器，减速器与主轴装置之间采用齿轮联轴器联接，减小了设备运行时的维修量。根据现场使用情况，该系列提升机在改造时，特别把主轴装置传动侧轴径加大，提高主轴的强度（见图38-5）。

130C改造案例：

枣庄矿业（集团）有限公司田陈煤矿主井，改造时间为2007年。

重庆煤炭（集团）有限责任公司南桐矿主井，改造时间为2010年。

沈阳煤业（集团）有限责任公司西马矿副井，改造时间为2011年。

神华宁夏煤业集团公司石炭井煤矿主井，改造时间为2012年。

鸡西矿业（集团）有限责任公司城山煤矿，改造时间为2012年。

133C改造案例：

沈阳煤业（集团）有限责任公司红菱煤矿副井，改造时间为2006年。

徐州矿务集团有限公司三河尖煤矿主井，改造时间为2006年。

鸡西矿业（集团）有限责任公司城子河矿，改造时间为2007年。

辽宁阜新矿业（集团）有限责任公司恒大煤业公司主井，改造时间为2008年。

徐州矿务集团有限公司夹河煤矿，改造时间为2011年。

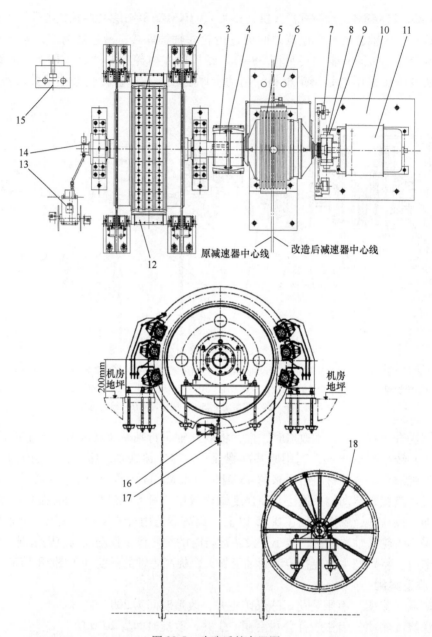

图 38-5　改造后的布置图

1—主轴装置　2—盘形制动器装置　3—齿轮联轴器　4—齿轮联轴器护罩　5—行星齿轮减速器　6—减速器过渡底座
7—测速传动装置　8—弹性棒销联轴器　9—电动机制动器　10—电动机底座　11—电动机　12—摩擦轮护罩
13—深度指示器　14—编码器装置　15—液压站　16—车槽架　17—车槽装置　18—导向轮

龙煤集团鹤岗分公司南山煤矿，改造时间为 2012 年。

3. JKM-4×4Ⅲ多绳摩擦式提升机

20 世纪 90 年代初，中信重工引进 ABB 样机 JKM-4×4Ⅲ，其结构特点为：主轴与电动机转子采用低速直联电动机拖动，电动机转子与提升机主轴共轴，即电动机转子悬挂在提升机主轴上，采用锥面过盈连接，摩擦轮与主轴非传动侧采用过盈连接，传动侧主轴锻造出一个法兰轴，采用单法兰、单面平面摩擦连接，配套摩擦衬垫摩擦系数较小，在 0.23 左右。

该样机应用在安徽安庆铜矿。由于长期满负载运行，提升机制动盘偏摆量超过规定标准值，先后于 2002 年和 2004 年两次更换制动盘，但是效果都不理想。期间采用车削、火焰矫正及垫片调整等多种方法进行矫正，仍然不能满足安全要求。该提升机主轴装置卷筒结构较为特殊，长期满负载运行，摩擦轮与制动盘装配止口变形，制动盘偏摆值非传动侧为 2.1mm，传动侧为 2.5mm。为确保主井提升机安全运行，2011 年矿方决定对提升机整体改造。

改造方案：保持原提升机基础不变，更换主轴装置，电动机不变，改用进口轴承。具体方案如下：

1）利用原主轴装置轴承座、轴承上盖及地脚螺栓，制动器及制动器底座仍用原有的，原提升机基础不变，尽可能缩短改造周期。

2）主轴与电动机锥面配合部位的尺寸经校核计算，完全满足安全使用要求。改造后的锥面尺寸保持不变，以便安装电动机。

3）摩擦轮采用低合金钢全焊接整体结构，内部焊有支撑环以增强整体刚度。

4）摩擦轮与主轴连接方案保持不变，即摩擦轮与主轴非传动侧采用过盈连接。传动侧主轴锻造出一个法兰轴，采用单法兰、单平面摩擦连接。

5）采用高性能摩擦衬垫，许用摩擦系数大于 0.25。固定块和压块由铝合金改为酚醛树脂，降低系统的转动惯量。

6）制动盘与摩擦轮采用可拆式结构对称双制动盘，制动盘为两半结构，装配时通过键进行轴向定位，制动盘与摩擦轮通过双排高强度螺栓联接，采用大平面摩擦副来传递转矩，同时制动盘与摩擦轮之间有配合止口作径向定位。制动盘厚度由原样机的 25mm 增加到 42mm。改造前后制动盘中心线到摩擦轮中心线的距离不变，以便保证盘形制动器及制动器底座的安装。改造后主轴装置的结构如图 38-6 所示。

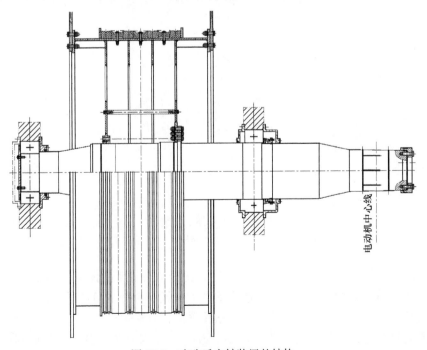

图 38-6　改造后主轴装置的结构

38.2　液压制动系统的改造

　　随着我国矿山事业的迅速发展，对矿井提升安全、平稳、可靠运行提出了新的、更高的要求。液压制动系统在提升系统中起着至关重要的作用，在提升机正常工作时，它能产生工作制动所需的油压，使制动器能产生所需的制动力矩，实现工作制动和速度控制。在电控系统发生故障时，能使制动器迅速回油，产生安全制动，并能实现二级制动。

　　目前，老系列多绳摩擦式提升机配套的制动器装置主要有径向块闸制动器、液压缸前置式盘形制动器和液压缸后置式盘形制动器。

　　径向块闸制动器又分为角移式、平移式和综合式等，这三种形式的径向块闸制动器的改造方案可参考单绳缠绕式提升机制动系统的改造。

　　大部分配套径向块闸制动器的多绳摩擦式提升机在进行技术改造时，往往推荐使用单位提升设备全套改造，制动系统改造为新型液压缸后置式盘形制动器，配套具有二级制动功能的新型液压站。具体方案是设计一个整体大机架，将主轴装置主轴承座和盘形制动器支架通过T形头螺栓安装固定在整体大机架上，机架利用原主轴装置轴承座基础螺栓孔的位置，并在固定制动器装置处新增加基础螺栓进行固定。整体机架的安装布置如图38-7所示。

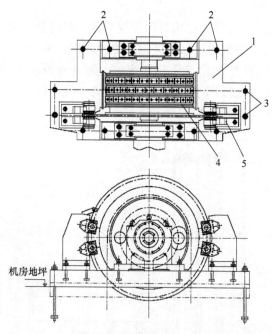

图 38-7　整体机架的安装布置

1—整体机架　2—原基础螺栓　3—新增加基础螺栓　4—主轴装置　5—盘形制动器装置

　　液压缸前置盘形制动器在现场使用过程中，由于其密封性能较差、易漏油而污染制动盘，使制动瓦摩擦系数严重下降，存在造成重大人身设备事故的可能性。该结构改造技术方案相对较为简单，利用原前置制动器基础螺栓位置，设计新的制动器支架。支架螺栓孔一般设计为贯通的螺栓孔，以方便现场安装调整。改造后配套目前成熟的液压缸后置盘形制动器，以提高设备运行的安全可靠性（见图 38-8）。

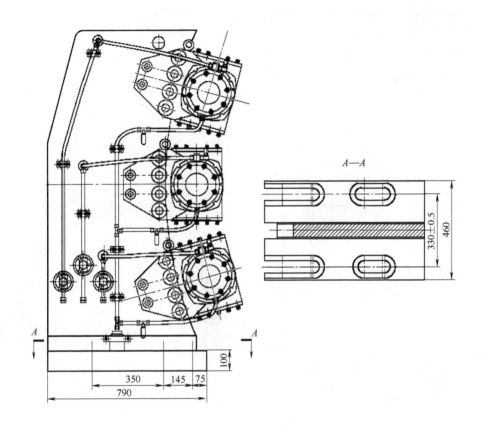

图 38-8　盘形制动器装配图

　　原有制动单元型号有 TP1-25、TP1-40、TP1-63、TP1-80 和 TP1-100，新开发的制动单元型号有 TP1-125 和 TP1-150。配套液压站有中低压液压站（6.3MPa）、中高压液压站（14MPa）和恒减速液压站（14MPa），可以满足不同型号提升机的配套需求。2009 年，中信重工在恒减速器制动系统的基础上自主研发了新型智能闸控系统，并陆续对原有制动器系统进行了改造升级。下面以焦作煤业（集团）有限公司古汉山煤矿副井提升机液压制动系统的改造方案为例进行说明。

　　焦作煤业（集团）有限公司古汉山煤矿副井提升机于 1994 年投产运行，使用的是洛阳矿山机械厂生产的 JKMD-3.5×4（I）提升机，电动机功率为 550kW，电压为 660V。采用盘形制动器，4 个闸座，10 对 TP1-63 制动器头，液压站为 TE131 液压站。经过多年运行，制动器密封圈老化，现场渗油严重，制动性能较差。为了提升制动系统性能，对原制动系统进行了改造，采用了中信重工最新研制的新型智能闸控系统（包括 E143 液压站、配套 PLC 控制柜和新型制动器）替代原制动器和液压站。

　　具体实施方案：现场对提升机制动器基础进行了测绘，并对原制动盘进行了尺寸校核，根据现场测绘尺寸设计制动器支架，从而利用原制动器基础螺栓，减少了安装施工量。根据测绘尺寸，左右两侧的制动器支架中心高度不同，设计时根据不同的中心高度设计了两个制动器支架。同时对系统进行计算，改造制动器装置需 8 对 TP1-80 制动单元（见图 38-9）。在制动器装置的设计中，采用进口密封件和进口碟形弹簧；配套智能闸检测系统，实现对制动盘间隙、制动瓦磨损及弹簧疲劳的在线检测；设置制动盘偏摆无接触监测元件，提高了制动盘偏摆检测的精确度；所有管路采用进口卡套式管接头及油管，减少了现场安装时间；对轴端编码器装置进行了改造，增加了霍普纳测速机接口，实现制动系统对实际提升速度的实时监控；制动器体采用真空造型铸造技术、数控加工技术、镜面磨削技术等，提高了制动器的密封性能，从而保证了产品的制造质量。

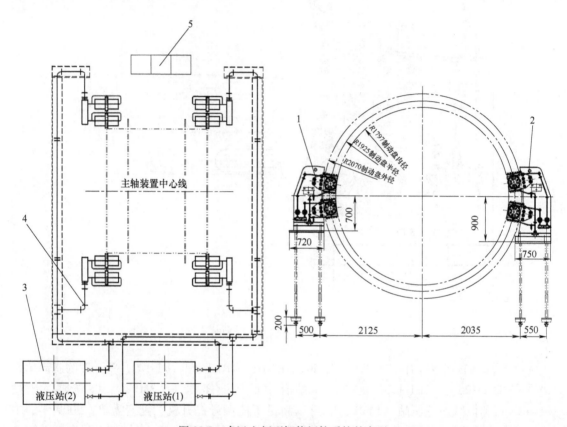

图 38-9　古汉山新型智能闸控系统的布置

1—新型制动器装置（1）　2—新型制动器装置（2）　3—恒减速液压站　4—卡套式接头及管路　5—恒减速电控柜

　　由于前期准备工作较为充分，该改造方案从现场安装到系统调试仅用了 24h，节省了一半的检修时间，是成功的制动系统改造案例。

38.3　减速器的改造

　　20 世纪 70 年代，由于我国当时的工业发展水平不高，多绳摩擦式提升机配套减速器主要有双输入轴渐开线（圆弧）齿轮减速器和同轴式弹簧基础减速器两种。行星齿轮减速器在 20 世纪 80 年代开始在提升机传动系统中应用，由于它具有体积小、质量小、噪声低、承载能力大、传动效率高、工作平稳、免维护等一系列优点，有很高的推广价值，正越来越受到使用单位的青睐。

鉴于行星齿轮减速器的诸多优点，使用单位逐步对原配套的同轴式弹簧基础减速器和双输入轴渐开线（圆弧）齿轮减速器进行以下改造：

1. 同轴式弹簧基础减速器的技术改造

同轴式弹簧基础减速器的主要特点是弹性轴及弹簧基础，其设计初衷是为了在提升机运行过程中降低减速器的振动对井塔产生的冲击，但在实际使用了一段时间后，现场反馈同轴式弹簧基础减速器普遍存在振动大、噪声大等缺陷，同时，由于限制于当时的加工制造精度，减速器漏油也比较严重，减速器因润滑不良造成了齿面磨损比较严重。

随着新型硬齿面行星齿轮减速器在提升机上的普遍使用，许多业主要求将同轴式弹簧基础减速器改为行星齿轮减速器。此种改造方案是利用原同轴式弹簧基础减速器的基础螺栓孔，重新设计增加减速器基础部分及配套使用的润滑站，由于轴向尺寸变化，行星减速器需通过一过渡底座与原基础相连（见图38-10）。

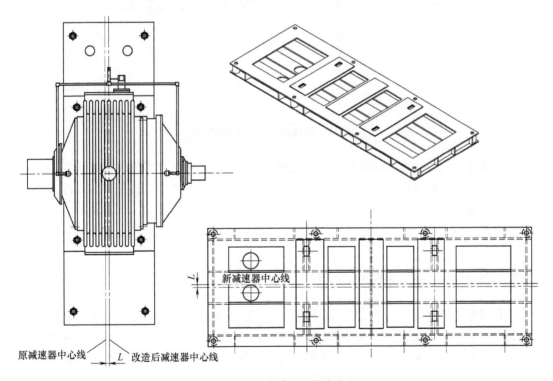

图 38-10　减速器过渡底座

更换行星齿轮减速器的同时，一般都将减速器高速轴的齿轮联轴器或蛇形弹簧联轴器更换成弹性棒销联轴器。同时增设电动机制动器（小抱闸），它与盘形制动器同时动作，可有效地避免因电动机惯量而引起的减速器齿轮的往返冲击。

2. 双输入轴渐开线（圆弧）齿轮减速器的技术改造

对于目前仍使用双输入轴渐开线（圆弧）齿轮减速器的老提升机，改造时可将减速器及电动机等传动部分全部进行技术改造，即将双电动机驱动减速器的结构形式改为单电动机驱动行星齿轮减速器的结构形式。具体改造方案是利用原减速器和电动机的基础螺栓孔，重新设计过渡减速器底座及电动机底座。由于要利用原减速器基础及电动机基础,该改造方案中减速器的传递形式一般采用Ⅰ型结构,即减速器输入轴高出输出轴,在改造时应设计电动机过渡底座,把电动机基础相应抬高(见图38-11)。

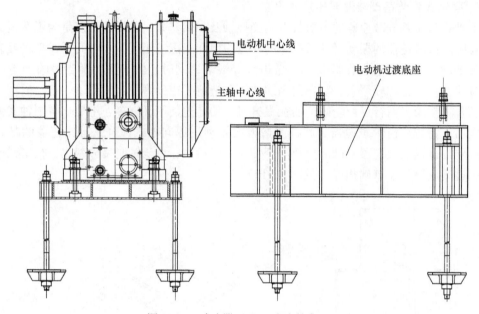

图 38-11　减速器（Ⅰ）改造的布置

个别使用单位因检修周期较短,并且使用单位资金较紧张,可采用仅仅更换平行轴减速器的改造方式。此种改造保持原减速器基础尺寸不变,减速器更换为新型平行轴减速器,更换后的减速器内部齿轮材料和制造工艺采用更加先进合理的结构形式,并且将减速器的滑动轴承结构改为滚动轴承结构,也可仅将减速器高速端的滑动轴承结构改为滚动轴承结构。

38.4　Ⅱ型结构改为Ⅲ型结构

在我国提升机发展史上,双电动机驱动平行轴减速器结构的提升机是受电动机技术发展限制下的产物。在20世纪80年代,因国产电动机单机功率较小,不能满足提升机的配套要求,故把提升机设计为双电动机同步驱动平行轴减速器,从而实现大载荷提升。该结构形式提升机因高能耗、低传递效率、现场维护量大等缺陷,逐步面临改造。

黑龙江龙煤鹤岗矿业有限责任公司竣德煤矿主井原设计使用的是井塔式JKM-3.25×4Ⅱ多绳摩擦式提升机(130C系列),基本配置为双高速交流电动机经蛇形弹簧联轴器驱动双入轴ZHD2R-140圆弧齿轮减速器。减速器与主轴装置之间采用齿轮联轴器联接,主轴装置摩擦轮与主轴采用热装轮毂传递转矩。由于该主井提升机设备陈旧、落后,能耗高,效能低,制动系统可靠性低等,提出对其提升系统进行全面改造,提升机改造为先进、安全、高效、结构紧凑的Ⅲ型低速直联、悬臂结构的多绳摩擦式提升机。该方案是国内迄今为止首次把老式Ⅱ型结构多绳摩擦式提升机改造为先进Ⅲ型直联结构的多绳摩擦式提升机。

原JKM-3.25×4Ⅱ多绳摩擦式提升机的主要组成部分(见图38-4):包括主机(主轴装

置、导向轮、车槽装置、减速器、齿轮、蛇形弹簧联轴器、闸控系统)、高速电动机和交流电控系统等。其传动环节多，占地面积大，效率低，能耗高，属过时、淘汰的产品。

改造后的 JKM-3.25×4Ⅲ多绳摩擦式提升机的主要组成部分（见图38-12）：包括主机（主轴装置、导向轮、车槽装置、闸控系统)、低速电动机和直流电控系统。电动机直接驱动提升机，无中间传动环节、结构紧凑，高效可靠，是目前提升机主流技术的产品。

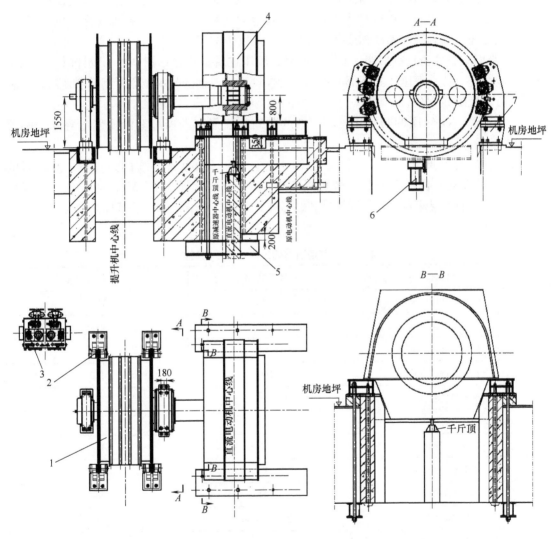

图 38-12　提升机Ⅱ型改Ⅲ型的总装配图

1—主轴装置　2—盘形制动器装置　3—液压站　4—电动机　5—电动机基础加固梁
6—车槽装置　7—制动器支架过渡底座

具体的改造方案实施：

1）更换原主轴装置，按新型直联、悬臂结构方式重新设计制造主轴装置。主轴装置的改造既要保持原井塔式Ⅱ型提升机轴承梁的基础尺寸不变，又要保证轴承梁基础强度能够满足Ⅲ型直联提升机传动受力所带来的增加变化影响。通过现场实测、资料收集、方案反复论证、与用户及机房设计单位多次交流、做大量设计计算等工作，将提升机主轴装置中心高提高650mm，以满足低速直流电动机的安装需要。

2）取消原减速器、齿轮联轴器、蛇形弹簧联轴器等传动系统，把两台老式高速电动机更换为一台低速直联、直流电动机。将电动机的转子和定子设计安装在原减速器基础位置处，把减速器基础二次灌浆部分打掉，沿轴向布置安装电动机底座，一部分装在减速器基础孔上，一部分装在重新浇铸钢筋混凝土上。委托土建设计院对该处基础进行强度校核计算。为保证电动机底座牢固，在机房基础梁下部增设辅助钢梁，用M80连接螺栓穿过机房楼板，把电动机底座、基础梁和辅助钢梁捆绑连接成一个巨大框架结构梁。

3）将旧式整体铸造盘形制动器改为新型、液压缸后置式盘形制动器。设计时，在原基础梁上设计一个特殊底座，其下部与现场地脚螺栓连接，上部与新型盘形制动器连接，安装水平中心相应提高650mm。

4）将旧式KT线圈调闸液压站相应改为与新型盘形制动器配套的比例电磁阀调闸液压站。

改造前后的主要技术性能对比见表38-1。在主要参数基本不变的条件下，改造后的JKM-3.25×4Ⅲ提升机的提升容器载重提高1/3，提升速度提高27.5%，而设备质量减轻11%。由于取消了减速器、齿轮联轴器和蛇形弹簧联轴器环节，效率显著提高，综合技术性能优势明显。

表38-1　改造前后的主要技术性能对比

名称	JKM-3.25×4Ⅱ	JKM-3.25×4Ⅲ
摩擦轮直径/mm	3250	3250
导向轮直径/mm	3000	3000
钢丝绳最大静张力/kN	450	450
钢丝绳最大静张力差/kN	140	140
钢丝绳直径/mm	32.5	32.5
钢丝绳间距/mm	300	300
提升容器载重/kN	90	120
提升速度/(m/s)	8	10.2
提升高度/m	544	568
减速器型号	ZHD2R-140	无
齿轮联轴器、蛇形弹簧联轴器	有	无
电动机功率/kW	750×2	1800
设备质量/t	64.5	57.5

由于本设备为塔式提升机，改造工作不能破坏已有的井塔结构，即无法对已有基础进行更改，所以必选采用特殊方式，保证新设备与现有基础的可靠连接。在改造设计中，采用加高中心高、使用过渡底座、对原基础进行局部修改等措施，保证新设备正确无误安装到位。该台提升机从2010年6月开始现场安装、调试，10月投入生产至今，运行情况良好。

38.5　电动机的扩容改造

近年来，有部分使用单位为了提高设计产量，在原有提升设备的基础上，进行设备改造升级，从而达到增产的目标。而要提高提升能力，就需提高提升速度或提高每次提升量，最终提高电动机功率来实现。

1. I 型提升机的技术升级

对于带减速器结构的提升机来讲，要提高提升能力，需重新选用较小的减速器的减速比或提高电动机转速，以实现提升速度的提高。常用的改造方案是对电动机进行局部改造，提高电动机转速和电动机功率。利用电动机原基础螺栓设计新的电动机过渡底座，同时对电控系统进行升级改造，以满足电动机扩容的需要。部分提升系统在初期设计过程中由于选择的电动机功率较为富裕，可直接通过减小减速器的减速比来实现提升速度的提升。

2. Ⅲ型提升机的技术升级

对于直联结构的提升机来讲，要提高提升能力，需提高电动机功率及电动机转速。电动机功率的提高会使电动机输出转矩有一定变化，需对主轴与电动机转子配合锥面传动能力进行校核，确保主轴装置传动安全可靠。该改造方案需利用电动机原基础，设计非标直联电动机。

改造案例：潞安集团郭庄煤业有限公司新主井 JKMD-3.25×4Ⅲ提升机扩容改造。

原设备参数：最大静张力为 450kN，最大静张力差为 140kN，直流电动机功率为1350kW，电压为 750V，转速为 45r/min。

改造后的设备参数：最大静张力为 520kN，最大静张力差为 160kN，交流同步电动机功率为 1800kW，电压为 6000V，转速为 54r/min。

提升速度由原来的 7.65m/s 提高到 9.19m/s，单次提升量较原设计方案也有所提高。经主机厂对提升机主机强度及传动能力进行校核计算后，确定主轴装置保持不变，对电动机进行改造，新交流同步电动机锥孔配合尺寸与原直流电动机锥孔尺寸保持一致，配套高压变频电控系统。由于最大静张力差由 140kN 提高到 160kN，对提升系统原配套的液压制动系统进行改造升级，以满足《煤矿安全规程》要求的 3 倍静力矩。

38.6　局部改造

1. 制动盘的技术改造

对于配套可拆卸制动盘的多绳摩擦式提升机，当制动盘在长期使用过程中出现局部过磨损、偏摆过量或制动盘厚度较小时，考虑到改造经费及检修时间，可采用只更换制动盘的改造方案来解决上述问题。由于制动盘与摩擦轮在提升机制造厂通常是采用配加工的方式制造的，因此该制动盘在现场安装的过程中，需对个别移位的固定螺栓孔进行修正。

2. 轴端齿轮箱的技术改造

当某些矿井将陈旧的电控系统更改为目前较先进的电控系统时，通常需要增加一些用于提供电气信号的数个编码器和测速发电机等元件。该编码器或测速机通过连接轴和成对齿轮与提升机主轴连接在一起，编码器或测速机与主轴通过不同的增速比来实现传输电气信号的目的。轴端齿轮箱均安装在提升机的非传动侧端盖上，且一般在改造时必须同时更换该侧端盖。

3. 天轮装置或导向轮装置的技术改造

天轮装置或导向轮装置的技术改造是保持原天轮装置或导向轮装置的外径和基础尺寸不变，将天轮装置或导向轮装置整体更换为当前新型的结构形式。更换后的天轮装置或导向轮装置内部结构和材质先进合理，承载能力提高，并且新型衬垫的使用寿命更高，更安全可靠。部分用户可根据实际情况，利用原天轮轴承座，更换天轮轴及天轮轮体。

4. 导向轮装置的技术改造

某些矿井由于目前正在使用的导向轮装置不能达到《煤矿安全规程》的规定，因此需要将导向轮装置名义直径加大。此种改造的办法是在保证原导向轮基础尺寸不变的情况下，将导向轮轴承座设计成非对称结构，从而实现导向轮直径与摩擦轮名义直径相等（见图38-5）。

5. 提升机主轴的技术改造

个别提升机经多年运行后，主轴因疲劳或锻造缺陷发生断裂，对此，可将整个主轴装置进厂单配提升机主轴，以减少改造成本。在厂内对提升机进行拆卸，对摩擦轮轮毂内孔进行检查，如有划伤现象，可对内孔进行扩孔，根据摩擦轮实际扩孔尺寸进行单配主轴。主轴与摩擦轮装配后，对摩擦轮制动盘进行偏摆检查并修正，以符合制动盘偏摆的相关规定。

参 考 文 献

［1］李德忠，夏新川，韩家根，等. 深部矿井开采技术［M］. 徐州：中国矿业大学出版社，2005.

［2］滕吉文，张雪梅，杨辉. 中国主体能源——煤炭的第二深度空间勘探、开发和高效利用［J］. 地球物理学进展，2008，23（4）：972-992.

［3］彭兆行. 多绳缠绕式提升机应用的可行性［J］. 煤炭科学技术，1986，14（9）：18-21.

［4］张太春. 深井多绳提升钢丝绳的安全系数［J］. 矿山机械，2003，31（11）：50-51.

［5］韩志型，王坚. 南非深井提升系统［J］. 采矿技术，1996，22（24）：6-9.

［6］屈冬婷，梁娟丽，刘劲军，等. 单绳提升机用钢丝绳的提升高度与提升载荷探讨［J］. 有色设备，2009，23（5）：17-21.

［7］国家安全生产监督管理总局，国家煤矿安全监察局. 煤矿安全规程［M］. 北京：煤炭工业出版社，2016.

［8］李业飞. 浅谈箕斗自重与载重的关系［J］. 煤炭工程，1988，35（12）：48.

［9］李仪钰. 矿山机械（提升运输机械部分）［M］. 北京：冶金工业出版社，1980.

［10］ALFRED C. Mine hoisting in deep shafts in the 1st half of 21st century［J］. Acta Montanistica Slovaca，2002（7）：188-192.